普通高等教育"十一五"国家级规划教材

普通高等学校土木工程专业新编系列教材

钢 结 构

（第三版）

张志国　张庆芳◎主　编

李海云　邓　海　王建立◎副主编

张家旭◎主　审

中国铁道出版社有限公司

2024年·北京

内 容 简 介

本书为普通高等教育"十一五"国家级规划教材。全书共分八章,包括概述、钢结构材料、钢结构设计方法、钢结构连接、轴心受力构件、梁、拉弯和压弯构件、铁路桥梁钢结构等,附录中列出了钢结构设计计算常用表格供查用。本书按照《高等学校土木工程本科指导性专业规范》要求的知识结构框架,主要依据最新颁布的国家标准《钢结构设计标准》(GB 50017—2017)和铁路行业标准《铁路桥梁钢结构设计规范》(TB 10091—2017)等相关标准编写,除介绍设计标准有关规定外,着重介绍钢结构连接和梁、轴心受压、偏心受压等基本构件的基本知识和基本理论,将构造要求和计算方法相结合,突出体现理论和实践并重,坚持工程教育回归工程的编写理念。

本书为普通高等院校土木工程专业教学用书,也可供相关工程技术人员参考。

图书在版编目(CIP)数据

钢结构 / 张志国,张庆芳主编. —3 版. —北京:
中国铁道出版社有限公司,2021.6(2024.8 重印)
普通高等教育"十一五"国家级规划教材 普通高等
学校土木工程专业新编系列教材
ISBN 978-7-113-27787-1

Ⅰ.①钢… Ⅱ.①张… ②张… Ⅲ.①钢结构-高等
学校-教材 Ⅳ.①TU391

中国版本图书馆 CIP 数据核字(2021)第 040651 号

书 名	**钢结构**	
	GANG JIEGOU	
作 者	张志国 张庆芳	

责任编辑	李露露	电话:(010) 51873240		电子邮箱:790970739@qq.com
封面设计	王镜夷 高博越			
责任校对	苗 丹			
责任印制	樊启鹏			

出版发行	中国铁道出版社有限公司 (100054,北京市西城区右安门西街 8 号)
网 址	https://www.tdpress.com
印 刷	北京铭成印刷有限公司
版 次	1997 年 9 月第 1 版 2021 年 6 月第 3 版 2024 年 8 月第 2 次印刷
开 本	787 mm×1 092 mm 1/16 印张:22.25 字数:570 千
书 号	ISBN 978-7-113-27787-1
定 价	62.00 元

第三版前言

近年来,与钢结构设计相关的规范(标准)相继修订并颁布实施,其中有关钢结构材料类,更新的有《低合金高强度结构钢》(GB/T 1591—2018)、《热轧型钢》(GB/T 706—2016)和《热轧 H 型钢和剖分 T 型钢》(GB/T 11263—2017)等;设计方法和设计原则类,更新了《建筑结构可靠性设计统一标准》(GB 50068—2018);与设计相关的规范,更新的有《钢结构设计标准》(GB 50017—2017)、《铁路桥梁钢结构设计规范》(TB 10091—2017)、《门式刚架轻型房屋钢结构技术规范》(GB 51022—2015)和《高层民用建筑钢结构技术规程》(JGJ 99—2015)等;还有其他相关者,如更新了《钢结构焊接规范》(GB 50661—2011)等。

鉴于此,本书主要依据《钢结构设计标准》(GB 50017—2017)和《铁路桥梁钢结构设计规范》(TB 10091—2017)以及其他现行规范(标准),在保持原书编写特点和篇章布局基本不变的基础上,对原书进行了全面修订。具体修订内容如下:

(1)在绪论一章,增加了钢结构在桥梁、建筑等方面的建设成就,补充了近年来我国建设领域在材料、工程规模等方面的创新和发展,体现了时代元素特征,突出了课程思政。

(2)依据《低合金高强度结构钢》(GB/T 1591—2018),更新了钢材牌号,补充了与不同交货状态有关的钢材化学成分、力学性能的相关技术指标要求。

(3)按《建筑结构可靠性设计统一标准》(GB 50068—2018)对钢结构设计方法进行了修订。

(4)依据《钢结构设计标准》(GB 50017—2017)修订了第三章至第七章,进一步完善了疲劳容许应力幅的验算方法,在构件设计计算中引入构件截面等级概念,并贯穿于各类构件强度、稳定计算。

(5)依据《铁路桥梁钢结构设计规范》(TB 10091—2017)修订了第八章。

(6)依据《热轧型钢》(GB/T 706—2016)、《热轧 H 型钢和剖分 T 型钢》(GB/T 11263—2017)等修订了附录表格。

必须指出,由于规范修订不同步,部分规章之间会出现不协调,比如现行《建筑结构荷载规范》(GB 50009—2012)与《建筑结构可靠性设计统一标准》(GB 50068—2018)不协调,《钢结构设计标准》(GB 50017—2017)尚未按照《低合金高强度结构钢》(GB/T 1591—2018)对材料强度设计值加以补充修订。同时,《钢结构设计标准》在修订时仍存在遗留问题,个别规定仍有待继续完善,以上这些问题，作者在本书修订过程中坚持了以新代旧原则，即相关规范更新的本书也随之进行了更新，对不协调、规范未明确之处也加入了个人的理解和认识，是否妥当也有待进一步验证，同时也给学习者留下了深入思考的空间。

本书在编写选材方面，以国家标准为主线，同时将铁路行业标准纳入其中，以满足不同类型院校的教学需求；在内容方面重点突出基本知识和基本原理，注重体系的完整性，提升教材内容和例题的高阶性、创新性和挑战度，坚持理论联系实际，工程教育回归工程，力争融合知识传授、能力训练和教学思政为一体，最大限度地发挥教材载体作用。在编写体例上，以满足教学和学生自学要求为目标，遵循前后层次及逻辑关系，文字表达力求准确而简练，适于学习者阅读。

本书由张志国、张庆芳任主编，李海云、邓海、王建立任副主编，张家旭任主审。具体编写分工如下：张志国、邓海编写第一、二、三章，李海云、王建立编写第四、五、八章，张庆芳、张磊编写第六、七章及附录。另外，高伟、许宏伟、马亚丽、陈吉娜等也参加了部分章节的修订和校对。

本书修订工作是在石家庄铁道大学大力支持下完成的，在此表示感谢。对在本书修订编写过程中提供过帮助的同志，以及我们引用和参考过的文献作者，致以衷心的谢意。

尽管作者为写作本书尽了最大努力，但限于水平，不当之处在所难免，欢迎读者指正。

编 著 者

2020 年元月于石家庄

第二版前言

鉴于《钢结构设计规范》(GB 50017—2003)和《铁路桥梁钢结构设计规范》(TB 10002.2—2005)已经颁布实施,本书第一版已经不能适应当前的教学需要。为此,在保持第一版编写特点的基础上,从"大土木"的专业要求出发,从整体上考虑,对教材体系和内容进行了大幅修订。主要修订内容包括:

(1)删去第一版中"桁架及屋盖结构"一章;

(2)在"钢结构的连接"一章中,增加了"连接的抗撕裂计算"一节;

(3)在"轴心受力构件"一章中,补充了弯扭屈曲内容,增加了"支撑杆件的计算";

(4)在"梁"一章中,增加了梁的屈曲后强度计算、梁的塑性设计、钢与混凝土组合梁设计等内容;

(5)在"拉弯构件和压弯构件"一章中,增加了"框架中的压弯构件"、"框架中梁与柱的刚性连接"、"框架柱的柱脚设计"等节,使内容更全面;

(6)按照 GB 50017—2003 对各章的例题重新进行了计算,并补充了许多实用的例题;

(7)按照最新颁布的国家标准,如《建筑结构荷载规范》(GB 50009—2001)的2006 修订版,《碳素结构钢》(GB/T 700—2006),《热轧 H 型钢和剖分 T 型钢》(GB/T 11263—2005)等对相关内容进行了修正。

本书是根据高等学校土木工程专业教学大纲,考虑课程教学的实际情况编写而成的。适用于土木工程专业本科教学,也可供同类专业学生选用,同时还可供土建类设计、施工等方面的工程技术人员参考。

本书适用于 64 教学学时,也可根据情况选择讲授。为方便读者自学,对初学者可能感到困惑之处,特别给出解释,用楷体编排,以示区别。

本书由石家庄铁道学院张志国编写第一、二、三、四、八章及附录,张庆芳编写第五、六、七章。全书由张志国统稿,张家旭主审。另外,高伟、邓海和陈玉欣等也参加了部分章节的编写和校对。

本书得到石家庄铁道学院专项资助,在此表示感谢。对在本书修订编写过程中提供过帮助的同志,以及我们引用和参考过的文献作者,致以衷心的谢意。

尽管作者为写作本书尽了最大努力,但限于水平,难免有不当之处,欢迎读者不吝指正,意见请发送至电子信箱 zhangzhg@sjzri.edu.cn 或 zqfok@126.com。

编　者

2008 年 8 月

目　　录

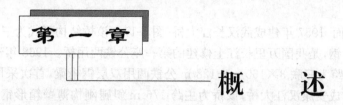

第 一 章

概 述

把钢材用焊、铆、螺栓等连接起来而形成的能承担预期功能的体系称为钢结构。它承载能力大，架设便捷，广泛应用于房屋、桥梁、塔桅、闸门等土建工程。

第一节 我国钢结构发展概况

钢结构的发展，从材料上看，先是铸铁、锻铁，然后是钢。从结构形式及应用发展看，总体上先是桥梁、塔，然后是工业建筑、民用建筑、水工结构、板壳结构等。

钢结构的发展和钢铁冶炼技术的发展有着密切关系。在古代，我国冶炼技术领先于世界。据《水经注》记载，早在秦始皇时(公元前 200 多年)，已有铁制的桥墩。汉明帝时(公元 60 年前后)已有铁链悬桥，这种桥以锻造铁为环，各环相扣成链，以链构成悬式承重结构，如《云南略考》中记载的兰津桥，这是世界公认的最古老的铁桥。我国自汉朝以后建造了不少铁链悬桥，以穿越峡谷，其中以明代的云南沅江桥、清代的贵州盘江桥和四川大渡河桥最为著名。举世闻名的四川泸定大渡河铁链桥，建于清代康熙年间(公元 17 世纪末)，净跨长 100 m，宽 2.8 m，由九根桥面铁链和四根桥栏铁链构成，每根铁链重 1.5 t，系于由生铁铸成的直径 20 cm、长 4 m 的锚桩上。红军长征时曾抢渡此桥，为此毛泽东有诗云"金沙水拍云崖暖，大渡桥横铁索寒"，更增加了该桥的历史意义。

除铁链桥外，我国古代还建造了许多铁塔及"天枢"等结构。唐代在洛阳建造的"天枢"高 35 m，直径 4 m，顶部是直径 11.3 m 的腾云露盘，底部有直径 16.7 m 的"铁山"，很好地保证了"天枢"的稳定。湖北荆州玉泉寺铁塔、江苏镇江甘露寺铁塔和山东济宁铁塔寺铁塔等至今犹存。这些建筑物表明了我国古代建筑和冶金技术方面已有相当高的水平。

虽然我国古代在金属结构方面有卓越成就，但由于封建制度的长期束缚和中华人民共和国成立前近百年来帝国主义的侵略，生产力发展缓慢，中华人民共和国成立前只有少数钢结构。即使如此，我国劳动人民仍有一些优秀创造，如 1927 年建成的沈阳皇姑屯机车厂钢结构厂房，1931 年建成的广州中山纪念堂圆屋顶，1937 年建成的杭州钱塘江大桥等。其中，钱塘江大桥是著名桥梁专家茅以升主持设计建造的我国第一座公铁两用双层钢桁梁桥，该桥主跨径为 16×65.84 m，桥墩深水基础最深达 47.8 m，在世界桥梁建筑史上首创气压法沉箱掘泥打桩获得成功，打破了外国人认为"钱塘江水深流急，不可能建桥"的预言。1937 年 12 月 23 日为阻断侵华日军南下而炸毁，该桥从建成通车到炸毁仅仅存在了 89 天，茅以升当时写下"抗战必胜，此桥必复"，并赋诗"斗地风云突变色，炸桥挥泪断通途，五行缺火真来火，不复原桥不丈夫"，以此明志。1948 年 3 月，他又如愿主持完成了大桥的全部修复工程。

中华人民共和国成立后，生产力得到了解放和发展，我国建造了大量的钢结构工程，尤其是改革开放以来，我国已经在大跨度桥梁、高层建筑和大型钢结构建筑等领域，不仅在工程规模、数量上跃居世界前列,而且在钢结构领域的科研、设计、制造和施工建造水平已经步入世界先进之列。

在铁路桥梁方面,1957年建成武汉长江大桥(图1-1)。该桥结构形式为三联 3×128 m 连续钢桁梁,采用 A3 钢,是我国万里长江上修建的第一座公铁两用桥。1968年建成南京长江大桥(图1-2),该桥桥跨为三联 3×160 m+128 m 公铁两用双层钢桁梁,首次采用国产 16Mn 低合金钢。1982年建成安康汉江大桥,该桥为主跨 176 m 斜腿刚构薄壁箱形钢梁,在世界同类铁路桥梁中,它的跨度最大。1992年建成九江长江大桥,主跨180 m+216 m+180 m,是由三角形桁架刚性梁和柔性拱组成的栓焊结构,采用国产 15MnVN 低合金钢(屈服强度 450 MPa 钢),最大板厚达 56 mm。2000年建成芜湖长江大桥(图1-3),该桥为主跨 180 m+312 m+180 m 的矮塔斜拉桥,采用 14MnNbq 桥梁钢,使厚板焊接全封闭整体节点得以实现。

图1-1 武汉长江大桥

图1-2 南京长江大桥

图1-3 芜湖长江大桥

2008年建成武汉天兴洲公铁两用钢桁架梁斜拉桥,主跨达 504 m。2011年建成南京大胜关长江大桥,跨度布置为 108 m+192 m+336 m+336 m+192 m+108 m,它是一座六跨连续钢桁梁拱桥,该桥首次采用 Q420qE 级高强度、高韧性与良好焊接性能的新型钢材,主桥钢梁首次采用三片主桁承重结构,正交异性钢桥面板,建成时是世界首座六线铁路大桥,是世界上跨度最大、荷载等级最高的高速铁路桥。2020年7月建成的沪苏通长江公铁两用大桥(图1-4),采用主跨 1 092 m 的钢桁梁斜拉桥结构,是中国自主设计建造、世界上首座跨度超千米的公铁两用斜拉桥,建设者们成功研发使用了强度高、韧性好、可焊性强等特点的 Q500qE 新型高强度桥梁钢和 2 000 MPa 级的平行钢丝斜拉索。2020年12月建成通车的五峰山大桥(图1-5),主跨达 1 092 m,加劲梁采用板桁结合钢桁梁结构,是我国第一座公铁两用悬索桥,也是世界首座高速铁路悬索桥。

在公路和城市道路桥梁建设方面,呈现出桥梁跨度大、桥型丰富、发展迅速等特点,比如在悬索桥建设方面,1996年建成主跨900 m的西陵长江大桥,1997年建成主跨888 m的虎门大桥,1999年建成主跨1 385 m的江阴长江大桥,2005年建成主跨1 490 m的润扬长江大桥,2009年建成主跨1 650 m的西堠门大桥,2019年建成主跨1 688 m的南沙大桥和主跨1 700 m的杨泗港大桥等。在斜拉桥建设方面,1993年建成的上海杨浦江大桥是主跨602 m的斜拉桥;2008年建成的苏通长江大桥(图1-6),为一座主跨1 088 m的双塔双索面钢箱梁斜拉桥,建成时是世界最大跨径斜拉桥;目前在建的常泰过江通道是一座主跨1 176 m钢桁梁斜拉桥,建成后将成为同类桥梁世界最大跨。在拱桥建设方面,2000年建成的广州丫髻沙大桥,主桥是一座76 m+360 m+76 m三跨连续自锚中承式钢管混凝土系杆拱桥,成功采用了竖转加平转的施工技术。2003年建成上海卢浦大桥,该桥主跨550 m是当时世界跨度第一的钢拱桥。2009年建成重庆朝天门长江大桥,主跨552 m,结构形式为中承式连续钢桁系杆拱桥,采用Q420qD钢,最大板厚达80 mm,单杆最大重量达80 t,研究了超长超大变截面构件及特大整体节点钢拱座制造工艺,保持世界最大跨度拱桥记录11年。2020年12月建成的广西平南三桥(图1-7),是一座中承式钢管混凝土拱桥,该桥以主跨575 m刷新世界超大拱桥跨径纪录;而在建的广西龙滩天湖特大桥是一座主跨600 m的劲性骨架混凝土拱桥,建成后将再次打破拱桥跨度记录。此外,新型大跨波纹腹板组合结构桥、梁拱组合以及悬索斜拉组合等各种复杂结构体系桥,近十多年也得到了广泛的应用和发展。值得一提的是,近年来针对桥梁结构正交异形板突出的疲劳开裂问题,我国研发了厚边U肋、U肋内焊等技术,并自主研发了U肋机械人自动焊接装备,全面升级了钢箱梁板单元自动化焊接技术,显著提升了我国钢结构自动化制造技术水平,在激烈的国际工程竞标中多次赢得为美国等西方发达国家制造大桥钢箱梁的机会,先进的制造技术得到了国内外专家的赞誉。

图1-4 沪苏通长江大桥

图1-5 五峰山大桥

图1-6 苏通长江大桥

图1-7 广西平南三桥

在建筑结构方面,许多冶金企业和机械制造企业都建成了规模巨大的钢结构厂房,我国还建成了许多网架、三铰拱、悬索、斜拉结构的公用与民用建筑,高层建筑钢结构也有了令人瞩目的发展。在高层建筑方面,如2016年3月建成上海中心大厦,总高为632 m,采用核心筒＋SRC组合巨柱框架结构体系;2016年4月建成深圳平安国际金融大厦,总高为599.1 m,采用劲性混凝土核心筒＋巨型柱斜撑框架结构体系;还有广州东塔(高530 m)、北京中国尊(高528 m)、大连绿地中心(高518 m)、台北101大楼(高508 m)、上海环球金融中心(492 m)等一批超高层建筑。著名的塔桅结构如1995年建成高达468 m的上海东方明珠电视塔(图1-8),还有极具特色的中央电视台总部大楼(图1-9);被称作"鸟巢"的国家体育场(图1-10);被称作"水立方"的国家游泳中心游泳馆(图1-11)。在海洋钢结构方面,我国造船工艺和海上石油工业的钢结构也取得了突飞猛进的发展。在板壳结构方面,建造了不少巨型气柜、储油罐、高压容器等。此外,对于预应力钢结构,钢和混凝土组合结构,钢结构的连接等方面都进行了研究和应用,并取得了较大成果。

图1-8　东方明珠电视塔

图1-9　中央电视台总部大楼

图1-10　鸟巢

图 1-11 水立方

第二节 钢结构的特点和应用范围

一、钢结构的特点

钢结构与其他结构相比,主要有以下特点:

1. 钢材强度高,结构重量轻

钢材与其他一些建筑材料(如砖石和混凝土等)相比,虽然密度大,但强度却高得多,故其密度与强度的比值较小,承受同样荷载时,钢结构的跨越能力更大;当荷载和强度均相同时,例如,以同样的强度去承受同样的荷载,钢屋架的质量最多仅为钢筋混凝土屋架的 1/4~1/3,冷弯薄壁型钢屋架甚至接近 1/10。由此带来的优点是:可减轻基础负荷,大幅降低基础和地基造价,同时还方便运输和吊装。

2. 材质均匀,塑性和韧性好

钢材在冶炼、浇注和轧制过程中的质量可以严格控制,材质波动范围小。与其他建筑材料相比,钢材的内部组织较均匀,接近各向同性,在使用应力阶段很接近理想的弹塑性体,因此钢结构的实际受力和工程力学计算结果比较符合,所以设计比较准确可靠。钢材有良好的塑性,可通过应力重分布调节构件中可能出现的局部应力高峰,结构破坏前一般都会产生显著的变形,也不会因偶然超载而突然破坏。钢材还有良好的韧性,能承受动力荷载。钢结构的抗震性能优于其他结构。

3. 便于工业化生产,施工周期短

大批量钢结构构件一般均在专业化工厂由专用机具加工制作,速度快,精度高,构件在工地的拼装工艺也很成熟,一般不受季节限制,从而缩短了施工周期。由于钢结构的制作精度高,所以特别适用于强调互换性和装配性的结构。与钢筋混凝土结构相比,钢结构较易加固、修复和更换。

4. 密闭性好

对于有气密性和水密性要求的结构,采用钢结构可达到完全密封。

5. 具有一定的耐热性,但防火性能较差

温度在 200 ℃ 以内时,钢材性能变化很小。当温度超过 200 ℃ 以后,材质变化较大,

250 ℃附近有蓝脆现象,260～320 ℃时有徐变现象,430～540 ℃之间强度急剧下降,到600 ℃时钢材强度几乎丧失不能承担荷载,因此,设计规定当钢材表面温度超过 150 ℃后,即需用隔热层加以保护。对有防火要求者,需按相关规定采取隔热保护措施。

6. 耐腐蚀性差

新建钢结构一般都需要采用油漆、喷铝、镀锌等进行防锈涂装,在涂装前还需要认真除锈,每隔一定的时间还需再度涂装,所以维修费用较高,这是钢结构的主要缺点。

7. 容易产生噪声

在动荷载作用下,某些钢结构容易因振动而产生噪声,在对环境有要求的场所需采取必要的消声措施或采用其他结构。

8. 钢结构可能发生脆性断裂

钢结构一般情况下具有良好的塑性性能,但是当钢材处于复合受力状态且承受三向或双向拉应力时,若钢材处于低温工作条件或存在严重的应力集中及残余应力时,钢材有由塑性转变为脆性的趋势,会产生突然的脆性破坏,这一点必须引起足够的重视。

9. 钢结构稳定问题突出

钢材强度大,构件截面小,厚度薄,因而钢结构在压应力状态会引起构件甚至整个结构的稳定问题。当稳定问题控制设计时钢材的强度就难以得到充分利用。因此,如何防止构件或结构失稳是钢结构设计的重要问题之一。

二、钢结构的应用范围

由于钢材和钢结构的上述特点,钢结构的合理应用范围大体如下:

1. 工业厂房

例如重型工业厂房,包括冶金企业的炼钢、轧钢车间,重型机械厂的铸钢、水压机、锻压、总装配车间等;热加工车间也适合采用钢结构。目前,非重型的工业厂房也越来越多地采用钢结构。

2. 大跨度建筑的屋盖结构

例如公共建筑中的体育馆、大会堂、影剧院等,工业建筑中的飞机装配车间、大型飞机检修库等。

3. 大跨度桥梁

跨度较大的铁路和公路桥梁多采用以钢结构为主要承重材料的斜拉桥、悬索桥等。

4. 多层和高层建筑的骨架

例如工业建筑中的多层框架、民用建筑中跨度较大的多层框架和高层框架。

5. 塔桅结构

例如输电线路塔架、无线电广播发射桅杆、电视播映发射塔、环境气象塔、排气塔、卫星或火箭发射塔等高耸结构常采用钢结构。

6. 容器和大直径管道等壳体结构

例如储液罐、储气罐、大直径输油(气)和输煤浆管道、水工压力管道、囤仓以及炉体结构等。

7. 可拆卸、移动的结构

例如装配式活动房屋、流动式展览馆、军用桥梁等,采用钢结构特别合适。

8. 轻型结构

跨度不大,屋面轻的工业和商业房屋常采用冷弯薄壁型钢结构或小角钢、圆钢组成的轻型钢结构。

第三节 钢结构设计和设计规范

一、钢结构设计的基本要求

按照设计原则,钢结构的设计应符合技术先进、安全适用、经济合理的要求。

1. 结构具有安全性

在运输、安装和使用过程中,在规定的载荷作用下,钢结构应具有足够的强度、刚度和稳定性。在遇到规定的偶然事件时,结构应保持必需的整体稳定性。

2. 具有良好的适用性和耐久性

结构方案和构造措施要合理,符合实际,材料的选择和连接的方式要得当,保证结构能较好地承担预期功能并具有要求的耐久性。

3. 设计应符合经济原则

设计的结构要便于制造、运输、安装和维修,尽量节约钢材,降低综合费用。

4. 力求造型美观

处在城市、旅游区或其他人流较大场所的钢结构,在设计时要注意使其造型产生较好的社会效应。

二、钢结构设计的基本步骤

结构设计须遵循一定的程序。通常,建筑钢结构的设计依照以下步骤进行:

1. 结构选型和结构布置

根据建筑物的使用要求、具体条件和方案设计中已确定的内容,进行结构选型和结构布置。具体来说,就是需要运用整体概念进行结构构思,进一步规划结构方案,选择结构总体系和分体系,决定体系间的力学关系以及确定计算的近似分析模型。

钢结构通常有框架、平面桁架、网架(壳)、索膜、轻钢等结构形式。结构选型时,应考虑设计本身不同的特点。比如在轻钢工业厂房中,当跨度为 $8\sim12$ m 时,可选用单根 H 型钢组成结构体系作为受力体系。当跨度再大一些时,可以选用张弦梁结构形式;当跨度在 $24\sim36$ m 时,采用轻型门式刚架最为经济;当有较大悬挂荷载或移动荷载时,则可考虑采用网架。建筑允许时,在框架中布置支撑会比简单的节点刚接的框架有更好的经济性。而在屋面覆盖跨度较大的建筑中,可选择以构件受拉为主的悬索或索膜结构体系。

结构选型和布置需要综合运用力学和钢结构等知识以及过去积累的设计经验,才能做出一个好的决定,而且会直接影响结构的造价,因此,必要时还要进行方案比较设计或优化选择。

2. 建立计算简图,确定结构所承受的荷载

结构的计算简图应能较准确反映结构的实际受力状况。各类荷载的取值,可依据《建筑结构荷载规范》(GB 50009—2012)的规定确定,同时,还要考虑建设单位的具体要求。

3. 内力分析

利用力学知识对结构进行内力分析,可根据需要采用一阶弹性分析、二阶弹性分析或者考虑材料非线性和几何非线性影响的分析方法。考虑到不同类型的荷载可能同时作用于结构,因此,在内力计算时还需要进行荷载效应组合,以找出构件在最不利组合下的控制内力。

4. 根据控制内力进行构件设计

主要是根据最大内力进行各构件的截面设计。设计时必须依据一定的规范、规程进行,满足安全和使用性能要求,同时也要满足相关的构造要求。比如工业与民用建筑和一般构筑物钢结构基本构件和连接的计算应遵照现行《钢结构设计标准》执行。其他类构筑物或组成构件还需根据结构特点,满足相关规范、规程的具体要求,如《门式刚架轻型房屋钢结构技术规范》《冷弯薄壁型钢结构技术规范》《高层民用建筑钢结构技术规程》等。

5. 构件间的连接设计

钢结构的连接主要有焊缝连接和螺栓连接两种,可根据假定的力学模型,将连接布置为刚接(可传递全部弯矩)或铰接(不能承受弯矩),然后计算。

6. 绘制施工详图,编制材料表

施工图绘制应规范,同时应注意标明施工中的一些特殊要求。国家出版有标准图集可以参考,如《单层房屋钢结构节点构造详图》(06SG529—1)、《钢结构施工图参数表示方法制图规则和构造详图》(08SG115—1)等。

三、钢结构设计规范

在进行结构设计时,必须有一个设计的依据,这个依据就是设计规范。设计规范是国家颁布的关于设计计算和构造要求的技术规定和标准,是带有一定约束性和立法性的文件。其目的是贯彻国家的技术经济政策,保证设计的质量,达到设计方法上必要的统一化和标准化。设计规范是设计、校核、审批结构工程设计的依据。因此,工程技术人员在从事设计工作时,一般情况下,应遵守规范的规定。

规范是对成熟经验的总结,随着科学技术水平和生产实践经验的不断发展,设计规范也必然需要不断地进行修订和增补,才能适应指导设计工作的需要,因此,规范具有较强的时效性,设计者应该采用现行的规范进行设计;另一方面,设计规范也不可能囊括设计中的每种情况。因此,为了正确使用设计规范,工程技术人员应对规定的依据和各种构件的工作性能等有所了解,能够灵活运用规范解决实践所遇到的各种问题。

规范、标准、规程,这三个术语习惯上是在针对不同对象时加以区分,但在执行层面上并无实质差异。依据国家标准化法,我国工程建设标准又可分为国家标准、行业标准和地方标准。在标准制定时,下一级标准必须遵守上一级标准,只能在上一级标准允许围范内作出规定。下级标准的规定不得宽于上级标准,只能严于上级标准或补充上一级标准未涵盖的要求。鉴于此,在执行时,一般应该是行业标准优先于国家标准。

目前,我国现行的钢结构设计方面的"国标"规范主要有:

(1)《钢结构设计标准》(GB 50017—2017),这是我国进行工业与民用建筑和一般构筑物钢结构设计必须遵循的现行国家标准。

(2)《门式刚架轻型房屋钢结构技术规范》(GB 51022—2015),适用于承重结构为变截面或等截面实腹刚架,维护系统采用轻型钢屋面和轻型外墙的单层房屋结构。

（3）《冷弯薄壁型钢结构技术规范》（GB 50018—2002），适用于冷成型的薄壁型钢结构。

此外，与钢结构相关的行业规范有《高强钢结构设计标准》（JGJ/T 483—2020）、《高层民用建筑钢结构技术规程》（JGJ 99—2015）、《铁路桥梁钢结构设计规范》（TB 10091—2017）、《公路钢结构桥梁设计规范》（JTGD 64—2015）等。

第四节 钢结构的发展趋势

钢结构的应用与发展不仅取决于钢结构本身的特点，还受到国民经济发展情况的制约。中华人民共和国成立以后很长一段时间内，由于受钢产量的制约，钢结构被限制使用在其他结构不可能代替的重大工程项目中，在一定程度上，影响了钢结构的发展。1996 年我国钢材产量达到 1 亿 t，2003 年达到 2.2 亿 t，2015 年更是突破 8 亿 t，钢材供不应求的局面已得到根本性改变。我国的钢结构技术政策，也从"限制利用"改为积极合理地推广应用，再到目前大力推广。随着钢结构的广泛应用，钢结构工程的科学技术水平也必将进一步提高。

1. 高性能钢材的研制

钢结构的突出特点就是强度高，因此特别适于大跨度和承受大的荷载，采用高强度钢材，更能发挥钢结构的这一优势。为保证必要的塑性、韧性和可焊性，钢结构用的高强度钢一般都是低合金钢。在钢桥方面，20 世纪 90 年代我国采用屈服点为 345 N/mm^2 的 16Mnq（16 锰桥钢，依据国标 GB/T 714—2015，其性能与 Q345qD 对应）已很普遍，南京长江大桥采用此种钢比用 16q（16 桥钢，今称 Q235qD）节省钢材 15%。屈服点达 420 N/mm^2 的 15MnVNqC（15 锰钒氮桥钢，今称 Q420qE）早在 1977 年就被用于京承铁路白河桥，比用 16Mnq 节约钢材 10%以上。目前我国在《低合金高强度结构钢》（GB/T 1591—2018）提供 3 种交货状态，在保证基本性能条件下热轧钢最大厚度可达 200~250 mm，热机械轧制钢最大厚度可达 120 mm。《铁路桥梁钢结构设计规范》正式列入规范的钢材屈服强度最高为 500 N/mm^2，《桥梁结构用钢》推荐的钢材屈服强度最高已达 690 N/mm^2，《钢结构设计标准》推荐使用钢材的屈服强度最高已达 460 N/mm^2。

耐腐蚀钢的研制也受到了广泛关注，美国、日本等国都已将耐候钢用于沿海工程和桥梁结构建设中。我国现行《钢结构设计标准》提出：对于外露环境，且对腐蚀有特殊要求或处于侵蚀性介质环境中的承重构件，可采用 Q235NH、Q355NH、Q415NH 牌号的耐候结构钢。桥梁结构耐候钢有 Q345qNH、Q370qNH、Q420qNH、Q460qNH、Q500qNH 等牌号可供设计者选用。我国从 20 世纪 90 年代中期开始进行桥梁耐候钢的试验应用，目前已在拉林铁路藏木特大桥和官厅水库特大桥等工程中得以应用，其中，前者主桥为 430 m 中承式钢管混凝土拱，采用 Q420qENH 和 Q345qENH 高强耐候钢，是我国第一座免涂装耐候钢铁路桥梁；后者是主跨720 m 的单跨悬索桥，采用 Q345qEN 耐候钢，是我国首座大跨度全焊接免涂装耐候钢公路桥。耐候钢因其免涂装性能，可以大幅降低钢结构维护成本，随着高强、高性能耐候钢的研制，耐候钢桥梁建设前景广阔。有的企业正在开发耐火钢，该钢在加热到 600 ℃时仍能保持常温 2/3以上的强度。另外，宽翼缘工字型钢（或称 H 型钢）、方钢管、压型钢板、波纹腹板型钢、冷弯薄壁型钢等都能较好地发挥钢材的效能，取到较好经济效果，有着广阔的发展前景。

2. 计算理论的研究和完善

我国现行《钢结构设计标准》采用了以概率论为基础的极限状态设计法，这是通过大量理论研究和试验分析取得的成果,但是还有很多问题需要进一步研究和完善,有大量的工作需要继续完成。例如,实际构件和结构几何缺陷的统计分析,残余应力的分布,缺陷和残余应力对承载力极限状态的影响;受压构件的极限承载力及其影响因素;多次重复荷载和动力荷载作用下构件和结构的极限状态;钢材的塑性利用和板件屈曲后的强度问题,考虑二阶非弹性的钢框架整体高等分析等。对构件和结构的实际性能了解越深入,计算结果就越能反映实际情况,从而越能充分发挥钢材的作用并保证结构的安全。

3. 结构的革新

计算理论和计算手段的进步以及新材料、新工艺的出现,为钢结构形式的革新提供了条件。

计算机能够对十分复杂的结构迅速计算出结果,从而使杆件多且超静定次数高的空间结构得到了迅速推广应用;计算理论的研究和高强度钢丝的应用使大跨度悬索结构和斜拉结构在桥梁和建筑工程上得到了应用;预应力钢结构也是一种新型结构,它的主要形式是在一般钢结构中增加一些高强度钢构件并对结构施加预应力,其实质是以高强度钢材代替部分普通钢材以节约材料;钢和混凝土组合结构可以充分发挥材料的优势,钢管中填充素混凝土的钢管混凝土结构,在桥梁和厂房柱中已有应用,是一种很有发展前途的新型结构。

结构形式革新的另一种形式是把梁、拱、悬索等不同受力类型的结构融于同一结构中,如九江长江大桥、武汉天兴洲长江大桥、甬舟铁路西堠门大桥、北京北郊综合体育馆、亚运村游泳馆、北京国家体育馆等。

随着高强度螺栓和焊接技术的发展,铆接结构已被栓焊或全焊结构代替。在厂房钢结构、塔桅结构、网架结构中已广泛应用了高强度螺栓连接,西陵长江大桥的箱形加劲梁采用了全焊接结构,孙口黄河大桥桁梁采用了整体焊接节点、节点外拼接的新形式。

高层建筑钢结构的研究也是一个重要方面。近年来,我国已建成多座高度在 500 m 以上的超高层建筑,已经成为城市建设的新地标。钢混组合结构、波纹腹板结构、钢管混凝土结构、大跨张弦梁、膜结构、空间薄壳结构等也成为近年来结构工程发展的新热点。

4. 优化设计的运用

优化设计的目的是使钢结构用钢量最少或造价最低。为此要选择优化的结构形式并确定优化的截面尺寸。由于计算机的普及应用,使优化设计成为可能并得以发展。目前,优化设计已应用于桥梁、吊车梁和其他钢结构的设计中,取得了明显的经济效益。

5. 制造和施工技术的研究

为了保证钢结构的质量,提高生产效率,进一步缩短施工周期,降低费用,应对制造工艺和安装架设的技术进一步研究和改进;对批量较大的产品可逐步实现标准化、系列化;随着工程技术标准的提高,自动化焊接技术、装配式制造和智能建造技术方兴未艾。

习　题

1. 简述钢结构的特点和应用范围。
2. 试举例说明钢结构的主要发展趋势。
3. 举例说明我国典型的钢结构工程。
4. 通过查找阅读文献资料,完成一篇体现钢结构材料发展与应用,建筑或桥梁发展等相关主题的小论文,要求字数不少于 2 000 字。

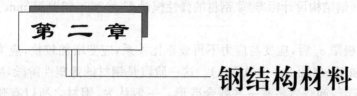

第二章

钢结构材料

第一节　钢结构对钢材性能的要求

钢结构大多是跨度大、高度大或承受较大荷载的重要结构,受力状况复杂,环境较恶劣,所以用于建造钢结构的钢材必须同时具有较高的强度、塑性和韧性,还必须具有良好的加工性能,对焊接结构还应保证其可焊性。此外,根据结构的具体工作条件,有时还要求钢材具有适应低温、高温和腐蚀性环境的能力。设计者应全面了解结构的各项要求和钢材的性能,并考虑到影响钢材性能的各种因素,合理选择钢材。

钢结构对钢材性能的要求主要包括:强度、塑性、冲击韧性、冷弯性能、沿厚度方向的性能、可焊性等。

一、强　　度

强度(strength)是材料受力时抵抗破坏的能力。钢结构一般都承受较大荷载,所以要求钢材具有相当的强度。代表钢材强度性能的指标有弹性模量 E、比例极限 σ_p、屈服强度 σ_s 和抗拉强度 σ_b 等,它们是根据钢材标准试件一次拉伸试验确定的。低碳钢和低合金钢一次拉伸应力—应变曲线如图 2-1(a)所示,为便于分析,简化为图 2-1(b)所示的光滑曲线。

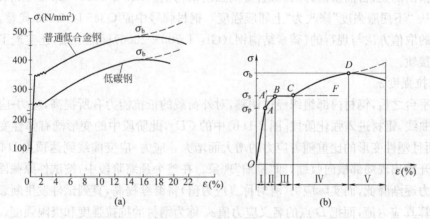

图 2-1　钢材单向一次拉伸应力—应变曲线

Ⅰ—弹性阶段;Ⅱ—弹塑性阶段;Ⅲ—塑性阶段;Ⅳ—强化阶段;Ⅴ—颈缩阶段

1. 比例极限 σ_p

应力由零到比例极限 σ_p,钢材处于弹性阶段,应力与应变为直线关系,即成正比关系(图 2-1中 OA),即 $\sigma = E\varepsilon$,卸载后变形即完全恢复。严格来讲,比 σ_p 略高处还有弹性极限 σ_e,但 σ_e 与 σ_p 很接近,所以通常把 σ_p 看作弹性极限。在这一弹性阶段变形很小(ε 约为 0.1 %)。

钢材的比例极限与实际焊接构件的比例极限是有差别的,这是因为构件中的残余应力将导致弹性模量 E 降低。《钢结构设计标准》取钢材的弹性模量 $E = 206 \times 10^3 \, \text{N/mm}^2$。

2. 屈服强度 σ_s

应力超过比例极限 σ_p 后,应变与应力不再成正比关系,应变增加较快,应力应变呈曲线关系,一直到屈服强度 σ_s(图 2-1 中 AB 段)。这一阶段是钢材的弹塑性阶段,应变 ε 大约从 0.1% 增加到 0.15%,卸载后将有一些残余变形。一般认为,钢材之所以有弹塑性阶段是由于存在残余应力的缘故,残余应力越小,比例极限越接近屈服强度 σ_s。应力达到屈服强度以后,则应力保持不变而应变持续发展,形成屈服平台(图 2-1 中 BC 段),钢材进入塑性阶段。这一阶段的应变范围较大(约从 $\varepsilon = 0.15\%$ 到 $\varepsilon = 2.5\%$),而且,出现的几乎全是塑性变形。实际上,屈服开始时总是形成上下波动的曲线[图 2-1(a)],最高点称上屈服强度 R_{eH},最低点称下屈服强度 R_{eL},一般下屈服强度较稳定,所以长期以来我国规范习惯上以下屈服强度作为钢材抗力标准值,为与国际用钢标准接轨,目前已修改为取屈服上限作为钢材的屈服强度。

屈服强度是钢材最重要的力学性能指标,是静力强度承载力极限。其依据是:①因为屈服强度 σ_s 和比例极限 σ_p 很接近,所以可以认为它是钢材弹性工作和塑性工作的分界点。到达屈服强度后,塑性变形很大,极易察觉,可以及时处理,使结构不发生突然破坏。②屈服强度 σ_s 之后,钢材仍可以继续承载,到达抗拉强度 σ_b 后才发生破坏,这样钢材就有极大的强度储备,所以一般钢结构极少发生真正的塑性破坏。

经过热处理的低合金高强度结构钢,虽然也有较好的塑性,但往往没有典型的屈服现象,对于这类钢材,以卸载后产生永久变形为 0.2% 时对应的应力作为屈服强度(记作 $\sigma_{0.2}$),称为"名义屈服强度"。

需要指出的是,目前新修订的《低合金高强度结构钢》(GB/T 1591—2018)标准,已将屈服强度标准从"下屈服强度"修改为"上屈服强度",钢材牌号中原 Q345 以 Q355 代替,这不仅使屈服强度的取值方法与现行的《碳素结构钢》(GB/T 700—2006)标准一致,还实现了与国际用钢标准的接轨。

3. 抗拉强度 σ_b

屈服平台之后,钢材内部组织经过调整,对外荷载的抵抗能力有所提高,应力-应变曲线变为上升的曲线,钢材进入强化阶段[图 2-1(b)中的 CD],此阶段中的变形既有弹性变形又有塑性变形,而且塑性变形的比重随着应力的增大而增大。应力-应变曲线到达顶点 D 时,试件在最薄弱处开始出现局部横向收缩,即"颈缩"现象。在整个颈缩阶段中,按试件原截面面积计算的名义应力逐渐降低,而实际应力(有时称真应力值)将继续提高,直到试件发生断裂。一般试件并不计算真应力值,而把 D 点的名义应力值 σ_b 称为钢材的抗拉强度和极限强度。在强化阶段,相应的应变约从 2.5% 增大到 15% 以上。虽然钢材在应力达到抗拉强度时才发生断裂,但是在结构强度设计时是以钢材屈服强度 f_y 作为静力强度的承载能力。为了简化计算,可以把钢材的应力—应变关系看做是两根直线[图 2-1(b)中 OA' 和 $A'F$],即把钢材看作理想弹性-塑性体,在屈服强度前是完全弹性的,屈服强度后是完全塑性的,这样可以用弹性理论来进行强度计算。

按照现行国家标准《金属材料拉伸试验 第 1 部分:室温试验方法》(GB/T 228.1—2010),

单向拉伸试验的试样应采用标准的"比例试样",即 $L_0 = 5.65\sqrt{S_0}$ 的试样(L_0 为试样原始标距,S_0 为平行长度的原始横截面积,圆形截面时,即为 5 倍截面直径),原始标距应不小于 15 mm。当 S_0 太小以致不能符合最小标距要求时,可采用 $L_0 = 11.3\sqrt{S_0}$ 的试件(圆形截面时,即为 10 倍截面直径)。

拉伸试验测得的上屈服强度(试样发生屈服而力首次下降前的最高应力)用 R_{eH} 表示,下屈服强度(屈服期间,不计初始瞬时效应时的最低应力)用 R_{eL} 表示,抗拉强度用 R_m 表示,以 $R_{r0.2}$ 代替 $\sigma_{0.2}$,称为"规定残余延伸强度"。

二、塑　　性

塑性(plasticity),是指材料所承受的应力在超过屈服强度后能产生显著变形而不立即断裂的性能。因钢结构受力状况比较复杂,所以要求钢材具有良好的塑性。

依据《金属材料拉伸试验　第 1 部分:室温试验方法》(GB/T 228.1—2010),采用断后伸长率(记作 A)作为衡量钢材塑性性能的指标,计算公式为

$$A = \frac{L_u - L_0}{L_0} \times 100\%$$

式中　L_0——施力前的试样标距(原始标距);

　　　L_u——试样断裂后的标距。

对于比例试样,若原始标距不为 $5.65\sqrt{S_0}$,符号 A 应附以下脚标说明所使用的比例系数,例如,$A_{11.3}$ 表示 $L_0 = 11.3\sqrt{S_0}$。对于非比例试样,符号 A 应附以下脚标说明所使用的原始标距,例如,A_{80} 表示 $L_0 = 80$ mm 的断后伸长率。

另一个表征塑性的指标为断面收缩率,以符号 Z 表示,为断裂后试样横截面积的最大缩减量 $S_0 - S_u$ 与原始横截面积 S_0 之比的百分率。通常,只有厚度不小于 40 mm 的钢板需要防止"层状撕裂"时才对这一指标加以要求。

三、韧　　性

韧性(notch toughness)是材料在塑性变形和断裂过程中吸收能量的能力,它是强度和塑性的综合表现。一般情况下,塑性好的钢材其韧性也较好。在单向应力作用下,从理论上讲钢材的韧性可用应力-应变曲线与横坐标围成的面积来衡量,面积越大,韧性值越高。但是在实际工作中,不宜用上述方法衡量钢材的韧性,因为钢材破坏时往往并非单向受力状态。在复杂应力状态、低温条件或应变速度快(冲击荷载)等情况下,钢材在有缺口的地方极易发生脆性断裂,因此有必要用其他试验来检查钢材的韧性,以控制钢材的脆断倾向。

冲击韧性的检测应依据国家标准《金属材料　夏比摆锤冲击试验方法》(GB/T 229—2020)进行,以摆锤击断带有缺口的标准试件所吸收的冲击功作为冲击韧性值。试验方法规定的试件缺口有 V 形和 U 形两种,如图 2-2 所示。通常采用 V 形缺口,称夏比 V 形试件(Charp V-notch),所测得的冲击韧性记作 KV_2 或 KV_8。由 U 形缺口标准试件测得的冲击韧性记作 KU_2 或 KU_8。其中脚标 2、8 表示摆锤锤刃边缘曲率半径为 2 mm 或 8 mm。冲击韧性值的单位为 J。

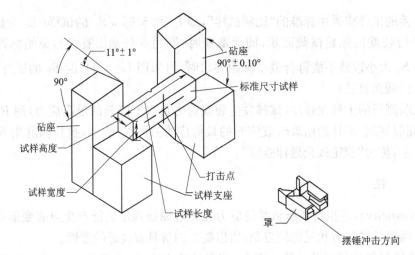

图 2-2　冲击韧性试验

　　钢材的冲击韧性随试验温度不同而变化,低温时冲击韧性将明显降低。试验温度可分为20 ℃、0 ℃、−20 ℃、−40 ℃和−60 ℃五种。判断钢结构在动力荷载作用下发生脆性断裂危险的大小时,冲击韧性指标是很重要的依据。除温度影响外,钢材的脆性破坏还与应力集中程度和加载应变速率等因素有关,当应力集中程度越严重和应变速率加大时,脆性破坏的可能性就越大。

四、冷弯性能

　　钢材在常温下,经过冷加工发生塑性变形后,抵抗产生裂纹的能力称作钢材的冷弯性能。冷弯性能用冷弯试验检测(图 2-3)。

　　冷弯性能的测定依据《金属材料弯曲试验方法》(GB/T 232—2010)进行。图 2-3 为冷弯试验的示意图,即用具有弯心直径 d 的冲头对标准试件中部施加荷载,使之弯曲一定角度(通常为 180°)后,观察试件弯曲外表面,无肉眼可见裂纹的评定为合格。

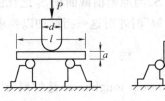

图 2-3　冷弯试验

　　冷弯性能是综合性能,它一方面检验钢材的工艺性能,另一方面检查钢材是否有足够的塑性,还能检查钢材的冶金质量,可发现是否有夹渣、分层和其他冶金缺陷。对于需要弯曲成型的钢材或重要钢结构中的钢材必须保证有足够的塑性,一般均要进行冷弯试验。

五、沿厚度方向的性能

　　对于厚钢板($t \geqslant 40$ mm),当沿厚度方向受拉时,由于钢材的分层缺陷,有可能导致层状撕裂破坏。为此,应严格控制钢材的质量,要求厚度方向性能满足要求,即,采用 Z 向钢。依据《厚度方向性能钢板》(GB/T 5313—2010),钢板分为三个级别:Z15、Z25 和 Z35,其要求如表 2-1所示。

表 2-1 厚度方向性能钢板的指标

厚度方向性能级别	硫含量(质量分数)(%)	断面收缩率 Z(%)	
		3 个试样的最小平均值	单个试样最小值
Z15	≤0.010	15	10
Z25	≤0.007	25	15
Z35	≤0.005	35	25

六、可 焊 性

钢材的可焊性是指在一定的焊接工艺和结构形式条件下能获得良好焊接接头的性能。如果运用一般常用的较简便的焊接方法和工艺,能使某种钢材获得良好的焊接接头,则称该钢种的可焊性能良好。由于焊接钢结构已普遍应用,所以要求钢材应该具有良好的可焊性。

钢材的焊接性能受含碳量和合金元素含量的影响。当含碳量在 0.12% ～0.20% 范围内时,碳素钢的焊接性能最好;含碳量超过上述范围时,焊缝及热影响区容易变脆。在高强度低合金钢中,除 C 含量以外,Mn 、V 、Cu 等合金元素也会使焊接性能变差,国际焊接学会推荐使用碳当量来衡量低合金钢的可焊性,随着碳当量值的增加,钢材的焊接性会变差。碳当量(用符号 CEV 表示)计算公式如下:

$$CEV (\%) = C + \frac{Mn}{6} + \frac{Cr + Mo + V}{5} + \frac{Ni + Cu}{15}(\%)$$

式中,C、Mn、Cr、Mo、V、Ni、Cu 分别为碳、锰、铬、钼、钒、镍和铜的百分含量。

我国现行《钢结构焊接规范》(GB 50661—2011)主要依据碳当量把钢结构焊接难度等级分为容易(CEV≤0.38%)、一般(0.38%<CEV≤0.45%)、较难(0.45%<CEV≤0.50%)、难(CEV>0.5%)共四级;即当碳当量不超过 0.38% 时,钢材的可焊性很好,可以不用采取措施直接施焊;当碳当量在 0.38% ～0.45% 范围内时,钢材呈现淬硬倾向,施焊时需要控制焊接工艺、采用预热措施并使热影响区缓慢冷却,以免发生淬硬开裂;当碳当量大于 0.45%～0.50% 时,钢材的淬硬倾向更加明显,冷裂纹的敏感性增强,需严格控制焊接工艺和预热温度,有时还需要采取后热及用低氢型焊接材料施焊才能获得合格的焊缝。钢材焊接性能的优劣除了与钢材的碳当量有直接关系之外,还与母材厚度、焊接方法、焊接工艺参数以及结构形式等条件有关。目前,主要采用可焊性试验来检验钢材的焊接性能,从而制定出重要结构和构件的焊接制度和工艺。

钢材的可焊性试验可分为抗裂性试验和使用性能可焊性试验两种。抗裂性试验主要检验按规定条件焊成后的试件焊缝和热影响区产生裂纹的程度,如果裂纹情况符合规定的要求,则认为合格;使用性能可焊性试验一般先焊制与实际结构类似的较大型试件,经过一段时效和若干次加载之后,再截取一定数量的小试件,进行拉伸、冲击韧性等试验,判断焊件在实用阶段的强度、塑性和韧性是否符合要求。

由于可焊性试验中规定的条件比实际施焊条件苛刻,试验的结果与焊件的实际状况有一定差别,因此它仅有相对比较的参考意义,而不能简单地由试验结果评定实际结构的情况,过去的经验也是很重要的。

钢结构要求的上述钢材性能,可大体概括为钢材的力学性能和工艺性能。其中强度、塑性、韧性、冷弯性能属于力学性能,可焊性属于工艺性能。习惯上所说的钢材力学性能五项保证指标依次是抗拉强度 f_u、断后伸长率 A、屈服强度 f_y、冷弯 $180°$ 和常温(或低温)冲击韧性指标 KV_2,后两项指标有些钢结构不一定要求,而有的钢结构可能还要求满足更多的性能指标或其他特殊要求,如疲劳强度、化学成分、防腐性能等,设计者应根据具体结构分别处理,必要时要与钢厂协商解决。

第二节　影响钢材力学性能的因素

结构钢在一般情况下,既有较高的强度,又有很好的塑性和韧性,是较好的承重结构材料。但是在某种因素的影响下,其力学性能会发生变化,可能出现脆性断裂(详见本章第三节),应该避免或减少导致钢材力学性能恶化的因素影响。影响钢材力学性能的主要因素有以下几个方面。

一、化学成分

在碳素结构钢中,基本元素是铁,含量约占 99%,此外还有 C、Si、Mn 等元素以及在冶炼中不易去除干净的 S,P 等元素。碳和其他元素在碳素结构钢中的总含量约占 1%,在低合金结构钢中也小于 5%,然而它们对钢的性能影响很大。

钢的金相组织基本上决定于碳的含量,含碳量增多,则金相组织中的铁素体比例减小而珠光体的比例增大,故钢的屈服强度和抗拉强度提高而塑性和韧性降低,同时钢的耐腐蚀性、疲劳强度和冷弯性能明显下降,还将恶化钢材的可焊性和增加低温脆断的危险。因此结构钢的含碳量不宜太高,一般在 0.22% 以下。对于低碳钢,当含碳量控制在不超过 0.20% 时,具有较好的可焊性。对于低合金钢,习惯以碳当量作为焊接性能的指标(注:现行《低合金高强度结构钢》(GB/T 1591—2018)同时给出了以焊接裂纹敏感性指数 P_{cm} 评估焊接性能的指标,主要用于含碳量较低(C≤0.12%)时可焊性评定),依据《钢结构焊接规范》,当碳当量不超过 0.38% 时,钢材具有良好的可焊性。

硅和锰主要用作脱氧剂,对钢的性能有益,但如果含量过高,也将使钢的塑性、韧性、耐腐蚀性和可焊性降低。

结构钢中的硫和磷是极为有害的成分,硫可引起热脆而磷引起冷脆,还会使其他一些性能降低,所以要严格限制其含量。

氧和氮都是钢中的有害杂质。氧的作用和硫类似,使钢热脆;氮的作用和磷类似,使钢冷脆。由于氧、氮容易在熔炼过程中逸出,一般不会超过极限含量,故通常不要求作含量分析。

《碳素结构钢》和《低合金高强度结构钢》给出的各钢材牌号的化学成分见表 2-2～表 2-4。

表 2-2　碳素结构钢的化学成分

牌　号	统一数字代号[a]	等　级	厚度(或直径)(mm)	脱氧方法	化学成分(质量分数)(%),不大于				
					C	Si	Mn	P	S
Q195	U11952	—	—	F、Z	0.12	0.30	0.50	0.035	0.040
Q215	U12152	A		F、Z	0.15	0.35	1.20	0.045	0.050
	U12155	B							0.045

续上表

牌号	统一数字代号[a]	等级	厚度(或直径)(mm)	脱氧方法	化学成分(质量分数)(%),不大于				
					C	Si	Mn	P	S
Q235	U12352	A	—	F、Z	0.22	0.35	1.40	0.045	0.050
	U12355	B			0.20[b]				0.045
	U12358	C		Z	0.17			0.040	0.040
	U12359	D		TZ				0.035	0.035
Q275	U12752	A		F、Z	0.24	0.35	1.50	0.045	0.050
	U12755	B	≤40	Z	0.21			0.045	0.045
			>40		0.22				
	U12758	C		Z	0.20			0.040	0.040
	U12759	D		TZ				0.035	0.35

a　表中为镇静钢、特殊镇静钢牌号的统一数字,沸腾钢牌号的统一数字代号如下:
　　Q195F——U11950;
　　Q215AF——U12150,Q215BF——U12153;
　　Q235AF——U12350,Q235BF——U12353;
　　Q275AF——U12750。
b　经需方同意,Q235B 的碳含量可不大于 0.22%。

表 2-3　低合金高强度结构钢的化学成分(热轧钢)

牌号		化学成分(质量分数)(%)													
钢级	质量等级	C	Si	Mn	P[c]	S	Nb[d]	V[e]	Ti[e]	Cr	Ni	Cu	Mo	N[f]	B
		以下公称厚度或直径/mm													
		≤40[b] | >40					不大于								
		不大于													
Q355	B	0.24	0.55	1.60	0.035	0.035	—	—	—	0.30	0.30	0.40	—	0.012	—
	C	0.20 | 0.22			0.030	0.030									
	D	0.20 | 0.22			0.025	0.025								—	
Q390	B	0.20	0.55	1.70	0.035	0.035	0.05	0.13	0.05	0.30	0.50	0.40	0.10	0.015	—
	C				0.030	0.030									
	D				0.025	0.025									
Q420[a]	B	0.20	0.55	1.70	0.035	0.035	0.05	0.13	0.05	0.30	0.80	0.40	0.20	0.015	—
	C				0.030	0.030									
Q460[a]	C	0.20	0.55	1.80	0.030	0.030	0.05	0.13	0.05	0.30	0.80	0.40	0.20	0.015	0.004

a　公称厚度大于 100 mm 的型钢,碳含量可由供需双方协商确定。
b　公称厚度大于 30 mm 的钢材,碳含量不大于 0.22%。
c　对于型钢和棒材,其磷和硫含量上限值可提高 0.005%。
d　Q390、Q420 最高可到 0.07%,Q460 最高可到 0.11%。
e　最高可到 0.20%。
f　如果钢中酸溶铝 Als 含量不小于 0.015% 或全铝 Alt 含量不小于 0.020%,或添加了其他固氮合金元素,氮元素含量不作限制,固氮元素应在质量证明书中注明。
g　仅适用于型钢和棒材。

表 2-4 低合金高强度结构钢的化学成分(正火、正火轧制钢)

牌号		化学成分(质量分数)(%)														
钢级	质量等级	C	Si	Mn	P[a]	S[b]	Nb	V	Ti[e]	Cr	Ni	Cu	Mo	N	Als[d]
		不大于	不大于		不大于	不大于				不大于					不小于
Q355N	B				0.035	0.035									
	C	0.20			0.030	0.030									
	D		0.50	0.90~1.65	0.030	0.025	0.005~0.05	0.01~0.12	0.006~0.05	0.30	0.50	0.40	0.10	0.015	0.015
	E	0.18			0.025	0.020									
	F	0.16			0.020	0.010									
Q390N	B				0.035	0.035									
	C	0.20	0.50	0.90~1.70	0.030	0.030	0.01~0.05	0.01~0.20	0.006~0.05	0.30	0.50	0.40	0.10	0.015	0.015
	D				0.030	0.025									
	E				0.025	0.020									
Q420N	B				0.035	0.035								0.015	
	C	0.20	0.50	1.00~1.70	0.030	0.030	0.01~0.05	0.01~0.20	0.006~0.05	0.30	0.80	0.40	0.10		0.015
	D				0.030	0.025								0.025	
	E				0.025	0.020									
Q460[b]	C				0.030	0.030								0.015	
	D	0.20	0.60	1.00~1.70	0.030	0.025	0.01~0.05	0.01~0.20	0.006~0.05	0.30	0.80	0.40	0.10		0.015
	E				0.025	0.020								0.025	

钢中应至少含有铝、铌、钒、钛等细化晶粒元素中一种,单独或组合加入时,应保证其中至少一种合金元素含量不小于表中规定含量的下限。

a 对于型钢和棒材,磷和硫含量上限值可提高 0.005%。
b V+Nb+Ti≤0.22%,Mo+Cr≤0.30%。
c 最高可到 0.20%。
d 可用全铝 Alt 替代,此时全铝最小含量为 0.020%。当钢中添加了铌、钒、钛等细化晶粒元素且含量不小于表中规定含量的下限时,铝含量下限值不限。

二、冶金工艺

钢的熔炼和浇注工艺决定了钢的化学成分和金相组织,同时也不可避免地造成了一定的缺陷。钢材的组织构造和缺陷,对钢材的力学性能均有较大影响。沸腾钢比镇静钢的冶金缺陷多,常见的冶金缺陷有偏析、夹渣、气孔及裂纹等。偏析是指钢锭各部分的化学成分不一致,例如顶部硫、磷含量偏多等;夹渣通常是指钢中的硫化物和氧化物,在钢材受力时可能成为脆性断裂的裂缝源,非常有害;气孔是在浇注时由 FeO 与 C 作用所生成的 CO 气体不能充分逸出而留在钢锭内形成的;裂纹是钢材中已出现的局部破坏。

钢材的轧制是在 1 200~1 300 ℃高温下进行的,在压力作用下,钢中的小气孔、裂纹、疏松等缺陷可以焊合,使金属晶粒变细,组织致密,所以轧制材比铸钢具有更高的力学性能。薄板因辊轧次数多,所以力学性能比厚板好。经过双向轧制的钢板比只经过单向轧制的性能好。

钢材分层缺陷是浇注时的夹渣在轧制后形成的,在设计钢结构时要尽量避免拉力垂直于板面作用。

经过热处理的钢材可以显著提高强度并有良好的塑性与韧性。如我国的低合金结构钢 15 MnVN 就是经过热处理才达到规定的力学性能的。高强度螺栓也是经过调质热处理(淬火后高温回火)以提高其抗拉强度和其他性能的。

三、冷加工硬化和时效硬化

在常温下加工称为冷加工。经过冷加工(拉、弯、冲、剪等)的钢材其屈服强度提高而塑性、韧性降低的现象称为冷加工硬化(也叫冷作硬化),它会使钢材脆性断裂的危险增大。

钢材经冷加工后,随时间的延长钢的屈服强度和抗拉强度逐渐提高,塑性和韧性逐渐降低,这种现象称为应变时效硬化。

钢材发生硬化的原因,一是冷加工变形后(应力超过弹性极限,产生残余塑性变形),钢组织中一部分晶粒发生变形、破碎、晶格扭曲、畸变,从而阻碍晶粒发生进一步滑移。二是溶于铁素体中处于饱和的氮和氧原子分别以 Fe_4N 和 FeO 的形式从固溶体中析出,逐渐扩散到晶体的内应力区或晶界上,阻碍晶粒发生滑移,从而增加了抵抗塑性变形的能力,致使塑性和韧性降低。

钢材的冷加工硬化和时效硬化在工程上有实际意义,它在钢筋混凝土结构中已被广泛利用以节约钢材,但对于一般钢构件是无法利用的。对于直接承受动力荷载作用或经常处于中温条件下的钢结构,要求钢材具有较小的时效敏感性,有时需对钢材进行时效冲击韧性试验。

四、加荷速度和重复加载

随着加荷速度的提高,钢材的屈服强度也提高,当加荷速度很大时,钢材的脆性会显著增加。

荷载多次循环反复作用时,钢材的性能会发生重要变化,内部微观裂纹逐渐扩大,产生疲劳破坏(详见本章第三节)。

五、应力集中和残余应力

钢结构构件内如果有裂纹、孔洞、槽口等缺陷或截面形状、尺寸急剧变化,构件内的应力分布将很不均匀。在有缺陷或截面变化处附近,应力线弯曲而密集,出现高峰应力,这种现象称为应力集中(图 2-4)。应力集中程度高时,往往形成双向受拉或三向受拉的应力场。这是因为,钢材的高应力处在 y 方向伸长时,在 x 和 z 方向将要收缩,由于应力分布很不均匀,高应力处的收缩必将受到周围低应力区材料的牵制和阻碍,从而引起 x 方向和 z 方向的拉应力,形成三向拉应力场。由材料力学知识可知,当三向拉应力的数值较接近时,材料中的剪应力很小,所以不易引起钢材晶粒的滑移,当拉应力较大时易发生脆性断裂。

钢材在冶炼、轧制、焊接热矫形等过程中,由不均匀的热过程引起的残余应力使构件某些区域应力分布不均匀,残余应力

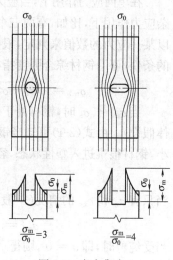

图 2-4　应力集中

有的是单向应力,也有双向或三向应力,在与外荷载应力的不利组合下,可能使钢材处于危险的脆性状态,甚至残余应力本身就会使钢材开裂。

六、温　　度

温度的升高和降低都会使钢材力学性能发生变化。温度达 250 ℃附近时,钢表面氧化膜呈蓝色,钢的塑性和韧性下降,在此温度加工时可能产生裂缝,称为蓝脆现象;260~320 ℃时钢材有徐变现象发生,即在应力持续不变的情况下,钢材以很缓慢的速度继续变形;超过 300 ℃后,钢的屈服强度明显下降,达到 600 ℃时强度几乎等于零。

温度由常温下降之初,钢的性能变化不大。随着温度继续下降,钢的冲击韧性值会降低,钢材变脆。冲击韧性随温度变化的规律如图 2-5 所示。在图中的高能量区($T>T_2$)和低能量区($T<T_1$),曲线平缓,温度带来的变化较小;而中间部分($T_1 \leqslant T \leqslant T_2$)曲线较陡,随温度的下降,钢材的冲击韧性急剧降低,试件可能发生脆性破坏,这种现象称为低温冷脆。钢材由塑性破坏向脆性破坏转变的温度称为冷脆转变温度,由图 2-5 可以看出,冲击韧

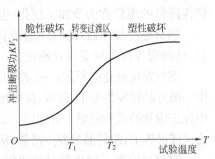

图 2-5　冲击韧性与温度关系示意图

性随着试验温度的降低而连续下降,所以冷脆转变温度实际上是一段温度区间,即图中 T_1 与 T_2 之间,称作温度转变区,T_1 与 T_2 要根据实践经验由大量试验统计数据来确定。冲击韧性与温度关系的试验曲线与钢的种类、受力情况及缺口等因素有关。为了应用上的方便,常采用适当方法确定相应的冷脆转变温度,例如,取指定的冲击功 $KV_2 = 27$ J 时的相应温度作为冷脆转变温度。钢材的韧性也可以根据冷脆转变温度的高低来评价,冷脆转变温度越低钢材韧性越好。钢材使用中可能出现的最低温度应高于钢材的冷脆转变温度。

七、复杂应力状态

在单向应力作用下,当应力达到屈服强度 σ_s 时,认为钢材由弹性状态进入塑性状态。在复杂应力作用下,比如,有两三个轴向应力和剪应力共同作用时,钢材是否进入塑性状态,就不能以某一应力的数值来判定,根据材料力学中能量强度理论,此时钢材由弹性状态进入塑性状态的条件,可用钢材综合强度指标即折算应力(reduced stress)来衡量,折算应力计算公式如下:

$$\sigma_{red} = \sqrt{\sigma_x^2 + \sigma_y^2 + \sigma_z^2 - (\sigma_x\sigma_y + \sigma_y\sigma_z + \sigma_z\sigma_x) + 3(\tau_{xy}^2 + \tau_{yz}^2 + \tau_{zx}^2)} \tag{2-1}$$

当 $\sigma_{red} < \sigma_s$ 时,钢材处于弹性状态,当 $\sigma_{red} \geqslant \sigma_s$ 时,钢材进入塑性状态(按理想弹性—塑性体假设)。由式(2-1)可知当钢材受三向拉应力而且数值较接近时,折算应力的计算数值将很小,钢材很难进入塑性状态,容易产生脆性断裂。对于平面应力状态,式(2-1)可写成:

$$\sigma_{red} = \sqrt{\sigma_x^2 + \sigma_y^2 - \sigma_x\sigma_y + 3\tau_{xy}^2} \tag{2-2}$$

当只有 σ_x 和 τ_{xy} 的情况(一般工字形截面梁受力情况)时,折算应力可简化为

$$\sigma_{red} = \sqrt{\sigma_x^2 + 3\tau_{xy}^2} \quad \text{或写成} \quad \sigma_{red} = \sqrt{\sigma^2 + 3\tau^2} \tag{2-3}$$

当受纯剪时,即 $\sigma = 0$,则得

$$\sigma_{red} = \sqrt{3\tau^2} = \sqrt{3}\tau \tag{2-4}$$

此时,发生屈服的条件为 $\sigma_{red} = \sqrt{3}\tau \geqslant \sigma_s$,即 $\tau \geqslant 0.58\sigma_s$。该公式表明,受纯剪切时,剪应力达到屈服点 σ_s 的 0.58 倍时,钢材进入塑性状态。所以钢的抗剪强度设计值大致取抗拉强度设计值的 0.58 倍。

第三节　钢材的破坏形式

在实际工作中,钢材有两种性质不同的破坏形式,一种是塑性破坏,也称延性断裂,另一种是脆性断裂。疲劳破坏是钢材在多次反复荷载作用下引起的断裂破坏,其破坏表征与脆性断裂类似。

一、塑性破坏(延性断裂)

塑性变形很大、经历时间又较长的破坏称作塑性破坏。前述的钢试件一次拉伸试验的破坏就属于塑性破坏。它是钢材晶粒中对角面上的剪应力值超过抵抗能力而引起晶粒相对滑移的结果。断口与作用力方向常成 45°,断口呈纤维状,色泽灰暗而不发光,有时还能看到滑移的痕迹。塑性破坏是由剪应力引起的。如果钢构件中不出现剪应力或剪应力的值很小,则不会发生塑性破坏。

二、脆性断裂

钢材几乎不出现塑性变形的突然破坏称作脆性破坏。断裂时,从应力的大小看不出有什么危险,按材料力学计算的名义应力往往比屈服强度低很多。断口与拉应力方向垂直,外观呈粗糙的晶粒状,能反光。脆性断裂是拉应力将钢材晶粒拉断的结果,此时的剪应力不足以引起晶粒滑移。

以前的工程实践中遇到的脆性断裂的机会并不多,所以钢结构设计一般都按塑性破坏进行分析。但是随着高强度钢和焊接结构的采用,各种钢结构工程,如厂房、桥梁、船艇、压力容器等都曾出现过不少重大脆性断裂事故。1938~1962 年期间,世界各国共有 40 座焊接钢桥发生突然断裂倒塌;第二次世界大战期间美国建造了几千艘全焊接的船艇,而发生脆断事故的达近千起,其中 200 多艘完全破坏,而有一艘是在基本无荷载情况下突然断成两截。1979 年12 月中旬,我国东北某市一直径 9 m、壁厚 15 mm 的液化气球罐发生断裂爆炸。这些情况,按传统力学观点难以解释,设计中使荷载效应小于材料抗力设计值并不能有效地防止脆性断裂的发生。显然,需要对发生脆性断裂的原因进行较深入的研究,在设计、制造和使用钢结构时采取必要的措施,以保证结构的安全。

影响脆性断裂的因素很多,大致可归结为三种:应力状态、低温和钢材质量。

1. 应力状态

由材料力学可知,单向拉伸时,构件不同的截面有不同的应力,最大剪应力等于最大主拉应力之半,即 $\tau = \sigma_1/2$,τ 随 σ_1 增大而增大,当 τ 达到一定值时,钢材晶粒沿对角面滑移而产生塑性破坏,这时剪应力起控制作用;三向受拉时,$\tau = (\sigma_1 - \sigma_3)/2$,$\sigma_3$ 是三个主应力中之最小者,当 σ_3 有一定值时,尽管 σ_1 超过屈服强度 σ_s 很多,但因 τ 值较小,钢材也不会发生塑性破坏,所以应力状态易出现由拉应力 σ_1 引起的脆性断裂。高度应力集中、残余应力和厚板条件是产生三向拉应力的主要原因。

在缺口较尖锐时,应力集中引起的 σ_2、σ_3 值有时很大,这种情况下,σ_1 通常要达到 $n\sigma_s(n \approx 3)$ 时才会引起大范围屈服,结果,σ_1 在达到 $n\sigma_s$ 之前,因超过钢材的脆断强度而发生脆性断裂。

残余应力是由不均匀热塑过程引起的,如冶轧、焊接、热矫形和其他加工等,其中影响最大的是焊接残余应力,有时残余应力引起的三向拉应力足以使钢材在没有荷载情况下发生脆性断裂。

厚板为三向拉应力的形成提供了条件,因为钢板越厚,对横向收缩的约束力越大,即 σ_3 越大,最大剪应力 $\tau = (\sigma_1 - \sigma_3)/2$ 的值越小,所以剪应力不起控制作用而易发生脆性断裂。一般认为,钢板厚度在 6 mm 以下时可不考虑钢材的脆性断裂。

2. 低温

如前所述,钢材在有尖锐缺口时,σ_1 要达到 $n\sigma_s$ 时才会引起大范围屈服,研究结果还表明,钢材的屈服强度 σ_s 随温度的降低而增大,而脆断强度(即拉伸试件断裂时的实际拉应力而不是名义应力)σ_d 随温度降低虽然也有所增加,但相对较少(图 2-6)。由图可以看出,当温度高于 T_2 时,因为 $n\sigma_s$ 和 σ_s 均低于 σ_d,所以钢材试件发生塑性破坏;当温度低于 T_1 时,因为 σ_s 和 $n\sigma_s$ 均高于 σ_d,所以发生脆性断裂;当温度在 T_1 和 T_2 之间时,有尖锐缺口的试件发生脆性断裂而无缺口的则发生塑性破坏。

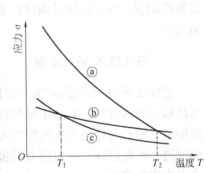

图 2-6　σ_s、$n\sigma_s$ 和 σ_d 随温度 T 变化情况
(a)有缺口时的屈服应力 $n\sigma_s$;
(b)脆断强度 σ_d;(c)屈服应力 σ_s

3. 钢材

由于冶炼、轧制工艺和化学成分的不同,钢材分为不同的种类和质量等级,它们的屈服强度和断裂强度(即 σ_s 和 σ_d)各不相同,冷脆转变温度也不同。例如镇静钢的冷脆转变温度低于沸腾钢,而碳素结构钢的冷脆转变温度高于低合金钢。

防止脆性断裂的关键是在设计、制造和使用钢结构时,要注意改善结构的形式,降低应力集中程度;尽量避免和减少焊接残余应力及其他工艺引起的残余应力;选用冷脆转变温度低的钢材(即保证负温冲击韧性指标);尽量采用薄钢板;避免突然荷载和结构的损伤等。

三、疲劳破坏

钢材经过多次循环反复荷载的作用,虽然平均应力低于抗拉强度甚至低于屈服强度,也会发生断裂的现象称为疲劳破坏(fatigue failure)。它是一种没有明显变形的突然发生的断裂,这一特征和脆性断裂相同。

1. 疲劳破坏的过程

疲劳破坏有其特殊的发展过程:

(1)微观裂纹的形成阶段。钢结构的构件由于构造不均匀或有槽孔等缺陷,局部区域会出现高度集中应力,峰值常为平均应力的数倍,所以计算出的名义应力虽然不高,但峰值应力足以引起在小范围内产生塑性变形,在多次反复发生塑性变形后将引起钢材硬化,逐渐发展成微观裂纹。严格来讲,结构钢不存在微观裂纹形成阶段,因为冲击、剪边等处已存在微观裂纹,焊缝中也有裂纹或气孔、夹渣等缺陷,所以,有人把微观裂纹和缺陷统一称为"类裂纹"。

(2)微观裂纹的扩展阶段。形成微观裂纹后,再经过荷载多次反复作用,微观裂纹逐渐扩展为宏观裂纹,裂纹两旁的材料时而相互挤压,时而分离,形成光滑区。微纹扩展的结果使构件截面削弱。

(3)断裂。当构件截面削弱到一定程度时,由于实际应力增大,裂纹迅速扩展而导致突然断裂。

2. 疲劳破坏与脆性断裂的比较

(1)疲劳和脆断都表现为突然断裂,其裂源都是某些引起应力集中的缺口或缺陷,断裂时的名义应力都低于屈服强度。

(2)疲劳破坏需要多次反复加载,经历的时间较长,出现宏观裂纹后,有相当长且比较稳定的裂纹发展过程,直到断裂前才变得不稳定;脆性断裂则是裂纹出现后即迅速扩展并破坏,发展过程是突然的、不稳定的,而且往往一次加载就可能造成灾难。

(3)疲劳破坏的断口,在距裂源点较近处是灰暗的光滑区,这是长时间挤磨形成的,在距裂源点较远处则是粗糙晶粒状。脆性断裂的断口大部呈闪光的晶粒状。

3. 影响疲劳破坏的主要因素

对疲劳破坏的研究,经历了几个阶段。早年的疲劳试验主要采用小型光面圆杆旋转试件,并以此为基础建立了对疲劳问题的主要概念。后来,随着工业的发展和试验技术的提高,不少国家针对本国钢材和焊接工艺等条件进行大型试件的疲劳试验,到20世纪60年代末,对接近实际尺寸的焊接钢构件的疲劳试验取得了重要成果。

研究证明,影响疲劳破坏的主要因素有:

(1)构件的构造和连接形式,它们和应力集中程度及残余应力有关。

(2)荷载循环次数。

(3)荷载引起的应力状况。

一般认为,循环荷载引起的应力如果不出现拉应力,则钢结构不会发生疲劳破坏;对于焊接构件,荷载引起的最大拉应力和最小拉应力(或压应力)之代数差,即应力幅是影响疲劳破坏的主要因素,这是由于焊接构件中的残余应力较大的缘故,现行《钢结构设计标准》(GB 50017—2017)就是基于这种概念对构件进行疲劳计算的。对于无残余应力或残余应力很小的构件,有人认为应力幅不是影响疲劳破坏的主要因素,应力循环特征值(应力比)$\rho=\sigma_{min}/\sigma_{max}$ 才是主要因素,《铁路桥涵设计规范》(TBJ 2—85)对疲劳的计算就是基于这种概念,随着焊接铁路钢桥的广泛应用,《铁路桥梁钢结构设计规范》(TB 10091—2017)也已采用应力幅检算构件的疲劳。

四、钢结构的稳定问题

稳定问题是指在压应力作用下结构或构件的一部分不能维持原有平衡状态而应力稍有增加就导致变形急剧增长甚至破坏的现象。稳定问题可能出现在所有可能产生压应力的结构或构件中,如钢结构中的轴心受压构件、压弯构件、梁,甚至拉弯构件都可能出现失稳破坏。稳定问题可分为整体失稳和局部失稳。

稳定问题是钢结构的突出问题,在各种类型的钢结构中,都可能遇到稳定问题,因稳定问题处理不当造成的事故也时有发生。1907年,加拿大圣劳伦斯河上的魁北克桥,在用悬臂法架设桥的中跨桥架时,由于悬臂的受压下弦失稳,导致桥架倒塌,9 000 t钢结构变成一堆废铁,桥上施工人员75人罹难。大跨度箱形截面钢桥在1970年前后曾出现多次事故。苏联1951～1977年期间所发生的59起重大钢结构事故,其中17起事故是由于结构的整体或局部失稳造成的。1978年美国一体育馆因压杆屈曲而造成空间网架坠塌事故。20世纪80年代,在我国也发生了数起因钢构件失稳而导致的事故。1990 年我国某地一会议室因腹杆平面外失稳而诱发轻型钢屋架垮塌事故。

稳定问题与强度问题在概念上有着本质区别。强度问题表示结构构件截面上产生的最大应力(内力)达到该截面的材料强度(承载力),因此,强度问题是应力问题;而稳定问题是要找出作用与结构内部抵抗力之间的不稳定平衡状态,即变形开始急剧增长的状态,属于变形问题。稳定问题有如下几个特点:

(1)稳定问题采用二阶分析。以未变形的结构来分析它的平衡,不考虑变形对作用效应的影响称为一阶分析(First Order Analysis);针对已变形的结构来分析它的平衡,则是二阶分析(Second Order Analysis)。除由柔索组成的结构外,强度问题通常采用一阶分析,也称线性分析;稳定问题原则上均采用二阶分析,也称几何非线性分析。

(2)不能应用叠加原理。应用叠加原理应满足两个条件:①材料符合虎克定律,即应力与应变成正比;②结构处于小变形状态,可用一阶分析进行计算。弹性稳定问题不满足第二个条件,即对二阶分析不能用叠加原理;非弹性稳定计算则两个条件均不满足。因此,叠加原理不适用于稳定问题。

(3)稳定问题不必区分静定和超静定结构。对应力问题,静定和超静定结构内力分析方法不同;静定结构的内力分析只用静力平衡条件即可;超静定结构内力分析则还需增加变形协调条件。在稳定计算中,无论何种结构都要针对变形后的位形进行分析。既然总要涉及变形,区分静定与超静定就失去意义。

对结构构件,强度计算是基本要求,但是对钢结构构件,稳定计算比强度计算更为重要,《钢结构设计标准》(GB 50017)的很大一部分条文都与稳定问题有关。从分析方法上,稳定问题要比强度问题复杂得多。

第四节　钢材的种类及选用

一、钢材的种类、牌号

钢材的种类可按不同分类方法区分:按用途区分有结构钢、工具钢和特殊用途钢等;按化学成分区分有碳素钢和合金钢;碳素钢按碳元素含量分有低碳钢($C \leqslant 0.25\%$)、中碳钢($0.25\% < C \leqslant 0.6\%$)和高碳钢($C > 0.6\%$);合金钢按合金元素总含量分有低合金钢(合金元素总量<5%)、中合金钢和高合金钢(合金元素总量>10%)。此外还有按冶炼方法分类的平炉钢、氧气转炉钢、碱性转炉钢和电炉钢等;按浇注方法(脱氧方法)分类的沸腾钢、镇静钢和特殊镇静钢。

1. 碳素结构钢

根据《碳素结构钢》(GB/T 700—2006),碳素结构钢的牌号由代表屈服强度的字母 Q、屈服强度数值(单位 N/mm^2)、质量等级符号(分为 A、B、C、D 四级,质量依次提高)、脱氧方法符号(沸腾钢、镇静钢和特殊镇静钢的代号分别为 F、Z 和 TZ,其中 Z 和 TZ 可以省略)四个部分按顺序组成。例如 Q235AF。

钢材的质量等级中,A、B 级可以为沸腾钢、镇静钢,C 级为镇静钢,D 级为特殊镇静钢。此外,不同质量等级对冲击韧性的要求不同。

《碳素结构钢》(GB/T 700—2006)规定的牌号有 Q195、Q215A、Q215B、Q235A、Q235B、

Q235C、Q235D 和 Q275A、Q275B、Q275C、Q275D，其中 Q235 系列是《钢结构设计标准》（GB 50017）推荐采用的钢材。

碳素结构钢交货时应有化学成分和机械性能的合格保证书（试验数据）。对于化学成分，各牌号 A 级钢的 C、Mn、Si 含量可以不作为交货条件（但含量要在质量证明书中注明）。对于机械性能，A 级应保证抗拉强度、屈服强度、断后伸长率和冷弯性能符合要求，B、C、D 级还应分别保证 20 ℃、0 ℃、−20 ℃的冲击韧性 $KV_2 \geqslant 27$ J。

碳素结构钢的力学性能见表 2-5。

表 2-5 碳素结构钢的力学性能（GB/T 700—2006）

牌号	等级	屈服强度[1] $R_{eH}(N/mm^2)$，不小于						抗拉强度[2] $R_m(N/mm^2)$
		厚度（或直径）(mm)						
		≤16	>16~40	>40~60	>60~100	>100~150	>150~200	
Q195	—	195	185	—	—	—	—	315~430
Q215	A	215	205	195	185	175	165	335~450
	B							
Q235	A	235	225	215	215	195	185	370~500
	B							
	C							
	D							
Q275	A	275	265	255	245	225	215	410~540
	B							
	C							
	D							

牌号	等级	断后伸长率 A(%)，不小于					冲击试验（V 形缺口）	
		厚度（或直径）(mm)					温度（℃）	冲击吸收功（纵向）(J)，不小于
		≤40	>40~60	>60~100	>100~150	>150~200		
Q195	—	33	—	—	—	—		
Q215	A	31	30	29	27	26	—	
	B						+20	27
Q235	A	26	25	24	22	21	—	
	B						+20	27[3]
	C						0	
	D						−20	
Q275	A	22	21	20	18	17	—	
	B						+20	27
	C						0	
	D						−20	

注：（1）Q195 的屈服强度值仅供参考，不作交货条件。

（2）厚度大于 100 mm 的钢材，抗拉强度下限允许降低 20 N/mm²。宽带钢（包括剪切钢板）抗拉强度上限不作交货条件。

（3）厚度小于 25 mm 的 Q235B 级钢材，如供方能保证冲击吸收功值合格，经需方同意，可不检验。

2. 低合金高强度结构钢

低合金结构钢的化学成分与碳素结构钢相近，只是前者加入了少量合金元素（合金元素总量不超过 5%），以提高其强度、冲击韧性、耐腐蚀性等。低合金结构钢含碳量一般都较低（小于 0.2%），因此有良好的加工性和可焊性。

《低合金高强度结构钢》(GB/T 1591—2018)规定，钢材牌号由代表屈服强度"屈"字的汉语拼音首字母 Q，规定的最小上屈服强度数值、交货状态代号、质量等级符号(B、C、D、E、F)四个部分组成。交货状态有热轧(Q355、Q390、Q420、Q460)、正火或正火轧制(Q355N、Q390N、Q420N、Q460N)、热机械轧制(Q355M、Q390M、Q420M、Q460M、Q500M、Q550M、Q620M、Q690M)三种，当交货状态为热轧时，交货状态代号 AR 或 WAR 可省略；当交货状态为正火或正火轧制状态时，交货状态代号均用 N 表示，如 Q355ND 表示最小上屈服强度 $f_y = 355 \ N/mm^2$ 的正火或正火轧制的 D 级钢；当交货状态为热机械轧制时，交货状态代号用 M 表示，如 Q355MD 表示最小上屈服强度 $f_y = 355 \ N/mm^2$ 的热机械轧制的 D 级钢。不同交货状态的化学成分、力学性能指标是有区别的。

当需方要求钢板具有厚度方向性能时，则在上述规定的牌号后加上代表厚度方向(Z 向)性能级别的符号，例如，Q355NDZ25。

《钢结构设计标准》中推荐的低合金高强度结构钢的牌号为 Q355、Q390、Q420、Q460 等四种。热轧钢的拉伸性能和伸长率要求分别见表 2-6 和表 2-7，正火、正火轧制钢的拉伸性能见表 2-8。

表 2-6 热轧钢的拉伸性能(GB/T 1591—2018)

牌号		上屈服强度 R_{eH}[a](MPa) 不小于									抗拉强度 R_m (MPa)			
		公称厚度或直径(mm)												
钢级	质量等级	≤16	>16~40	>40~63	>63~80	>80~100	>100~150	>150~200	>200~250	>250~400	≤100	>100~150	>150~250	>250~400
Q355	B,C	355	345	335	325	315	295	285	275	—	470~630	450~600	450~600	—
	D									265[b]				450~600[b]
Q390	B,C,D	390	380	360	340	340	320	—	—	—	490~650	470~620	—	—
Q420[c]	B,C	420	410	390	370	370	350	—	—	—	520~680	500~650	—	—
Q460[c]	C	460	450	430	410	410	390	—	—	—	550~720	530~700	—	—

a 当屈服不明显时，可用规定塑性延伸强度 $R_{p0.2}$ 代替上屈服强度。
b 只适用于质量等级为 D 的钢板。
c 只适用于型钢和棒材。

表 2-7 热轧钢的伸长率(GB/T 1591—2018)

牌　号			断后伸长率 A(%) 不小于					
钢级	质量等级		公称厚度或直径(mm)					
		试样方向	≤40	>40~63	>63~100	>100~150	>150~250	>250~400
Q355	B、C、D	纵向	22	21	20	18	17	17[a]
		横向	20	19	18	18	17	17[a]
Q390	B、C、D	纵向	21	20	20	19	—	—
		横向	20	19	19	18	—	—
Q420[b]	B、C	纵向	20	19	19	19	—	—
Q460[b]	C	纵向	18	17	17	17	—	—

[a] 只适用于质量等级为 D 的钢板。

[b] 只适用于型钢和棒材。

表 2-8 正火、正火轧制钢的拉伸性能(GB/T 1591—2018)

牌　号		上屈服强度 R_{eH}[a](MPa) 不小于							
钢级	质量等级	公称厚度或直径(mm)							
		≤16	>16~40	>40~63	>63~80	>80~100	>100~15	>150~200	>200~250
Q355N	B、C、D、E、F	355	345	335	325	315	295	285	275
Q390N	B、C、D、E	390	380	360	340	340	320	310	300
Q420N	B、C、D、E	420	400	390	370	360	340	330	320
Q460N	C、D、E	460	440	430	410	400	380	370	370

牌　号		抗拉强度 R_m (MPa)			断后伸长度 A(%) 不小于				
钢级	质量等级	公称厚度或直径(mm)							
		≤100	>100~200	>200~250	≤16	>16~40	>40~63	>63~80	>80~200	>200~250
Q355N	B、C、D、E、F	470~630	450~600	450~600	22	22	22	21	21	21
Q390N	B、C、D、E	490~650	470~620	470~620	20	20	20	19	19	19
Q420N	B、C、D、E	520~680	500~650	500~650	19	19	19	18	18	18
Q460N	C、D、E	540~720	530~710	510~690	17	17	17	17	17	16

注:正火状态包含正火加回火状态。

[a] 当屈服不明显时,可用规定塑性延伸强度 $R_{p0.2}$ 代替上屈服强度 R_{eH}。

　　低合金高强度结构钢又分为 B、C、D、E、F 五个质量等级,依次以 B 级质量较差,F 级质量
最高。不同质量等级主要是按对冲击韧性的要求进行区分的,热轧钢只有 B、C、D 三级,分别

要求提供 20 ℃、0 ℃、−20 ℃冲击功 $KV_2 \geqslant 34$ J(纵向)，或 $KV_2 \geqslant 27$ J(横向)。正火或正火轧制钢 B 级要求提供 20 ℃冲击功 $KV_2 \geqslant 34$ J(纵向)；C 级要求提供 0 ℃冲击功 $KV_2 \geqslant 34$ J(纵向)；D 级要求提供 −20 ℃冲击功 $KV_2 \geqslant 40$ J(纵向)；E 级要求提供 −40 ℃冲击功 $KV_2 \geqslant 31$ J(纵向)；Q355NF 钢要求提供 −60 ℃的冲击功 $KV_2 \geqslant 27$ J(纵向)；正火、正火轧制钢的夏比(V 形缺口)冲击试验的温度和冲击吸收能量详细要求见表 2-9。

表 2-9　正火、正火轧制钢夏比(V 形缺口)冲击试验的温度和冲击吸收能量(GB/T 1591—2018)

牌　号		以下试验温度的冲击吸收能量最小值 KV_2(J)									
钢　级	质量等级	20 ℃		0 ℃		−20 ℃		−40 ℃		−60 ℃	
		纵向	横向	纵向	横向	纵向	横向	纵向	横向	纵向	横向
Q355N、Q390N Q420N、Q460N	C	—	—	34	27						
	D	55	31	47	27	40[a]	20				
	E	63	40	55	34	47	27	31[b]	20[b]		
Q355N	F	63	40	55	34	47	27	31	20	27	16

当需方未指定试验温度时，正火、正火轧制的 C、D、E、F 级钢材分别做 0 ℃、−20 ℃、−40 ℃、−60 ℃冲击。
冲击试验取纵向试样，经供需双方协商，也可横向试样。

[a]　当需方指定时，D 级钢可做−30 ℃冲击试验时，冲击吸收能量纵向不小于 27 J。
[b]　当需方指定时，E 级钢可做−50 ℃冲击时，冲击吸收能量纵向不小于 27 J、横向不小于 16 J。

3. 优质碳素结构钢

优质碳素结构钢是为了满足不同的加工要求，而赋予相应性能的碳素钢，所以价格较贵，一般不用于建筑钢结构，少量应用常发生在因规格欠缺引起的材料代替。

《优质碳素结构钢》(GB/T 699—2015)规定了热轧和锻制优质碳素结构钢棒材的指标。优质碳素结构钢的牌号表示为 2 位数字或 2 位数字后加"Mn"。例如，20、30Mn 等。牌号中的 20 表示含碳量为万分之 20；数字之后的"Mn"表示含锰量较高，达到 0.7%～1.0%，普通含锰量不标注。

表 2-10 和表 2-11 分别给出了可用于建筑钢结构的部分优质碳素结构钢的化学成分和力学性能要求。

表 2-10　优质碳素结构钢的化学成分

牌　号	化学成分(质量分数)(%)							
	C	Si	Mn	P	S	Cr	Ni	Cu[a]
				≤				
15	0.12～0.18	0.17～0.37	0.35～0.65	0.035	0.035	0.25	0.30	0.25
20	0.17～0.23	0.17～0.37	0.35～0.65	0.035	0.035	0.25	0.30	0.25
15Mn	0.12～0.18	0.17～0.37	0.70～1.00	0.035	0.035	0.25	0.30	0.25
20Mn	0.17～0.23	0.17～0.37	0.70～1.00	0.035	0.035	0.25	0.30	0.25

表 2-11　优质碳素结构钢力学性能

牌　号	力学性能不小于			
	抗拉强度 R_m （N/mm²）	下屈服强度 R_{eL} （N/mm²）	断后伸长率 A（%）	断面收缩率 Z（%）
15	375	225	27	55
20	410	245	25	55
15Mn	410	245	26	55
20Mn	450	275	24	50

4. 合金结构钢

合金结构钢应符合《合金结构钢》GB/T 3077—2015 的要求，钢材牌号表达形式形如 20MnV，20MnTiB。其中，20 表示含碳量为万分之 20；其后为主要元素。另外，牌号后加"A"，表示"高级优质钢"，牌号后加"E"，表示"特级优质钢"。

5. 桥梁用结构钢

依据《桥梁用结构钢》（GB/T 714—2015），其牌号表示方法与建筑结构钢类似，但屈服强度数值后加字母"q"（即"桥"的首字母），例如，Q420qD。质量等级有 C、D、E、F 四级，性能优于相应的碳素结构钢和低合金高强度结构钢。桥梁用结构钢的力学性能见表 2-12。

表 2-12　桥梁用结构钢的力学性能

牌号	质量 等级	拉伸试验ᵃ,ᵇ					冲击试验ᶜ	
		下屈服强度 R_{eL}（MPa）			抗拉强度 R_m（MPa）	断后伸长度 A（%）	温度 （℃）	冲击吸收 能量 KV_2（J）
		厚度 ≤50 mm	50 mm＜厚度 ≤100 mm	100 mm＜厚度 ≤150 mm				
		不小于						不小于
Q345q	C	345	335	305	490	20	0	120
	D						−20	
	E						−40	
Q370q	C	370	360	—	510	20	0	120
	D						−20	
	E						−40	
Q420q	D	420	410	—	540	19	−20	120
	E						−40	
	F						−60	47
Q460q	D	460	450	—	570	18	−20	120
	E						−40	
	F						−60	47
Q500q	D	500	480	—	630	18	−20	120
	E						−40	
	F						−60	47

续上表

牌号	质量等级	拉伸试验[a,b]					冲击试验[c]	
		下屈服强度 R_{eL}(MPa)			抗拉强度 R_m(MPa)	断后伸长度 A(%)	温度(℃)	冲击吸收能量 KV_2(J)
		厚度≤50 mm	50 mm<厚度≤100 mm	100 mm<厚度≤150 mm				
		不小于						不小于
Q550q	D	550	530	—	660	16	−20	120
	E						−40	
	F						−60	47

　　耐候钢是指在钢中加入一定数量的合金元素，如 P、Cr、Ni、Cu、Mo 等，使其在金属基体表面上形成保护层，以提高耐大气腐蚀性能的钢。当以热机械轧制状态交货的 D 级钢板，且具有耐候性能及厚度方向性能时，则在上述规定的牌号后分别加上耐候（NH）及厚度方向（Z向）性能级别的代号，例如，Q420qDNHZ15。桥梁结构耐候钢化学成分见表 2-13。

表 2-13　桥梁结构耐候钢化学成分

牌号	质量等级	化学成分[a,b,c]（质量分数）(%)											
		C	Si	Mn[d]	Nb	V	Ti	Cr	Ni	Cu	Mo	N	Als[e]
											不大于		
Q345qNH	D E F	≤0.11	0.15~0.50	1.10~1.50	0.010~0.100	0.010~0.100	0.006~0.030	0.40~0.70	0.30~0.40	0.25~0.50	0.10	0.008 0	0.015~0.050
Q370qNH											0.15		
Q420qNH											0.20		
Q460qNH													
Q500qNH								0.45~0.70	0.30~0.45	0.25~0.55	0.25		
Q550qNH													

　　a　铌、钒、钛、铝可单独或组合加入，组合加入时，应至少保证一种合金元素含量达到表中下限规定；Nb+V+Ti≤0.22%。
　　b　为控制硫化物形态要进行 Ca 处理。
　　c　对耐候钢耐腐蚀性的评定，参见 GB/T 714—2015 附录 C。
　　d　当卷板状态交货时 Mn 含量下限可到 0.50%。
　　e　当采用全铝（Alt）含量计算时，全铝含量应为 0.020%~0.055%。

6. 其他钢种

　　耐候钢：处于外露环境，且对大气腐蚀有特殊要求或处于腐蚀性液体作用下的承重结构，宜采用耐候钢。耐候钢国家标准为《高耐候性结构钢》（GB/T 4171）和《焊接结构用耐候钢》（GB/T 4172）。

　　铸钢：铸钢常用于大型结构的支座。根据《一般工程用铸造碳钢件》（GB/T 11352—2009）的规定，铸钢牌号形如 ZG200-400，这里，ZG 表示铸钢，200 表示屈服强度，400 表示抗拉强度，二者单位均为 N/mm²。该标准包括的铸钢牌号有：ZG 200-400，ZG 230-450，ZG 270-500，ZG 310-570，ZG 340-640。

　　专用结构钢：专用结构钢大多是在碳素结构钢或低合金结构钢的基础上冶炼而成，质量要求更高。《锅炉和压力容器用钢板》（GB 713—2014）中，其牌号表示方法为，自左至右依次列出平均含碳量的万分数、合金元素符号及其含量百分整数、专业用途汉语拼音字母,形如 16MnR。这里,R 表示容器。《船舶及海洋工程用结构钢》(GB 712—2011)中的牌号表达则比较特殊。

此外,制作普通螺栓的材料为 ML3,10.8 级、10.9 级高强度螺栓则会采用 ML20MnTiB,这里,ML 为"铆螺"的首字母,这些钢材应符合《冷镦和冷挤压用钢》(GB/T 6478—2015)的要求。

二、钢材的规格

钢结构用钢多为热轧成型的板材和型钢,冷加工成型的薄壁型钢也已被采用,有时还采用钢管和圆钢(图 2-7、图 2-8)。

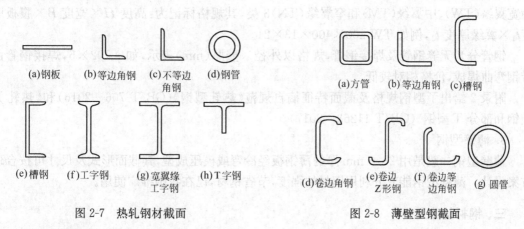

(a)钢板 (b)等边角钢 (c)不等边角钢 (d)钢管 (a)方管 (b)等边角钢 (c)槽钢

(e)槽钢 (f)工字钢 (g)宽翼缘工字钢 (h)T 字钢 (d)卷边角钢 (e)卷边Z形钢 (f)卷边等边角钢 (g)圆管

图 2-7 热轧钢材截面   图 2-8 薄壁型钢截面

1. 热轧钢板

热轧钢板基本上可分为厚钢板和薄钢板两大类。厚板的厚度为 4.5~250 mm,薄板的厚度为 0.35~4 mm,每种厚度的钢板都有几种不同的宽度和相应的长度,宽度由 500 mm 至 3 000 mm,长度由 0.5 m 至 12 m。另外,还有扁钢、花纹钢板等。钢板在图纸中通常用"—厚×宽×长(单位用 mm)"表示,如—10×600×2 800 表示厚 10 mm,宽 600 mm、长 2 800 mm 的钢板。

在《建筑结构用钢板》(GB/T 19879—2015)中,共列出了 9 个牌号,屈服强度从 235 N/mm² 到 690 N/mm²,质量等级为 B~E。钢材的牌号形如 Q390GJCZ25。其中,"GJ"为"高性能建筑结构用钢"的拼音首字母,"C"表示质量等级为 C 级,"Z25"为厚度方向性能级别。这些牌号的钢材具有很好的冲击韧性,例如,Q235GJ~Q460GJ 钢材在各温度的 KV_2 均要求达到 47 J。

2. 热轧型钢

热轧型钢主要有角钢、槽钢、工字钢和钢管等。

角钢有等边角钢和不等边角钢两种,角钢的"边"也称作"肢"。用边宽和厚度的毫米数表示,如 L100×10 表示边宽 100 mm、厚度 10 mm 的等边角钢,L100×80×8 表示长边宽 100 mm、短边宽 80 mm、厚度 8 mm 的不等边角钢。角钢截面范围很大。等边角钢从 L20×3 到 L200×20,不等边角钢从 L25×16×3 到 L200×125×18,角钢长度一般为 3~19 m。

槽钢用号数表示,号数等于槽钢外廓高度的厘米数,高度相同而厚度不同时,在号数后加注 a、b、c(a 类腹板最薄),例如 [28b 表示高度为 28 cm,腹板厚度为 b 类的槽钢。槽钢编号从 5~40 号,长度为 5~19 m。我国除有热轧普通槽钢外,还有低合金钢热轧轻型槽钢(在钢号前加 Q 字符),号数相同的槽钢后者腹板、翼缘较薄而且翼缘较宽,故而截面积小但回转半径大,能节约钢材减少自重。轻型槽钢不分 a、b、c 类,它的实际生产量很少。

工字钢也分为普通型和轻型两类,钢号表示方法与槽钢相似,例如Ⅰ32c表示外廓高度为32 cm,腹板厚度为c类的工字钢。工字钢的编号为10~63,长度为5~19 m。轻型工字钢最大编号为70,同样高度的轻型工字钢,比普通工字钢的腹板薄,翼缘薄而宽,截面回转半径大些。

宽翼缘工字钢(也称H型钢)属于高效钢材,在国外的应用已较广泛,现今在我国也有很大发展。目前最新的国家标准是《热轧H型钢和剖分T型钢》(GB/T 11263—2017)。依据该标准,H型钢分为宽翼缘(HW)、中翼缘(HM)、窄翼缘(HN)和薄壁(HT)4类,其规格标记为:高度H×宽度B×腹板厚度t_w×翼缘厚度t_f,例如HN 800×300×14×26;剖分T型钢分为宽翼缘(TW)、中翼缘(TM)和窄翼缘(TN)3类,其规格标记为:高度H×宽度B×腹板厚度t_1×翼缘厚度t_2,例如TW 200×400×13×21。

钢管分为无缝钢管及焊接钢管,规格以外径×壁厚(mm)表示,如ϕ102×5,焊接钢管由带钢弯曲焊成,价格相对较低。

附录2给出了型钢规格及截面特征摘自规范《热轧型钢》(GB/T 706—2016)和《热轧H型钢和部分T型钢》(GB/T 11263—2017)。

3. 薄壁型钢

薄壁型钢一般是用2~6 mm厚的薄钢板经冷弯或模压成型,其截面形式及尺寸可按合理方案设计。薄壁型钢能充分利用钢材的强度,节省钢材,已在我国推广使用。

三、钢材的选用

钢材的选择既要确定所用钢材的钢号,又要提出应有的机械性能和化学成分保证项目,是钢结构设计的首要环节。选材的基本原则是既保证安全可靠,又经济合理。为保证承重结构的承载能力和防止一定条件下出现脆性破坏,应根据结构的重要性、荷载特征、结构形式、应力状态、连接方法、钢材厚度和工作环境等因素综合考虑。

《钢结构设计标准》规定,承重结构采用的钢材应具有屈服强度、抗拉强度、断后伸长率和硫、磷含量的合格保证,对焊接结构尚应具有碳当量的合格保证。焊接承重结构以及重要的非焊接承重结构采用的钢材应具有冷弯试验的合格保证。对直接承受动力荷载或需要验算疲劳的构件,所用钢材尚应具有冲击韧性的合格保证。

另外,还规定了较严格的不同低温下冲击韧性合格保证的要求,具体见表2-14。

表 2-14 不同工作温度时的钢材最低质量等级

工作条件		工作温度		
		$t>0$ ℃	-20 ℃$<t\leqslant0$ ℃	-40 ℃$<t\leqslant-20$ ℃
不需要验算疲劳的结构	焊接结构	A*	B	B
	非焊接结构	A	B	B
需要验算疲劳的结构	焊接结构	B	Q235C、Q355C、Q390D、Q420D、Q460D	Q235D、Q355D、Q390E、Q420E、Q460E
	非焊接结构	B	Q235B、Q355B、Q390C、Q420C、Q460C	Q235C、Q355C、Q390D、Q420D、Q460D

注:Q235A不宜用于焊接结构。

对于工作温度不高于-20 ℃的受拉构件及承重结构的受拉构件,规范规定,所用钢材厚度(直径)小于40 mm时,不宜低于C级;不小于40 mm时,不宜低于D级。重要承重结构的受拉板材,应符合《建筑结构用钢板》GB/T 19879的要求。

在T形、十字形和角形焊接的连接节点中,当板件厚度不小于40 mm且沿板厚方向有较高拉应力作用时,宜具有厚度方向性能的合格保证,断面收缩率不低于Z15。

对于采用塑性设计的结构及进行弯矩调幅的构件,要求:(1)屈强比不应大于0.85;(2)应有明显的屈服台阶,且断后伸长率不应小于20%。

为了简化订货,选择钢材时要尽量统一规格,减少钢材牌号和型材的种类,还要考虑市场的供应情况和制造厂的工艺可能性。

除考虑规范规定外,一般还须考虑下列因素:

1. 结构或构件的重要性

结构和构件按其使用条件可分为重要、一般和次要三类,其重要性不同所使用的钢材也应该有所区别。如钢梁主体结构可选用Q345qE,钢屋架可采用Q235B,而钢桥的人行道、检查设备等辅助结构可采用Q235B。

2. 荷载性质

承受静力荷载的结构和承受动力荷载的结构应选用不同质量的钢材,并提出不同的质量保证项目。例如,只承受静力荷载的结构,可要求保证钢材的屈服强度、伸长率和硫、磷的极限含量,而不必要求冷弯性能和冲击韧性;承受间接动力荷载的结构,一般要求增加冷弯试验;而直接承受动力荷载而且工作繁忙或处于温度较低环境下工作的结构,还要求常温冲击韧性或负温冲击韧性、时效冲击韧性等。

3. 工作温度

钢材有冷脆特性,随温度的降低其塑性、冲击韧性都会下降,钢材若处于冷脆转变温度范围,有可能突然发生脆性断裂。所以处于低温工作的结构,应选用冷脆转变温度较低的钢材,低于-20 ℃时,钢材应具有负温冲击韧性的合格保证。

4. 连接类型

焊接结构的钢材不仅要保证力学性能,还应该具有良好的可焊性,化学成分必须符合技术标准。所用的焊接材料要与钢材匹配。

具体选用钢材时,应将以上各种因素综合考虑并结合以往实践经验决定。国家标准《碳素结构钢》和《低合金高强度结构钢》中对结构钢的技术指标有详细的规定和说明,《钢结构设计手册》中列有结构钢的选用表可供参考。

习　　题

1. 简述Q235钢的破坏过程,并画出应力—应变曲线且标注主要参数。
2. 钢材的力学性能指标包括哪几项?
3. 解释概念:强度、塑性、冷弯性能、冲击韧性。
4. 低合金高强度结构钢的屈服强度是如何确定的?
5. 说明设计时静力承载力的指标依据,为什么这样规定?
6. 钢板为什么薄板性能优于厚板?钢材屈服强度与厚度有关吗?
7. 钢材抗剪屈服强度与抗拉屈服强度有何关系?

8. 解释概念：应力集中、残余应力、冷加工硬化和时效硬化、蓝脆、冷脆、热脆。

9. 三向或双向拉应力场为什么容易引起脆性断裂？

10. 钢结构材料的破坏形式有哪几种？各具有怎样的破坏特点？

11. 简述影响钢材脆性断裂的主要因素。如何避免不出现脆性断裂？

12. 试说明应力集中易引起脆性断裂的原因。

13. 什么是疲劳破坏？简述疲劳破坏的发展过程以及影响疲劳强度的主要因素。

14. 解释钢材牌号的含义：Q235BF、Q235D、Q460qDNH、ZG230 - 450。

15. 钢材的质量等级是根据哪一项要求划分的？

16.《钢结构设计标准》(GB 50017—2017)推荐的钢材有哪几种？

17. 选择钢材时需要考虑哪些因素？

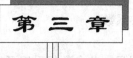

第三章

钢结构设计方法

第一节 概 述

随着社会进步和科学技术的发展,结构设计和计算方法也得以不断进步和完善。

结构物设计的一般步骤是:首先根据使用的要求拟定结构方案和构造,然后按所承受的荷载进行内力计算,再根据材料的性能和截面特性对结构和构件及连接进行核算,判断是否符合经济、可靠、适用等方面的要求。但是,在设计中所采用的荷载、材料性能、截面特性、计算模型以及施工质量等实际上并非固定不变,而大多是随机变量,所以设计结果和实际结构的真实情况存在一定的差异。为了在设计中恰当地考虑各种因素的变化,使计算结果与实际情况尽量相符,以达到预期要求,人们进行了长期的多方面的努力。

结构设计方法大体经过以下三个阶段。

一、容许应力设计法

这种方法是把影响结构的各种因素都当作不变的定值,把材料可以使用的最大强度除以一个笼统的安全系数作为容许达到的最大应力——容许应力。这种方法的优点是计算比较简单,曾被长期使用。

容许应力设计法存在的主要问题是容易使人误以为安全系数就是可靠度,因为采用了安全系数,所以结构也就应该百分之百安全了。其实,安全系数只是根据工程经验和常识采用的一种定性分析的安全措施,而不能定量地度量结构的可靠度。例如,在我国过去的规范中,对受压构件的安全系数,钢结构定为 1.41,混凝土定为 1.65,而砖石结构定为 2.3,但不能说明钢结构比后两种结构的可靠度小,也并不说明三者的可靠度一样大。再如,设计某结构时,虽然该结构各构件采用的安全系数相同,但由于各构件的荷载效应性质、均匀程度和截面的构造、尺寸和缺陷不同,其可靠度并不相同,可靠度最小的构件决定着整个结构的安全状况。所以"安全系数"的含义是不确切的。

二、半概率半经验极限状态设计法

以结构的强度、稳定、变形等极限状态为依据,对影响结构可靠度的部分因素(如钢材的强度,风、雪荷载等)以数理统计的方法进行概率分析,而对另一些因素仍根据工程实践采用经验值,求出单一的设计安全系数后,以简单的容许应力形式表达。其承载能力的一般表达式为

$$\sigma = \frac{\sum N_i}{S} \leqslant \frac{f_y}{K_1 K_2 K_3} = \frac{f_y}{K} = [\sigma] \tag{3-1}$$

式中 σ——构件中的计算应力;

N_i——根据标准荷载求得的构件内力;

S——构件的几何特性;

K_1, K_2, K_3——荷载系数、材料系数、工作条件系数(调整系数);

K——安全系数。

这种设计方法只是对某些设计参数进行了概率分析,对另一些参数仍采用了经验值,并且对构件抗力和荷载效应(严格来讲应称作"作用效应",包括荷载、地震、支座位移等效应)也未进行综合概率分析。这种方法没有真正考虑荷载效应和结构抗力的随机变异性,而把它们都视为固定不变的定值,实质上它与容许应力设计法一样都是"定值法",这种方法也存在着与容许应力法同样的问题。

三、概率极限状态设计法

实际上,结构的抗力、几何参数及各种荷载效应都不是定值,而是随时间和空间变动的随机变量。概率极限状态设计法以结构的极限状态为依据,把影响结构或构件可靠性的各种因素都视为独立随机变量,采用了与时间空间有关的随机过程,来描述这些基本变量,根据统计分析,确定功能函数所处某一状态的概率。它把可靠度的研究推进到以概率论、数理统计为基础的定量分析阶段。

我国现行《钢结构设计标准》(GB 50017—2017)采用以概率论为基础的一次二阶矩极限状态设计法,这种方法在分析中忽略或简化了基本变量随时间变化的关系,确定基本变量分布时有相当的近似性,为了简化计算而将一些复杂关系进行了线性化处理,还有一些参数因缺乏统计数据而作为确定性变量或未予考虑。所以,严格来讲它只能算是一种近似的概率极限状态设计法,今后还需要继续深入研究和完善,逐步发展为比较完全的概率极限状态设计法。

结构概率极限状态设计法以概率理论为基础,用分项系数的设计表达式进行计算。

第二节　一次二阶矩概率极限状态设计法

一、概率极限状态设计法中的基本概念

1. 结构的功能要求

结构在规定的设计使用年限内必须满足下列功能要求:

(1) 安全性(safety)。在正常施工和正常使用时,结构应能承受可能出现的各种作用而不破坏;在偶然事件(如爆炸、地震等)发生时及发生后,结构允许发生局部破坏,但应保持必需的整体稳定性。

(2)适用性(serviceability)。结构在正常使用荷载作用下应具有良好的工作性能,满足预定的使用要求。如不应产生过大的影响正常使用的变形、振动等。

(3)耐久性(durability)。结构在正常维护条件下,随时间的变化仍能满足预定功能要求,不致因材料受外界环境侵蚀(如钢材的锈蚀)而影响结构的使用年限。

结构的安全性、适用性、耐久性通称可靠性(reliability)。对可靠性进行度量的指标是可靠度。可靠度是指结构在规定的时间内、规定的条件下,完成预定功能的概率。

2. 结构的安全等级（safety class）

对结构的可靠度要求越高，则材料的用量也就越大。而对于不同的建筑物，其重要性是不同的。《建筑结构可靠度设计统一标准》（GB 50068—2018）规定，建筑结构设计时，应根据结构破坏可能产生后果（危及人的生命、造成经济损失、产生社会影响等）的严重性，采用不同的安全等级。建筑结构安全等级的划分应符合表 3-1 的要求。

表 3-1　建筑结构的安全等级

安全等级	破坏后果	建筑物类型	示例
一　级	很严重	重要的房屋	大型的公共建筑等
二　级	严重	一般的房屋	普通的住宅和办公楼等
三　级	不严重	次要的房屋	小型的或临时性贮存建筑物等

注：（1）对特殊的建筑物，其安全等级应根据具体情况另行确定；
　　（2）地基基础设计安全等级及按抗震要求设计时建筑结构的安全等级，尚应符合国家现行有关规范的规定。

构件的安全等级宜与整个结构的安全等级相同。对其中部分结构构件的安全等级可进行调整，但不得低于三级。

重要的房屋是指人员众多、流动频繁，破坏时造成的经济损失和社会影响均很严重的建筑物，如防爆、防毒、防辐射等重要工业建筑，以及空港、车站、码头、体育场馆、展览馆、剧院、医院、学校、商店等民用建筑，因此其建筑结构的安全等级应为一级。

次要的房屋是指人流极少，破坏时所造成的影响不严重，如一般的物料仓库、栈桥及其他临时建筑物等，其安全等级可定为三级。

其他一般房屋，介于上述两者之间，建筑结构的安全等级为二级。一般工业厂房钢结构房屋的安全等级应为二级。

3. 作用效应与结构抗力

影响可靠度的两个主要因素是作用效应（action effect）与结构抗力（resistance）。

（1）作用与作用效应

结构上的作用指能使结构产生效应（内力、变形、应力、应变和裂缝等）的各种原因。结构设计中涉及的作用包括直接作用和间接作用。常见的能使结构产生效应的原因，多数可归结为直接施加在结构上的集中力或分布力，统称为荷载。间接作用是指引起结构外加变形或约束变形的其他作用，以变形形式作用于结构，如温度变化、基础沉降、焊接、地震等。

作用按随时间的变异来分类，可以分为永久作用、可变作用和偶然作用。永久作用指在结构使用期间，其值不随时间变化，或其变化值与平均值相比可忽略不计，例如结构自重、土压力、预应力等。永久荷载习惯称作恒荷载。可变作用指在结构使用期间，其值随时间变化，且其变化值与平均值相比不能忽略不计的荷载。例如楼面和屋面的活荷载、吊车荷载、风荷载、雪荷载和积灰荷载等。可变荷载习惯称作活荷载。偶然作用指在结构使用期间不一定出现，一旦出现，其值很大且持续时间很短的作用，例如地震、爆炸等。

作用效应是指结构上的作用引起的结构或其构件的内力和变形，如轴力、弯矩、剪力、扭矩、应力和挠度、转角、应变等。当作用为荷载时，其效应也可称为荷载效应。本章主要讨论荷载效应。因为结构上的作用是不确定的随机变量，所以作用（荷载）效应一般也为随机变量。

（2）结构抗力

结构(构件)抗力是指结构或构件承受内力和变形的能力,如构件的承载能力、刚度等。结构(构件)的抗力是结构(构件)材料性能(强度、弹性模量等)、几何参数和计算模式的函数。由于材料性能的变异性、构件几何特征的不定性和计算模式的不定性,结构(构件)抗力也是随机变量。

4. 结构的极限状态(limit state)

结构能满足上述安全性、适用性、耐久性功能要求而良好工作的状态称为可靠状态或有效状态,反之称为不可靠状态或失效状态。在可靠与不可靠、有效和失效之间的状态称为极限状态。由此可见,极限状态是一种界限状态,一种特定状态。若整个结构或结构的一部分超过某一特定状态就不能满足设计规定的某一功能要求,则此特定状态就称为该功能的极限状态。结构的极限状态分为承载能力极限状态和正常使用极限状态。

（1）承载能力极限状态(ultimate limit state)

结构或结构构件达到最大承载能力或达到不适于继续承载的变形状态时称为承载能力极限状态。当出现下列情况之一时,就认为超过了承载能力极限状态:

①结构构件或连接因超过材料强度而破坏,或因过度变形而不适于继续承载;

②整个结构或结构的某一部分作为刚体失去了平衡;

③结构转变为机动体系;

④结构或结构构件丧失稳定;

⑤结构因局部破坏而发生连续倒塌;

⑥地基丧失承载力而破坏;

⑦结构或结构构件的疲劳破坏。

（2）正常使用极限状态(serviceability limit state)

结构构件达到或超过某项规定限值时的状态称为正常使用极限状态。出现以下情况之一时,即认为超过了正常使用极限状态:

①影响正常使用或外观的变形;

②影响正常使用或耐久性能的局部损坏;

③影响正常使用的振动;

④影响正常使用的其他特定状态。

二、一次二阶矩概率极限状态设计法

1. 结构的可靠度(degree of reliability)

将结构的工作性能用功能函数 Z 来描述,对于一般的结构,可以仅用荷载效应 S 和结构抗力 R 两个基本变量来表达,即

$$Z = R - S \tag{3-2}$$

显然,功能函数 $Z > 0$ 时,结构能满足预定功能的要求,处于可靠状态;当 $Z < 0$ 时,结构不能实现预定功能,处于失效状态;当 $Z = 0$ 时处于临界的极限状态。

影响 S 的因素是各种荷载的取值,而荷载的取值常有差异,是随机变量,有的还是与时间有关的随机过程。影响 R 的主要因素有结构材料的力学性能、结构的几何参数和抗力的计算模式等,它们也都是随机变量。随机变量的量值不确定,但却服从概率和统计规律。

根据概率论知识,若以 P_s 表示结构的可靠度,以 P_f 表示失效概率,则有

$$P_s = P\{Z \geqslant 0\} \tag{3-3}$$

$$P_f = P\{Z < 0\} \tag{3-4}$$

显然,存在

$$P_s = 1 - P_f \tag{3-5}$$

因此,结构可靠度的计算可以转换为结构失效概率的计算。所谓可靠的结构设计,就是指失效概率小到可以接受的程度。事实上,绝对可靠的结构(即 $P_f = 0$ 的结构)是不存在的。

设结构构件的抗力 R 和荷载效应 S 的概率密度函数分别为 $f_R(R)$ 和 $f_S(S)$,而 R 和 S 的联合概率密度函数是 $f(R,S)$,在这里,不妨假设 R 和 S 是相互独立的,则

$$f(R,S) = f_R(R) \cdot f_S(S) \tag{3-6}$$

功能函数 $Z = g(R,S) = R - S$ 的失效概率为

$$P_f = P(Z < 0) = P\{R - S < 0\} = \iint\limits_{R-S<0} f(R,S)\mathrm{d}R\mathrm{d}S$$

$$= \iint\limits_{R-S<0} f_R(R)f_S(S)\mathrm{d}R\mathrm{d}S \tag{3-7}$$

若已知 $f_R(R)$ 和 $f_S(S)$,则可以计算出 P_f。然而,因为影响结构可靠度的因素十分复杂,随机变量 R 和 S 的理论概率密度函数无法给出,因此并不能直接用上式计算出 P_f,而常常近似地用可靠指标来度量 P_f。

2. 结构的可靠指标(reliability index)

假定 R 和 S 服从正态分布且相互独立,则根据概率论和数理统计知识,$Z = R - S$ 也为正态分布。令 μ 代表随机变量的平均值,σ 代表标准差,则有

$$\mu_Z = \mu_R - \mu_S$$
$$\sigma_Z = \sqrt{\sigma_R^2 + \sigma_S^2}$$

图 3-1 为函数 Z 的概率密度函数 $f_Z(Z)$ 的曲线,其中阴影部分的面积为 $Z < 0$ 的概率,即失效概率 P_f。

今用 σ_Z 去度量 μ_Z,有 $\beta\sigma_Z = \mu_Z$,则

$$\beta = \frac{\mu_Z}{\sigma_Z} = \frac{\mu_R - \mu_S}{\sqrt{\sigma_R^2 + \sigma_S^2}} \tag{3-8}$$

由图 3-1 可见,若概率密度函数 $f_Z(Z)$ 的分布一定,即 σ_Z 为定值,则 β 与 P_f 之间存在一一对应的关系:β 变小时,图中阴影面积增大,即失效概率 P_f 增大;β 变大时,失效概率 P_f 减小。这说明 β 完全可以作为衡量结构可靠度的一个数量指标。确定 β 值并不需要知道 R 和 S 的精确分布情况,只要知道它们的平均值和标准差就可计算出,因此,在目前很难直接求得结构失效概率 P_f 的情况下,概率设计理论采用 β 作为结构可靠度的统一尺度,称 β 为结构可靠指标。

从统计数学来看,有下式成立:

$$P_f = P\{Z < 0\} = P\left\{\frac{Z - \mu_Z}{\sigma_Z} < -\beta\right\}$$

$$= \Phi(-\beta) \tag{3-9}$$

$$P_s = 1 - P_f = \Phi(\beta) \tag{3-10}$$

上式中 $\Phi(\ )$ 为标准正态函数,只要已知 β 值,就能根据标准正态函数分布表格确定其对应的 P_f。表 3-2 列出 β 与 P_f 的部分一一对应关系。

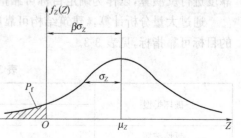

图 3-1 失效概率 P_f 与可靠指标 β 的对应关系

表 3-2   可靠指标 β 与失效概率 P_f 的对应关系

β	P_f	β	P_f	β	P_f
1.0	1.59×10^{-1}	2.7	3.47×10^{-3}	3.7	1.08×10^{-4}
1.5	6.68×10^{-2}	3.0	1.35×10^{-3}	4.0	3.17×10^{-5}
2.0	2.28×10^{-2}	3.2	6.87×10^{-4}	4.2	1.34×10^{-5}
2.5	6.21×10^{-3}	3.5	2.33×10^{-4}	4.5	3.40×10^{-6}

以上推导过程假定 R 和 S 服从正态分布，对于非正态分布的情况，需要作当量正态变换，计算要复杂得多。

3. 一次二阶矩设计法的表达式

由式(3-8)计算出 μ_R，并将等号改为"$\geqslant$"，即

$$\mu_R \geqslant \mu_S + \beta \sqrt{\sigma_R^2 + \sigma_S^2} \tag{3-11}$$

变形为

$$\mu_R \geqslant \mu_S + \beta \left(\frac{\sigma_R^2}{\sqrt{\sigma_R^2 + \sigma_S^2}} + \frac{\sigma_S^2}{\sqrt{\sigma_R^2 + \sigma_S^2}} \right)$$

移项，得

$$\mu_R - \alpha_R \beta \sigma_R \geqslant \mu_S + \alpha_S \beta \sigma_S \tag{3-12}$$

式中

$$\alpha_R = \frac{\sigma_R}{\sqrt{\sigma_R^2 + \sigma_S^2}}, \quad \alpha_S = \frac{\sigma_S}{\sqrt{\sigma_R^2 + \sigma_S^2}}$$

式(3-12)就是一次二阶矩设计法的表达式之一。如果给定 β，并获得 μ_R、μ_S、σ_R 和 σ_S 的值，即可直接采用式(3-12)设计和验算截面。

因为这种设计法不考虑功能函数的全分布，只需要求 Z 的一阶原点矩（即均值 μ）和二阶中心矩（即方差 σ^2），故称一次二阶矩设计法。

4. 目标可靠指标

为保证结构物的安全，设计时应使可靠指标不低于某一值。作为结构设计依据的可靠指标称为目标可靠指标。

从理论上讲，目标可靠指标应该根据结构构件的重要性、破坏性质（延性或脆性）及失效后果用优化方法分析确定。但限于目前的条件，并考虑到规范标准的继承性，《建筑结构可靠度设计统一标准》(GB 50068—2018)采用"校准法"，对根据我国原规范所设计的结构构件的可靠度进行反演算，以作为确定目标可靠指标的依据。

通过大量分析计算，《建筑结构可靠度设计统一标准》制定了建筑结构物不同安全等级时的目标可靠指标，见表 3-3。

表 3-3   目标可靠指标

破坏类型	安全等级		
	一级	二级	三级
延性破坏	3.7	3.2	2.7
脆性破坏	4.2	3.7	3.2

第三节　现行规范中的基本计算方法

通常，我们依据《建筑结构荷载规范》进行荷载组合，该规范是依据《建筑结构可靠性设计统一标准》编制的。如今，《建筑结构可靠性设计统一标准》已更新为 2018 版，自 2019 年 4 月 1 日实施，而《建筑结构荷载规范》尚未随之修改，仍为 2012 版，故两本规范对荷载组合的规定存在不一致。将来《建筑结构荷载规范》会依据《建筑结构可靠性设计统一标准》更新，故以下按照最新的《建筑结构可靠性设计统一标准》讲述。

理论上讲，我们可以直接采用针对不同安全等级的目标可靠指标进行设计，但是，如此做法将导致计算程序十分繁杂，同时，有些参数还不容易求得。

《建筑结构可靠度设计统一标准》(GB 50068—2018)给出以概率极限状态设计法为基础的设计表达式，即将一次二阶矩设计公式等效转化为以分项系数表达的概率极限状态实用设计表达式。在这种实用设计表达式中，结构目标可靠指标并不出现(已隐含在各种分项系数之中)，其公式表达与半概率设计法类似。

下面以简单荷载情况为例，说明分项系数设计公式的由来。

引入 $\delta_R = \dfrac{\sigma_R}{\mu_R}$，$\delta_S = \dfrac{\sigma_S}{\mu_S}$，其中 δ_R、δ_S 分别是 R 和 S 的变异系数，则式(3-12)可改写为

$$(1 - \beta\alpha_R\delta_R)\mu_R \geqslant (1 + \beta\alpha_S\delta_S)\mu_S \tag{3-13}$$

抗力的标准值 R_K 与相对应的平均值 μ_R 之间及荷载效应的标准值 S_K 与相对应的平均值 μ_S 之间的关系为

$$R_K = \mu_R - \eta_R\sigma_R = \mu_R(1 - \eta_R\delta_R)$$
$$S_K = \mu_S + \eta_S\sigma_S = \mu_S(1 + \eta_S\delta_S)$$

式中，η_R 和 η_S 为确定标准值所采用的保证度系数；R 和 S 的标准值分别定在概率分布的 0.05 下分位数和 0.05 的上分位数。利用以上关系，式(3-13)可化成

$$\frac{1 - \beta\alpha_R\delta_R}{1 - \eta_R\delta_R}R_K \geqslant \frac{1 + \beta\alpha_S\delta_S}{1 + \eta_S\delta_S}S_K \tag{3-14}$$

或

$$\gamma_S S_K \leqslant \frac{R_K}{\gamma_R} \tag{3-15}$$

式中　γ_S——荷载分项系数，$\gamma_S = \dfrac{1 + \beta\alpha_S\delta_S}{1 + \eta_S\delta_S}$；

γ_R——抗力分项系数，$\gamma_R = \dfrac{1 - \eta_R\delta_R}{1 - \beta\alpha_R\delta_R}$。

式(3-15)并未出现可靠指标 β，但是实际上 β 已隐含在各分项系数之中，用分项系数表达式进行计算时，与以往的设计方法不同，分项系数不是凭经验确定的，而是以可靠指标 β 为基础用概率设计法求出的，这样表达只是为了应用简单并符合人们长期以来的习惯。

不难看出，分项系数 γ_S 和 γ_R 都与可靠指标 β 及各自的统计参数有关，而 β 又与所有基本变量的统计参数有关，因此，γ_S 与 γ_R 是相互影响的。另外，可变荷载和永久荷载的比值变化时，γ_S 和 γ_R 的取值也会发生变化。在给定 β 的情况下，γ_S 和 γ_R 将取得一系列的值，这对于设计显然不方便；如分别取 γ_S 和 γ_R 为定值，则所设计结构或构件的实际可靠指标就不可能与目标可靠指标完全一致。为此，规范采用优化方法求最佳的分项系数值，使两者 β 的差值最小，

并考虑工程经验确定。

经过计算和分析,《建筑结构可靠度设计统一标准》(GB 50068—2018)规定,在一般情况下,荷载分项系数 $\gamma_G = 1.3$,$\gamma_Q = 1.5$;在永久荷载效应和可变荷载效应异号时,永久荷载对设计是有利的,应取 $\gamma_G = 1.0$。

依据荷载分项系数统一规定,《钢结构设计标准》给出了钢材的抗力分项系数,例如,钢材抗拉强度设计值 f 取钢材屈服强度标准值除以对应的抗力分项系数 γ_R,即 $f = f_y/\gamma_R$,对 Q235 钢(板厚 6～100 mm)的 γ_R 取 1.090,对 Q390(板厚 6～100 mm)、Q420(板厚 6～40 mm)和 Q460(板厚 6～40 mm)钢的 γ_R 取 1.125,求出 f 数值后,再以 5 N/mm^2 的倍数取整即可得出钢材强度设计值。有关钢材的设计指标详见附表 1-1。

建筑结构设计时,应考虑承载能力极限状态和正常使用极限状态。

一、承载能力极限状态设计表达式

按承载能力极限状态设计钢结构时,应考虑荷载效应的基本组合,必要时,尚应考虑荷载效应的偶然组合。依据《建筑结构可靠性设计统一标准》的规定,基本组合采用下面的表达式:

$$\gamma_0 S_d \leqslant R_d \tag{3-16}$$

式中　γ_0——结构重要性系数,按下列情况取值:对安全等级为一级的结构构件,不应小于 1.1;对安全等级为二级的结构构件,不应小于 1.0;对安全等级为三级的结构构件,不应小于 0.9;

　　　S_d——荷载效应组合的设计值;

　　　R_d——结构构件的承载力设计值(结构抗力)。在钢结构设计中,通常用应力表达,代表结构构件或连接的强度设计值,用 f 表示,$f = f_k/\gamma_R$,f_k 为材料强度标准值;γ_R 为抗力分项系数。

荷载效应组合的设计值 S_d 按下列组合确定:

$$S_d = S\Big(\sum_{i \geqslant 1}^m \gamma_{Gi}G_{ik} + \gamma_{Q1}\gamma_{L1}Q_{1k} + \sum_{j>1}^n \psi_{cj}\gamma_{Qj}\gamma_{Lj}Q_{jk} \Big) \tag{3-17}$$

当作用与作用效应按线性考虑时,以上公式可以写成:

$$S_d = \sum_{i \geqslant 1}^m \gamma_{Gi}S_{Gik} + \gamma_{Q1}\gamma_{L1}S_{Q1k} + \sum_{j>1}^n \psi_{cj}\gamma_{Qj}\gamma_{Lj}S_{Qjk} \tag{3-18}$$

式中　　γ_G——永久荷载分项系数,当其效应对结构不利时,应取 1.3,当其效应对结构有利时应取 1.0;

　　　S_{Gk}——按永久荷载标准值计算的荷载效应值;

S_{Q1k} 和 S_{Qik}——第一个和第 i 个可变荷载的效应,设计时应把效应最大的可变荷载取为第一个;如果何者效应最大不明确,则需把不同的可变荷载作为第一个来比较,找出最不利组合;

　γ_{Q1} 和 γ_{Qi}——第一个和第 i 个可变荷载的分项系数,一般情况下应取 1.5,当其效应对结构有利时应取为零;

　　γ_{L1},γ_{Lj}——第一个和第 j 个考虑结构设计工作年限的荷载调整系数;

ψ_{cj}——第 j 个可变荷载的组合值系数,应按现行《建筑结构荷载规范》的规定采用;

　　　n——参与组合的可变荷载数。

对于偶然组合,极限状态设计表达式宜按下列原则确定:偶然作用的代表值不乘以分项系数;与偶然作用同时出现的可变荷载,应根据观测资料和工程经验采用适当的代表值。具体的设计表达式及各种系数,应符合专门规范的规定。

二、正常使用极限状态设计表达式

《钢结构设计标准》(GB 50017)规定,按正常使用极限状态设计钢结构时,应考虑荷载效应的标准组合,对钢与混凝土的组合梁,尚应考虑准永久组合。

依据《建筑结构荷载规范》,标准组合时,设计表达式为

$$S_{Gk} + S_{Q1k} + \sum_{i=2}^{n} \psi_{ci} S_{Qik} \leqslant C \tag{3-19}$$

准永久组合时,设计表达式为

$$S_{Gk} + \sum_{i=1}^{n} \psi_{qi} S_{Qik} \leqslant C \tag{3-20}$$

式中,ψ_{qi} 为可变荷载 Q_i 的准永久值系数,依据《建筑结构荷载规范》确定;C 为结构或构件达到正常使用要求的规定限值。

考虑到钢结构一般只验算变形值,因此,对于标准组合,将荷载效应值直接用变形值代替,从而式(3-19)可写成如下形式:

$$v_{Gk} + v_{Q1k} + \sum_{i=2}^{n} \psi_{ci} v_{Qik} \leqslant [v] \tag{3-21}$$

式中　v_{Gk}, v_{Q1k}, v_{Qik}——永久荷载、第一可变荷载和第 i 个可变荷载的标准值在结构或构件中产生的变形值;

　　　$[v]$——结构或构件的容许变形值,按规范规定采用(见附表 1-14)。

在正常使用极限状态的计算中,《混凝土结构设计规范》(GB 50010—2010)使用了标准组合和准永久组合,《公路钢筋混凝土及预应力混凝土桥涵设计规范》(JTG 3362—2018)使用了频遇组合和准永久组合。对于混凝土结构,之所以考虑准永久组合(属于长期效应组合),主要是由于混凝土具有随时间而变化的特征,例如收缩和徐变。

三、与设计表达式有关的一些概念

1. 设计基准期

设计基准期(design reference period),是为确定可变作用代表值而选用的时间参数。《建筑结构可靠性设计统一标准》取用的设计基准期为 50 年。

2. 设计工作年限

建筑结构的设计工作年限(design working life),是指设计规定的结构或结构构件不需进行大修即可按其预定目的使用的年限。分为 1～5 年、25 年、50 年、100 年及以上四类,分别适用于临时性结构、易于替换的结构构件、普通房屋和构筑物、纪念性建筑和特别重要的建筑

结构。

3. 荷载代表值、荷载标准值与荷载设计值

荷载代表值(representative values of a load)是对荷载规定的一个量值。结构设计时,对不同荷载应采用不同的代表值。《建筑结构荷载规范》规定,对永久荷载应采用标准值(characteristic value)作为代表值;对可变荷载应根据设计要求采用标准值、组合值(combination value)、频遇值(frequent value)或准永久值(quasi-permanent value)作为代表值。

永久荷载标准值,对结构自重,通常可按结构构件的设计尺寸与材料单位体积的自重计算确定,相当于取其分布的均值。

可变荷载的标准值,是结构使用期内可能出现的最大荷载值,是可变荷载的基本代表值,其他代表值都可在标准值的基础上乘以相应的系数后得到。原则上,可变荷载的标准值可按照设计基准期内最大荷载概率分布的某一分位值确定。实际操作时,则区分不同情况,有些由统计资料归纳得到,有些根据已有的工程实践经验确定。

荷载设计值为(design values of a load)荷载代表值与荷载分项系数的乘积。

计算结构构件的强度或稳定性以及连接的强度时,应采用荷载的设计值;计算疲劳和变形时应采用荷载的标准值。

直接承受动力荷载的结构,还应按下列情况考虑动力系数:

①计算强度和稳定时,动力荷载设计值应乘以动力系数;在计算疲劳和变形时,动力荷载标准值不乘动力系数。

②计算吊车梁或吊车桁架及其制动结构的疲劳时,按作用在跨间内起重量最大的一台吊车荷载的标准值进行计算,不乘动力系数。

4. 强度标准值与强度设计值

《建筑结构可靠性设计统一标准》规定,材料强度的标准值可取其概率分布的 0.05 分位值确定。对于钢材,国家标准取废品限值作为标准值,而废品限值大致相当于屈服强度的平均值减去 2 倍均方差,这样,按正态分布考虑,保证率为 97.73%,高于《建筑结构可靠性设计统一标准》规定的 95%。

强度设计值为强度标准值除以材料抗力分项系数。《钢结构设计标准》规定的钢材强度设计值见附表 1-1。当构件或连接的受力条件、施工条件较差时,强度设计值应乘以附表 1-4 规定的折减系数。

5. 设计状况

设计状况(design situation)代表一定时段内实际情况的一组设计条件,设计时应做到在该组条件下结构不超越有关的极限状态。

设计状况分为持久设计状况、短暂设计状况、偶然设计状况和地震设计状况。

持久设计状况:在结构使用过程中一定出现且持续期很长的设计状况,其持续期一般与设计使用年限为同一数量级。

短暂设计状况:在结构施工和使用过程中出现概率较大,而与设计使用年限相比,其持续期很短的设计状况。

偶然设计状况:在结构使用过程中出现概率极小且持续时间极短的异常情况时的设计状况。

地震设计状况:结构遭受地震时的设计状况。

美国钢结构设计规范中的 ASD 和 LRFD 介绍。

1978 年时,美国钢结构设计规范的采用的是容许应力法(Allowable Stress Design,简称 ASD),其原则为正常使用荷载情况下的最大应力不应超过规定的容许应力。传统 ASD 方法中的安全系数来自于经验。尽管实际的安全水平是变化的和未知的,用 ASD 设计出的结构表现令人满意。

LRFD(Load and Resistance Factor Design),荷载和抗力系数设计,要求在 LRFD 荷载组合下结构构件的承载力应大于等于荷载效应。

LRFD 中,有两种极限状态,承载能力极限状态(strength limit states)和正常使用极限状态(serviceability limit states)。承载能力极限状态事关安全,对应于最大承受荷载的能力,例如,构件受拉屈服或断裂,梁发生失稳。使用极限状态对应于正常使用状态下的行为,例如,控制变形不能太大。

设计时,应使设计荷载(或荷载效应)不大于可得到的设计承载力。其一般设计表达式可以表示为

$$\sum \gamma_i Q_i \leqslant \phi R_n \tag{3-22}$$

式中,Q_i 为荷载效应标准值;γ_i 为与 Q_i 对应的分项(荷载)系数,荷载效应组合在 ASCE7 中有规定;R_n 为构件抗力标准值,ϕ 为与 R_n 对应的抗力系数。依据 ASCE7-16 的第 2.3.1 条,公式左侧可采用以下荷载组合:

$1.4D$

$1.2D + 1.6L + 0.5(L_r$ 或 S 或 $R)$

$1.2D + 1.6(L_r$ 或 S 或 $R) + (L$ 或 $0.5W)$

$1.2D + 1.0W + L + 0.5(L_r$ 或 S 或 $R)$

$0.9D + 1.0W$

式中　D——恒载;

　　　L——活载;

　　　L_r——屋面活荷载;

　　　S——雪荷载;

　　　R——雨荷载;

　　　W——风荷载。

自 2005 年起,AISC 钢结构设计规范中同时包括 LRFD 和 ASD。此时,ASD 表示 Allowable Strength Design,相当于是原来 ASD 的升级版。验算公式为

$$R_a \leqslant \frac{R_n}{\Omega}$$

式中的 R_n 与 LRFD 采用基本相同的规定。安全系数 Ω 直接在钢结构设计规范中给出;R_a 按照 ASCE7 的规定进行组合。ASCE7-16 在 2.4.1 条给出的组合如下:

D

$D + L$

$D + (L_r$ 或 S 或 $R)$

$D + 0.75L + 0.75(L_r$ 或 S 或 $R)$

$D + 0.6W$

$D + 0.75L + 0.75(0.6W) + 0.75(L_r$ 或 S 或 $R)$

$0.6D + 0.6W$

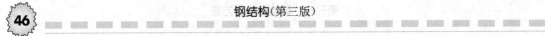

【例题 3-1】 有一工字形截面简支钢梁，计算跨度 $l_0 = 4.0$ m，梁上作用有均布永久荷载，其标准值为 $g_k = 9.0$ kN/m（已包括梁自重），均布可变荷载标准值 $q_k = 5.0$ kN/m，梁跨中还作用有一个集中可变荷载，标准值 $P_k = 15.0$ kN，组合值系数 $\psi_c = 0.7$。该梁的安全等级为二级。试求：按承载能力极限状态荷载效应的基本组合计算跨中弯矩设计值 $\gamma_0 M_d$。

【解】 这里，荷载效应即是跨中的弯矩值。将集中荷载和均布荷载轮流作为第一个可变荷载对跨中弯矩进行计算：

$$\gamma_0 M_d = 1.0 \times (1.3 \times 9.0 \times 4.0^2/8 + 1.5 \times 5.0 \times 4.0^2/8 + 0.7 \times 1.5 \times 15.0 \times 4.0/4)$$
$$= 54.15 (\text{kN} \cdot \text{m})$$

$$\gamma_0 M_d = 1.0 \times (1.3 \times 9.0 \times 4.0^2/8 + 1.5 \times 15.0 \times 4.0/4 + 0.7 \times 1.5 \times 5.0 \times 4.0^2/8)$$
$$= 56.4 (\text{kN} \cdot \text{m})$$

应取以上效应的最大者作为基本组合下的跨中弯矩设计值，即 $\gamma_0 M_d = 56.4$ kN·m。

第四节　疲　劳　计　算

如前所述，钢结构经过多次循环反复荷载的作用，虽然钢材平均应力低于抗拉强度甚至低于屈服强度也会发生断裂，这种现象称为疲劳破坏。疲劳破坏的过程、特点及主要影响因素在第二章第三节中已经介绍，本节主要介绍与疲劳有关的概念和规范规定的计算方法。

一、与疲劳有关的几个概念

1. 循环荷载和应力循环

随时间而变化的荷载称为循环荷载。在循环荷载作用下，构件中的应力从最小值到最大值再到最小值反复一周称为一个应力循环。

2. 疲劳强度

经过一定的应力循环次数，钢材发生疲劳破坏，应力循环中的最大应力称为疲劳强度。疲劳强度主要与构件的构造细节、应力循环的形式及循环次数等有关。

3. 应力幅

在应力循环中，最大拉应力与最小拉应力（或压应力）的代数差称应力幅，即 $\Delta\sigma = \sigma_{max} - \sigma_{min}$（压应力取负号）。应力幅总为正值。在应力循环中，若应力幅为常数，则称为常幅应力循环，若不是常数，则称为变幅应力循环。

4. 应力循环特征值与应力循环形式

在应力循环中，绝对值最小的应力 σ_{min} 与绝对值最大的应力 σ_{max} 之比（$\rho = \sigma_{min}/\sigma_{max}$，应力以拉为正，压为负）称为应力循环特性（应力循环特征值）或简称应力比。

如图 3-2，在应力循环中，当 $\rho = 1$ 时，$\sigma_{max} = \sigma_{min}$，构件承受的荷载为静荷载，不会发生疲劳破坏；反复受压的应力循环，因不会出现拉应力，即使有微裂纹形成也不会继续扩展，因此标准规定，对非焊接构件不出现拉应力的部位不进行疲劳验算；当 σ_{min} 和 σ_{max} 全为拉应力时（$\rho > 0$）称拉拉循环；当 σ_{max} 为拉应力而 σ_{min} 为零时（$\rho = 0$）称脉冲循环；当 σ_{max} 为拉应力，σ_{min} 为压应力时（$\rho < 0$）称拉压循环，如果 σ_{max} 和 σ_{min} 绝对值相等，则称对称循环，如果拉应力绝对值大于压应力绝对值，则称以拉为主的应力循环，反之称以压为主的应力循环。

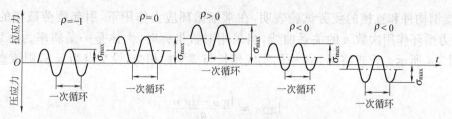

图 3-2　各种应力循环

二、钢材的疲劳与钢构件和连接的疲劳曲线

钢材的疲劳试验表明,当钢材、试件、试验环境相同,ρ 为定值时,最大应力 σ_{max} 随疲劳破坏时应力循环次数 n 的增加而减小。当 n 趋于很大时,σ_{max} 趋于常数 σ_e^f。σ_e^f 表示应力循环无穷多次,试件不发生疲劳破坏的循环应力 σ_{max} 的极限值,称为钢材的疲劳强度极限(耐久疲劳强度)。实用上常取 $n=5\times10^6$ 次的疲劳强度称为钢材的耐久疲劳强度。

前已述及,钢材在轧制过程中,构件将产生残余应力。尤其是焊接结构,其局部残余应力峰值可接近或达到 f_y。因此,当结构承受荷载时,截面上的实际应力将是荷载引起的应力与残余应力的叠加。

如图 3-3 所示,焊接工字形截面,其翼缘纵向残余应力(不考虑腹板)如图 3-3(b)所示,在翼缘施加纵向脉冲循环拉应力 σ[图 3-3(c)],$0\sim t_1$ 为加载,$t_1\sim t_2$ 为卸载。t_1 时刻翼缘沿纵向的应力,将是图 3-3(b)和图 3-3(d)的叠加。因原来已屈服的部分不再承担荷载,所加荷载只能由其余部分承担,结果如图 3-3(e)所示。t_2 时刻,将从图 3-3(e)的应力分布中普遍减少 σ 而成为图 3-3(f)。随着时间 t 的增加,翼缘沿纵向的应力将在图 3-3(e)和图 3-3(f)之间循环。

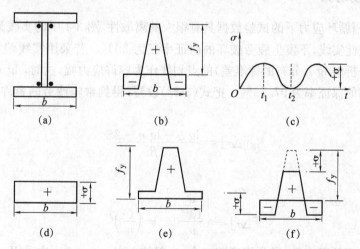

图 3-3　焊接工字形构件翼缘纵向应力的波动

由此可见,焊缝附近的纵向应力实际变化是由 f_y 到($f_y-\Delta\sigma$)。这样,在 $\Delta\sigma=\sigma_{max}-\sigma_{min}$ 相同的情况下,σ_{max} 与 $\rho=\sigma_{min}/\sigma_{max}$ 基本上不起作用。因此,对焊接结构采用应力幅 $\Delta\sigma$ 计算疲劳强度,比过去采用 ρ 和 σ_{max} 更合理。

对于非焊接结构,一般残余应力很小或根本不存在,故其疲劳寿命 n 除与 $\Delta\sigma$ 有关外,也与 ρ 和 σ_{max} 有关。

焊接钢构件和连接的疲劳试验表明,在常幅循环应力作用下,引起疲劳破坏的应力幅 $\Delta\sigma$ 与应力循环作用次数 n 的关系曲线,当采用对数坐标时,大体是一条斜率为 $-1/\beta$ 的直线,如图 3-4 所示。设想将图 3-4 中的实线延长与横坐标相交,设交点为 $\lg\alpha$,则该直线的表达式为

$$\lg\Delta\sigma = \frac{\lg\alpha - \lg n}{\beta} \tag{3-23}$$

或

$$\Delta\sigma = \left(\frac{\alpha}{n}\right)^{\frac{1}{\beta}} \tag{3-24}$$

式中,α、β 为与钢构件和连接类型及受力情况有关的参数。

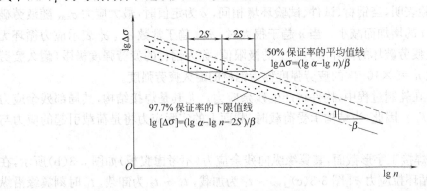

图 3-4　疲劳应力幅 $\Delta\sigma$ 与应力循环作用次数 n 的关系

三、常幅疲劳验算

实际上,常幅循环应力下的试验数据具有很大的离散性,图 3-4 中的实线为统计平均值曲线,也就是说,按此实线,不发生疲劳破坏的保证率仅为 50%。若采用实线偏左 $2S$(S 为疲劳试验数据统计分析中 $\lg n$ 分布的标准差)的点划线作为容许应力幅,这时,$\lg n$ 为正态分布时不发生疲劳破坏的保证率为 97.73%。把式(3-23)改写,得到常幅疲劳的容许应力幅 $[\Delta\sigma]$ 计算公式:

$$\lg[\Delta\sigma] = \frac{\lg\alpha - \lg n - 2S}{\beta}$$

变形为

$$[\Delta\sigma] = \left(\frac{\frac{\alpha}{10^{2S}}}{n}\right)^{\frac{1}{\beta}} = \left(\frac{C}{n}\right)^{\frac{1}{\beta}} \tag{3-25}$$

式中　n ——应力循环次数,即预期疲劳寿命,一般按 $10^5 \sim 2\times10^6$ 次采用;

C,β——与构件和连接类型有关的参数,简称为疲劳特征参数,可根据应力类型和疲劳类别进行确定。

由公式(3-25)知,$[\Delta\sigma]$ 与钢材的静力强度无关。国内外的试验均证明,钢材强度等级对疲劳破坏应力幅或疲劳寿命的影响并不显著。因此,当疲劳验算控制设计时,采用较高强度的钢材并无多大意义。

《钢结构设计标准》基于以上原理并区分正应力幅和剪应力幅给出疲劳验算公式。

1. 正应力幅的疲劳计算

考虑板厚对容许应力幅的影响,验算公式为

$$\Delta\sigma \leqslant \gamma_t [\Delta\sigma] \tag{3-26}$$

式中 $\Delta\sigma$——对于焊接部位为应力幅,$\Delta\sigma = \sigma_{max} - \sigma_{min}$;对于非焊接部位为折算应力幅 $\Delta\sigma = \sigma_{max} - 0.7\sigma_{min}$;

    $\sigma_{max},\sigma_{min}$——计算部位每次应力循环中的最大拉应力和最小拉应力或压应力(压应力时取负号);

    γ_t——板厚或直径修正系数 γ_t。

γ_t 按下列规定采用:

对横向角焊缝连接和对接焊缝连接,取

$$\gamma_t = (25/t)^{0.25} \tag{3-27}$$

对螺栓轴向受拉连接,取

$$\gamma_t = (30/d)^{0.25} \tag{3-28}$$

式中,当 $\gamma_t \geqslant 1.0$ 时,取 $\gamma_t = 1.0$;t 为连接板厚,d 为螺栓公称直径,均以 mm 计。

对不同的构件和连接类型,由试验数据回归的直线方程一般不同。为了设计方便,规范将各类型的构件和连接,按连接方式、受力特点和疲劳容许应力幅,并适当考虑 $[\Delta\sigma]$—n 双对数曲线的等间隔设置进行类别归纳,正应力幅验算时,《钢结构设计标准》将构件与连接的类别归纳为 14 个疲劳计算类别,记作 Z1~Z14,各类别的 $[\Delta\sigma]$—n 双对数曲线见图 3-5。可见,Z1、Z2 类的 β_z 为 4,Z3~Z14 类的 β_z 为 3。各类的疲劳特征参数见表 3-4,各种构件和连接的分类可查附表 1-6 得到。

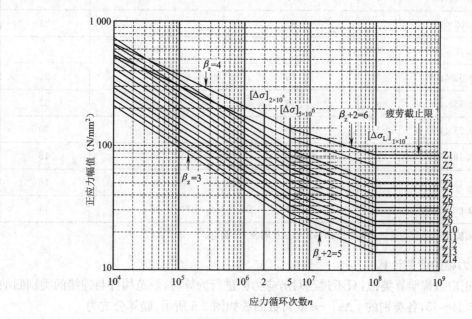

图 3-5   正应力时各类构件和连接的 $[\Delta\sigma]$—n 双对数曲线

式(3-26)中的容许应力幅 $[\Delta\sigma]$ 按照以下规定确定:

当 $n \leqslant 5 \times 10^6$ 时

$$[\Delta\sigma] = \left(\frac{C_Z}{n}\right)^{1/\beta_z} \tag{3-29}$$

当 $5 \times 10^6 < n \leqslant 1 \times 10^8$ 时

$$[\Delta\sigma] = \left[\left([\Delta\sigma]_{5\times10^5}\right)^2 \frac{C_Z}{n} \right]^{1/(\beta_z+2)} \tag{3-30}$$

当 $n > 1 \times 10^8$ 时

$$[\Delta\sigma] = [\Delta\sigma_L]_{1\times10^8} \tag{3-31}$$

式中,参数 C_Z、β_Z、$[\Delta\sigma_L]_{5\times10^6}$、$[\Delta\sigma_L]_{1\times10^8}$ 取值,查表 3-4 得到。

表 3-4　正应力幅的疲劳计算参数

构件与连接类别	构件与连接相关系数		循环次数 n 为 2×10^6 次的容许正应力幅 $[\Delta\sigma]_{2\times10^6}$ (N/mm²)	循环次数 n 为 5×10^6 次的容许正应力幅 $[\Delta\sigma]_{5\times10^6}$ (N/mm²)	疲劳截止限 $[\Delta\sigma_L]_{1\times10^8}$ (N/mm²)
	C_Z	β_Z			
Z1	$1\,920\times10^{12}$	4	176	140	85
Z2	861×10^{12}	4	144	115	70
Z3	3.91×10^{12}	3	125	92	51
Z4	2.81×10^{12}	3	112	83	46
Z5	2.00×10^{12}	3	100	74	41
Z6	1.46×10^{12}	3	90	66	36
Z7	1.02×10^{12}	3	80	59	32
Z8	0.72×10^{12}	3	71	52	29
Z9	0.50×10^{12}	3	63	46	25
Z10	0.35×10^{12}	3	56	41	23
Z11	0.25×10^{12}	3	50	37	20
Z12	0.18×10^{12}	3	45	33	18
Z13	0.13×10^{12}	3	40	29	16
Z14	0.09×10^{12}	3	36	26	14

注:正应力幅验算时,构件与连接类别分为 Z1~Z14,依据附表 1-6 确定。

2. 剪应力幅的疲劳计算

与前述正应力幅验算类似,只不过当对剪应力幅进行验算时,规范构件与连接的类别归纳为 3 类,记作 J1~J3,各类别的 $[\Delta\tau]$—n 双对数曲线如图 3-6 所示,验算公式为

$$\Delta\tau \leqslant [\Delta\tau] \tag{3-32}$$

式中　$\Delta\tau$ ——对于焊接结构为应力幅,$\Delta\tau = \tau_{max} - \tau_{min}$;对于非焊接结构为折算应力幅,$\Delta\tau = \tau_{max} - 0.7\tau_{min}$。

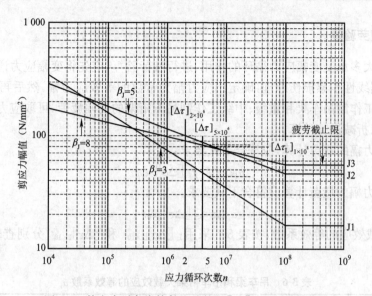

图 3-6　剪应力时各类构件和连接的 $[\Delta\tau]$—n 双对数曲线

式(3-32)中容许应力幅 $[\Delta\tau]$ 按照以下公式计算：

当 $n \leqslant 1 \times 10^8$ 时

$$[\Delta\tau] = \left(\frac{C_J}{n}\right)^{1/\beta_J} \tag{3-33}$$

当 $n > 1 \times 10^8$ 时

$$[\Delta\tau] = [\Delta\tau_L]_{1\times10^8} \tag{3-34}$$

式中，参数 C_J、β_J、$[\Delta\tau_L]_{1\times10^8}$ 取值，查表 3-5 得到。剪应力幅验算时，构件与连接的分类（J1~J3）依据附表 1-6 确定。

表 3-5　剪应力幅的疲劳计算参数

构件与连接类别	构件与连接的相关系数		循环次数 n 为 2×10^6 次的容许剪应力幅 $[\Delta\tau]_{2\times10^6}$（N/mm²）	疲劳截止限 $[\Delta\tau_L]_{1\times10^8}$（N/mm²）
	C_J	β_J		
J1	4.10×10^{11}	3	59	16
J2	2.00×10^{16}	5	100	46
J3	8.61×10^{21}	8	90	55

《钢结构设计标准》规定，也可以直接按照式(3-35)或式(3-36)，以更严格的疲劳容许应力幅（取应力循环次数 $n=1\times10^8$）要求进行简略验算，如满足则表明不会发生疲劳破坏；否则再根据预期寿命按照以上划分区间求出 $[\Delta\sigma]$、$[\Delta\tau]$ 进行详细验算，进一步判定在预期应力循环次数内是否会发生疲劳破坏。

$$\Delta\sigma \leqslant [\Delta\sigma_L]_{1\times10^8} \tag{3-35}$$

$$\Delta\tau \leqslant [\Delta\tau_L]_{1\times10^8} \tag{3-36}$$

四、变幅疲劳验算

实际结构大多承受变幅应力循环的作用,进行疲劳验算,应先将变幅应力谱按各应力幅出现的概率,根据线性积累损伤原理,确定出应力幅为常数的等效应力幅,然后再按常幅疲劳验算。对于重级工作制吊车梁和重级、中级工作制吊车桁架的变幅疲劳,可取应力循环中最大的应力幅,并加以折减进行计算。

对于正应力幅的疲劳计算,应符合下式要求:

$$\alpha_f \Delta\sigma \leqslant \gamma_t [\Delta\sigma]_{2\times10^6} \tag{3-37}$$

对于剪应力幅的疲劳计算应符合下式要求:

$$\alpha_f \Delta\tau \leqslant [\Delta\tau]_{2\times10^6} \tag{3-38}$$

式中,α_f 为欠载效应的等效系数,按表 3-6 采用;$[\Delta\sigma]_{2\times10^6}$ 和 $[\Delta\tau]_{2\times10^6}$ 分别查表 3-4 和表 3-5 采用。

表 3-6 吊车梁和吊车桁架欠载效应的等效系数 α_f

吊车类别	α_f
A6、A7、A8 工作级别(重级)的硬钩吊车	1.0
A6、A7 工作级别(重级)的软钩吊车	0.8
A4、A5 工作级别(中级)的吊车	0.5

对于高强度螺栓连接,由于计算模式不同,疲劳计算时,对于抗剪的高强度螺栓摩擦型连接可不进行疲劳验算,但其连接处开孔主体金属应进行疲劳计算。对于栓焊同时采用的连接,应按焊缝承担全部剪力,对焊缝进行疲劳计算。

需要指出的是,根据标准要求,当应力循环次数 $n \geqslant 5\times10^4$ 时,应对直接承受动力荷载反复作用的钢结构构件及连接进行疲劳计算。由于按概率极限状态法计算疲劳强度尚不成熟,因此,目前标准中关于疲劳强度计算仍沿用容许应力幅法,注意,计算时荷载应采用标准值,不考虑荷载分项系数和动力系数,而且应力按弹性工作计算。疲劳破坏源于裂纹的生成和扩展,在完全压应力循环作用下,裂纹不会继续发展,故标准规定,对非焊接的构件和连接,其应力循环中不出现拉应力的部位不必验算疲劳强度。

【例题 3-2】某轴心受拉杆由 $2\angle 90\times8$ 组成,与厚度为 12 mm 的节点板用侧焊缝相连,如图 3-7 所示。钢材为 Q235B。拉杆承受重复荷载作用,预期寿命为循环次数 $n=1.8\times10^6$ 次。拉杆承受的最大荷载标准值为 $N_{kmax}=420$ kN,最小荷载标准值为 $N_{kmin}=365$ kN。试验算该连接的疲劳。

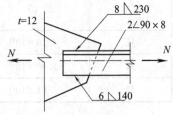

图 3-7 例题 3-2 图

【解】查附表 2-3 得 2 个单角钢截面积为 27.89 cm²,查附表 1-6,由项次 11 可知,需要验算的部位有 2 处:两侧面角焊缝端部的母材和两侧面角焊缝的节点板母材。由项次 36 可知,需对受剪角焊缝验算。

(1)两侧面角焊缝端部的母材的疲劳验算

该情况所属类别为 Z10,查表 3-4,得

$$[\Delta\sigma_L]_{1\times10^8} = 23(N/mm^2)$$

$$\Delta\sigma = \sigma_{\max} - \sigma_{\min} = \frac{420 \times 10^3 - 365 \times 10^3}{0.85 \times 27.89 \times 10^2} = 23.2(\text{N/mm}^2)$$

上式中的 0.85 系角钢的有效截面系数。

属于其他情况，$\gamma_t = 1.0$，$\Delta\sigma > \gamma_t [\Delta\sigma_L]_{1\times10^8}$，不满足要求。

类别 Z10，$C_Z = 0.35 \times 10^{12}$，$\beta_Z = 3$，今 $n = 1.8 \times 10^6$，则

$$[\Delta\sigma] = \left(\frac{C_Z}{n}\right)^{1/\beta_Z} = \left(\frac{0.35 \times 10^{12}}{1.8 \times 10^6}\right)^{1/3} = 57.9(\text{N/mm}^2)$$

$\Delta\sigma \leqslant \gamma_t [\Delta\sigma]$，满足要求。

(2)两侧面角焊缝的节点板母材的疲劳验算

该情况类别为 Z8，查表 3-4，$[\Delta\sigma_L]_{1\times10^8} = 29$ N/mm^2。

按照应力扩散角为 30° 计算，节点板有效宽度取为

$$b_e = 230 \times \tan 30° + 90 + 140 \times \tan 30° = 304(\text{mm})$$

$$\sigma_{\max} - \sigma_{\min} = \frac{420 \times 10^3 - 365 \times 10^3}{304 \times 12} = 15.1(\text{N/mm}^2)$$

属于其他情况，$\gamma_t = 1.0$，故满足 $\Delta\sigma \leqslant \gamma_t [\Delta\sigma_L]_{1\times10^8}$ 要求。

(3)对侧焊缝的受剪进行验算

该情况类别为 J1，查表 3-5，$[\Delta\tau_L]_{1\times10^8} = 16$ N/mm^2。

对于肢背计算：

$$\Delta\tau = \tau_{\max} - \tau_{\min} = \frac{0.7 \times (420 \times 10^3 - 365 \times 10^3)}{2 \times 0.7 \times 8 \times (230 - 2 \times 8)} = 16.1(\text{N/mm}^2)$$

$\Delta\tau > [\Delta\tau_L]_{1\times10^8}$，不满足规范要求。

类别 J1，$C_J = 4.10 \times 10^{11}$，$\beta_J = 3$，今 $n = 1.8 \times 10^6$，则

$$[\Delta\tau] = \left(\frac{C_J}{n}\right)^{1/\beta_J} = \left(\frac{4.10 \times 10^{11}}{1.8 \times 10^6}\right)^{1/3} = 61.1(\text{N/mm}^2)$$

此时，$\Delta\tau \leqslant [\Delta\tau]$，满足规范要求。

对于肢尖计算：

$$\Delta\tau = \tau_{\max} - \tau_{\min} = \frac{0.3 \times (420 \times 10^3 - 365 \times 10^3)}{2 \times 0.7 \times 6 \times (140 - 2 \times 6)} = 15.3(\text{N/mm}^2)$$

满足 $\Delta\tau \leqslant [\Delta\tau_L]_{1\times10^8}$ 的要求。

思 考 题

1. 解释名词：结构可靠性，可靠度，可靠指标，目标可靠指标，设计基准期，设计使用年限。

2. "作用"和"荷载"有什么区别？影响结构可靠性的因素有哪些？

3. 什么是结构的极限状态？结构的极限状态是如何分类的？

4. 荷载标准值、荷载设计值有何区别？如何应用？钢材的抗拉强度设计值和强度标准值之间是什么关系？

5. 写出承载力极限状态和正常使用极限状态分项系数表达式，并说明各符号的含义。

6. 试述疲劳强度、应力幅、应力比的含义，并绘图说明各种类型的应力循环。

7. 简述进行疲劳验算的步骤。

习　题

3—1　对一钢结构房屋的横梁进行内力分析,在永久荷载标准值、楼面活荷载标准值、风荷载标准值的作用下,已求得该梁梁端弯矩分别为 $M_{Gk}=10$ kN·m、$M_{Q1k}=12$ kN·m、$M_{Q2k}=4$ kN·m。楼面活荷载的组合值系数为 0.7,风荷载的组合值系数为 0.6。设计使用年限为 50 年,安全等级为二级。试求:按承载能力极限状态基本组合时梁端弯矩设计值 M。

3—2　有一办公楼的顶层柱,经计算,已知在永久荷载标准值、屋面活荷载标准值、风荷载标准值及雪荷载作用下,该柱的轴向压力标准值分别为 $N_{Gk}=40$ kN、$N_{Qk}=12$ kN、$N_{Wk}=4$ kN、$N_{Sk}=1$ kN。屋面活荷载、风荷载和雪荷载的组合值系数分别为 0.7、0.6 和 0.7。设计使用年限为 50 年,安全等级为二级。试求:该柱在承载能力极限状态基本组合时的轴向压力设计值 N。

(提示:屋面活荷载不与雪荷载同时组合。)

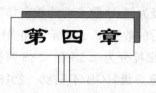

第四章

钢结构连接

第一节　概　述

连接(connection)在钢结构中占有重要的地位。因为,无论由钢板、型钢组成构件,还是由构件形成结构,都必须通过连接来实现。连接方式则直接影响结构的构造、制造工艺和工程造价。另外,连接的构造和受力都比较复杂,往往成为结构的薄弱环节,而连接的质量则直接影响结构的安全和使用寿命。

钢结构的连接方法分为焊缝连接、铆钉连接和螺栓连接三种,如图 4-1 所示。

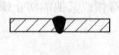
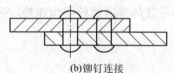
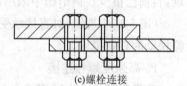

(a)焊缝连接　　　　　　(b)铆钉连接　　　　　　(c)螺栓连接

图 4-1　钢结构的连接方法

一、焊缝连接

焊缝连接(welded connection)是现代钢结构主要的连接方法。其优点是:①不削弱截面,经济;②焊件间可直接焊接,构造简便,制造省工,传力路线短而明确;③连接的密闭性好,刚度大,整体性好;④便于自动化作业,能提高质量和效率。其缺点是:①位于焊缝热影响区的材质会变脆;②在焊件中产生焊缝残余应力和焊缝残余变形,对结构的工作性能往往产生不利影响;③焊接结构对裂纹很敏感,一旦局部发生裂纹,便有可能迅速扩展到整个截面,尤其易低温脆断。

焊缝连接分为对接焊缝(butt weld)连接和角焊缝(fillet weld)连接。

二、铆钉连接

铆钉连接出现在 19 世纪 20 年代,曾是连接的主要形式。由于铆钉连接构造复杂,费钢费工,如今已经被焊缝连接和高强度螺栓连接代替。

三、螺栓连接

螺栓连接分为普通螺栓连接和高强度螺栓连接。

1. 普通螺栓连接

普通螺栓分 A、B、C 三级,习惯上,称 A 级与 B 级为精制螺栓,称 C 级为粗制螺栓。

螺栓不按材质供货,而按性能等级供货。螺栓的性能等级有 8 种,常用的有 4.6 级、4.8 级、5.6 级、8.8 级、10.9 级等。等级符号中,以 5.6 级为例,小数点前的数字"5"表示螺栓成品的抗拉强度不小于 500 N/mm²,小数点及小数点以后的数字"0.6"表示其屈强比为 0.6。等级代号为"S",如"8.8S"表示性能等级为 8.8 级。粗制螺栓分为 4.6S 和 4.8S 两类,精制螺栓则可以是 5.6S 或 8.8S,其性能应分别符合《六角头螺栓 C 级》(GB/T 5780—2016)和《六角头螺栓》(GB/T 5782—2016)。螺栓的力学性能见附表 1-3。

A、B 两级的质量标准要求相同,二者的区别只是尺寸不同,其中 A 级用于 $d \leqslant 24$ mm 和 $L \leqslant 10d$ 或 $L \leqslant 150$ mm(按较小值);B 级用于 $d > 24$ mm 或 $l > 10d$ 或 $l > 150$ mm(按较小值);d 为螺杆直径,L 为螺杆长度。C 级螺栓加工粗糙,尺寸不够准确,螺栓孔径比栓径大 $1.0 \sim 1.5$ mm。C 级螺栓由于栓孔与栓杆之间存在较大的间隙,所以传递剪力时,将会发生较大的滑移,连接的变形大,但传递拉力的性能尚好,故一般用于承受拉力的安装连接,以及不重要的抗剪连接或安装时的临时固定。A、B 级经切削加工精制而成,表面光滑,尺寸准确,孔径和栓径公称尺寸几乎相同,对成孔质量要求高。这种螺栓连接传递剪力性能好,但成本高,安装困难,目前已很少在钢结构中采用。

GB 50017 规定,对直接承受动力荷载的普通螺栓受拉连接应采用双螺帽或其他能防止螺帽松动的有效措施。

2. 高强度螺栓连接

高强度螺栓由中碳钢或合金钢等经热处理(淬火并回火)后制成,有 8.8S 和 10.9S 两种等级。高强度螺栓常用的材料是 40B、45 号钢、20MnTiB 和 35VB 钢等。根据确定承载力极限的原则不同,分为高强度螺栓摩擦型连接和高强度螺栓承压型连接。

高强度螺栓孔应采用钻成孔,不能采用冲成孔。高强度螺栓连接时要同其孔型尺寸相匹配,高强度螺栓摩擦型连接时可采用标准孔、大圆孔和槽孔,如果采用扩大孔连接,同一连接面只能在盖板和芯板其中之一的板上采用大圆孔或槽孔,其余仍采用标准孔。高强度螺栓承压型连接时只能采用标准孔。GB 50017 标准中给出了与高强度螺栓公称直径 d 相匹配的孔型尺寸 d_0,详见本章第七节。

从受力性能上看,高强度螺栓连接与普通螺栓连接的主要区别在于,高强度螺栓由于施工中扭紧螺帽,给螺栓杆施加了很大的预拉力,结果使得被连接构件之间的抗剪摩擦力很大。这时,在螺栓受剪时,将首先依靠接触面间的摩擦力阻止其相对滑移,因而变形较小。普通螺栓连接时,由螺栓杆的预拉力所引起的摩擦力则可以忽略不计。

需要指出的是,制造厂生产供应的高强度螺栓并无用之摩擦型连接或承压型连接之分。只是,高强度螺栓摩擦型连接在受剪时,以摩擦阻力被克服作为设计准则;而高强度螺栓承压型连接则以栓杆被剪坏或孔壁被压坏作为承载力的极限,其破坏形式与普通螺栓相同。

高强度螺栓摩擦型连接具有受力良好、耐疲劳、安装简单以及在动力荷载作用下不易松动等优点,目前在桥梁、工业与民用建筑结构中得到广泛应用,尤其是在栓焊桁架桥、重型工作制吊车梁系统和重要建筑物的支撑连接中被证明具有明显的优越性。高强度螺栓承压型连接由于破坏时剪切变形较大,GB 50017 规定,不能应用于直接承受动力荷载的结构。

第二节 焊接方法和焊缝连接形式

一、常用的焊接方法

焊接是通过加热或加压,或两者并用,加或不加填充材料,使两分离的金属表面达到原子间的结合,形成永久性连接的一种工艺方法。生产中应用的焊接方法种类繁多,根据焊接工艺特点可以分为熔焊、压焊和钎焊三大类。熔焊在连接部位需加热至熔化状态,一般不加压;压焊必须施加压力,加热是为了加速实现焊接;钎焊时,母材不熔化,只熔化起连接作用的填充材料(钎料)。熔焊包括焊条电弧焊(手工电弧焊)、埋弧焊、气体保护焊、电渣焊、气焊等;压焊包括电阻焊等;钎焊分为硬钎焊和软钎焊。

1. 手工电弧焊

手工电弧焊为最常见的焊接方法。通电后,在焊条与焊件间产生电弧,电弧的高温(可达3 000 ℃)将电弧周围的金属变成液态,形成熔池,同时高温也使焊条金属熔化,滴落至熔池中,与焊件的熔融金属结合,冷却后即形成焊缝。焊条外包的药皮则在焊接过程中产生气体,保护电弧和熔化金属,形成熔渣覆盖焊缝,防止空气中的氧、氮等有害气体与熔化金属接触,从而改善焊缝的力学性能,如图 4-2所示。

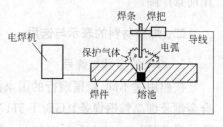

图 4-2 手工焊原理

手工电弧焊设备简单,操作灵活,适应性强。但生产效率低,劳动条件差,焊接质量取决于焊工的技术水平,有时质量波动大。

2. 埋弧焊

埋弧焊按焊接过程机械化程度分为自动埋弧焊和半自动埋弧焊。前者从引弧、送丝、焊丝移动、保持焊接工艺参数稳定,到停止送丝息弧等过程全部实现机械化;后者仅焊丝向前移动由焊工通过焊枪来操作,其余均由机械操作。

该方法的原理是:通电引弧后,由于电弧作用,埋于焊剂下的焊丝和附近的焊剂熔化,熔渣浮在熔化焊缝的上面,使熔化金属不与空气接触,并供给焊缝金属必要的合金元素,以改善焊缝质量,如图 4-3所示。

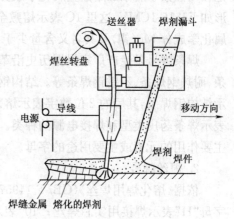

图 4-3 自动埋弧焊

3. 气体保护焊

施焊过程中二氧化碳(或其他惰性气体)通过焊枪口喷出,以保护熔融金属使之不与空气接触。电弧加热集中,焊接速度快,金属熔化深度大,焊接强度高,塑性好,是一种良好的焊接方法。施焊时风速要在 2 m/s 以下,以免气体被吹散。由于电弧并不埋于焊药中,焊缝位置有偏斜时容易被发现并及时纠正。此法的缺点是熔融金属容易飞溅,焊缝表面较粗糙。

4. 其他焊接方法介绍

埋弧焊主要适用于水平位置的焊接,并对坡口的加工与装配有严格要求。埋弧焊不适用于焊接厚度小于 1 mm 的薄板。

电渣焊是以电流通过液体熔渣所产生的电阻热作为热源进行焊接的一种熔焊方法。一般在垂直立焊位置进行焊接。电渣焊可以一次焊接很厚的焊件而不需要开坡口。电渣焊对焊件有较好的预热作用,近缝区不易出现冷裂纹。但高温停留时间长使得热影响区面积大,所以焊后一般需进行 900 ℃以上正火处理,以改善性能。

气焊是用气体火焰作热源的焊接方法,最常用的是氧乙炔焊。

电阻焊是焊件组合后通过电极施加压力,利用电流通过接头的接触面及邻近区域产生的电阻热进行焊接的方法。常用方法有电阻对焊和闪光对焊。

焊接技术进步的突出表现是焊接过程由机械化向自动化、信息化和智能化方面发展。智能焊接机器人的应用,是焊接过程高度自动化的重要标志。我国新近发展的机器人焊接技术,也已开始应用于钢箱梁闭口 U 肋焊接,因其具有熔透率高、速度快、焊缝质量好等优点,故应用前景广阔。

二、焊接材料的表示与选用

1. 焊条的型号与牌号

按照用途不同,我国现行的国家标准把焊条分为 8 类,应分别符合相应的标准。根据《非合金钢及细晶粒钢焊条》(GB/T 5117—2012)的规定,碳钢焊条型号表示形如 E4303,字母"E"表示焊条(Electrode);E 后面的两个数字(有 43、50、55 和 62 几种),如"43"表示熔敷金属抗拉强度的最小值为 430 MPa;最后两位数字表示焊条所用药皮类型、适用的施焊位置以及适用的焊接电源为交流、直流正接和直流反接等,如"03"表示药皮类型为钛型,适用于全位置焊接,采用交流或直流正反接。

依据《热强钢焊条》(GB/T 5118—2012),低合金钢焊条型号编制方法与碳钢焊条相同,只是在 4 位数字后添加熔敷金属化学成分的分类代号,若还有附加化学成分,用元素符号列出,形如 E5515-1CMV,这里 1C 表示熔敷金属化学成分 Cr(铬)的名义含量为 1%,M 表示熔敷金属化学成分 Mo(钼)及其名义含量少于 1%,附加化学成分为 V(钒)。

焊条牌号是生产厂家根据历史沿革而采用的名称。电焊条的牌号分为 10 类,如结构钢焊条、耐热钢焊条、不锈钢焊条等。结构钢焊条牌号形如 J507(结 507),字母"J"(或汉字"结")表示结构钢焊条,其后的 2 位数字表示熔敷金属抗拉强度的最小值,单位 kgf/mm²;第 3 位数字表示焊条药皮类型和焊接电源的种类。有特殊性能和用途的结构钢焊条,牌号最后面加注起主要作用的元素或主要用途的字母。

2. 焊丝牌号

依据《熔化焊用焊丝》(GB/T 14957—1994),焊丝牌号的表示形如 H10Mn2,其中,第一个字母"H"表示焊接用实芯焊丝;"10"表示碳含量为 0.10%;"Mn2"表示锰的平均含量为 2%;牌号尾部标有"A"(或"高")表示 S、P 含量要求低的优质焊丝,标有"E"(或"特")表示是 S、P含量要求特别低的特优质焊丝。依据《气体保护电弧焊用碳钢、低合金钢焊丝》(GB/T 8110—2008)中,焊丝的型号表达形如 ER50-2H5,其中,"ER"表示焊丝;"50"表示熔敷金属抗拉强度最低值为 500 MPa；"2"表示化学成分分类代号；"H5"表示熔敷金属扩散氢含量不大于 5.0 mL/100 g。

3. 焊条的选用

从强度方面考虑，焊条选用时通常要求"等强匹配"，即应选用熔敷金属抗拉强度等于或稍高于母材的焊条。例如，焊接 Q235 钢时大多选用 E43×× (J42×)焊条，焊接 Q355 钢的焊条型号大多选为 E50×× (J50×)焊条，焊接 Q390 钢时选用 E50×× (J50×)、或 E55×× (J55×)焊条，焊接 Q420 钢和 Q460 钢时选用 E55×× (J55×)，或 E62×× (J62×)焊条。但是，在焊接结构刚度大、接头应力高、焊缝易发生裂纹的情况下，应考虑选用比母材强度低的焊条。

酸性焊条焊接工艺好，焊缝外表美观，在满足使用性能要求的前提下，应优先选用。由于酸性焊条熔敷金属中氧、氢的含量较高，导致焊缝金属塑性韧性较低，因此，GB 50017 规定，对直接承受动力荷载或需要验算疲劳的结构，以及低温环境下工作的厚板结构，宜采用碱性（低氢型）焊条。

强度级别不同的焊件相连，可按强度级别较低的钢材选用焊条。为防止焊接裂纹，应按强度级别较高、焊接性较差的钢种确定焊接工艺。

4. 焊丝与焊剂的选用

焊丝分为实芯焊丝和药芯焊丝，实芯焊丝由金属线材直接拉拔而成，如 H08A、H08MnA、H10Mn2、H08Mn2SiA 等；药芯焊丝是将薄钢带卷成圆形钢管（或异形钢管），内填药粉，经拉制而成。目前应用最多的是实芯焊丝。

埋弧焊时，焊缝成分和性能是由焊丝和焊剂共同决定的，因此选用的焊丝和焊剂应与主体金属的力学性能相适应，并应符合现行国家标准《埋弧焊用非合金钢及细晶粒钢实心焊丝、药芯焊丝和焊丝-焊剂组合分类要求》(GB/T 5293—2018)、《埋弧焊和电渣焊用焊剂》(GB/T 36037—2018)的规定。通常，主体金属为 Q235 钢时，可采用 H08、H08A 等焊丝，配合高锰型焊剂，也可用 H08MnA 焊丝配合低锰型或无锰型焊剂；主体金属为低合金钢时，如 Q355 钢可采用 H10Mn2 或 H10MnSi 等焊丝再配以适当的焊剂。更详细的规定，可以参见《钢结构焊接规范》(GB 50661—2011)的规定。

三、焊接接头的形式、焊缝形式和施焊方法

1. 焊接接头的形式

焊接接头(weld joint)的形式根据被连接件的相对位置命名，有对接接头(butt joint)、搭接接头(lap joint)、T 形接头(T-joint)和角部接头(corner joint)等，如图 4-4 所示。

2. 焊缝形式

根据焊缝金属填充区域和计算方法不同，常用的焊缝可分为对接焊缝(butt weld)和角焊缝(fillet weld)。

焊缝金属填充在板件接缝中的焊缝，称为对接焊缝，如图 4-4(a)、(b)、(c)所示。对接焊缝与被连接件组成一体，传力平顺，没有明显的应力集中，受力性能好。对接焊缝要求板件下料和装配尺寸准确；当厚度较大时为保证熔透需要开坡口，因而制造费工。

焊缝金属填充在被连接板件所形成的直角（或斜角）区域内的焊缝，称角焊缝，如图 4-4(d)、(e)、(f)所示。角焊缝传力线曲折，应力集中明显，受力复杂。角焊缝对板件的尺寸和位置要求不高,制作方便,使用灵活。

严格说来,依据《焊接术语》(GB/T 3375—1994),图 4-4(c)的焊缝应称作"对接与角接组合焊缝"。

3. 焊缝的施焊方法

焊缝按施焊时焊工所持焊条与焊件间的相对位置不同,分为俯焊、立焊、横焊和仰焊,如图 4-5 所示。俯焊施工最方便,焊缝质量最易保证,应尽量采用。立焊和横焊要求焊工的操作水平较俯焊高;仰焊的操作条件最差,焊缝质量难以保证,应尽量避免。

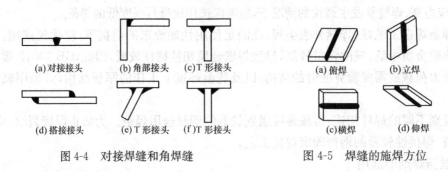

(a) 对接接头　(b) 角部接头　(c) T 形接头

(d) 搭接接头　(e) T 形接头　(f) T 形接头

图 4-4　对接焊缝和角焊缝

(a) 俯焊　　(b) 立焊

(c) 横焊　　(d) 仰焊

图 4-5　焊缝的施焊方位

四、焊缝缺陷与焊缝质量

1. 焊缝缺陷

焊缝缺陷指焊接过程中产生于焊缝金属或附近热影响区钢材表面或内部的缺陷。常见的缺陷有裂纹、焊瘤、烧穿、弧坑、气孔、夹渣、咬边、未熔合、未熔透等,如图 4-6 所示。焊缝尺寸不符合要求、焊缝成形不良等亦属于焊缝缺陷。裂纹是焊缝连接中最危险的缺陷。产生裂纹的原因很多,如钢材的化学成分不当,焊接工艺条件(如电流、电压、焊速、施焊次序等)选择不合适,焊件表面油污未清除干净等。

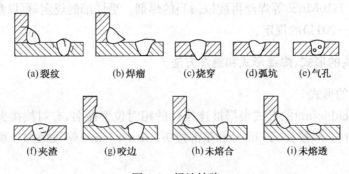

(a) 裂纹　(b) 焊瘤　(c) 烧穿　(d) 弧坑　(e) 气孔

(f) 夹渣　(g) 咬边　(h) 未熔合　(i) 未熔透

图 4-6　焊缝缺陷

2. 焊缝质量检验

焊缝缺陷的存在势必削弱焊缝的受力面积,在缺陷处引起应力集中,故对连接的强度、冲击韧性及冷弯性能等均有不利影响。因此,焊缝质量检验极为重要。

焊缝质量检验一般可采用外观检查及内部无损检验,前者检查外观缺陷和几何尺寸,后者检查内部缺陷。内部无损检验目前广泛采用超声波检验方法,该法使用灵活、经济,对内部缺陷反应灵敏,但不易识别缺陷性质;有时还用磁粉检验、荧光检验等较简单的方法作为辅助。

此外还可采用 X 射线或 γ 射线透照或拍片,其中 X 射线应用较广。

《钢结构工程施工质量验收标准》(GB 50205—2020)规定,焊缝质量等级分为一级、二级和三级。设计要求全熔透的一、二级焊缝应采用超声波探伤进行内部缺陷的检验,超声波探伤不能对缺陷做出判断时,应采用射线探伤,其内部缺陷分级及探伤方法应符合现行国家标准《焊缝无损检测　超声检测技术　检测等级和评定》(GB/T 11345—2013)或《焊缝无损检测　射线检测　第 1 部分:X 和伽玛射线的胶片技术》(GB/T 3323.1—2019)的相关规定。一级焊缝内部缺陷超声波探伤的取样比例为 100%,二级焊缝则为 20%且探伤长度不小于 200 mm。焊缝表面不得有裂纹、焊瘤等缺陷,一级、二级焊缝不得有表面气孔、夹渣、弧坑裂纹、电弧擦伤等缺陷,且一级焊缝不得有咬边、未焊满、根部收缩等缺陷;三级焊缝只要求对全部焊缝作外观检查。

3. 焊缝质量等级的选用原则

焊缝质量等级由设计人员根据需要在设计图纸上作出规定。GB 50017 第 11.1.6 条规定了焊缝质量等级的选用原则:

(1)在承受动荷载且需要进行疲劳验算的构件中,凡要求与母材等强连接的焊缝应熔透,其质量等级应符合下列规定:①作用力垂直于焊缝长度方向的横向对接焊缝或 T 形对接与角接组合焊缝,受拉时应为一级,受压时不应低于二级;②作用力平行于焊缝长度方向的纵向对接焊缝不应低于二级;③重级工作制(A6～A8)和起重量 $Q \geqslant 50$ t 的中级工作制(A4、A5)吊车梁的腹板与上翼缘之间以及吊车桁架上弦杆与节点板之间的 T 形连接部位焊缝应熔透,焊缝形式宜为对接与角接组合焊缝,其质量等级不应低于二级。

(2)在工作温度等于或低于 −20 ℃的地区,构件对接焊缝的质量不得低于二级。

(3)不需要疲劳验算的构件中,凡要求与母材等强的对接焊缝宜熔透,其质量等级受拉时不应低于二级,受压时不宜低于二级。

(4)部分熔透的对接焊缝、采用角焊缝或部分熔透的对接与角接组合焊缝的 T 形连接部位,以及搭接连接角焊缝,其质量等级应符合下列规定:①直接承受动力荷载且需要验算的结构和吊车起重量等于或大于 50 t 的中级工作制吊车梁以及梁柱、牛腿等重要节点不应低于二级;②其他结构可为三级。

五、焊缝代号

《建筑结构制图标准》(GB/T 50105—2010)对焊缝表示方法进行了规定,其依据为《焊缝符号表示法》(GB/T 324—2008),并做了简化。

GB/T 50105 规定:焊缝代号由引出线、图形符号和辅助符号三部分组成。引出线由横线和带箭头的斜线组成。箭头指到图形上的相应焊缝处,横线的上方和下方用来标注图形符号和焊缝尺寸。当引出线的箭头指向焊缝所在的一面时,应将图形符号和焊缝尺寸等标注在水平横线的上方;当箭头指向对应焊缝所在的另一面(相对应的那面)时,则应将图形符号和焊缝尺寸标注在水平横线的下方。必要时,可在水平横线的末端加一尾部作为其他说明之用。图形符号表示焊缝的基本形式,如用△表示角焊缝,用 V 表示 V 形坡口的对接焊缝。辅助符号表示焊缝的辅助要求,如用▶表示现场安装焊缝等。表 4-1 列出了一些常用焊缝代号,可供设计时参考。

表 4-1 焊 缝 代 号

形式	解 焊 缝				对接焊缝	塞焊缝	三面围焊
	单面焊缝	双面焊缝	安装焊缝	相同焊缝			
形式							
标注方法							

附注:"c"表示焊件之间的离缝距离;"p"表示焊件的端部宽度;"$α$"表示对接焊缝的坡口角度;"h_f"表示角焊缝的焊脚尺寸。

第三节 对接焊缝连接

一、对接焊缝的构造

为了保证对接焊缝(butt weld)能熔透和焊缝质量,减少焊缝截面,施焊方便,常根据不同的板厚和施焊工艺将焊接边切成一定形式的坡口。对接焊缝的形式分为 I 形坡口、单边 V 形坡口、V 形坡口、U 形坡口、K 形坡口和 X 形坡口等,见图 4-7。

当焊件厚度很小时(手工焊时小于 6 mm,埋弧焊时小于 10 mm),可用 I 形坡口。对于一般厚度($t=10\sim20$ mm)的焊件,可采用单边 V 形坡口或 V 形坡口。对于较厚的焊件($t\geqslant$ 20 mm),可采用 K 形坡口或 X 形坡口。而 U 形坡口一般适用于厚度不小于 50 mm 的焊件。对接焊缝焊接时可采用单面焊接或双面焊接,为了保证熔透,必要时应在焊件根部加衬垫,否则需清除焊根并进行补焊[图 4-7 中(g)、(h)、(i)]。对接焊缝的坡口形式宜根据板厚和施工条件合理选用,具体可参照《钢结构焊接规范》GB 50661 的相关规定。

在钢板宽度或厚度有变化的连接中,为了减少应力集中,应从一侧或两侧做成平缓的坡度过渡。GB 50017 规定,承受静荷载和动荷载时,坡度不大于 1∶2.5,如图 4-8 所示。当不同厚度的板件对接时满足允许的厚度差值(表 4-2),可不做斜坡,焊缝表面的斜度足以满足平缓传力的要求。

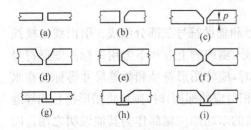

图 4-7 对接焊缝坡口形式
(a)I 形坡口;(b)单边 V 形坡口;(c)Y 形坡口;
(d)U 形坡口;(e)K 形坡口;(f)X 形坡口;(g)、
(h)、(i)加垫板的 I 形、单边 V 形和 V 形坡口

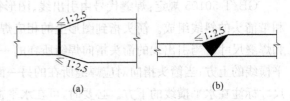

图 4-8 不同宽度或不同厚度钢板拼接
(a)不同宽度;(b)不同厚度

表 4-2 不同厚度钢材对接的允许厚度差(mm)

较薄钢材厚度	≥5～9	10～12	>12
允许厚度差	2	3	4

对接焊缝的起弧和落弧点,常因不能熔透而出现凹形焊口,为避免受力后出现裂纹和应力集中,在焊缝两端设置引弧板,在引弧板上引弧和落弧,焊后将引弧板切除,并用砂轮将表面磨平(图 4-9)。

钢板在纵横两方向采用对接焊缝时,可采用十字形交叉或 T 形交叉,如图 4-10 所示。当采用 T 形交叉时,交叉点之间的距离不得小于 200 mm,且拼接料的长度和宽度均不得小于300 mm。

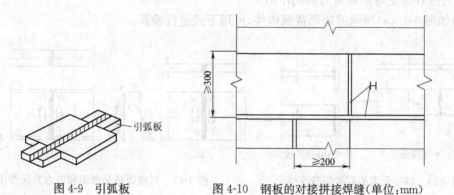

图 4-9 引弧板　　　　　　　　　　图 4-10　钢板的对接拼接焊缝(单位:mm)

二、对接焊缝连接的计算

对接焊缝分全熔透和部分熔透两种,下面分别介绍。

（一）全熔透的对接焊缝的计算

对接焊缝的强度与所用钢材的牌号、焊条型号及焊缝质量的检验标准等因素有关。

由于选择焊条(焊丝)时考虑了与焊件的匹配,故如果焊缝中不存在任何缺陷,焊缝金属的强度是高于母材的。但由于焊接技术问题,焊缝中可能有气孔、夹渣、咬边、未熔透等缺陷。试验证明,焊接缺陷对受压、受剪的对接焊缝影响不大,因此可认为受压、受剪的对接焊缝与母材强度相等,但受拉的对接焊缝对缺陷甚为敏感。当缺陷面积与焊件截面积之比超过 5% 时,对接焊缝的抗拉强度将明显下降。由于三级检验的焊缝允许存在的缺陷较多,故 GB 50017 取其抗拉强度为母材强度的 85%,即 $f_t^w = 0.85f$,而一、二级检验的焊缝抗拉强度可认为与母材强度相等。

由于全熔透对接焊缝是焊件截面的组成部分,焊缝中的应力分布情况基本上与焊件原来的情况相同,故计算方法与构件的强度计算一致。

1. 对接焊缝受轴心力作用(图 4-11)

由于一、二级焊缝与母材强度相等,因此,在被连接构件已经满足强度要求的前提下,只有三级焊缝才需要进行抗拉强度验算。GB 50017 规定的轴心受力对接焊缝的验算公式为

$$\sigma = \frac{N}{l_w \cdot h_e} \leqslant f_t^w(\text{或 } f_c^w) \tag{4-1}$$

式中　　N——轴心拉力或压力;

h_e ——对接焊缝的计算厚度,在对接连接节点中取连接件的较小厚度,在 T 形连接节点中取腹板的厚度;

f_t^w,f_c^w ——对接焊缝的抗拉和抗压设计强度,按附表 1-2 采用;

l_w ——对接焊缝的计算长度。当采用引弧板时,焊缝两端的起落弧缺陷在引弧板内,焊后随引弧板被切掉,所以这时取焊缝的计算长度为实际长度 l;当未采用引弧板时,每条焊缝的计算长度取实际长度减 $2t$(起弧、落弧每端各减 t)。

如果用直缝不能满足上式要求时,则可采用斜缝。计算证明,焊缝与作用力间的夹角 θ 满足 $\tan\theta \leqslant 1.5$(相当于 $\theta \leqslant 56.3°$)时,斜焊缝的强度不低于母材强度,可不再进行验算。具体设计时通常可以取 $\theta = 45°$。

2. 对接焊缝受弯矩和剪力共同作用

(1)如图 4-12(a)所示的矩形截面构件,可用下式进行验算:

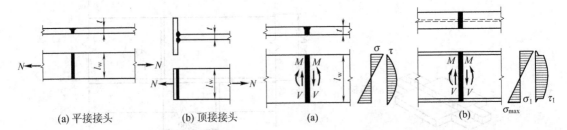

图 4-11 轴心受力的对接焊缝连接   图 4-12 对接焊缝受弯矩和剪力共同作用

$$\sigma = \frac{M}{W_w} \leqslant f_t^w(\text{或 } f_c^w) \tag{4-2}$$

$$\tau = \frac{VS_w}{I_w h_e} \leqslant f_v^w \tag{4-3}$$

式中　M ——焊缝计算截面的弯矩;

　　　V ——与焊缝方向平行的剪力;

　　　W_w ——焊缝计算截面的模量(抵抗矩);

　　　I_w ——焊缝计算截面对中性轴的惯性矩;

　　　S_w ——计算剪应力处以上焊缝计算截面对中性轴的面积矩。

(2)对图 4-12(b)所示工字形截面构件,梁翼缘与腹板交接位置处的对接焊缝,同时受有较大正应力 σ_1 和较大的剪应力 τ_1,所以除按式(4-2)和式(4-3)验算外,还应按下式验算梁腹板对接焊缝端部的折算应力:

$$\sqrt{\sigma_1^2 + 3\tau_1^2} \leqslant 1.1 f_t^w \tag{4-4}$$

式中　σ_1,τ_1 ——梁腹板对接焊缝端部处的正应力和剪应力;

　　　1.1 ——考虑到最大折算应力只在局部出现,而将强度设计值适当提高的系数。

为了简化计算,式(4-4)中 σ_1 和 τ_1 有时也可取最大值,即按式(4-2)计算最大正应力,按式(4-3)计算最大剪应力。

3. 对接焊缝受轴力、弯矩、剪力共同作用

此时焊缝最大正应力为轴向力和弯矩引起的应力之和,可将式(4-1)、式(4-2)两式相加,剪应力仍按式(4-3)计算,即

$$\sigma_{\max} = \sigma_N + \sigma_M = \frac{N}{A_w} + \frac{M}{W_w} \leqslant f_t^w \tag{4-5}$$

$$\tau_{\max} = \frac{V S_w}{I_w h_e} \leqslant f_v^w \tag{4-6}$$

式中　　A_w ——焊缝计算截面积。

对于矩形截面可分别验算正应力和剪应力,对于图 4-13 所示工字形截面,还要按下列公式验算翼缘与腹板交界点上的折算应力:

$$\sqrt{(\sigma_N + \sigma_{M1})^2 + 3\tau_1^2} \leqslant 1.1 f_t^w \tag{4-7}$$

式中,σ_{M1} 和 τ_1 分别为翼缘与腹板交界处弯矩引起的正应力和剪力引起的剪应力,为简化计算,它们有时也可用最大值代替。

【例题 4-1】如图 4-14 所示,有一块 500 mm×8 mm 钢板,采用全熔透对接焊缝连接,承受轴向拉力设计值 $N=850$ kN,焊条为 E43 系列,焊缝质量等级为三级,施焊时不用引弧板。试设计对接焊缝,钢板钢材为 Q235BF。

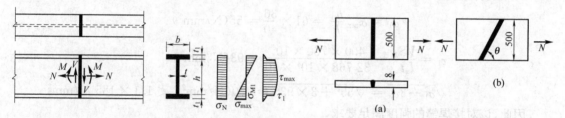

图 4-13　对接焊缝受轴力、弯矩与剪力共同作用　　　　图 4-14　例题 4-1 图

【解】(1)设采用直焊缝连接,则焊缝应力为

$$\sigma = \frac{N}{l_w h_e} = \frac{850 \times 10^3}{(500 - 2 \times 8) \times 8} = 219.5 (\text{N/mm}^2) > f_t^w = 185 \text{ N/mm}^2$$

按三级质量标准,直缝不能满足受力要求,要改为斜缝,加长焊缝长度。

(2)改用斜焊缝,如图 4-14(b),取 $\tan\theta \leqslant 1.5$,按经验可不必验算焊缝强度。

【例题 4-2】如图 4-15 所示,牛腿与钢柱间用全熔透对接焊缝相连。钢材为 Q235BF,焊条为 E43 型,手工焊,$h_0=360$ mm,$t_w=10$ mm。该牛腿承受竖向力设计值 $N=400$ kN,$e=250$ mm,焊缝质量等级为三级,试验算此焊缝强度。

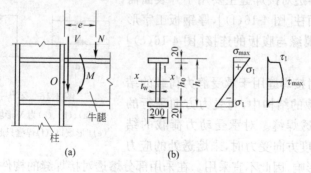

图 4-15　例题 4-2 图

【解】(1)分析焊缝受力。将 N 向焊缝形心简化,得到剪力 $V=N=400$ kN,弯矩 $M=$

$Ne = 400 \times 25 = 10\ 000 (\text{kN} \cdot \text{cm})$。

（2）焊缝截面与牛腿截面相同，其几何特性如下：

$$I_x = \frac{1}{12} \times 1 \times 36^3 + 2 \times 2 \times 20 \times 19^2 = 32\ 768 (\text{cm}^4)$$

$$W_x = \frac{32\ 768}{20} = 1\ 638.4 (\text{cm}^3)$$

$$S_1 = 2 \times 20 \times 19 = 760 (\text{cm}^3)$$

$$S_{\max} = 760 + 1 \times 18 \times 9 = 922 (\text{cm}^3)$$

（3）验算最大正应力、最大剪应力，以及翼缘与腹板交界处 1 点的折算应力：

$$\sigma_{\max} = \frac{M}{W_x} = \frac{10\ 000 \times 10^4}{1\ 638.4 \times 10^3} = 61 (\text{N/mm}^2) < f_t^w = 175\ \text{N/mm}^2$$

$$\tau_{\max} = \frac{VS_{\max}}{I_x h_e} = \frac{400 \times 922 \times 10^6}{32\ 768 \times 10^4 \times 10} = 113 (\text{N/mm}^2) < f_v^w = 125\ \text{N/mm}^2$$

1 点折算应力为

$$\sigma_1 = \sigma_{\max} \frac{h_0}{h} = 61 \times \frac{36}{40} = 55 (\text{N/mm}^2)$$

$$\tau_1 = \frac{VS_1}{I_x t_w} = \frac{400 \times 760 \times 10^6}{32\ 768 \times 10^4 \times 10} = 93 (\text{N/mm}^2)$$

$$\sqrt{\sigma_1^2 + 3\tau_1^2} = \sqrt{55^2 + 3 \times 93^2} = 170 (\text{N/mm}^2) < 1.1 \times 185\ \text{N/mm}^2$$

因此，该对接焊缝的强度满足要求。

对于剪力引起的剪应力，如果认为全部由腹板承受并采用近似公式计算，则可得

$$\tau_{\max} = \frac{V}{A_w} = \frac{400 \times 10^3}{360 \times 10} = 111 (\text{N/mm}^2)$$

可见，与前述的 113 N/mm² 十分接近。工程中为简单计，常采用此近似公式计算剪应力。

（二）部分熔透对接焊缝

前面讲述的对接焊缝的构造和计算，都是相对于全熔透的对接焊缝而言，钢结构中当板件较厚而板件间连接受力较小或主要起联系作用时，可采用部分熔透的对接焊缝（partially penetrated butt weld，图 4-16）。其优点是可大大减小焊缝截面和节省焊条。部分熔透对接焊缝主要用于外表面需平整的重型箱形截面柱[图 4-16(f)]，厚钢板工字形或 T 形截面构件中翼缘与腹板的连接[图 4-16(c)]和其他不需熔透处。

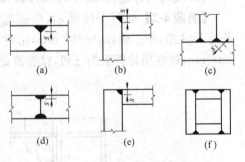

图 4-16　不焊透的对接焊缝

(a)、(b)、(c)为 V 形坡口；(d)U 形坡口；
(e)J 形坡口；(f)焊缝只起连系作用的坡口焊缝

通常部分熔透对接焊缝用于承受静力荷载的结构。在承受动力荷载的结构中，与受力方向平行的焊缝亦可用部分熔透焊缝。对承受动力荷载的结构，当垂直于焊缝长度方向受力时，未熔透处的应力集中会产生不利的影响，因此不宜采用。在采用部分熔透对接焊缝的构件中，有时要求局部区段采用熔透焊缝。

部分熔透对接焊缝和 T 形对接与角接组合焊缝[图 4-16(c)]的受力情况与角焊缝类似，

因此设计中应按角焊缝的计算式(4-10)、式(4-11)和式(4-12)计算,在垂直于焊缝长度方向的压力作用下,取 $\beta_f = 1.22$,其他受力情况取 $\beta_f = 1.0$。

部分熔透对接焊缝的有效厚度按照以下规定采用:

V 形坡口:当 $\alpha \geqslant 60°$ 时,$h_e = s$;当 $\alpha < 60°$ 时,$h_e = 0.75s$。

对 U 形、J 形坡口:当 $\alpha = 45° \pm 5°$ 时,$h_e = s$。

单边 V 形和 K 形坡口:当 $\alpha = 45° \pm 5°$,$h_e = s$。

以上 s 为坡口深度,即根部至焊缝表面(不考虑余高)的最短距离(mm);α 为 V 形、单边 V 形和 K 形坡口角度。

当熔化线处焊缝截面边长等于或接近最短距离 s 时,抗剪强度设计值应按角焊缝强度设计值乘以 0.9。

第四节　角焊缝连接

一、角焊缝的形式和构造

1. 角焊缝的截面形式

角焊缝(fillet weld)按其截面形状可分为凸形的和凹形的,等边的和不等边的,直角角焊缝和斜角角焊缝等(图 4-17)。普通形角焊缝截面[图 4-17(a)]的两个直角边长 h_f,称为焊脚尺寸(weld leg size)。其他角焊缝的焊脚尺寸 h_f 见图 4-17 所示。

角焊缝两脚边夹角 $\alpha = 90°$ 时称作直角角焊缝,$\alpha \neq 90°$ 的称作斜角角焊缝。一般钢结构中所采用的绝大多数是直角角焊缝。对于夹角 $\alpha > 135°$ 或 $\alpha < 60°$ 的斜角角焊缝,除钢管结构外,不宜用作受力焊缝。

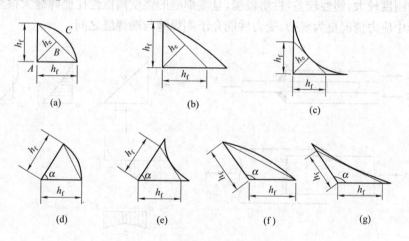

图 4-17　角焊缝的截面形式

2. 角焊缝的布置和受力性能

角焊缝按其与外力的关系分三种,焊缝轴线平行于外力 N 的称为侧面角焊缝(fillet weld in parallel shear,习惯上简称为侧焊缝),焊缝轴线垂直于外力 N 的称为正面角焊缝(fillet weld in normal shear,习惯上简称为端焊缝),焊缝轴线倾斜于外力 N 的称为斜焊缝,分别如图 4-18(a)、(b)、(c)所示。图 4-18(d)的连接是由侧焊缝、斜焊缝和端焊缝组成的混合焊缝,常又称为围焊缝。

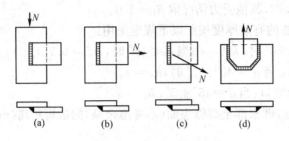

图 4-18　直角角焊缝的种类

目前对于角焊缝受力时的真实应力状态还不完全清楚，因而都通过实验来确定角焊缝的设计强度。再通过引入一些合理的假设，用分析的方法来规定角焊缝的应力状态和计算方法。

试验表明，侧焊缝主要承受剪应力。在弹性受力阶段，剪应力沿焊缝长度方向呈两端大而中间小的不均匀分布(图 4-19)，焊缝愈长愈不均匀。但侧焊缝的塑性较好，当受力增大，焊缝进入弹塑性受力状态时，剪应力分布将渐趋于均匀，破坏时可按沿全长均匀受力考虑。

端焊缝中应力状态比较复杂。其沿焊缝长度的应力分布比较均匀(图 4-20)，虽试验证明端焊缝的破坏强度要比侧焊缝高 1/3，但破坏前端焊缝的变形值只有侧焊缝的 1/3 左右，即端焊缝的刚度较大，塑性较差，性质较脆，且端焊缝的强度离散性比侧焊缝大很多。

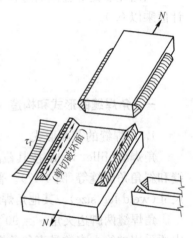

图 4-19　侧焊缝的应力

斜焊缝中应力情况更为复杂，受力性能介于侧焊缝与端焊缝之间。

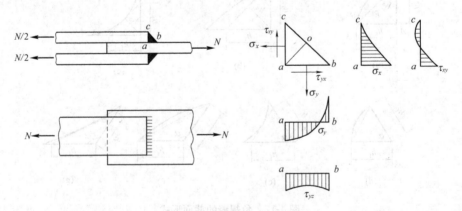

图 4-20　端焊缝的应力

二、角焊缝的构造

1. 焊脚尺寸的要求

为了保证焊接质量，应采用适当的焊脚尺寸。若设计焊脚尺寸太小，焊接时焊缝冷却过快,容易产生收缩裂纹,焊件越厚,焊缝冷却速度越快,焊缝处越易产生裂纹。而当贴着板边施焊时,焊脚尺寸过大还可能烧伤板件,产生咬边现象。因此,GB 50017 对焊脚尺寸作如下规定。

(1)角焊缝最小焊脚尺寸宜按表 4-3 取值。

(2)搭接角焊缝最大焊脚尺寸。

搭接焊缝沿母材棱边施焊时,即贴边焊,其最大焊脚尺寸为:当板厚不大于 6 mm 时,应为母材厚度;当板厚大于 6 mm 时,应为母材厚度减去 1~2 mm,如图 4-21 所示。

表 4-3　角焊缝最小焊脚尺寸(mm)

母材厚度 t	角焊缝最小焊脚尺寸 h_f
$t \leqslant 6$	3
$6 < t \leqslant 12$	5
$12 < t \leqslant 20$	6
$t > 20$	8

注:(a)采用不预热的非低氢焊接方法进行焊接时,t 等于焊接连接部位中较厚件厚度,宜采用单道焊缝;采用预热的非低氢焊接方法或低氢焊接方法进行焊接时,t 等于焊接连接部位中较薄件厚度。

(b)焊角尺寸 h_f 不要求超过焊接连接部位中较薄件厚度的情况除外。

(c)承受动荷载的角焊缝最小焊脚尺寸为 5 mm。

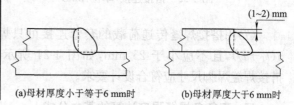

(a)母材厚度小于等于6 mm时　　(b)母材厚度大于6 mm时

图 4-21　搭接焊缝沿母材棱边的最大焊脚尺寸

2. 焊缝长度的要求

焊缝的长短也会影响焊缝质量。焊缝若过短,则焊缝缺陷对其承载力的影响较大;而太长的焊缝沿长度方向的应力分布严重不均匀,可能导致焊缝局部提前破坏。

因此,GB 50017 规定,角焊缝的最小计算长度应为其焊脚尺寸 h_f 的 8 倍,且不应小于 40 mm。角焊缝的搭接焊缝连接中,当焊缝计算长度 l_w 超过 $60h_f$ 时,焊缝承载力设计值应乘以折减系数 α_f, $\alpha_f = 1.5 - l_w/120h_f$,并不小于 0.5。

3. 角焊缝的其他构造要求

(1)被焊构件中较薄板厚度不小于 25 mm 时,宜采用开局部坡口的角焊缝。

(2)采用角焊缝焊接连接,不宜将厚板焊接到较薄板上。

(3)在次要构件或次要焊接连接中,可采用断续角焊缝。断续角焊缝焊段的长度不得小于 $10h_f$ 或 50 mm,其净距不应大于 $15t$(对受压构件)或 $30t$(对受拉构件),t 为较薄焊件厚度。腐蚀环境中不宜采用断续角焊缝。

(4)传递轴向力的部件,其搭接连接最小搭接长度应为较薄件厚度的 5 倍,且不应小于 25 mm(图 4-22),并应施焊纵向或横向双面角焊缝。

(5)只采用纵向角焊缝连接型钢杆件端部时,型钢杆件的宽度不应大于 200 mm,当宽度大于 200 mm 时,应加横向角焊缝或中间塞焊;型钢杆件每一侧纵向角焊缝的长度不应小于型钢杆件的宽度。

(6)型钢杆件搭接连接采用围焊时,在转角处应连续施焊。杆件端部搭接角焊缝作绕焊时,绕焊长度不应小于 $2h_f$,并应连续施焊,如图 4-23 所示。

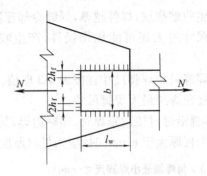

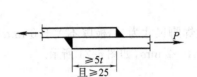

图 4-22 搭接连接(单位:mm)　　　　图 4-23 构件端部两条侧焊缝的连接

（7）用搭接焊缝传递荷载的套管连接可只焊一条角焊缝,其管材搭接长度 L 不应小于 $5(t_1+t_2)$,且不应小于 25 mm,如图 4-24 所示。搭接焊缝焊脚尺寸应符合设计要求。

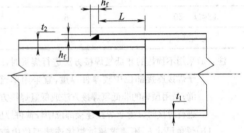

三、直角角焊缝强度计算的基本公式

焊缝实际受力状态比较复杂,精确计算比较困难。试验表明,破坏面的倾角在 $10°\sim80°$ 之间,但通常各国规范都采用 $45°$ 方向的焊缝截面作为破坏截面,以此作为计算的有效截面（effective section）,如图 4-25 所示。有效截面厚度 $h_e=0.7h_f$（如不作特殊说明,本书均假定直角角焊缝两焊件间隙 $b\leqslant1.5$ mm）,不考虑熔深和余高,即计算时有效截面用图 4-17 中的 AB 截面。

图 4-24 管材套管连接的搭接焊缝最小长度

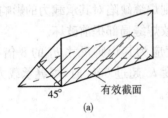

(a)

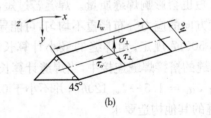

(b)

图 4-25 角焊缝的有效截面及其应力

角焊缝的有效截面为焊缝的有效厚度与计算长度的乘积。作用于有效截面上的应力包括:垂直于有效截面的正应力 $\sigma_\perp$,垂直于焊缝长度方向的应力 $\tau_\perp$,焊缝长度方向的应力 $\tau_{//}$。国际标准化组织（ISO）推荐用下式确定角焊缝的极限强度:

$$\sqrt{\sigma_\perp^2+1.8(\tau_\perp^2+\tau_{//}^2)}=f_u^w$$

式中,f_u^w 为焊缝熔敷金属的抗拉强度。欧洲钢结构协会（ECCS）偏于安全地将上式的 1.8 改为 3,形成与折算应力一致的形式,即

$$\sqrt{\sigma_\perp^2+3(\tau_\perp^2+\tau_{//}^2)}=f_u^w$$

在我国规范中,角焊缝强度设计值 f_f^w 是根据抗剪条件确定的,因此,有 $f_u^w=\sqrt{3}f_f^w$,于是,上式变形为

$$\sqrt{\sigma_\perp^2+3(\tau_\perp^2+\tau_{//}^2)}=\sqrt{3}f_f^w \tag{4-8}$$

下面,对 GB 50017 中角焊缝的基本公式进行推导。

任意力 N 总可以分解为 3 个分量,记作 N_x、N_y、N_z,x、y 和 z 的方向如图 4-25 所示。它们在有效截面上引起的平均应力分别为:$\sigma_{fx} = \dfrac{N_x}{h_e l_w}$,$\sigma_{fy} = \dfrac{N_y}{h_e l_w}$ 和 $\tau_{fz} = \dfrac{N_z}{h_e l_w}$,显然有 $\tau_{/\!/} = \tau_{fz}$。将 σ_{fx} 和 σ_{fy} 分别分解为 $\tau_\perp$ 和 $\sigma_\perp$ 并叠加后得

$$\tau_\perp = \sigma_{fx}/\sqrt{2} + \sigma_{fy}/\sqrt{2}$$

$$\sigma_\perp = \sigma_{fx}/\sqrt{2} - \sigma_{fy}/\sqrt{2}$$

代入式(4-8)并化简,得到直角角焊缝不会发生破坏的条件为

$$\sqrt{\sigma_{fx}^2 + \sigma_{fy}^2 + \sigma_{fx}\sigma_{fy} + 1.5\tau_{fz}^2} \leqslant 1.22 f_f^w \tag{4-9}$$

取式中的 $\sigma_{fx} = 0$,$\sigma_{fy} = 0$,此为侧面角焊缝的受力情况,得到

$$\tau_f = \frac{N}{h_e l_w} \leqslant f_f^w \tag{4-10}$$

取 $\sigma_{fy} = 0$,$\tau_{fz} = 0$,此为端面角焊缝的受力情况,得到

$$\sigma_f = \frac{N}{h_e l_w} \leqslant \beta_f \cdot f_f^w \tag{4-11}$$

当两焊件间隙 $b \leqslant 1.5$ mm 时,$h_e = 0.7 h_f$;1.5 mm $< b \leqslant 5$ mm 时,$h_e = 0.7(h_f - b)$,取 $\sigma_{fy} = 0$,此为角焊缝承受与焊缝长度方向平行和垂直的力同时作用的情况,得到

$$\sqrt{\left(\frac{\sigma_f}{\beta_f}\right)^2 + \tau_f^2} \leqslant f_f^w \tag{4-12}$$

式中　τ_f——沿焊缝长度方向的剪应力,按焊缝有效截面($h_e l_w$)计算;

　　　σ_f——垂直于焊缝长度方向的应力,按焊缝有效截面计算;

　　　h_e——直角角焊缝的计算厚度(有效厚度),对直角焊缝等于 $0.7 h_f$,其中 h_f 为较小焊脚尺寸;

　　　l_w——角焊缝的计算长度,无引弧板时,取焊缝实际长度减去 $2h_f$;

　　　f_f^w——角焊缝的强度设计值,按附表 1-2 采用;

　　　β_f——端焊缝的强度设计值增大系数。对承受静力荷载和间接承受动力荷载的结构,$\beta_f = 1.22$,对直接承受动力荷载的结构,$\beta_f = 1.0$。

以上三个公式即为角焊缝计算的基本公式。

注意,当角焊缝用于搭接焊接接头时,若焊缝计算长度 l_w 超过 $60h_f$ 时,焊缝的承载力设计值应乘以折减系数 α_f,$\alpha_f = 1.5 - \dfrac{l_w}{120 h_f}$,$\alpha_f$ 小于 0.5 时取为 0.5。

四、各种受力状态下直角角焊缝连接的计算

1. 承受轴心力的角钢角焊缝计算

钢结构中,常有角钢和节点板用角焊缝相连而受轴心力作用的情况(图 4-26),此时,虽然轴心力通过截面形心,但由于截面形心到角钢肢背和肢尖的距离不等,肢背焊缝和肢尖焊缝受力也不相等,为使角焊缝轴心受力,应使各组成角焊缝传递之力的合力与角钢杆件的轴线重合。

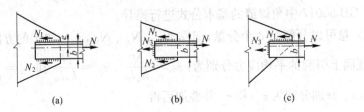

图 4-26　角钢角焊缝内力分配

对于图 4-26(a)所示角钢只用侧焊缝连接时,设 N_1、N_2 分别为角钢肢背焊缝和肢尖焊缝承担的内力,由平衡条件得

$$N_1 = e_2 N/(e_1 + e_2) = k_1 N \tag{4-13a}$$

$$N_2 = e_1 N/(e_1 + e_2) = k_2 N \tag{4-13b}$$

式中,k_1、k_2 为焊缝内力分配系数,可按表 4-4 查得。

当采用三面围焊时,如图 4-26(b)所示,可先选定端焊缝的焊脚尺寸 h_f,并算出它所能承担的内力,即

$$N_3 = h_e \sum l_{w3} \beta_f f_f^w \tag{4-14a}$$

再通过平衡关系可解得

$$N_1 = e_2 N/(e_1 + e_2) - \frac{N_3}{2} = k_1 N - \frac{N_3}{2} \tag{4-14b}$$

$$N_2 = e_1 N/(e_1 + e_2) - \frac{N_3}{2} = k_2 N - \frac{N_3}{2} \tag{4-14c}$$

当采用如图 4-26(c)的 L 形围焊缝时,可令 $N_2 = 0$,由式(4-14c)得

$$N_3 = 2k_2 N \tag{4-15a}$$

代入式(4-14b)得

$$N_1 = k_1 N - k_2 N = (k_1 - k_2)N \tag{4-15b}$$

根据上述方法求得角钢各条连接焊缝所承受的内力后,便可按角焊缝的基本计算公式(4-10)或式(4-11)设计各焊缝的长度 l_w 或焊脚尺寸 h_f,也可验算已有焊缝的强度。

表 4-4　角钢角焊缝的内力分配系数

连接类型	连接形式	内力分配系数	
		肢背 k_1	肢尖 k_2
等肢角钢		0.7	0.3
不等肢角钢短肢连接		0.75	0.25
不等肢角钢长肢连接		0.65	0.35

2. 在弯矩、轴力、剪力共同作用下顶接连接的角焊缝计算（图 4-27）

在弯矩 M 作用下，在垂直于焊缝长度方向（x 方向）产生应力 σ_{fx}^M，即

$$\sigma_{fx}^M = \frac{M}{W_w} = \frac{M}{2 \times h_e l_w^2/6} = \frac{6M}{2h_e l_w^2} \tag{4-16a}$$

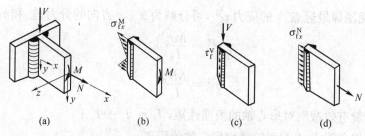

（a） （b） （c） （d）

图 4-27 角焊缝受弯矩、剪力、轴力共同作用

在剪力 V 作用下，在平行于焊缝长度方向（y 方向）产生应力 τ_f^V，即

$$\tau_f^V = \frac{V}{2h_e l_w} \tag{4-16b}$$

在轴力 N 作用下，在垂直于焊缝长度方向（x 方向）产生应力 σ_{fx}^N，即

$$\sigma_{fx}^N = \frac{N}{2h_e l_w} \tag{4-16c}$$

将三个应力代入角焊缝计算基本公式（4-12）得

$$\sqrt{\left(\frac{\sigma_{fx}^M + \sigma_{fx}^N}{\beta_f}\right)^2 + (\tau_f^V)^2} \leqslant f_f^w \tag{4-16d}$$

当弯矩、轴力和剪力三项中某一项为零时，计算公式仍可用式（4-16d），只是将相应的应力项代之以零而已。

3. 在扭矩、轴力、剪力共同作用下搭接连接的角焊缝计算（图 4-28）

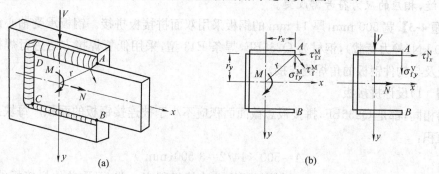

（a） （b）

图 4-28 角焊缝受扭矩、轴力、剪力共同作用

搭接连接中，如只有端焊缝，则其受力情况类似于图 4-27 的顶接，可按式（4-16d）计算。但在围焊缝情况，连接结构的外弯矩使围焊缝产生扭矩。分析围焊缝在扭矩作用下的应力时，采用以下假定：

（1）被连接板件为绝对刚性，而焊缝则是弹性的。

（2）在扭矩作用下，板件绕角焊缝有效截面形心轻微转动，于是焊缝上的各点产生不均匀的弹性变形，因而引起不均匀的应力，焊缝上任一点应力的方向和扭矩方向一致，且垂直于该

点与焊缝有效截面形心的连线,应力的大小与扭矩成正比,与旋转半径 r 成正比,而与焊缝有效截面对其形心极惯性矩成反比。应力可采用下列公式计算:

$$\tau_f^M = \frac{Mr}{I_p} \tag{4-17a}$$

扭矩 M 引起三面围焊最远点 A 的应力 τ_f^M,可分解为 x、y 方向的分力 τ_{fx}^M 和 σ_{fy}^M,即

$$\left.\begin{aligned}\tau_{fx}^M &= \frac{Mr_y}{I_p}\\[2mm]\sigma_{fy}^M &= \frac{Mr_x}{I_p}\end{aligned}\right\} \tag{4-17b}$$

式中　I_p——焊缝有效截面对形心轴的极惯性矩, $I_p = I_x + I_y$;

　　r_x, r_y——焊缝角隅点 A 到焊缝截面形心轴的距离。

在剪力 V、轴力 N 作用下 A 点引起的应力 σ_{fy}^V 和 τ_{fx}^N 为

$$\left.\begin{aligned}\sigma_{fy}^V &= \frac{V}{\sum h_e l_w}\\[2mm]\tau_{fx}^N &= \frac{N}{\sum h_e l_w}\end{aligned}\right\} \tag{4-18}$$

将以上二式代入角焊缝计算基本公式(4-12)得

$$\sqrt{\left(\frac{\sigma_{fy}^M + \sigma_{fy}^V}{\beta_f}\right)^2 + (\tau_{fx}^M + \tau_{fx}^N)^2} \leqslant f_f^w \tag{4-19}$$

注意:①这里的 M 对于连接构件的端部而言,是弯矩,但是,对于围焊缝而言,却是扭矩; ②应力最大的角隅点依 M、V、N 的具体方向而定,要使各 σ_f 和 τ_f 的叠加合成后的值最大; ③式中 σ_f 和 τ_f 是对图 4-28(a)焊缝 DA 而言的,若对 DC 焊缝,相对于 V 则为侧焊缝,相对于 N 则为端焊缝,相应的应力符号需改变。

【例题 4-3】 宽 500 mm,厚 14 mm 的钢板采用双面拼接板拼接。钢板承受轴心设计拉力 $N=1\,400$ kN(静力荷载),钢材为 Q235BF,焊条 E43 型,采用低氢焊接方法进行焊接。试设计拼接板及与构件钢板的角焊缝连接。

【解】(1)设计拼接板

材料相同,都是 Q235BF,拼接板总截面面积应不小于被连接钢板的面积。每块拼接板所需截面面积:

$$A = 500 \times 14/2 = 3\,500 (\text{mm}^2)$$

考虑到要有一定的施焊空间,拼接板要比被连接板稍窄一些,可取单块拼接板的截面为: 450 mm×8 mm(450×8=3 600 mm²>3 500 mm²)。

(2)选择焊脚尺寸 h_f

$$t_{min} = 8 \text{ mm}, \quad h_{fmin} = 5 \text{ mm}$$

因 $t_1 = 8$ mm > 6 mm, $h_{fmax} = 8 - (1 \sim 2) = 7 \sim 6$(mm)。所以,可选择焊角尺寸 $h_f = 6$ mm。

(3)设计焊缝长度

采用三面围焊,可以先求出端焊缝受力,再求侧焊缝长度。

端焊缝受力:

$$N_1 = 2 \times 0.7 h_{\mathrm{f}} \times b \times \beta_{\mathrm{f}} \times f_{\mathrm{f}}^{\mathrm{w}} = 2 \times 0.7 \times 6 \times 1.22 \times 450 \times 160 \times 10^{-3} = 738(\mathrm{kN})$$

每条侧焊缝受力：$N_2 = (N - N_1)/4 = (1\,400 - 738)/4 = 165.5(\mathrm{kN})$

每条侧焊缝计算长度：

$$l_{\mathrm{w}} = \frac{N_2}{0.7 h_{\mathrm{f}} \cdot f_{\mathrm{f}}^{\mathrm{w}}} = \frac{165.5 \times 10^3}{0.7 \times 6 \times 160} = 247(\mathrm{mm})$$

焊缝计算长度 $l_{\mathrm{w}} < 60 h_{\mathrm{f}} = 60 \times 6 = 360(\mathrm{mm})$，故不需要对焊缝强度进行折减。

检验焊缝最小计算长度：$l_{\mathrm{w}} > l_{\mathrm{wmin}} = 8 h_{\mathrm{f}} = 8 \times 6 = 48(\mathrm{mm})$，满足要求。

考虑端部缺陷，每条侧焊缝实际长度至少为 $247 + 6 = 253$ mm，取 260 mm。

设计的钢板拼接图见图 4-29。

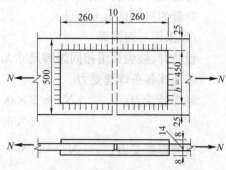

图 4-29 例题 4-3 图(单位:mm)

【例题 4-4】 屋架端斜杆选用两根角钢 $2\angle 100 \times 80 \times 10$，长肢相连组成 T 形截面，以角焊缝焊于节点板上。杆件承受静力荷载设计值 450 kN，钢材为 Q235BF，焊条 E43 型，采用低氢焊接方法进行焊接。试设计焊缝尺寸(图 4-30)。

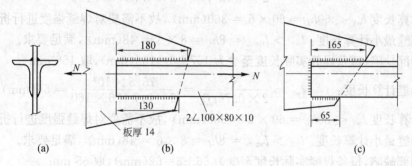

图 4-30 例题 4-4 图(单位:mm)

【解】 (1)采用侧焊缝连接

①选择焊角尺寸

$$t_{\min} = 10 \text{ mm}, \quad h_{\mathrm{fmin}} = 5 \text{ mm}$$

对肢尖，属贴边焊，则 $t_1 = 10$ mm > 6 mm，$h_{\mathrm{fmax}} = 10 - (1 \sim 2) = 8 \sim 9(\mathrm{mm})$

肢背和肢尖可以采用不同的焊脚尺寸，不妨对肢背选 $h_{\mathrm{f1}} = 8$ mm，对肢尖选 $h_{\mathrm{f2}} = 6$ mm。

②计算肢背、肢尖焊缝传力

肢背焊缝传力：　　$N_1 = k_1 N = 0.65 \times 450 = 292.5(\mathrm{kN})$

肢尖焊缝传力：　　$N_2 = k_2 N = 0.35 \times 450 = 157.5(\mathrm{kN})$

③确定肢背、肢尖焊缝长度

肢背焊缝计算长度：　　$l_{\mathrm{w1}} = \dfrac{N_1}{2 \times 0.7 h_{\mathrm{f1}} f_{\mathrm{f}}^{\mathrm{w}}} = \dfrac{292.5 \times 10^3}{2 \times 0.7 \times 8 \times 160} = 163(\mathrm{mm})$

焊缝计算长度 $l_{\mathrm{w1}} < 60 h_{\mathrm{f1}} = 60 \times 8 = 480$ (mm)，故不需要对焊缝强度进行折减。

检验焊缝最小计算长度：$l_{\mathrm{w1}} > l_{\mathrm{wmin}} = 8 h_{\mathrm{f1}} = 8 \times 8 = 64(\mathrm{mm})$，满足要求。

考虑端部缺陷，每条焊缝实际长度至少为 $163 + 2 \times 8 = 179(\mathrm{mm})$，取 180 mm。

肢尖焊缝计算长度：　　$l_{\mathrm{w2}} = \dfrac{N_2}{2 \times 0.7 h_{\mathrm{f2}} f_{\mathrm{f}}^{\mathrm{w}}} = \dfrac{157.5 \times 10^3}{2 \times 0.7 \times 6 \times 160} = 117(\mathrm{mm})$

肢尖焊缝计算长度：$l_{w2} < 60h_{f2} = 60 \times 6 = 360 \text{(mm)}$，故不需要对焊缝强度进行折减。

检验焊缝最小计算长度：$l_{w2} > l_{wmin} = 8h_{f2} = 8 \times 6 = 48 \text{(mm)}$，满足要求。

考虑端部缺陷，每条焊缝实际长度至少为 $117 + 2 \times 6 = 129 \text{(mm)}$，取 130 mm。

焊缝的布置见图 4-30(b)。

(2) 采用三面围焊

设肢背、肢尖采用相同焊脚尺寸 $h_f = 6 \text{ mm}$。

①计算各条焊缝受力

端焊缝受力：
$$N_3 = 2 \times 0.7 h_f \cdot b \cdot \beta_f \cdot f_f^w$$
$$= 2 \times 0.7 \times 6 \times 100 \times 1.22 \times 160 \times 10^{-3} = 164 \text{(kN)}$$

肢背焊缝受力：
$$N_1 = k_1 N - \frac{N_3}{2} = 0.65 \times 450 - \frac{164}{2} = 210.5 \text{(kN)}$$

肢尖焊缝受力：
$$N_2 = k_2 N - \frac{N_3}{2} = 0.35 \times 450 - \frac{164}{2} = 75.5 \text{(kN)}$$

②确定侧焊缝长度

肢背焊缝计算长度：
$$l_{w1} = \frac{N_1}{2 \times 0.7 h_f f_f^w} = \frac{210.5 \times 10^3}{2 \times 0.7 \times 6 \times 160} = 157 \text{(mm)}$$

焊缝计算长度 $l_{w1} < 60h_f = 60 \times 6 = 360 \text{(mm)}$，故不需要对焊缝强度进行折减。

检验焊缝最小计算长度：$l_{w1} > l_{wmin} = 8h_f = 8 \times 6 = 48 \text{(mm)}$，满足要求。

考虑端部缺陷，每条焊缝实际长度至少为 $157 + 6 = 163 \text{(mm)}$，取 165 mm。

肢尖焊缝计算长度：
$$l_{w2} = \frac{N_2}{2 \times 0.7 h_f f_f^w} = \frac{75.5 \times 10^3}{2 \times 0.7 \times 6 \times 160} = 56 \text{(mm)}$$

焊缝计算长度 $l_{w2} < 60h_f = 60 \times 6 = 360 \text{(mm)}$，故不需要对焊缝强度进行折减。

检验焊缝最小计算长度：$l_{w2} > l_{wmin} = 8h_f = 8 \times 6 = 48 \text{(mm)}$，满足要求。

考虑端部缺陷，每条焊缝实际长度至少为 $56 + 6 = 62 \text{(mm)}$，取 65 mm。

焊缝的布置见图 4-30(c)。

【例题 4-5】 把例题 4-2 中图 4-15 所示的牛腿与钢柱间对接焊缝改为角焊缝(周边围焊)，钢材为 Q235BF，手工焊，焊条 E43 型，采用低氢焊接方法进行焊接，焊脚尺寸 $h_f = 8 \text{ mm}$。试验算牛腿与钢柱间的角焊缝。

【解】 工字形截面围焊缝的有效截面如图 4-31(c)，焊缝的受力情况同例题 4-2。

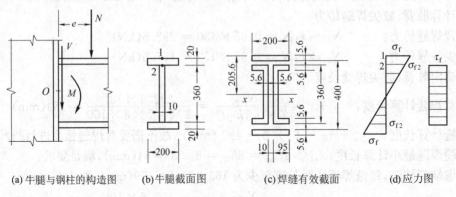

(a) 牛腿与钢柱的构造图　　(b) 牛腿截面图　　(c) 焊缝有效截面　　(d) 应力图

图 4-31　例题 4-5 图(单位:mm)

把 N 向焊缝有效截面形心简化:剪力 $V=400$ kN,弯矩 $M=10\,000$ kN·cm。

(1)计算有效截面几何特性

有效截面对 x 轴惯性矩:

$$I_x = 2 \times 0.7 \times 8 \times 200 \times (200+2.8)^2 + 4 \times 0.7 \times 8 \times (95-5.6) \times (180-2.8)^2 +$$

$$\frac{1}{12} \times (2 \times 0.7 \times 8 \times 360^3) = 19\,897 \times 10^4 \text{(mm}^4)$$

翼缘焊缝外边缘纤维对 x 轴的抵抗矩:

$$W_x = \frac{I_x}{0.5h} = \frac{19\,897 \times 10^4}{205.6} = 967\,800 \text{(mm}^3)$$

腹板上角焊缝的有效面积:

$$A_e = 2 \times 0.7 \times 8 \times 360 = 4\,032 \text{(mm}^2)$$

(2)验算焊缝强度

弯矩由整个连接角焊缝的有效截面承受,其分布情况见图 4-31(d),则

$$\sigma_{f\max} = \frac{M}{W_x} = \frac{10\,000 \times 10^4}{967\,800} = 103 \text{(N/mm}^2) \leqslant \beta_f \cdot f_f^w = 1.22 \times 160 \text{(N/mm}^2)$$

假定剪力全部由牛腿腹板上的两条焊缝承受,且应力在其中均匀分布,则

$$\tau_f = \frac{V}{A_e} = \frac{400 \times 10^3}{4\,032} = 99 \text{(N/mm}^2)$$

在牛腿与翼缘交界处"2"点受有较大的正应力和剪应力(σ_f、τ_f),应对此点进行验算:

$$\sigma_{f2} = \sigma_{f\max} \cdot \frac{18}{20.56} = 103 \times \frac{18}{20.56} = 90 \text{(N/mm}^2)$$

$$\sqrt{\left(\frac{\sigma_{f2}}{\beta_f}\right)^2 + \tau_f^2} = \sqrt{\left(\frac{90}{1.22}\right)^2 + 99^2} = 124 \text{(N/mm}^2) < f_f^w = 160 \text{ N/mm}^2$$

所以,此角焊缝强度满足要求。

【**例题 4-6**】验算支托板与柱的连接(图 4-32)。板厚 $t=12$ mm,Q235BF 钢材,采用三面围焊,在焊缝群重心上作用有轴力 $N=50$ kN,剪力 $V=200$ kN,扭矩 $T=160$ kN·m,手工焊,焊条用 E43 型,采用低氢焊接方法进行焊接,焊脚尺寸 $h_f=10$ mm。(设计焊缝端部无缺陷影响)

【**解**】焊缝有效截面计算图示如图 4-32 所示。

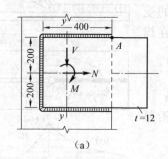 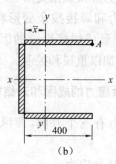

图 4-32　例题 4-6 图(单位:mm)

(1)计算有效截面几何特性

有效截面面积[图 4-32(b)]: $A_e = 0.7 \times 10 \times (2 \times 400 + 400) = 8\,400 \text{(mm}^2)$

形心位置：
$$\overline{x} = \frac{2 \times 0.7 \times 10 \times 400 \times \left(\frac{1}{2} \times 400\right)}{8\,400} = 133\,(\text{mm})$$

惯性矩：$I_x = 0.7 \times 10 \times \left(\frac{1}{12} \times 400^3 + 2 \times 400 \times 200^2\right) = 261 \times 10^6\,(\text{mm}^4)$

$$I_y = 0.7 \times 10 \times \left[2 \times \frac{1}{12} \times 400^3 + (200 - 133)^2 \times 400 \times 2 + 400 \times 133^2\right] = 149 \times 10^6\,(\text{mm}^4)$$

$$I_p = I_x + I_y = (261 + 149) \times 10^6 = 410 \times 10^6\,(\text{mm}^4)$$

(2)验算危险点 A 的应力

$$\tau_{\text{fx}}^{\text{N}} = \frac{N}{A_e} = \frac{50 \times 10^3}{8\,400} = 6\,(\text{N/mm}^2)$$

$$\sigma_{\text{fy}}^{\text{V}} = \frac{V}{A_e} = \frac{200 \times 10^3}{8\,400} = 23.8\,(\text{N/mm}^2)$$

$$\sigma_{\text{fy}}^{\text{M}} = \frac{M}{I_p} \cdot x_A = \frac{160 \times 10^6 \times (400 - 133)}{410 \times 10^6} = 104.2\,(\text{N/mm}^2)$$

$$\tau_{\text{fx}}^{\text{M}} = \frac{M}{I_p} \cdot y_A = \frac{160 \times 10^6 \times 200}{410 \times 10^6} = 78\,(\text{N/mm}^2)$$

$$\sqrt{\left(\frac{\sigma_{\text{fy}}^{\text{V}} + \sigma_{\text{fy}}^{\text{M}}}{\beta_f}\right)^2 + (\tau_{\text{fx}}^{\text{N}} + \tau_{\text{fx}}^{\text{M}})^2} = \sqrt{\left(\frac{23.8 + 104.2}{1.22}\right)^2 + (6 + 78)^2}$$

$$= 134.4\,(\text{N/mm}^2) < f_f^w = 160\,\text{N/mm}^2$$

所以,此连接的焊缝强度满足要求。

第五节 焊接残余应力和焊接残余变形

钢材焊接时,在焊件上产生局部高温不均匀温度场(图 4-33)。高温部分钢材因受热而膨胀伸长,但受到邻近钢材的约束,从而在焊件内引起较高的温度应力,并在焊接过程中随时间和温度而不断变化,这种应力称为焊接应力。焊接应力随时间和温度而改变。

焊接应力较高的部位将达到钢材的屈服强度 f_y 而发生塑性变形,导致钢材冷却后将有残存于焊件内的应力,称为焊接残余应力。焊件冷却之后会存在变形,称为焊接残余变形。

焊接残余应力和焊接残余变形将影响构件的受力和使用,并且是形成焊接裂纹的因素之一,应在焊接、制造和设计时加以重视和控制。

一、焊接残余应力的成因和对结构的影响

焊接残余应力有三个方向,即纵向、横向和沿厚度方向。

1. 纵向焊接残余应力

在两块钢板上施焊时,焊件中产生了不均匀的温度场,焊缝及其附近温度最高,达 1 600 ℃以上,其邻近区域则温度相对很低。不均匀的温度场要求产生不均匀的膨胀。高温处的钢材膨胀大,但

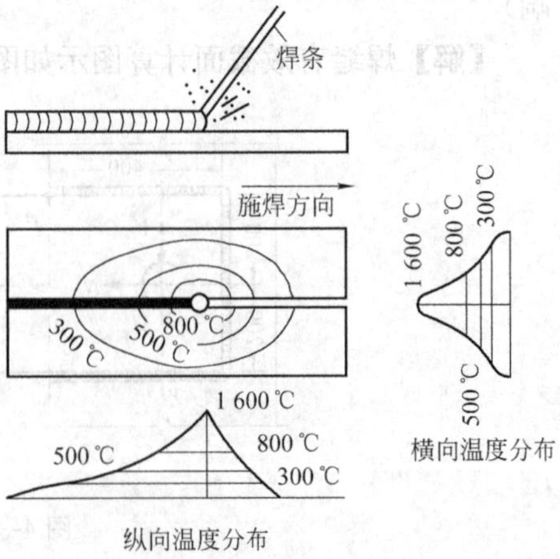

图 4-33 焊接时焊缝附近的温度场

由于受到两侧温度较低、膨胀较小的钢材限制,产生热状态塑性压缩,同时产生如图 4-34(b) 所示的应力。

焊缝冷却时,因受热而发生弹性伸长的区域将缩短至原来的长度,而被塑性压缩的焊缝区则会缩得比原始长度稍短,这种缩短变形受到两侧钢材的限制,使焊缝区产生纵向拉应力。因焊接残余应力是一种没有荷载作用的内应力,因此会在焊件内部自相平衡,这就必然在距焊缝稍远区域内产生压应力[图 4-34(c)]。

综上所述,产生纵向焊接残余应力和变形的原因有:①焊接时在焊件上形成了一个温度分布很不均匀的温度场;②焊件的自由变形受到阻碍;③施焊时在焊件上出现了冷塑和热塑区。

纵向焊接残余应力的分布规律:焊接及其附近区域在高温时发生塑性压缩变形,因而冷却后产生残余拉应力;离焊缝较远区域中则出现与之相平衡的残余压应力。H 形、箱形截面杆件的焊接残余应力分布如图 4-35 所示。

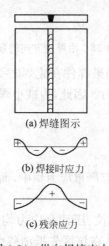

(a) 焊缝图示

(b) 焊接时应力

(c) 残余应力

图 4-34 纵向焊接应力

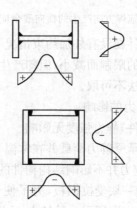

图 4-35 H 形、箱形焊件纵向残余应力

2. 横向焊接残余应力

垂直于焊缝的横向焊接残余应力由两部分组成:一部分是焊缝纵向收缩,使两块钢板趋向于形成反方向的弯曲变形,实际上焊缝将两块板连成整体,于是在两块板的中间产生横向拉应力,两端则产生压应力[图 4-36(a)];另一部分是由于焊缝在施焊过程中冷却时间的不同,先焊的焊缝已经凝固,且具有一定强度,会阻止后焊焊缝在横向自由膨胀,使后焊的焊缝发生横向塑性压缩变形。当先焊部分凝固后,中间焊缝部分逐渐冷却,后焊部分开始冷却,这三部分产生杠杆作用,结果使后焊部分收缩而受拉,先焊部分因杠杆作用也受拉,中间部分受压[图 4-36(b)]。这两种横向应力叠加成最后的横向焊接残余应力[图 4-36(c)]。

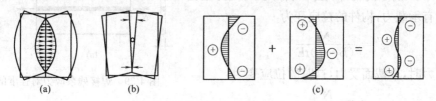

(a)   (b)   (c)

图 4-36 焊缝的横向残余应力

(a)纵向收缩引起的横向残余应力;(b)横向收缩引起的横向残余应力;(c)横向残余应力合成

横向收缩引起的横向残余应力与施焊方向和先后顺序有关。由于焊缝冷却时间不同而产生不同的应力分布(图4-37)。

3. 沿厚度方向的焊接残余应力

厚钢板进行焊接时,焊缝与钢板接触面和焊缝与空气接触面散热较快而先冷却硬结,而内部的焊缝后冷却,后冷却的焊缝收缩变形受到外面已冷却焊缝的阻碍,因而形成中间受拉,四周受压的应力状态,如图4-38所示。可见,厚焊件的焊缝内部有可能形成三向拉应力场,对焊缝工作极为不利。

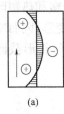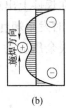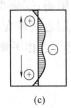

图4-37 不同施焊方向产生的横向残余应力

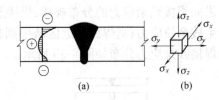

图4-38 沿厚度方向的残余应力

以上分析是焊件在没有外加约束情况下的残余应力。如果焊件在施焊时受到约束,则焊接变形因受到约束的限制而减小,但却产生了更大的残余应力。因此,为减小焊接变形而在施焊时添加约束的作法不可取。

4. 焊接残余应力的影响

(1)对结构(构件)静力强度无影响

当结构(构件)承受静力荷载并在常温下工作时,只要没有严重应力集中,而且钢材又有足够塑性,焊接残余应力并不影响结构构件的静力强度。

图4-39所示为一块受拉钢板,为了便于分析,假定纵向拉、压残余应力均达到屈服强度f_y,其分布如图4-39(b)所示。外拉力N只由压应力区承受,在该区先抵消残余压应力,然后受拉达到f_y。

$$N = (B-b)t(f_y + f_y) = (B-b)tf_y + (B-b)tf_y$$

因为残余应力是自相平衡的内力,所以

$$(B-b)tf_y = btf_y$$

代入上式

$$N = (B-b)tf_y + btf_y = Btf_y$$

显然,构件的承载力与无残余应力时相同,所以,焊接残余应力对结构构件的静力强度无影响。

(2)焊接残余应力可使结构(构件)的刚度降低

如图4-39所示的构件,在外力作用下,拉力塑性区不再具有承载力,构件的拉应变为

$$\varepsilon' = \frac{N}{(B-b)tE}$$

无残余应力时,全截面受力,这时的拉应变为

$$\varepsilon = \frac{N}{BtE}$$

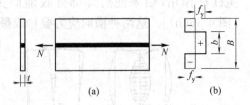

图4-39 焊接残余应力对强度的影响

显然,$\varepsilon' > \varepsilon$,所以,存在焊接残余应力时,构件的变形增大了,即构件的刚度减小了。

（3）焊接残余应力可使结构（构件）的稳定性降低

如图 4-39 所示构件受压时，残余压应力区不能再承压，只有残余拉应力区截面抵抗外力作用。构件的有效截面和有效惯性矩减小了，所以构件的稳定性必然降低。

（4）焊接残余应力可使结构（构件）的疲劳强度降低

实验结果表明，残余拉应力加快疲劳裂纹开展的速度，从而降低了焊缝及其附近主体金属的疲劳强度。因此，焊接残余应力对直接承受动力荷载的焊接结构是不利的。

（5）焊接残余应力加剧了低温度冷脆的危险

由前面的分析可知，焊接结构中存在着双向或三向拉应力场，使其塑性变形受阻，焊缝变脆，低温时变得更脆。所以，焊接残余应力的存在，通常是导致结构低温脆断的主要因素。

二、焊接残余变形

焊接残余变形与焊接残余应力相伴而生。焊接残余变形包括纵向变形、横向变形、弯曲变形、角变形、褶皱变形（波浪变形）、凹凸变形、扭曲变形和畸变变形等（图 4-40）。

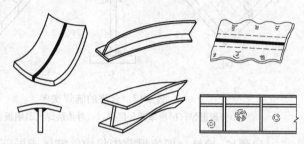

图 4-40　焊接变形的形式

焊接残余变形影响结构的尺寸精度和外观，并导致构件的初弯曲、初扭曲、初偏心等，使受力时产生附加的弯矩、扭矩和变形，从而降低其强度和稳定的承载力。

三、减小焊接残余应力和焊接残余变形的方法

多数焊接残余应力和焊接残余变形是由于构造不当或焊接工艺欠妥引起的。为了减少其对结构构件的不利影响，应从设计和焊接工艺两方面采取适当措施。

1. 设计措施

（1）尽量减少焊缝的数量和尺寸，采取适宜的焊角尺寸和长度。搭接角焊缝宜采用细长焊缝，不用粗短焊缝，以避免焊接热量过于集中。

（2）焊缝尽可能对称布置，连接尽量平滑，对于不同宽度或厚度的焊件，采用一定坡度的过渡，避免截面突变和应力集中现象。

（3）避免焊缝过分集中或多方向焊缝相交于一点，以免相交处形成多向同号应力场，使材料变脆。为防止多方向焊缝相交，常采用使次要焊缝断开而主要焊缝连续通过的构造（图 4-41 中，数字为施焊顺序）。

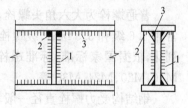

图 4-41　合理的焊缝设计

（4）搭接连接中搭接长度应不小于 $5\,t_{min}$ 及 25 mm，且不应只采用一条正面角焊缝传力。

（5）焊缝应布置在焊工便于施焊的位置，尽量避免仰焊。

2. 焊接工艺

（1）采用合理的焊接顺序和方向。例如，采用对称焊、分段焊、厚度方向分层焊等，如图 4-42(a)～(c)所示。

（2）先焊收缩量较大的焊缝，后焊收缩量较小的焊缝。先焊错开的短缝，后焊通直的长缝，

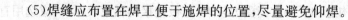

使其有较大的横向收缩余地[图 4-42(d)]。

（3）先焊使用时受力较大的主要焊缝，后焊受力较小的次要焊缝，这样可使受力较大的焊缝在焊接和冷却过程中有一定范围的伸缩余地，可减小焊接残余应力。

（4）反变形法。即施焊前使构件有一个与焊接残余变形相反的预变形，如图 4-43 所示，以减小最终的总变形。

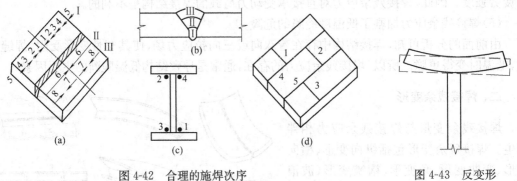

图 4-42　合理的施焊次序

（a）分段退焊；（b）沿厚度分层焊；（c）对角跳焊；（d）钢板分块拼接

图 4-43　反变形

（5）预热、后热。即施焊前先将构件整体或局部预热至 $100\sim300\ ℃$，焊后保温一段时间，以减小焊接和冷却过程中温度的不均匀程度，从而降低焊接残余应力并减少发生裂纹的危险。

（6）高温回火（或称消除内应力退火）。在施焊后进行高温回火，即加热至 $600\sim650\ ℃$，保持一段时间恒温后缓慢冷却。对较小焊件可进行整体高温回火，由于加热已达钢材的热塑温度，可消除大部分残余应力。对较大焊件有时可对焊缝附近或残余应力较大部位附近进行局部高温回火，以减小焊接残余应力。

（7）用头部带小圆弧的小锤轻击焊缝，使焊缝得到延展，也可降低焊接残余应力。

第六节　普通螺栓连接的构造和计算

一、螺栓的排列和构造要求

选用适当的螺栓直径，并合理的布置螺栓的排列，对连接来说是十分重要的。

普通螺栓为大六角头螺栓，产品等级分为 A 级、B 级和 C 级。A 级、B 级螺栓的性能等级常用 5.6 级和 8.8 级；C 级螺栓常用的性能等级为 4.6 级和 4.8 级。普通螺栓的直径已经系列化，依据国家标准，标准螺栓直径为 M1.6、M2、M2.5、M3、M4、M5、M6、M8、M10、M12、M16、M20、M24、M30 等。

钢结构受力螺栓直径一般均大于 M16，对冷弯薄壁型钢结构可用直径大于等于 M12 的螺栓。螺栓直径 d 应根据整个结构及其主要连接的尺寸和受力情况选定，选用合适与否将影响到各连接节点的螺栓数目、布置、构造和受力。当受力较大，且被连接的板束较厚时，应选用直径较大的螺栓。然而为施工方便，通常整个结构中只用一种直径的螺栓，只有当结构以螺栓连接为主，螺栓数目众多且各部分杆件截面和受力相差较大时，才考虑用 2 或 3 种螺栓。

螺栓的排列应简单、统一、紧凑，使构造合理，安装方便。螺栓连接中心宜与被连接构件截面的重心相一致。螺栓的布置有并列和错列两种，如图 4-44 所示，通常传力性连接多用并列布置,缀连性连接多用错列布置。

注意,图中称谓是以受力方向为水平方向作为前提的。

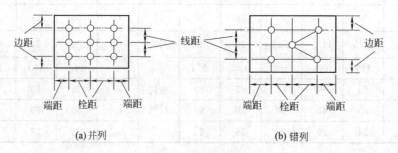

(a) 并列　　　　　　　　　　　　　　(b) 错列

图 4-44　螺栓布置

螺栓的排列布置应满足以下要求:

(1)受力要求:在受力方向,螺栓的端距过小时,钢板有剪断的可能,因而要规定一个最小端距。当各排螺栓距、线距和边距过小时,构件有沿折线或直线破坏的可能;对受压构件,当沿作用力方向螺栓距过大时,在被连接的板件间易发生张口或鼓曲现象。因此从受力的角度规定了最小和最大的螺栓容许距离。

(2) 构造要求:当螺栓距及线距过大时,被连接的构件接触面不够紧密,潮气容易侵入缝隙而造成腐蚀,所以规定了螺栓最大容许距离。

(3)施工要求:要保证一定的空间,便于转动螺栓扳手或施铆,因此规定了螺栓最小容许间距。

GB 50017 对螺栓(铆钉)的间距规定了最大距离和最小距离,见表 4-5。

角钢上设置螺栓时,由于角钢宽度有限,故螺栓的直径不能太大,而且应排列在适当的位置,其规定见表 4-6。同样,在工字钢或槽钢的翼缘或腹板上设置螺栓时,可按照表 4-7 和表 4-8 采用。型钢上螺栓孔的布置见图 4-45。

表 4-5　螺栓或铆钉的孔距、边距和端距容许值(mm)

名　称	位置和方向			最大容许间距 (取两者的较小者)	最小容许间距
中心间距	外排(垂直内力方向或顺内力方向)			$8d_0$ 或 $12t$	$3d_0$
	中间排	垂直内力方向		$16d_0$ 或 $24t$	
		顺内力方向	构件受压力	$12d_0$ 或 $18t$	
			构件受拉力	$16d_0$ 或 $24t$	
	沿对角线方向			—	
中心至构件 边缘距离	顺内力方向				$2d_0$
	垂直内力方向	剪切边或手工气割边		$4d_0$ 或 $8t$	$1.5d_0$
		轧制边、自动 气割或锯割边	高强度螺栓		$1.5d_0$
			其他螺栓或铆钉		$1.2d_0$

注:(1) d_0 为螺栓或铆钉的孔径,对槽孔为短向尺寸;t 为外层较薄板件的厚度。

(2) 钢板边缘与刚性构件(如角钢、槽钢等)相连的螺栓或铆钉的最大间距,可按中间排的数值采用。

(3)计算螺栓孔引起的截面削弱时,可取 $d+4$ mm 和 d_0 的较大者。

表 4-6　角钢螺栓线距表(mm)

单行排列	b	45	50	56	63	70	75	80	90	100	110	125
	e	25	30	30	35	40	45	45	50	55	60	70
	d_{0max}	13.5	15.5	17.5	20	22	22	24	24	24	26	26
双行错列	b	125	140	160	180	200	双行并列	b	140	160	180	200
	e_1	55	60	65	65	80		e_1	55	60	65	80
	e_2	35	45	50	80	80		e_2	60	70	80	80
	d_{0max}	24	26	26	26	26		d_{0max}	20	22	26	26

表 4-7　普通工字钢螺栓线距表(mm)

型　　号		10	12.6	14	16	18	20	22	25	28	32	36	40	45	50	56	63
翼缘	a	36	42	44	44	50	54	54	64	64	70	74	80	84	94	104	110
	d_{0max}	11.5	11.5	13.5	15.5	17.5	17.5	20	22	22	22	24	24	26	26	26	26
腹板	c_{min}	35	35	40	45	50	50	50	60	60	65	65	70	75	75	80	80
	d_{0max}	9.5	11.5	13.5	15.5	17.5	17.5	20	22	22	22	24	24	26	26	26	26

表 4-8　普通槽钢螺栓线距表(mm)

型　　号		5	6.3	8	10	12.6	14	16	18	20	22	25	28	32	36	40
翼缘	a	20	22	25	28	30	35	35	40	45	45	50	50	50	60	60
	d_{0max}	11.5	11.5	13.5	15.5	17.5	17.5	20	22	22	22	24	24	26	26	26
腹板	c_{min}	—	—	—	35	45	45	50	55	55	60	60	65	70	75	75
	d_{0max}	—	—	—	11.5	13.5	17.5	20	22	22	22	22	24	24	26	26

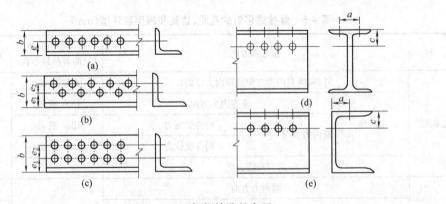

图 4-45　型钢螺栓孔的布置

二、普通螺栓连接的计算

　　螺栓连接根据受力情况可分为三类:①螺栓只承受剪力;②螺栓只承受拉力;③螺栓同时承受剪力和拉力。以下将分别论述。

（一）抗剪螺栓的计算

1. 抗剪螺栓连接的工作机理

如图 4-46 所示两块板的搭接连接，随着拉力的增大，螺栓连接的工作经过弹性阶段、相对滑移阶段、弹塑性阶段和塑性阶段，最后破坏。

弹性工作阶段：当外力小于摩擦力时，连接处于弹性工作阶段［图 4-46（b）之 O—1 段］，各板件间没有相对滑移，整个连接的变形是弹性的，外力除去后变形会还原。试验数据表明，这时各列螺栓受力不等，两端的螺栓受力较大，中间的螺栓受力较小。

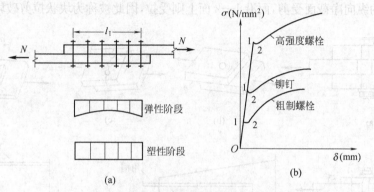

图 4-46　螺栓群抗剪时的工作性能

相对滑移阶段：外力增到一定程度后，摩擦力被克服，于是发生板件之间的相对滑移，滑移是个短暂过程，全连接各处在此过程中的滑动量基本相等［图 4-46（b）之 1—2 平线］。普通螺栓的初拉力很小，摩擦阻力也很小，所以受力不大时就产生板间的相对滑移；而高强度螺栓连接，板件间摩擦力非常大，只有当外力相当大时，才会出现滑移阶段。

弹塑性工作阶段：滑动停止后，连接进入弹塑性工作阶段，这时靠摩擦和螺栓杆承压共同传力，随着外力的增大，构件与拼接板间的相对错动量也增大，不但螺栓杆和孔壁间的承压应力增大，杆身的弯曲也更厉害，因而螺母（钉头）更加扣紧板束，摩擦力也会增大，这时承载力有所提高，但螺栓杆受剪、受拉又受弯，受力情况相当复杂。

塑性阶段：进入塑性阶段后，连接的错动变形增大很快，而且各列螺栓受力趋于相等，再发展则连接破坏。

摩擦型高强度螺栓连接以连接板件即将产生相对滑移作为连接抗剪承载力的极限，即图中曲线上"1"点，超过"1"点以后的承载力只作为连接的附加安全储备。

普通螺栓连接、承压型高强度螺栓连接和铆钉连接都以弹塑性工作阶段的末尾作为极限状态。因为它们都是靠螺栓杆承剪和孔壁承压共同传力的。当超过承载力极限时，剪力螺栓连接可能有 6 种破坏形式。

2. 剪力螺栓连接的破坏形式

（1）螺栓杆被剪断。当螺栓杆较细，板件较厚时，螺栓杆可能先被剪断［图 4-47（a）］，这时连接的设计承载力由螺栓杆的抗剪强度控制。

（2）较薄的连接板被挤压破坏。当螺栓杆较粗，板件相对较薄时，薄板可能先被挤压破坏［图 4-47（b）］，螺栓杆和孔壁的挤压是相互的，通常又把这种破坏称为螺栓承压破坏。

（3）板件拉（压）坏。当螺栓孔对板的削弱过于严重时，板件可能在螺栓孔削弱的净截面处被拉（压）坏［图 4-47（c）］。

（4）板件端部被剪坏[图 4-47(d)]。当螺栓孔距板端太近时，可能出现这种破坏。计算表明，在螺栓孔中心到板端的距离超过孔径的 2 倍时，这种破坏就不会出现。

（5）螺栓杆受弯破坏[图 4-47(e)]。当螺栓杆太长，例如：$\sum t' > 5d$（d 为螺栓杆直径）时，螺栓有可能发生过大弯曲变形，影响连接的正常工作。一般限制 $\sum t' \leqslant 5d$ 就可避免此项破坏的出现。

（6）块状拉剪破坏（block shear failure）。当角钢、被切角后的槽钢或工字钢腹板等板件厚度较薄且边缘有栓孔削弱时，有可能出现图 4-47(f)、(g)所示沿 0—1—2—3 线整块拉剪破坏。此时沿 0—1 线的纵向净截面受剪，而沿 1—2 面上则受拉，因此被称为块状拉剪破坏或撕裂破坏。

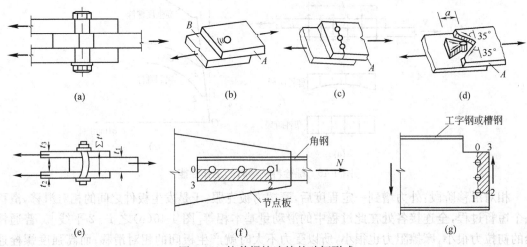

图 4-47　抗剪螺栓连接的破坏形式

设计螺栓连接时，要求不发生上述任何一种形式的破坏。（4）和（5）两种形式的破坏，可以通过采取构造措施，加以避免；前三种形式的破坏，要通过计算给以保证，其中，前两项属于连接计算，第三项属于构件计算。最后一种形式的破坏（撕裂破坏）也属于构件破坏，必要时也应通过计算保证。

3. 单个抗剪螺栓承载力的设计值

为了使普通螺栓连接不发生螺栓杆被剪断和板件被压坏，应使单个螺栓承受的荷载不大于其设计承载力。按剪切条件计算单个螺栓设计承载力时，假定剪应力在螺栓杆截面上均匀分布；按承压条件计算单个螺栓承载力时，假定计算承压面在直径面上，且应力均匀分布，如图 4-48 所示。

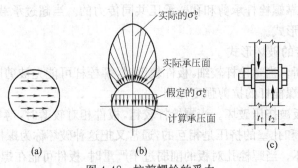

图 4-48　抗剪螺栓的受力

GB 50017 规定,单个螺栓抗剪承载力设计值按下式计算:

$$N_v^b = n_v \frac{\pi d^2}{4} f_v^b \tag{4-20}$$

式中　d——螺栓杆公称直径;

　　　f_v^b——螺栓的抗剪强度设计值,按附表 1-3 采用;

　　　n_v——每个螺栓的剪切面数。如图 4-47(a)中,剪切面数 $n_v=2$;图 4-47(c)中,剪切面数 $n_v=1$。

单个螺栓的承压承载力设计值按下式计算:

$$N_c^b = d \cdot \sum t \cdot f_c^b \tag{4-21}$$

式中　d——螺栓杆公称直径;

　　　f_c^b——螺栓的承压强度设计值,按附表 1-3 采用;

　　　$\sum t$——在同一受力方向的承压构件的较小总厚度。如图 4-47(e)中,取 t_1 与(t_2+t_3)中的较小值。

一个抗剪普通螺栓的承载力设计值应按其抗剪承载力设计值和承压承载力设计值的较小值采用,即

$$N_{vmin}^b = \min(N_v^b, N_c^b) \tag{4-22}$$

4. 螺栓群无偏心受剪的计算

前已述及,在弹性阶段时螺栓受力并不均匀,呈两端大中间小的变化,但在破坏时受力趋于一致。因此,计算时可认为螺栓群中各螺栓的受力是相等的。但是,若螺栓群沿受力方向布置的长度很大时,端部螺栓可能会因受力过大而首先破坏,进而出现"解纽扣"破坏。所以,GB 50017 规定,在构件的节点处或拼接接头的一端,当螺栓沿轴向受力方向的连接长度 l_1 大于 $15d_0$(d_0 为孔径)时,应将螺栓的承载力设计值乘以折减系数$\left(1.1-\frac{l_1}{150d_0}\right)$。当 l_1 大于 $60d_0$ 时,折减系数为 0.7。注意,GB 50017 规定,此项折减同样适用于铆钉和高强度螺栓连接接头。

外力作用线通过抗剪螺栓群的中心时,连接所需螺栓数为

$$n \geqslant \frac{N}{N_{vmin}^b} \tag{4-23}$$

同时,连接板件的截面强度应采用下列公式计算:

$$\sigma = \frac{N}{A} \leqslant f \tag{4-24a}$$

$$\sigma = \frac{N}{A_n} \leqslant 0.7 f_u \tag{4-24b}$$

需要注意的是,根据 GB 50017 的规定,当轴心受压构件孔洞有螺栓填充时,不必验算净截面强度,截面强度仅按照式(4-24a)计算。

如图 4-49 所示,拼接连接接头力的传递是:左侧板件承受的力 N 通过左侧的 9 个螺栓传至两块盖板,每个螺栓传递 $N/9$,然后,两块盖板通过右侧的 9 个螺栓把力 N 传给右侧的板件,这样,左右板件的内力达到平衡。

对于板件而言,1—1 截面受力为 N,2—2 截面受力为 $N-\frac{n_1}{n}N$,3—3 截面受力为

$N-\dfrac{n_1+n_2}{n}N$ 。1—1 截面受力最大,其净截面积为

$$A_n = t(b-n_1 d_0')$$ (4-25)

对于拼接板而言,3—3 截面受力最大,其净截面积为

$$A_n = 2t_1(b-n_3 d_0')$$ (4-26)

式中,n_1、n_2、n_3 分别为第 1、2、3 列螺栓数目。

当螺栓错列布置时,如图 4-50 所示,板件有可能沿Ⅰ—Ⅰ正交截面或Ⅱ—Ⅱ齿状截面破坏,这时还需要计算Ⅱ—Ⅱ齿状截面的强度。Ⅱ—Ⅱ齿状截面的净截面积为

$$A_n = \left[2e_1 + (n_2-1)\sqrt{a^2+e^2} - n_2 d_0'\right]t$$ (4-27)

式中,n_2 为锯齿形截面Ⅱ—Ⅱ中的螺栓数目。

注意,此处 d_0' 应取 $d+4$ mm 和 d_0 的较大者。

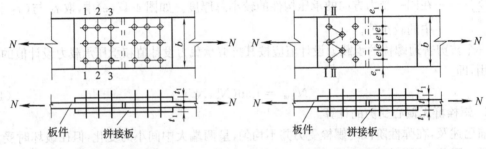

图 4-49 并列螺栓连接   图 4-50 错列螺栓连接

5. 螺栓群在扭矩作用下的计算

计算假定与焊缝连接受扭时相似:①被连接板件是绝对刚性的,螺栓是弹性的;②扭矩使被连接件绕螺栓群的形心旋转,使螺栓沿垂直于旋转半径 r 的方向受剪,各螺栓所受的剪力大小与 r 成正比。

如图 4-51 所示,根据平衡条件,有

$$N_1^T r_1 + N_2^T r_2 + \cdots + N_n^T r_n = T$$

设 r_1 为最大旋转半径,因而 N_1^T 也为最大剪力。

根据前述假定②,有

$$\frac{N_1^T}{r_1} = \frac{N_2^T}{r_2} = \cdots = \frac{N_n^T}{r_n}$$

将上式变形为

$$N_2^T = N_1^T \cdot \frac{r_2}{r_1}, \ N_3^T = N_1^T \cdot \frac{r_3}{r_1}, \cdots, N_n^T = N_1^T \cdot \frac{r_n}{r_1}$$

于是,有

$$T = \frac{N_1^T}{r_1}(r_1^2 + r_2^2 + \cdots + r_n^2) = \frac{N_1^T}{r_1}\sum r_i^2$$

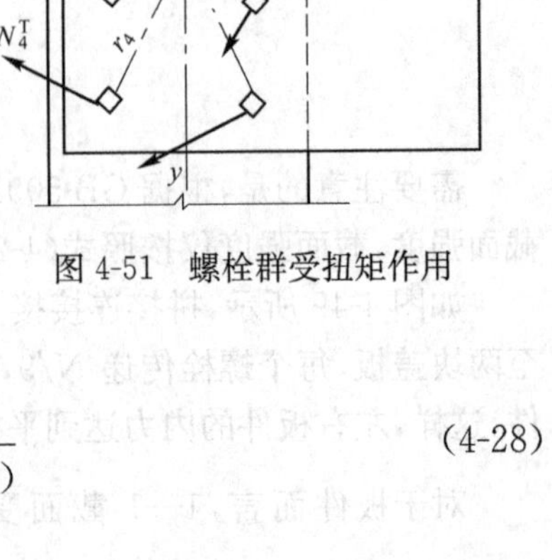

图 4-51 螺栓群受扭矩作用

从而最大剪力为

$$N_1^T = \frac{Tr_1}{\sum r_i^2} = \frac{Tr_1}{\sum (x_i^2 + y_i^2)}$$ (4-28)

为简化计算,在应用上式时,当 $y_1 > 3x_1$ 时, $\sum x_i^2$ 可忽略不计;当 $x_1 > 3y_1$ 时, $\sum y_i^2$ 可忽略不计。

6. 螺栓群偏心受剪的计算

图 4-52 为螺栓群偏心受剪的情况。将偏心力 N 向螺栓群栓杆截面形心 O 简化,得到作用于形心 O 的剪力 $V = N$ 和扭矩 $T = N \cdot e$。

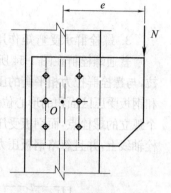

在 V 作用下,每个螺栓受力

$$N_1^V = N_{1y}^V = \frac{V}{n}$$

在扭矩 T 作用下,可按式(4-28)计算 N_1^T。N_1^T 可分解为 N_{1x}^T 和 N_{1y}^T,即

$$N_{1x}^T = \frac{Ty_1}{\sum x_i^2 + \sum y_i^2}$$

$$N_{1y}^T = \frac{Tx_1}{\sum x_i^2 + \sum y_i^2}$$

图 4-52　螺栓群偏心受剪

利用力的叠加原理,求出最危险螺栓所受的力,并应满足:

$$N_1 = \sqrt{(N_1^V + N_{1y}^T)^2 + (N_{1x}^T)^2} \leqslant N_{vmin}^b \tag{4-29}$$

(二)抗拉螺栓连接的计算

1. 抗拉螺栓连接的特点与单个螺栓抗拉承载力

在采用受拉螺栓连接的 T 形接头中,普通螺栓(铆钉)所受拉力的大小与被连接板件刚度有关。假如被连接板件是刚性的[图 4-53(a)],因被连接板件无变形,所以一个螺栓所受的拉力 $P_f = N_t$。而事实上,受拉后和拉力垂直的角钢水平肢会发生较大变形,因而在角钢水平肢的端部因杠杆作用而产生反力 Q[图 4-53(b)],于是,螺栓实际受拉力 $P_f = N_t + Q$,可见螺栓的负担加重了。为简化计算,GB 50017 中把普通螺栓和铆钉的抗拉设计强度定的较低,只取相同钢材抗拉强度的 0.8 倍,以考虑这一不利影响。而且往往采取构造措施(例如设置加劲肋)来提高连接角钢的刚度以减小变形[图 4-53(c)]。

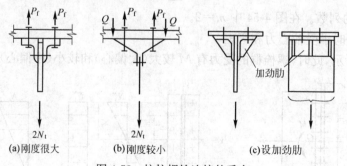

(a)刚度很大　　　(b)刚度较小　　　(c)设加劲肋

图 4-53　抗拉螺栓连接的受力

抗拉螺栓以螺栓杆被拉断作为其承载能力极限状态。GB 50017 规定,一个螺栓的抗拉承载力设计值按下式计算:

$$N_t^b = A_e f_t^b \tag{4-30}$$

式中　A_e——螺栓的有效截面积,可按附表 3-1 查表得到。

2. 螺栓群在轴心力作用下的计算

当设计拉力 N 通过螺栓群形心时,连接所需的螺栓数目为

$$n \geqslant \frac{N}{N_t^b} \tag{4-31}$$

3. 螺栓群承受弯矩作用下的计算

普通螺栓群在图 4-54 所示弯矩 M(图中的剪力 V 通过承托板传递)的作用下,上部螺栓受拉,与螺栓群拉力相平衡的压力产生于牛腿和柱的接触面上。理论上讲,中性轴应位于受拉螺栓和钢板受压区面积的形心位置(即上、下部分对形心轴的面积矩相等)。考虑到受拉螺栓只是几个孤立的螺栓点,而钢板受压区则是宽度很大的实体矩形面积,因而中性轴通常被取在最下排螺栓轴线上,并且忽略钢板压力所提供的力矩(因为力臂很小)。因此,有下面的平衡式成立:

$$M = m(N_1^M y_1 + N_2^M y_2 + \cdots + N_n^M y_n)$$

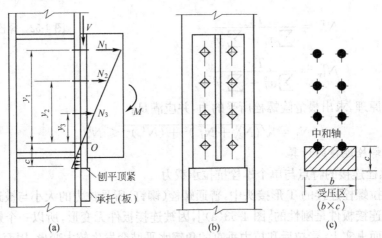

图 4-54　螺栓群承受弯矩作用

经过与螺栓群受扭相似的推导过程,有

$$N_1^M = \frac{M y_1}{m \sum y_i^2} \leqslant N_t^b \tag{4-32}$$

式中,m 为螺栓的列数。在图 4-54 中 $m=2$。

4. 螺栓群同时承受轴心力和弯矩

如图 4-55 所示,此时,螺栓群的受力有 M 较大(大偏心)和较小(小偏心)两种情况。

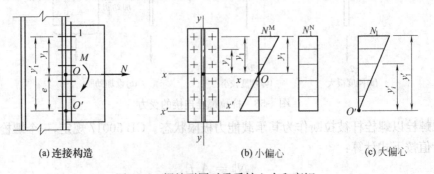

图 4-55　螺栓群同时承受轴心力和弯矩

首先假定连接的旋转中心在螺栓群截面形心 O 处，判断下侧板段是否有受压的可能，即计算

$$N_{\min} = \frac{N}{n} - \frac{My_1}{m\sum y_i^2} \tag{4-33}$$

若 $N_{\min} \geqslant 0$，则视为无受压可能，属于小偏心情况，验算时应使受拉力最大的螺栓满足：

$$N_{\max} = \frac{N}{n} + \frac{My_1}{m\sum y_i^2} \leqslant N_t^b \tag{4-34}$$

若 $N_{\min} < 0$，即出现了压力，则认为是大偏心的情况，这时，以最下排螺栓线上 O' 为旋转中心，验算时应使受拉力最大的螺栓满足：

$$N_{\max} = \frac{(M+Ne)y'_1}{m\sum y'^2_i} \leqslant N_t^b \tag{4-35}$$

（三）同时承受剪力和拉力螺栓的计算

承受剪力和拉力联合作用的普通螺栓有两种可能的破坏形式：一是螺杆受剪兼受拉破坏；二是孔壁承压破坏。因此，GB 50017 规定，普通螺栓承受剪力和拉力共同作用时，应满足：

$$\sqrt{\left(\frac{N_v}{N_v^b}\right)^2 + \left(\frac{N_t}{N_t^b}\right)^2} \leqslant 1 \tag{4-36a}$$

以防止螺杆发生剪拉作用而破坏，同时还应按下式验算以防止孔壁承压破坏：

$$N_v \leqslant N_c^b \tag{4-36b}$$

式中，N_v、N_t 为一个螺栓承受的剪力和拉力设计值；N_v^b、N_t^b 为单个螺栓的抗剪和抗拉承载力设计值，分别按式（4-20）、式（4-30）计算；N_c^b 为单个螺栓的孔壁承压承载力设计值，按式（4-21）计算。

需要注意的是，对于图 4-54 有承托板的连接，可认为承托承担全部剪力，螺栓群只承受弯矩作用。同时，承托与柱翼缘的连接角焊缝可按下式验算：

$$\tau_f = \frac{\alpha V}{\sum l_w h_e} \leqslant f_f^w$$

式中，α 为考虑剪力对角焊缝偏心影响的增大系数，一般取 $\alpha = 1.25 \sim 1.35$，其余符号同前。

三、螺栓数目的要求

GB 50017—2017 第 11.5.6 条规定，螺栓连接或拼接节点中，每一杆件一端的永久性的螺栓数不宜少于 2 个，对组合构件的缀条，其端部连接可采用 1 个螺栓（或铆钉）。

GB 50017—2017 第 11.4.4 条规定，在下列情况的连接中，螺栓或铆钉的数目应予增加：

（1）一个构件借助填板或其他中间板件与另一构件连接的螺栓（摩擦型连接的高强度螺栓除外）或铆钉数目，应按计算增加 10%。

（2）当采用搭接或拼接板的单面连接传递轴心力，因偏心引起连接部位发生弯曲时，螺栓（摩擦型连接的高强度螺栓除外）数目应按计算增加 10%。

（3）在构件的端部连接中，当利用短角钢连接型钢（角钢或槽钢）的外伸肢以缩短连接长

度时,在短角钢两肢中的一肢上,所用的螺栓或铆钉数目应按计算增加50%。

(4) 当铆钉连接的铆合总厚度超过铆钉孔径的5倍时,总厚度每超过2 mm,铆钉数目应按计算增加1%(至少应增加一个铆钉),但铆合总厚度不得超过铆钉孔径的7倍。

【例题4-7】 两块截面为14 mm×400 mm的钢板,采用双拼接板进行拼接,拼接板厚8 mm,钢材Q235BF,板件承受轴向拉力设计值$N=960$ kN,采用4.6级M20普通螺栓拼接,孔径21.5 mm,要求计算需要的螺栓数目并进行布置。

【解】 单个螺栓抗剪承载力设计值:

$$N_v^b = n_v \cdot \frac{\pi d^2}{4} \cdot f_v^b = 2 \times \frac{\pi \cdot 20^2}{4} \times 140 \times 10^{-3} = 87.96 \text{(kN)}$$

单个螺栓承压承载力设计值:

$$N_c^b = d \cdot \sum t \cdot f_c^b = 20 \times 14 \times 305 \times 10^{-3} = 85.4 \text{(kN)}$$

所以,$N_{vmin}^b = 85.4$ kN。

板件一侧所需的螺栓数:

$$n = \frac{N}{N_{vmin}^b} = \frac{960}{85.4} = 11.2 \text{(个)},\text{取12个}$$

按照GB 50017规定的螺栓间距布置,见图4-56(a)。

此时,沿受力方向上螺栓的连接长度为$l_1 = 140$ mm $< 15d_0$,不需要考虑螺栓承载力的折减。

下面对板件的强度进行验算。

净截面强度验算:

$$\sigma = \frac{N}{A_n} = \frac{960 \times 10^3}{14 \times (400 - 4 \times 24)} = 225.6 \text{ (N/mm}^2) \leqslant 0.7 f_u = 259 \text{(N/mm}^2)$$

毛截面强度验算:

$$\sigma = \frac{N}{A} = \frac{960 \times 10^3}{14 \times 400} = 171.4 \text{ (N/mm}^2) < f = 215 \text{ N/mm}^2$$

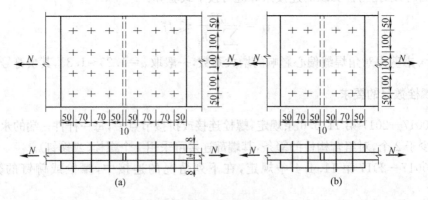

图4-56 例题4-7图(单位:mm)

【例题4-8】 两块Q235AF的钢板,尺寸分别为200 mm×20 mm和200 mm×12 mm,今用2块200 mm×100 mm×10 mm的拼接板进行拼接,如图4-57所示。螺栓为4.6级,M20,孔径21.5 mm。承受静力荷载设计值$N=320$ kN。试设计此螺栓连接。

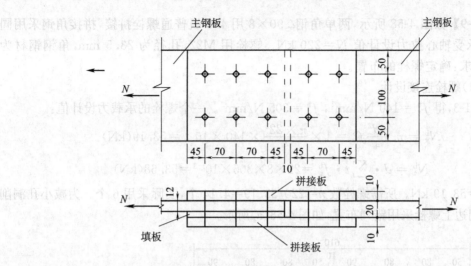

图 4-57 例题 4-8 图(单位:mm)

【解】 由于两块被连接的钢板厚度不同,故必须设置填板,填板厚度为 $20-12=8$(mm)。

(1)计算一个螺栓的承载力设计值

$$N_v^b = n_v \cdot \frac{\pi d^2}{4} \cdot f_v^b = 2 \times \frac{\pi \cdot 20^2}{4} \times 140 \times 10^{-3} = 87.96(\text{kN})$$

当 $\sum t = 20$ mm 时:

$$N_c^b = d \cdot \sum t \cdot f_c^b = 20 \times 20 \times 305 \times 10^{-3} = 122(\text{kN})$$

当 $\sum t = 12$ mm 时:

$$N_c^b = d \cdot \sum t \cdot f_c^b = 20 \times 12 \times 305 \times 10^{-3} = 73.2(\text{kN})$$

(2)计算所需要的螺栓数

连接右侧的承压板厚度为 20 mm,从而 $N_{vmin}^b = 87.96$ kN,于是,所需的螺栓数:

$$n = \frac{N}{N_{vmin}^b} = \frac{320}{87.96} = 3.6 \text{ (个)},\text{取 4 个}$$

今在连接左侧设置 8 mm 厚的填板,填板不伸出节点板。填板不受力,只是提供一个厚度使得两侧等厚。承压厚度需要按照 12 mm 计算,从而 $N_{vmin}^b = 73.2$ kN,于是,左侧所需的螺栓数:

$$n = \frac{N}{N_{vmin}^b} = \frac{320}{73.2} = 4.4(\text{个})$$

由于 GB 50017 规定,"一个构件借助填板或其他中间板件与另一构件连接的螺栓(摩擦型连接的高强度螺栓除外)或铆钉数目,应按计算增加 10%",故实际需要布置 $1.1 \times 4.4 = 4.8$(个),今采用 6 个。

(3)螺栓布置

将螺栓按图 4-57 布置,这时,端距 45 mm $> 2d_0 = 2 \times 21.5 = 43$(mm),且小于 $4d_0 = 86$ mm 和 $8t = 80$ mm;边距 50 mm $> 1.5d_0 = 1.5 \times 21.5 = 32$(mm),且小于 $4d_0 = 86$ mm 和 $8t = 80$ mm;栓距 70 mm $> 3d_0 = 3 \times 21.5 = 64.5$(mm),且小于 $8d_0 = 172$ mm 和 $12t = 120$ mm;线距100 mm,按照外排中心间距查表 4-5,要求与外排栓距相同,可见,也能满足要求。

【例题 4-9】如图 4-58 所示,两单角钢∠90×8 用 4.6 级普通螺栓拼接,拼接角钢采用同样的型号,承受轴心拉力设计值 $N=220$ kN。螺栓用 M22,孔径为 23.5 mm,角钢钢材为 Q235A。要求:确定螺栓的布置。

【解】(1)螺栓连接设计

查附表 1-3,得 $f_v^b=140$ N/mm²,$f_c^b=305$ N/mm²。一个螺栓的承载力设计值:

$$N_v^b = n_v \frac{\pi d^2}{4} f_v^b = 1 \times \frac{\pi \times 22^2}{4} \times 140 \times 10^{-3} = 53.19(\text{kN})$$

$$N_c^b = d \cdot \sum t \cdot f_c^b = 22 \times 8 \times 305 \times 10^{-3} = 53.68(\text{kN})$$

从而 $N_{vmin}^b=53.19$ kN。所需螺栓数 $n=220/53.19=4.14$ 个,实际采用 6 个。为减小孔洞削弱,两个角钢边上螺栓采用错列布置,如图 4-58(a)所示。

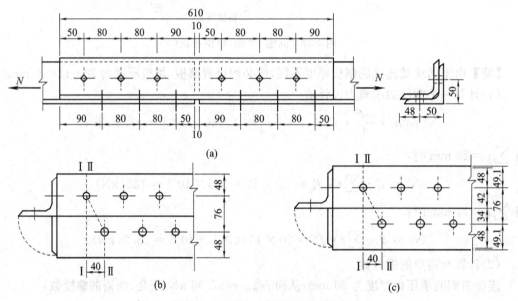

图 4-58 例题 4-9 图(单位:mm)

螺栓孔在主角钢上的线距采用 $e=50$ mm,螺栓中距最小为 $3 d_0=70.5$ mm,用 80 mm;端距 $2 d_0=47$ mm,用 50 mm。此时一侧连接长度为 200 mm$<15 d_0$,不需要考虑螺栓承载力的折减。

(2)角钢净截面强度验算

由于拼接角钢与主角钢型号相同,而拼接角钢需要在根部切棱,净截面积会小于主角钢,所以需要对拼接角钢进行强度验算。

主角钢内圆弧半径 $r=10$ mm,今切棱尺寸偏大,按边长为 10 mm 的等边直角三角形计算。

①毛截面强度验算

查附表,可得 $A=1\,394$ mm²,则

$$\sigma = 220 \times 10^3 / (1\,394 - 10 \times 10/2) = 163.7(\text{N/mm}^2) < f = 215 \text{ N/mm}^2$$

②直线净截面强度验算

《钢结构设计标准》(GB 50017—2017)中表 11.5.2 注 3 规定,计算螺栓孔引起的截面削

弱时取 $d+4$ mm 和 d_0 的较大者。因此，

$$A_n = 1\ 394 - 26 \times 8 - 10 \times 10/2 = 1\ 136 (\text{mm}^2)$$

$$\sigma = 220 \times 10^3 / 1\ 136 = 193.7 (\text{N/mm}^2) < 0.7f_u = 259 (\text{N/mm}^2) (\text{满足要求})$$

③锯齿净截面强度验算

计算锯齿净截面时，需要将拼接角钢展开。展开截面按照螺栓到肢尖的距离不变仍为 48 mm，而紧挨肢背的螺栓距离为 $42+42-8=76$ (mm) 考虑，如图 4-58(b) 所示。

$$A_n = (2 \times 48 + \sqrt{40^2 + 76^2} - 2 \times 26) \times 8 - 10 \times 10/2 = 989 (\text{mm}^2)$$

$$\sigma = 220 \times 10^3 / 989 = 222.4 (\text{N/mm}^2) < 0.7f_u = 259\ \text{N/mm}^2 (\text{满足要求})$$

有螺栓孔的角钢展开成平面，有两种计算模式：①厚度不变，展开后总宽度按两个肢宽度之和减去厚度计算，紧挨肢背的螺栓孔之间的距离以沿厚度中心线计，如图 4-58(b) 所示；②以截面面积不变、厚度不变为原则，计算出展开后的宽度，紧挨肢背的螺栓孔之间的距离以沿厚度中心线计，紧挨肢尖的螺栓边距按比例调整，此时边距为 49.1 mm，两种模式结果比较如图 4-58(c) 所示。前一种计算模式相对简单且偏于安全。本题采用的是模式①。

【例题 4-10】 验算如图 4-59 所示连接是否满足要求。采用普通螺栓 4.6 级，M20，孔径 $d_0=21.5$ mm，钢材为 Q235A，支托板上荷载设计值为 $F=2 \times 120$ kN。

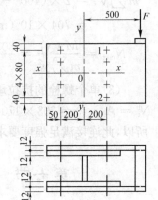

图 4-59　例题 4-10 图
（单位：mm）

【解】 (1)计算单个螺栓承载力设计值。一个螺栓的抗剪承载力设计值为

$$N_v^b = n_v \cdot \frac{\pi d^2}{4} \cdot f_v^b = 1 \times \frac{\pi \cdot 20^2}{4} \times 140 \times 10^{-3} = 43.98 (\text{kN})$$

一个螺栓的承压承载力设计值为

$$N_c^b = d \cdot \sum t \cdot f_c^b = 20 \times 12 \times 305 \times 10^{-3} = 73.2 (\text{kN})$$

所以，$N_{vmin}^b = 43.98$ kN。

(2)分析螺栓群受力。把偏心力 F 向形心简化，则螺栓群受剪力 $V=120$ kN，扭矩 $T=120 \times 500=60\ 000$ (kN·mm)。

(3)验算受力最大螺栓。经分析，受力最大的螺栓为"1"或"2"号，以"1"号为例。

剪力作用下"1"号螺栓受力：

$$N_{1y}^V = \frac{V}{n} = \frac{120}{10} = 12 (\text{kN})$$

扭矩作用下"1"号螺栓受力：

$$\sum x_i^2 = 10 \times 200^2 = 4 \times 10^5 (\text{mm}^2)$$

$$\sum y_i^2 = 4 \times (80^2 + 160^2) = 128 \times 10^3 (\text{mm}^2)$$

$$\sum (x_i^2 + y_i^2) = 4 \times 10^5 + 128 \times 10^3 = 5.28 \times 10^5 (\text{mm}^2)$$

$$N_{1x}^T = \frac{Ty_1}{\sum (x_i^2 + y_i^2)} = \frac{60\ 000 \times 160}{5.28 \times 10^5} = 18.2 (\text{kN})$$

$$N_{1y}^T = \frac{Tx_1}{\sum (x_i^2 + y_i^2)} = \frac{60\ 000 \times 200}{5.28 \times 10^5} = 22.7 (\text{kN})$$

$$N_1 = \sqrt{(N_{1x}^{T})^2 + (N_{1y}^{V} + N_{1y}^{T})^2} = \sqrt{18.2^2 + (12 + 22.7)^2}$$
$$= 39.2(\text{kN}) < N_{v\min}^{b} = 43.98(\text{kN})$$

所以此连接强度满足要求。

【例题 4-11】 试验算图 4-60 的连接。已知普通螺栓 4.6 级，M22，构件的钢材为 Q235A。

【解】（1）判断大小偏心。先假定为小偏心，此时承受轴心力 $N = 250$ kN，弯矩：

$$M = Ne = 250 \times 120 = 30\,000(\text{kN} \cdot \text{mm})$$

$$m \sum y_i^2 = 4 \times (40^2 + 120^2 + 200^2) = 224 \times 10^3 (\text{mm}^2)$$

$$N_{\min} = \frac{N}{n} - \frac{My_i}{m \sum y_i^2} = \frac{250}{12} - \frac{30\,000 \times 200}{224\,000} = -6(\text{kN}) < 0$$

故小偏心假定不成立，应按大偏心计算。

（2）计算危险螺栓受力（将 N 简化至底排中心）

弯矩 $M = Ne' = 250 \times 320 = 80\,000(\text{kN} \cdot \text{mm})$

$$m \sum y_i'^2 = 2 \times (400^2 + 320^2 + 240^2 + 160^2 + 80^2)$$
$$= 704 \times 10^3 (\text{mm}^2)$$

$$N_{\max} = \frac{M \cdot y_1'}{m \sum y_i^2} = \frac{80\,000 \times 400}{704\,000} = 45.5(\text{kN})$$

（3）单个螺栓的抗拉承载力设计值

$N_t^b = A_e \cdot f_t^b = 303 \times 170 \times 10^{-3} = 51.51(\text{kN}) > N_{\max}$

所以，此连接满足强度要求。

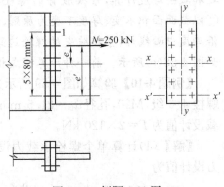

图 4-60　例题 4-11 图

第七节　高强度螺栓连接的受力性能与计算

高强度螺栓连接较之普通螺栓连接，除螺栓本身材料强度高之外，在拧紧螺帽时还给螺栓施加了很大的预拉力。该预拉力使连接处的板叠间产生较高的挤压力，从而在螺栓承受剪力时，可以在发生滑移之前靠摩擦阻力来传递荷载。

高强度螺栓摩擦型连接以摩擦阻力被克服作为设计准则，因而预拉力 P 和摩擦面间的抗滑移系数 μ 直接影响其抗剪承载力。高强度螺栓承压型连接以螺栓杆被剪坏或孔壁被压坏作为承载能力极限状态，因此时摩擦阻力早已被克服，故计算中不考虑摩阻力的存在。也正是由于该原因，GB 50017 第 11.5.4 条规定，连接处构件接触面应清除油污及浮锈，仅承受拉力的高强度螺栓连接，不要求对接触面进行抗滑移处理。

需要注意的是，GB 50017 第 11.4.3 条规定，承压型连接的高强度螺栓的预拉力 P 的施拧工艺和设计取值应与摩擦型连接高强度螺栓相同。

一、高强度螺栓承压型连接

对高强度螺栓承压型连接，单个螺栓的抗剪、抗拉承载力设计值计算公式与普通螺栓连接相同，即：单个螺栓的抗剪承载力设计值按以下公式计算：

$$N_v^b = n_v \frac{\pi d^2}{4} f_v^b$$

$$N_c^b = d \cdot \sum t \cdot f_c^b$$

$$N_{v\,min}^b = \min(N_v^b, N_c^b)$$

单个螺栓的抗拉承载力设计值：

$$N_t^b = A_e f_t^b$$

只不过，以上公式中的 f_v^b、f_c^b、f_t^b 应取为高强度螺栓的强度设计值。同时需要注意，GB 50017第11.4.3条规定，当剪切面在螺纹处时，承压型连接的高强度螺栓的受剪承载力设计值应按螺纹处的有效截面面积进行计算，即此时应采用下式：

$$N_v^b = n_v A_e f_v^b \tag{4-37}$$

当螺栓仅受剪力或拉力作用时，应使其所承受的剪力或拉力满足 $N_v \leqslant N_{v\,min}^b$ 或 $N_t \leqslant N_t^b$。

若螺栓同时承受剪力和拉力，GB 50017 规定应满足下式要求：

$$\sqrt{\left(\frac{N_v}{N_v^b}\right)^2 + \left(\frac{N_t}{N_t^b}\right)^2} \leqslant 1 \tag{4-38a}$$

$$N_v \leqslant N_c^b/1.2 \tag{4-38b}$$

螺栓的承压强度决定于被连接较薄板件的局部挤压强度，而高强度螺栓由于施加的预拉力很大，在承压孔壁周围会形成三向压应力场，从而其承压承载力设计值较相同材料的普通螺栓为高。当高强度螺栓同时受拉、受剪时，板叠的压紧作用减小，承压强度也随之降低。上式中，将高强度螺栓的承压承载力设计值除以 1.2，就是考虑了这种强度降低因素。

二、高强度螺栓摩擦型连接

1. 高强度螺栓的预拉力

（1）预拉力的控制方法

高强度螺栓分大六角头型和扭剪型两种，如图 4-61 所示，虽然这两种高强度螺栓预拉力的具体控制方法各不相同，但对螺栓施加预拉力总的思路都是一样的。它们都是通过拧紧螺帽，使螺杆受到拉伸作用，产生预拉力，而被连接板件间则产生压紧力。

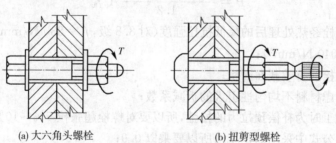

(a) 大六角头螺栓　　　　　　　　　　(b) 扭剪型螺栓

图 4-61　高强度螺栓

对大六角头螺栓的预拉力控制方法有以下两种：

①力矩法

一般采用指针式扭力（测力）扳手或预置式扭力（定力）扳手。目前使用较多的是电动扭矩扳手。力矩法是指通过控制拧紧力矩来实现控制预拉力。拧紧力矩可由试验确定，务使施工时控制的预拉力为设计预拉力的 1.1 倍。

为了克服板件和垫圈等的变形，基本消除板件之间的间隙，使拧紧力矩系数有较好的线性度，从而提高施工控制预拉力值的准确度，在安装大六角头高强度螺栓时，应先按拧紧力矩的

50%进行初拧,然后按 100%拧紧力矩进行终拧。对于大型节点在初拧之后,还应按初拧力矩进行复拧,然后再行终拧。

力矩法的优点是较简单、易实施、费用少,但由于连接件和被连接件的表面质量和拧紧速度的差异,测得的预拉力值误差大且分散,一般误差为±25%。

②转角法

先用普通扳手进行初拧,使被连接板件相互紧密贴合,再以初拧位置为起点,按终拧角度,用长扳手或风动扳手旋转螺母,拧至该角度值时,螺栓的拉力即达到施工控制预拉力。

扭剪型高强度螺栓连接副的安装过程如图 4-62 所示。安装时用特制的电动扳手,有两个套头,一个套在螺母六角体上;另一个套在螺栓的十二角体上。拧紧时,对螺母施加顺时针力矩 M_1,对螺栓十二角体施加大小相等的逆时针力矩 M_1,使螺栓断颈部分承受扭剪,其初拧力矩为拧紧力矩的 50%,复拧力矩等于初拧力矩,终拧至断颈剪断为止,安装结束,相应的安装力矩即为拧紧力矩。安装后一般不拆卸。

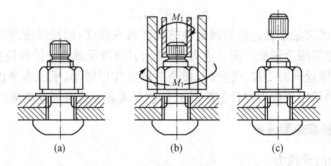

图 4-62　扭剪型高强度螺栓的安装

(2)预拉力的确定

高强度螺栓的预拉力设计值 P 按下式计算:

$$P = \frac{0.9 \times 0.9 \times 0.9}{1.2} A_e f_u$$

式中　　f_u——螺栓经热处理后的最低抗拉强度(对 8.8 级,$f_u = 830$ N/mm²;对 10.9 级,$f_u = 1\,040$ N/mm²);

A_e——螺栓的有效截面面积;

0.9——考虑材料不均匀性引入的折减系数;

0.9——施工时为补偿预拉力的松弛,所以要对螺栓超张拉 5%～10%,故乘以 0.9;

0.9——因公式中采用的是 f_u,所以要乘以 0.9;

1.2——施工时扭矩会产生剪力,用除以 1.2 考虑此剪力的不利影响。

计算出的 P 值按 5 kN 的倍数取整,就得到 GB 50017 规定的数值,如表 4-9 所示。

表 4-9　一个高强度螺栓的预拉力 P(kN)

螺栓的性能等级	螺栓的公称直径(mm)					
	M16	M20	M22	M24	M27	M30
8.8 级	80	125	150	175	230	280
10.9 级	100	155	190	225	290	355

2. 摩擦面抗滑移系数

摩擦面抗滑移系数与连接构件的材料及接触面的表面处理有关。GB 50017 规定摩擦面的抗滑移系数 μ 的取值见表 4-10。当连接件采用不同钢号时,建议 μ 值按相应的较低值取用。

表 4-10　钢材摩擦面的抗滑移系数 μ

连接处构件接触面的处理方法	构件的钢材牌号		
	Q235 钢	Q355 钢或 Q390 钢	Q420 钢或 Q460 钢
喷硬质石英砂或铸钢棱角砂	0.45	0.45	0.45
抛丸(喷砂)	0.40	0.40	0.40
钢丝刷清除浮锈或未经处理的干净轧制面	0.30	0.35	—

注:(1)钢丝刷除锈方向应与受力方向垂直;

(2)当连接构件采用不同钢材牌号时,μ 按相应较低强度者取值;

(3)采用其他方法处理时,其处理工艺及抗滑移系数值均需经试验确定。

3. 高强度螺栓摩擦型连接时螺栓的承载力设计值

(1)单个螺栓的抗剪承载力设计值

当高强度螺栓摩擦型连接承受剪力时,一个螺栓的抗剪承载力设计值为

$$N_v^b = 0.9 k n_f \mu P \tag{4-39}$$

式中　n_f——传力摩擦面数目;

μ——摩擦面的抗滑移系数,可按表 4-10 取值;

0.9——抗力分项系数 γ_R 的倒数($\gamma_R = 1.111$);

k——孔型系数,标准孔取 1.0;大圆孔取 0.85;内力与槽孔长向垂直时取 0.7;内力与槽孔长向平行时取 0.6,孔型系数可对照表 4-11 的孔型尺寸取值。

仅受剪力作用时,应使受力最大螺栓所受剪力满足 $N_v \leqslant N_v^b$。

表 4-11　高强度螺栓连接的孔型尺寸匹配(mm)

螺栓公称直径			M12	M16	M20	M22	M24	M27	M30
孔型	标准孔	直径	13.5	17.5	22	24	26	30	33
	大圆孔	直径	16	20	24	28	30	35	38
	槽孔	短向	13.5	17.5	22	24	26	30	33
		长向	22	30	37	40	45	50	55

作为一个示例,图 4-63 给出了与 M20 匹配的标准孔、大圆孔和槽孔的尺寸。

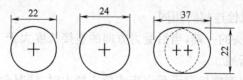

图 4-63　标准孔、大圆孔和槽孔(单位:mm)

(2)单个螺栓的抗拉承载力设计值

高强度螺栓在外力作用前,已经有很高的预拉力 P,它和构件与 T 形件翼缘接触面的挤

压力 C 相平衡,即有 $C=P$,如图 4-64 所示。

在外力 N_t 作用时,螺栓拉力由 P 增至 P_f,而板件间的挤压力由 C 降为 C_f,于是有

$$P_f = C_f + N_t$$

若螺栓和被连接构件保持弹性性能,板叠厚度为 δ,则外力和变形的关系为

$$\frac{(P_f - P)\delta}{EA_b} = \Delta_b \text{(螺栓杆的伸长量)}$$

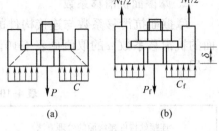

图 4-64 高强度螺栓受拉

$$\frac{(C - C_f)\delta}{EA_p} = \Delta_p \text{(构件压缩的恢复量)}$$

伸长量应等于恢复量,即 $\Delta_b = \Delta_p$。再将 $C=P$、$P_f = C_f + N_t$ 代入,可以得到螺栓杆此时受力为

$$P_f = P + N_t / \left(\frac{A_p}{A_b} + 1\right)$$

通常螺栓孔周围的压缩面积 A_p 比螺栓杆截面 A_b 大许多,若取 $A_p/A_b = 10$,则当构件刚刚被拉开,即 $P_f = N_t$ 时($C_f = 0$),有

$$P_f = 1.1P$$

可见,当外力 N_t 把连接拉开时,螺栓杆的拉力达到 $1.1P$,仅增大 10%。另外,试验证明,当栓杆的外加拉力大于 P 时,卸载后螺栓杆的预拉力将减小,即发生松弛现象。但当 N_t 不大于 $0.8P$ 时,则无松弛现象,这时 $P_f = 1.07P$,可认为螺杆的预拉力不变,且连接板件间有一定的挤压力始终保持紧密接触,所以 GB 50017 规定,一个螺栓的抗拉承载力设计值为

$$N_t^b = 0.8P \tag{4-40}$$

仅受拉力作用时,应使受力最大螺栓所受拉力满足 $N_t \leqslant N_t^b$。

(3)螺栓同时承受剪力和拉力

当螺栓同时承受摩擦面间的剪力和沿螺栓轴线方向的外拉力时,摩擦面上的预压力将减小,板叠间的抗滑移系数也随之降低。GB 50017 规定,螺栓强度验算应符合下式要求:

$$\frac{N_v}{N_v^b} + \frac{N_t}{N_t^b} \leqslant 1 \tag{4-41}$$

式中,$N_v^b = 0.9 k n_f \mu P$,$N_t^b = 0.8P$;N_v、N_t 是高强度螺栓所承受的剪力和拉力设计值。

三、高强度螺栓群的螺栓受力计算

高强度螺栓群承受轴心拉力、轴心剪力、扭矩作用时,一个螺栓所受到的力 N_1(N_v 或 N_t)的计算方法,与普通螺栓连接时相同。

构件节点处或拼接接头的一端,当沿受力方向的连接长度大于 $15d_0$ 时,同普通螺栓连接一样,应考虑螺栓强度的折减。

需要注意的是,当高强度螺栓群承受弯矩或偏心拉力时,情况会与普通螺栓连接不同。

当承受弯矩作用时,由于有预拉力的存在,被连接构件接触面一直保持密贴,因此可认为中和轴在螺栓群的形心轴上(图 4-65)。此时,最外排螺栓受力最大,最大拉力及验算式为

$$N_1^M = \frac{My_1}{m \sum y_i^2} \leqslant N_t^b \qquad (4-42)$$

式中，y_1 为最外排螺栓至螺栓群形心轴的距离；$\sum y_i^2$ 为形心轴上、下单列螺栓至螺栓群形心轴距离的平方和。

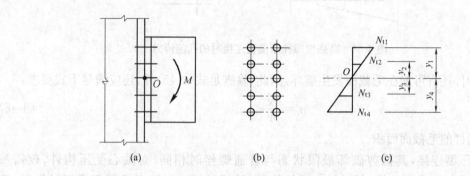

图 4-65 承受弯矩的高强度螺栓连接

对于因弯矩作用而名义上"受压"最大的螺栓，由于预拉力的存在，实际上仍然保持为拉力。这与螺栓不能传递压力的工作性能一致。

当高强度螺栓群承受偏心拉力时，中和轴仍应位于螺栓群形心轴处，其原因是：对于受拉最大螺栓，由于要求拉力不超过 N_t^b，故板件间始终保持压紧。因此，高强度螺栓群偏心受拉没有大小偏心之别，可直接按普通螺栓小偏心受拉计算，即

$$N_{max} = \frac{N}{n} + \frac{My_1}{m \sum y_i^2} \leqslant N_t^b \qquad (4-43)$$

由于 GB 50017 第 11.4.3 条规定，承压型连接的高强度螺栓的预拉力 P 与摩擦连接高强度螺栓相同，同时，由 $N_t^b = A_e f_t^b$ 计算出的抗拉承载力设计值与 $N_t^b = 0.8P$ 基本一致，故两种连接在达到承载能力极限状态前，板件间始终保持压紧，因此，式（4-42）和式（4-43）应该可以同时适用于摩擦型连接和承压型连接。

如果连接中使用高强度螺栓时只是一般拧紧，而未施加规定的预拉力（设计成承压型连接时可能存在此情况），则承受弯矩作用时应该按照普通螺栓连接进行计算，计算过程中须注意两点：①螺栓强度值按照高强度螺栓取用；②当计算剪切面在螺纹处时，螺栓抗剪承载力应采用有效截面计算。

四、高强度螺栓连接时构件的受力计算

对于高强度螺栓摩擦型连接，当螺栓群承受轴向力，验算构件净截面强度时，应考虑"孔前传力"的影响。这是因为，摩擦力实际上分布于每个螺栓中心附近的一个有效摩擦面上，这时，在验算最外列螺栓处的净截面强度时，一部分力已经由孔前的有效摩擦面传走。孔前传力的原理，见图 4-66。此时，验算截面 I-I 处板件中的力已降至：

$$N' = N - \frac{1}{2}n_1 \frac{N}{n} = N\left(1 - 0.5\frac{n_1}{n}\right) \qquad (4-44)$$

从而，验算截面强度的公式成为

$$\sigma = \frac{N'}{A_n} = \left(1 - 0.5\frac{n_1}{n}\right)\frac{N}{A_n} \leqslant 0.7f_u \qquad (4-45)$$

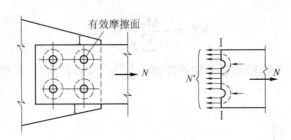

图 4-66　高强度螺栓摩擦型连接时的孔前传力

另外,构件还有可能在毛截面发生破坏,因此,除满足式(4-45)外,还应满足下式要求:

$$\sigma = \frac{N}{A} \leqslant f \tag{4-46}$$

式中,A 为构件的毛截面面积。

对于承压型连接,其抗剪破坏极限状态与普通螺栓时相同,对轴心受压构件,仅需按式(4-46)对毛截面进行计算,但对轴心受拉构件,除了按式(4-46)对毛截面进行计算外,还需对构件的净截面强度进行验算,验算公式为

$$\sigma = \frac{N}{A_n} \leqslant 0.7 f_u \tag{4-47}$$

【例题 4-12】 对例题 4-7 改用高强度螺栓摩擦型连接和承压型连接分别进行计算。螺栓直径 $d = 20$ mm,采用标准孔,接触面喷硬质石英砂处理,螺栓等级 8.8 级。

【解】(1)高强度螺栓摩擦型连接时

单个螺栓抗剪承载力设计值:

$$N_v^b = 0.9 k n_f \mu P = 0.9 \times 1.0 \times 2 \times 0.45 \times 125 = 101.25 (\text{kN})$$

板件一侧所需螺栓数:

$$n = \frac{N}{N_v^b} = \frac{960}{101.25} = 9.5 \ (\text{个}), \text{取 12 个}$$

布置图见图 4-56(a)。

毛截面强度验算与例 4-7 相同。

净截面强度验算:

$$\sigma = \left(1 - 0.5 \frac{n_1}{n}\right) \frac{N}{A_n}$$

$$= \left(1 - 0.5 \times \frac{4}{12}\right) \times \frac{960 \times 10^3}{14 \times (400 - 24 \times 4)} = 188.0 (\text{N/mm}^2) < 0.7 f_u = 259 \ \text{N/mm}^2$$

满足要求。

(2)高强度螺栓承压型连接时

单个螺栓抗剪承载力设计值:

$$N_v^b = n_v \cdot \frac{\pi d^2}{4} \cdot f_v^b = 2 \times \frac{\pi \cdot 20^2}{4} \times 250 \times 10^{-3}$$

$$= 157 (\text{kN}) \ (\text{假设破坏剪切面未在螺纹处})$$

单个螺栓承压承载力设计值:

$$N_c^b = d \cdot \sum t \cdot f_c^b = 20 \times 14 \times 470 \times 10^{-3} = 131.6 (\text{kN})$$

所以
$$N_{vmin}^b = 131.6 \text{ kN}$$

板件一侧所需的螺栓数：

$$n = \frac{N}{N_{vmin}^b} = \frac{960}{131.6} = 7.3(\text{个}), \text{取 } 8 \text{ 个}$$

布置图见图 4-56(b)。

毛截面强度验算、净截面验算均与例 4-7 相同，满足要求。

【例题 4-13】 若例题 4-11 改为 8.8 级的高强度螺栓，分别按摩擦型连接和承压型连接考虑，螺栓直径为 20 mm，试验算连接是否满足要求。

【解】 (1)计算危险螺栓受力

$$N_{max} = \frac{N}{n} + \frac{My_1}{m\sum y_i^2} = \frac{250}{12} + \frac{30\,000 \times 200}{224\,000} = 47.6(\text{kN})$$

(2)单个螺栓抗拉承载力设计值

摩擦型连接：

$$N_t^b = 0.8P = 0.8 \times 125 = 100(\text{kN}) > N_{max}$$

承压型连接：

$$N_t^b = A_e \cdot f_t^b = 244.8 \times 400 \times 10^{-3} = 97.92(\text{kN}) > N_{max}$$

所以，两种情况均满足强度要求。

【例题 4-14】 某柱间支撑与柱的连接如图 4-67 所示，轴心拉力设计值 $F = 650$ kN，螺栓为 M20，10.9 级，采用标准孔，孔径 22 mm，接触面采用喷硬质石英砂处理。钢材牌号为 Q235B。若连接按摩擦型设计，要求：(1)设计角钢与节点板的高强度螺栓连接；(2)验算竖向连接板同柱翼缘的连接。

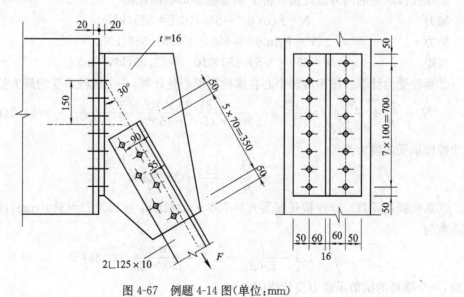

图 4-67 例题 4-14 图(单位：mm)

【解】 (1)角钢与节点板的高强度螺栓连接计算

①单个螺栓的抗剪承载力设计值：

$$N_v^b = 0.9kn_f\mu P = 0.9 \times 1.0 \times 2 \times 0.45 \times 155 = 125.55(\text{kN})$$

②所需要的螺栓数：

$$n = \frac{F}{N_v^b} = \frac{650}{125.55} = 5.2\,(\text{个})，取\ 6\ \text{个}$$

③螺栓布置。今根据角钢肢宽为 125 mm，采用两列错列布置，可以减小连接长度，螺栓孔最大可取 24 mm，因此可以满足要求。

采用端距 50 mm，栓距 70 mm，线距 35 mm，靠近肢背的一列螺栓距离肢背 55 mm，可以满足要求。此时，沿受力方向螺栓连接长度为

$$l_1 = 5 \times 70 = 350\,(\text{mm}) > 15\,d_0 = 15 \times 22 = 330\,(\text{mm})$$

需要考虑螺栓强度折减。折减系数为

$$\eta = 1.1 - \frac{l_1}{150 d_0} = 1.1 - \frac{350}{150 \times 22} = 0.993\,9$$

6 个螺栓可以承受的剪力设计值为

$$0.993\,9 \times 6 \times 125.55 = 748.7\,(\text{kN}) > 650\ \text{kN}\quad(\text{满足要求})$$

④角钢构件截面强度验算。净截面强度验算：

$$\sigma = \left(1 - 0.5\,\frac{n_1}{n}\right)\frac{N}{A_n} = \left(1 - 0.5 \times \frac{1}{6}\right) \times \frac{(650/2) \times 10^3}{(2\,437.3 - 24 \times 10) \times 0.85}$$

$$= 159.5\,(\text{N/mm}^2) < 0.7 f_u = 295\ \text{N/mm}^2\,(\text{满足要求})$$

毛截面强度验算：

$$\sigma = \frac{N}{A} = \frac{(650/2) \times 10^3}{2\,437.3 \times 0.85} = 156.9\,(\text{N/mm}^2) < f = 215\ \text{N/mm}^2\,(\text{满足要求})$$

(2)竖向连接板同柱翼缘的连接计算

①螺栓群承受的内力设计值。将 F 向螺栓群形心简化得

轴力 $\qquad\qquad N = F\cos 60° = 650 \times 0.5 = 325\,(\text{kN})$

剪力 $\qquad\qquad V = F\sin 60° = 650 \times 0.866 = 563\,(\text{kN})$

弯矩 $\qquad\qquad M = 650 \times 0.5 \times 250 \times 10^{-3} = 81.25\,(\text{kN}\cdot\text{m})$

②螺栓受力计算。按照旋转中心在螺栓群形心处计算，一个螺栓承受的最大拉力为

$$N_t = \frac{N}{n} + \frac{M y_1}{m \sum y_i^2} = \frac{325}{16} + \frac{81.25 \times 10^3 \times 350}{2 \times 2 \times (50^2 + 150^2 + 250^2 + 350^2)} = 54.2\,(\text{kN})$$

一个螺栓承受的剪力为

$$N_v = \frac{V}{n} = \frac{563}{16} = 35.2\,(\text{kN})$$

③螺栓强度验算。今连接长度为 $l_1 = 700$ mm $> 15\,d_0 = 15 \times 22 = 330\,(\text{mm})$，螺栓强度折减系数为

$$\eta = 1.1 - \frac{l_1}{150 d_0} = 1.1 - \frac{700}{150 \times 22} = 0.887\,9$$

此时，一个螺栓的抗剪承载力设计值应取为

$$N_v^b = \eta \times 0.9 k n_f \mu P = 0.887\,9 \times 0.9 \times 1.0 \times 0.45 \times 155 = 55.7\,(\text{kN})$$

一个螺栓的抗拉承载力设计值为

$$N_t^b = 0.8 P = 0.8 \times 155 = 124\,(\text{kN})$$

于是

$$\frac{N_v}{N_v^b} + \frac{N_t}{N_t^b} = \frac{35.2}{55.4} + \frac{54.2}{124} = 1.07 > 1.0$$

竖向连接板同柱翼缘的连接不能满足要求。

【例题 4-15】 条件同例题 4-14，但是，按照高强度承压型螺栓连接设计，且假定剪切面不会出现在螺纹处。

【解】（1）角钢与节点板的高强度螺栓连接计算

①单个螺栓的承载力：

$$N_v^b = n_v \frac{\pi d^2}{4} f_v^b = 2 \times \frac{\pi \times 20^2}{4} \times 310 \times 10^{-3} = 194.68 \text{(kN)}$$

$$N_c^b = d \cdot \sum t \cdot f_c^b = 20 \times 16 \times 470 \times 10^{-3} = 150.4 \text{(kN)}$$

$$N_{vmin}^b = 150.4 \text{ kN}$$

②所需要的螺栓数：

$$n = \frac{F}{N_v^b} = \frac{650}{150.4} = 4.3 \text{(个)}，取 5 个$$

③螺栓布置。螺栓布置同例题 4-14，但需去掉一个螺栓。

此时，沿受力方向螺栓连接长度为 $l_1 = 4 \times 70 = 280 \text{(mm)} < 15d_0 = 15 \times 22 = 330 \text{(mm)}$，不必考虑螺栓强度折减。

④角钢构件毛截面强度验算：

$$\sigma = \frac{N}{A} = \frac{650/2 \times 10^3}{2\ 437.3 \times 0.85} = 156.9 \text{(N/mm}^2) < f = 215 \text{ N/mm}^2 \quad \text{（满足要求）}$$

注意：此处 0.85 为轴心受力构件的有效截面系数，详见第五章。

（2）竖向连接板同柱翼缘的连接计算

①螺栓群所承受的内力设计值同例题 4-14。

②螺栓受力计算。由于承压型连接同样对螺栓施加预拉力，故按照旋转中心在螺栓群形心处计算螺栓拉力，最大拉力仍为 54.2 kN。一个螺栓承受的剪力仍为 35.2 kN。

③螺栓强度验算：

$$N_v^b = n_v \frac{\pi d^2}{4} f_v^b = 1 \times \frac{\pi \times 20^2}{4} \times 310 \times 10^{-3} = 97.34 \text{(kN)}$$

$$N_c^b = d \cdot \sum t \cdot f_c^b = 20 \times 20 \times 470 \times 10^{-3} = 188 \text{(kN)}$$

螺栓强度折减系数同例题 4-14 一样，仍为 0.887 9。此时，应取

$$N_v^b = 0.887\ 9 \times 97.34 = 86.43 \text{(kN)}$$

$$N_c^b = 0.887\ 9 \times 188 = 166.93 \text{(kN)}$$

一个螺栓的抗拉承载力设计值为

$$N_t^b = A_e f_t^b = 245 \times 500 \times 10^{-3} = 122.5 \text{(kN)}$$

于是

$$\sqrt{\left(\frac{N_v}{N_v^b}\right)^2 + \left(\frac{N_t}{N_t^b}\right)^2} = \sqrt{\left(\frac{35.2}{86.43}\right)^2 + \left(\frac{54.2}{122.5}\right)^2} = 0.60 < 1.0$$

$$N_v = 35.2 \text{ kN} < N_c^b / 1.2 = 166.93/1.2 = 139.1 \text{(kN)}$$

竖向连接板同柱翼缘的连接可以满足要求。

第八节　连接中的抗撕裂计算

无论是螺栓连接(摩擦型高强度螺栓连接除外)、铆钉连接还是焊缝连接,构件本身在拉力的作用下还有产生撕裂破坏(block shear failure)的可能,如图 4-68 所示,因此,需要对可能出现的撕裂进行验算。

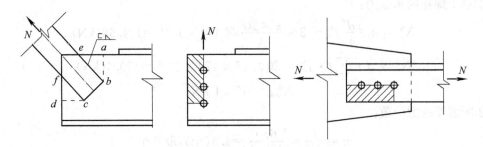

图 4-68　连接中的撕裂破坏(块状拉剪破坏)

一、节点处板件的强度计算

对于图 4-69(a)的节点连接,根据试验,节点板的破坏特征为沿 $BA-AC-CD$ 三折线发生撕裂破坏,BA 和 CD 均与节点板边缘线基本垂直。

取 $BACD$ 线割取自由体如图 4-69(b)所示,由于板内塑性发展引起应力重分布,可认为撕裂面各段上平行于 N 方向的应力 σ_i' 均匀分布,当各撕裂段的折算应力达到抗拉强度 f_u 时,试件破坏。

略去影响很小的 M 和 V,建立平衡方程:

$$\sum N_i = \sum \sigma_i' \cdot l_i \cdot t = N$$

式中,l_i 为第 i 撕裂段的长度,t 为节点板厚度。设 α_i 为第 i 段撕裂线与拉力作用线的夹角,则第 i 段撕裂面上的平均正应力 σ_i 和平均剪应力 τ_i 为

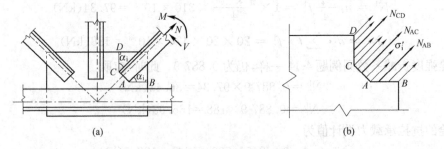

图 4-69　节点板受拉计算简图

$$\sigma_i = \sigma_i' \sin \alpha_i = \frac{N_i}{l_i t} \sin \alpha_i \tag{4-48}$$

$$\tau_i = \sigma_i' \cos \alpha_i = \frac{N_i}{l_i t} \cos \alpha_i \tag{4-49}$$

折算应力

$$\sigma_{\text{red}} = \sqrt{\sigma_i^2 + 3\tau_i^2} = \frac{N_i}{l_i t} \sqrt{\sin^2 \alpha_i + 3\cos^2 \alpha_i}$$

$$= \frac{N_i}{l_i t} \sqrt{1 + 2\cos^2 \alpha_i} \tag{4-50}$$

令 $\sigma_{\text{red}} \leqslant f_{\text{u}}$，得

$$N_i \leqslant \frac{1}{\sqrt{1 + 2\cos^2 \alpha_i}} \cdot l_i t f_{\text{u}} \tag{4-51}$$

令 $A_i = l_i t$，再令

$$\eta_i = \frac{1}{\sqrt{1 + 2\cos^2 \alpha_i}} \tag{4-52}$$

则由 $N = \sum N_i$，可以得到 $\sum (\eta_i A_i) f_{\text{u}} = N$，将其变形，并考虑分项系数，就成为 GB 50017 规定的强度计算式：

$$\frac{N}{\sum \eta_i A_i} \leqslant f \tag{4-53}$$

式中　N——作用于板件的拉力；

　　　A_i——第 i 段撕裂面的净截面面积；

　　　η_i——第 i 段的拉剪折算系数，由式(4-52)计算；

　　　α_i——第 i 段撕裂面与拉力作用线的夹角。

考虑到桁架节点板的外形往往不规则，用上式计算比较麻烦。对于受动力荷载的桁架，当需要计算节点板的疲劳时，该公式更难适用。因此，GB 50017 还规定，可按有效宽度法进行承载力计算。所谓有效宽度，就是认为腹杆轴力 N 将通过连接件在节点板内按照某一个应力扩散角传至连接件端部与 N 垂直的一定宽度范围内，该宽度称为"有效宽度"。GB 50017 规定的计算式为

$$\sigma = \frac{N}{b_e t} \leqslant f \tag{4-54}$$

式中，b_e 为板件的有效宽度，如图 4-70 所示，应力扩散角 θ 取 30°。当用螺栓(或铆钉)连接时，应减去孔径，孔径应取比螺栓(或铆钉)标称大 4 mm。

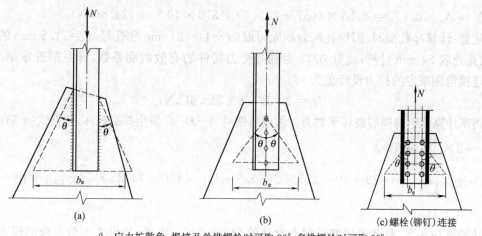

θ—应力扩散角，焊接及单排螺栓时可取 30°，多排螺栓时可取 22°

图 4-70　板件的有效宽度

当桁架弦杆或腹杆为 T 型钢或双板焊接 T 形截面时,节点内的应力状态更加复杂,上面的式(4-53)、式(4-54)均不适用此种类型节点的计算。

二、算　例

下面,用一个算例说明 GB 50017 公式的使用。

【例题 4-16】 某连接如图 4-71 所示,螺栓为 4.6 级,M20,孔径 21.5 mm,钢材为 Q235A。角钢上螺栓线距满足要求,且螺栓间距已按 GB 50017 要求布置。试计算该连接的承载力设计值(假设节点板承载能力足够大)。

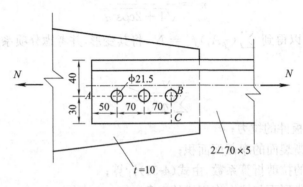

图 4-71　例题 4-16 图(单位:mm)

【解】 首先计算由螺栓连接确定的拉力设计值。单栓抗剪承载力设计值:

$$N_v^b = n_v \frac{\pi d^2}{4} f_v^b = 2 \times \frac{\pi \times 20^2}{4} \times 140 \times 10^{-3} = 87.9(\text{kN})$$

$$N_c^b = d \cdot \sum t \cdot f_c^b = 20 \times 10 \times 305 \times 10^{-3} = 61.0(\text{kN})$$

$$N_{v\,min}^b = \min(N_v^b, N_c^b) = 61.0 \text{ kN}$$

所以,由螺栓连接确定的拉力设计值 $N = 61.0 \times 3 = 183.0(\text{kN})$(此处忽略了偏心影响)。

一个角钢可以承受的拉力设计值:

$$N = A \times f = 0.85 \times 687 \times 215 \times 10^{-3} = 125.5(\text{kN})$$

$$N = A_n \times 0.7 f_u = 0.85 \times (687 - 24 \times 5) \times 370 \times 10^{-3} = 124.8(\text{kN})$$

注意:计算净截面时,因栓孔削弱截面可取 $(d+4) = 24$ mm 和孔径 $d_0 = 21.5$ mm 的较大值,故此处取 24 mm 计算;此处 0.85 为轴心受力构件的有效截面系数,详见第五章第二节。由此连接角钢确定的拉力设计值为

$$N = 2 \times 124.8 = 249.6(\text{kN})$$

再来计算角钢的撕裂破坏承载力。假设角钢沿 $A - B - C$ 发生撕裂破坏,依据式(4-53),有

$$N = 2 \times \sum(\eta_i A_i) f$$

$$= 2 \times \left[\frac{1}{\sqrt{3}} (50 + 70 + 70 - 2.5 \times 24) \times 5 + 1.0 \times (30 - 24/2) \times 5 \right] \times 215 \times 10^{-3}$$

$$= 200.1(\text{kN})$$

三者比较取最小者,得此连接的承载力设计值为 183 kN。思考:如果考虑节点板的撕裂破坏应该如何计算?

若螺栓直径不变,只是将其改为8.8级高强度螺栓,按承压型连接考虑,则

$$N_v^b = n_v \frac{\pi d^2}{4} f_v^b = 2 \times \frac{\pi \times 20^2}{4} \times 250 \times 10^{-3} = 157.0 (\text{kN})$$

$$N_c^b = d \cdot \sum t \cdot f_c^b = 20 \times 10 \times 470 \times 10^{-3} = 94.0 (\text{kN})$$

$$N_{v\,min}^b = \min(N_v^b, N_c^b) = 94.0 \text{ kN}$$

由螺栓连接确定的拉力设计值 $N = 94.0 \times 3 = 282.0 (\text{kN})$。

此时,撕裂破坏起控制作用,整个连接的承载力设计值为 210.5 kN。由此可见,较之普通螺栓,从抗撕裂的角度考虑,高强度螺栓连接时螺栓的间距宜较大些。

思 考 题

1. 简述常用的焊接方法和各自的优缺点。
2. 简述角焊缝有效截面的确定方法。
3. 简述角焊缝焊脚尺寸的确定方法。
4. 如何区分角焊缝是受弯还是受扭,请推导围焊缝受扭时的计算公式。
5. 简述焊接残余应力的类型和产生焊接残余应力的原因。
6. 焊接残余应力对结构工作性能有何影响?
7. 试绘出焊接工字形和箱形截面的纵向残余应力分布图。
8. 简述减小焊接残余应力和焊接残余变形的主要措施。
9. 摩擦型和承压型高强螺栓的传力机理有何不同?
10. 简述螺栓性能等级的含义。
11. 简述螺栓的常见布置形式和需要考虑的因素。
12. 简述螺栓连接的破坏形式和避免破坏发生所采取的措施。
13. 如何确定单个螺栓承载力? 基本假定是什么?
14. 如何确定连接摩擦面数?
15. 高强螺栓预拉力是如何确定的?
16. 推导螺栓群承受轴力、剪力和弯矩时的计算公式。
17. 简述影响摩擦型高强度螺栓承载力的主要因素。

习 题

4—1　宽为 500 mm,厚为 12 mm 的钢板采用对接焊缝拼接,钢材为 Q235BF,采用 E43型焊条,采用低氢焊接方法进行焊接,使用引弧板,焊缝质量为三级,钢板承受轴心拉力设计值 $N = 1\,250$ kN。试设计此焊缝。

4—2　某简支梁,钢材为 Q235BF,跨度 $l = 12$ m(图 4-72,截面尺寸单位为 mm),承受均布静力设计荷载 $q = 69$ kN/m,梁的截面由抗弯强度控制,今因钢板长度不够,对腹板在跨度方向离支座 3.5 m 处设置全熔透对接焊缝,焊缝质量为三级,焊条 E43 型,采用低氢焊接方法进行焊接,验算对接焊缝是否满足强度要求。

4—3　条件同习题 4—1,但钢板采用双拼接板,用角焊缝连接,试求所需拼接板尺寸和角焊缝焊脚尺寸 h_f。

4—4　如图 4-73 所示,角钢构件与节点板采用角焊缝连接。钢材 Q235BF,焊条 E43 型,

采用低氢焊接方法进行焊接。构件承受静力荷载,产生的轴心拉力设计值 $N=1\,000$ kN,用三面围焊,试设计此焊缝连接。

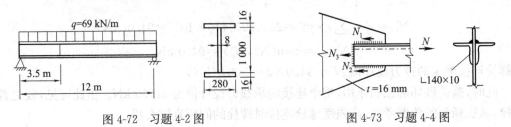

图 4-72　习题 4-2 图　　　　　　　　　　　　图 4-73　习题 4-4 图

4—5　如图 4-74 所示牛腿与柱用角焊缝连接。钢材 Q235BF,焊条 E43 型,采用低氢焊接方法进行焊接,焊脚尺寸 $h_f=8$ mm,偏心 $e=150$ mm,试求此连接能承受的荷载设计值 F。

4—6　如图 4-75 所示牛腿,材料为 Q235BF,焊条 E43 型,采用低氢焊接方法进行焊接,三面围焊缝,焊脚尺寸 $h_f=10$ mm,承受静力荷载设计值 $P=100$ kN,试验算焊缝强度。

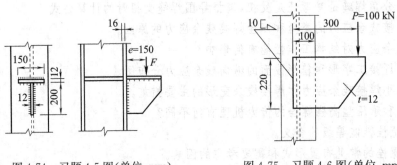

图 4-74　习题 4-5 图(单位:mm)　　　　　图 4-75　习题 4-6 图(单位:mm)

4—7　求如图 4-76 所示三种轴心受力接头的承载力设计值。分别按普通螺栓(4.6 级,孔径 21.5 mm)和高强螺栓(8.8 级,标准孔,孔径 22 mm)计算,螺栓直径 20 mm,接触面喷硬质石英砂,板件为 Q235A 钢材,厚度均为 10 mm。

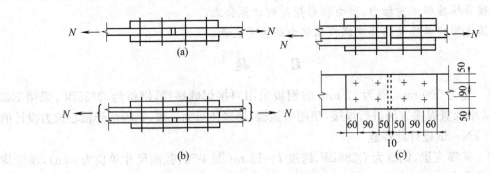

图 4-76　习题 4-7 图(单位:mm)

4—8　已知钢材为 Q235A,粗制螺栓直径 $d=20$ mm,为 4.6 级,孔径 21.5 mm;高强度螺栓直径 $d=20$ mm,采用标准孔(孔径 22 mm),抗滑移系数 $\mu=0.4$,为 8.8 级。试验算图 4-77 所示牛腿的连接。

(1)检算连接角钢与承托板的粗制螺栓连接;

(2)检算连接角钢与立柱的粗制螺栓连接；

(3)连接角钢与立柱改用高强度摩擦型螺栓连接，试检算之。

4—9　一连接的构造如图 4-78 所示，两块 A 板用全熔透对接三级焊缝与立柱焊连，B 板与两 A 板用 8 个直径 $d=22$ mm，采用标准孔(孔径 24 mm)，预拉力 $P=190$ kN 的高强度螺栓连接，抗滑移系数 $\mu=0.4$，构件钢材为 Q235BF，试求焊缝和螺栓(分别按摩擦型连接和承压型连接考虑)所能承受的荷载设计值 F。

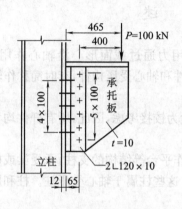

图 4-77　习题 4-8 图(单位:mm)

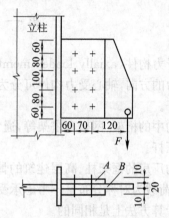

图 4-78　习题 4-9 图(单位:mm)

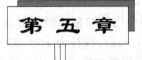

轴心受力构件

第一节 概 述

轴心受力构件（axially loaded member），是指作用力通过截面形心沿轴心作用的构件。根据作用力的方向，轴心受力构件可分为轴心受拉构件和轴心受压构件，有时简称作轴心拉杆和轴心压杆。

钢结构中的桁架、网架和塔架等，通常将节点假设为铰接考虑，因此，所有杆件均为轴心拉杆或轴心压杆。

钢结构厂房的框架柱、高层建筑的骨架柱以及工作平台等结构的支柱，承受梁或桁架传来的荷载，当荷载为对称分布且不考虑承受水平荷载时，这些柱属于轴心受压柱。柱和压杆在受力性能和计算方法上是相同的。

轴心受力构件的截面形式很多，一般可分为三种：

(1)热轧型钢截面，如图 5-1(a)中的圆钢、圆管、方钢、方管、角钢、工字钢、槽钢和 H 型钢等；

(2)冷弯薄壁型钢，如图 5-1(b)中不带卷边或带卷边的角形、槽形截面和方管等；

(3)组合截面，其中又分为实腹式组合截面和格构式组合截面两种，如图 5-1(c)、(d)所示。

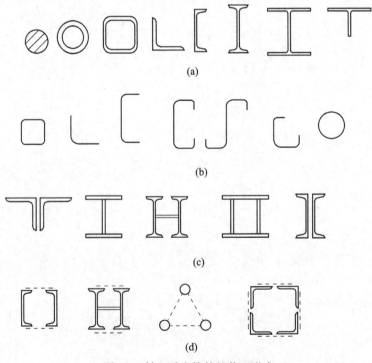

图 5-1 轴心受力构件的截面形式

对于轴心受力构件,选择截面形式时共同的要求是:

(1)能提供按强度条件要求的横截面积;

(2)便于与其他相邻的构件连接;

(3)制作简便,容易获得。

对于轴心压杆,为了取得良好的经济效果,尚应采用壁薄而开展的截面以提高其稳定承载能力。轴心压杆除经常采用双角钢和宽翼缘工字钢(H 型钢)外,有时要采用实腹式或格构式组合截面。轮廓尺寸宽大的四肢或三肢格构式组合截面可以用于压力不甚大但很长的杆件,以节约钢材。在轻型钢结构中采用冷弯薄壁型钢比较有利。

第二节 轴心受力构件的强度与刚度

设计轴心受力构件时,无论受拉还是受压,除选择合理的截面形式外,对所选截面均应进行强度和刚度计算,使之符合要求。对承受动力荷载的轴心受拉构件,必要时须考虑疲劳强度问题(见第三章),而轴心受压构件尚应使构件的整体稳定和局部稳定满足要求。

一、轴心受拉和轴心受压构件的强度计算

无孔洞等削弱的轴心受拉构件,轴心力作用使截面产生均匀拉应力,当应力超过钢材的屈服强度时,由于构件塑性变形的发展,会使实际结构的变形过大,以致不符合继续承载的要求。因此,构件截面上的平均应力以不超过屈服强度为准则。而有孔洞削弱的轴心受拉构件,在孔洞附近将产生应力集中,应力高于平均应力。但当应力高的纤维达到屈服强度后,轴心力继续增加,截面发展塑性变形,应力渐趋均匀。到达极限状态时,净截面上的应力为均匀屈服应力。

考虑今后会采用屈强比更大的钢材,宜用式(5-1)和式(5-2)来计算,以确保安全。比如,当前屈强比高于 0.8 的 Q460 钢已开始使用,也就是屈服强度 f_y 达到了 $0.8f_u$ 甚至更高,为保证安全,净截面计算中采用 $0.7f_u$ 作为达到极限状态的平均应力。

《钢结构设计标准》GB 50017 规定,轴心受拉构件的承载力应为"毛截面屈服"和"净截面断裂"的较小者,即轴心受拉构件应同时满足以下要求:

毛截面屈服

$$\sigma = \frac{N}{A} \leqslant f \tag{5-1}$$

净截面断裂

$$\sigma = \frac{N}{A_n} \leqslant 0.7f_u \tag{5-2}$$

式中 N——轴心拉力的设计值;

A_n——构件的净截面面积,当构件多个截面有孔时,取最不利的截面;

f——钢材的强度设计值,见附表 1-1;

f_u——钢材的抗拉强度最小值,见附表 1-1。

强度验算属于对截面的验算,要求每个截面均应满足,实际计算中可针对"危险截面"进行。需要注意的是,N 最大的截面不一定是危险截面。

当轴心受拉构件在端部发生拼接或者与节点板连接时,由于剪力滞影响并非全部截面传力时,则应将危险截面的面积乘以有效截面系数 η。不同构件截面形式和连接方式的有效截面系数 η 应按表 5-1 取用。

表 5-1　有效截面系数 η

构件截面形式	连接形式	η	图例
角钢	单边连接	0.85	
工字形、H 形	翼缘连接	0.90	
	腹板连接	0.70	

二、轴心受压构件的强度

轴心受压构件通常只需要采用公式(5-1)验算毛截面强度。对于截面中存在螺栓孔的情况,若孔内有螺栓,则无需考虑净截面强度,否则,对虚孔位置截面按公式(5-2)验算净截面强度。

当轴心受压构件的端部连接出现非全部截面传力的情况时,同轴心受拉构件一样,也应将截面面积乘以有效截面系数 η 按"有效截面"计算。

三、轴心受力构件的刚度

轴心受拉和轴心受压构件的刚度通常用长细比(slenderness ratio)来衡量。长细比是构件的计算长度 l_0 与其截面回转半径 i 的比值。

长细比过大会使构件在使用过程中由于自重发生挠曲,在动力荷载作用下会产生振动,在运输过程中发生弯曲,因此设计时应使长细比不超过规定的容许长细比 $[\lambda]$。对于受压构件,过大的长细比会使稳定承载力降低太多,因此,其容许长细比 $[\lambda]$ 较受拉构件更严格。

通常,应使绕截面两个主轴即 x 轴和 y 轴的长细比 λ_x、λ_y 都不超过规范规定的容许长细比,即

$$\lambda_x = l_{0x}/i_x \leqslant [\lambda] \tag{5-3a}$$

$$\lambda_y = l_{0y}/i_y \leqslant [\lambda] \tag{5-3b}$$

式中,l_{0x}、l_{0y} 为绕截面两个主轴即 x 轴和 y 轴的计算长度,其值取决于两端支承情况,等于构件的几何长度乘以计算长度系数(effective length factor) μ,μ 的取值见表 5-4;i_x、i_y 分别为绕截面 x、y 轴的回转半径(radius of gyration)。

GB 50017 规定的受压构件和受拉构件的容许长细比见表 5-2、表 5-3。验算受压杆件的长细比时,可不考虑扭转效应。

表 5-2　受压构件的容许长细比

项　次	构件名称	容许长细比
1	轴心受压柱、桁架和天窗架中的压杆	150
	柱的缀条、吊车梁或吊车桁架以下的柱间支撑	
2	支撑	200
	用以减小受压构件长细比的杆件	

注:(1)当杆件内力设计值不大于承载能力的 50% 时,容许长细比可取 200。
　　(2)计算单角钢受压构件的长细比时,应采用角钢的最小回转半径,但计算在交叉点相互连接的交叉杆件平面外的长细比时,可采用与角钢肢边平行轴的回转半径。
　　(3)跨度大于等于 60m 的桁架,其受压弦杆、端压杆和直接承受动力荷载的受压腹杆的长细比不宜大于 120。

表 5-3　受拉构件的容许长细比

项　次	构件名称	承受静力荷载或间接承受动力荷载的结构			直接承受动力荷载的结构
		一般建筑结构	对腹杆提供平面外支点的弦杆	有重级工作制起重机的厂房	
1	桁架的杆件	350	250	250	250
2	吊车梁或吊车桁架以下的柱间支撑	300	—	200	—
3	其他拉杆、支撑、系杆等(张紧的圆钢除外)	400	—	350	—

注:(1)承受静力荷载的结构中,可仅计算受拉构件在竖向平面内的长细比。
　　(2)在直接或间接承受动力荷载的结构中,单角钢受拉构件长细比的计算方法与受压构件容许长细比表注 2 相同。
　　(3)中、重级工作制吊车桁架下弦杆的长细比不宜超过 200。
　　(4)在设有夹钳或刚性料耙等硬钩吊车的厂房中,支撑(表中第 2 项除外)的长细比不宜超过 300。
　　(5)受拉构件在永久荷载与风荷载组合作用下受压时,其长细比不宜超过 250。
　　(6)跨度等于或大于 60 m 的桁架,其受拉弦杆和腹杆的长细比不宜超过 300(承受静力荷载或间接承受动力荷载)或 250(直接承受动力荷载)。

第三节　轴心受压构件的整体稳定

轴心受压构件的受力性能与受拉构件不同,除构件很短及有孔洞削弱时可能发生破坏从而需按式(5-1)和式(5-2)计算外,大多由整体稳定控制其承载力。轴心受压构件丧失整体稳定常常是突发性的,容易造成严重后果,应予特别重视。

一、理想轴心受压铰接构件的受力性能

两端铰接的笔直压杆在轴心压力作用下发生屈曲(即构件丧失整体稳定),屈曲变形可能

有三种形式:一种是弯曲变形,杆的轴线由直线变为曲线[图 5-2(a)],这时杆的截面只绕一个主轴回转,这种屈曲称为弯曲屈曲(flexural buckling);另一种是扭转变形[图 5-2(b)],各截面绕杆轴扭转,这种屈曲称为扭转屈曲(torsional buckling);还有一种是杆在产生弯曲变形的同时伴有扭转变形[图5-2(c)],这种屈曲称为弯扭屈曲(flexural-torsional buckling)。轴心压杆产生的屈曲形式,主要取决于其截面的形式和尺寸、杆的长度和杆端的连接条件。

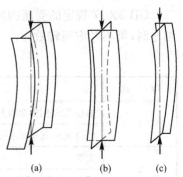

图 5-2 轴心受压构件的屈曲形式

钢结构中轴心压杆的截面主要是双轴对称截面,这种截面的形心和剪切中心(shear center,简称剪心,又称弯曲中心、扭转中心)重合,故承受轴心压力时该力必然通过剪心,因而不可能发生弯扭失稳,除十字形截面构件由于抗扭刚度差会发生扭转失稳外,大部分情况为弯曲失稳。单轴对称构件由于形心和剪心不重合,当绕非对称轴屈曲时为弯曲屈曲,当绕对称轴屈曲时,由于弯曲引起的剪力会对剪心形成扭矩,导致此时发生弯扭屈曲。

剪心是截面的一个特征,仅与截面的形状、尺寸有关,与荷载无关。截面剪心的位置具有以下特点:

(1)有对称轴的截面,剪心一定在对称轴上;

(2)双轴对称截面,剪心与形心重合;

(3)由矩形薄板相交于一点组成的截面,剪心必在薄板轴线的交点上。

1. 弹性弯曲屈曲

图 5-3 为两端铰接的理想等截面笔直杆,当轴心压力 N 达到临界值时处于屈曲的微弯状态。任意截面 C 处内力矩为 $M = -EI\,\mathrm{d}^2y/\mathrm{d}z^2$,由内外力矩平衡条件,可建立其平衡微分方程为

$$EI\frac{\mathrm{d}^2y}{\mathrm{d}z^2} + Ny = 0 \tag{5-4}$$

令 $k^2 = \dfrac{N}{EI}$,得

$$\frac{\mathrm{d}^2y}{\mathrm{d}z^2} + k^2y = 0$$

方程的通解为 $\quad y = A\sin(kz) + B\cos(kz)$

由边界条件 $z=0$ 和 $z=l$ 处 $y=0$ 可得

$$B=0, \quad A\sin(kl)=0$$

在微弯状态 $A \neq 0$,于是 $\sin(kl)=0$,即 $kl = n\pi$。

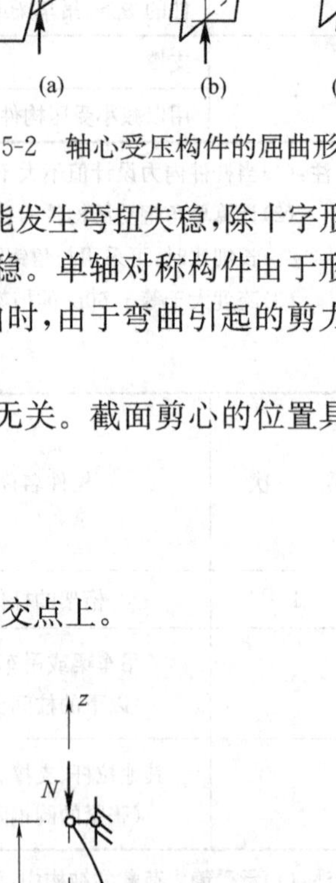

图 5-3 轴心受压构件的弯曲屈曲

取 $n=1$ 得相应于一个半波的临界力(critical load)为

$$N_{\mathrm{cr}} = \frac{\pi^2 EI}{l^2} = \frac{\pi^2 EA}{(l/i)^2} = \frac{\pi^2 EA}{\lambda^2} \tag{5-5}$$

相应的临界应力(critical stress)为

$$\sigma_{\mathrm{cr}} = \frac{N_{\mathrm{cr}}}{A} = \frac{\pi^2 E}{\lambda^2} \tag{5-6}$$

式中，$\lambda = l/i$ 为构件长细比；l 为两端铰接构件的几何长度或计算长度（二者相等）；i 为截面的回转半径，$i = \sqrt{I/A}$。

式(5-5)和式(5-6)就是著名的欧拉(Euler. L)公式。有时将 N_{cr} 和 σ_{cr} 记作 N_E 和 σ_E，脚标"E"表示"欧拉"。

从欧拉公式可以看出，轴心压杆弯曲屈曲临界力随抗弯刚度的增加和构件长度的减小而增大，而与材料的强度无关。

以上推导的前提条件是 E 为常量，这在应力小于 f_p（比例极限）的情况下是正确的。令 $\sigma_{cr} \leq f_p$ 则得 $\lambda \geq \pi\sqrt{E/f_p}$。取 $\lambda_p = \pi\sqrt{E/f_p}$ 作为分界，则当 $\lambda > \lambda_p$ 时，杆件在弹性状态屈曲，欧拉公式成立。

2. 弹塑性弯曲屈曲

当以欧拉公式计算出的 $\sigma_{cr} > f_p$ 时，由于这时 E 将不再是常量，截面的受力将遵循材料的非线性应力应变关系，所以欧拉公式不再适用，此时，应按弹塑性屈曲计算临界力。

经典的轴心压杆弹塑性屈曲临界力理论，最早是恩格塞尔(Engesser. F)于1889年提出的切线模量理论，即用切线模量 $E_t = d\sigma/d\varepsilon$ 代替欧拉公式中的弹性模量 E，将欧拉公式推广到非弹性领域。之后在1895年，恩格塞尔吸取其他学者的建议，考虑了截面卸载区 $\sigma—\varepsilon$ 关系遵循弹性规律，从而提出了 E 与 E_t 有关的双模量理论，也称折算模量理论。1910年卡门(Karman. T)独立导出双模量理论，并给出矩形和工字形截面的双模量公式，双模量理论才得到广泛承认。然而，双模量理论计算结果比试验结果偏高。1947年香莱(Shanley. F. R)利用有名的模型，解释了这个矛盾，并指出非弹性压杆的实际最大应力高于切线模量应力，低于双模量应力，前者是下限，后者是上限，切线模量应力更接近实际最大应力。

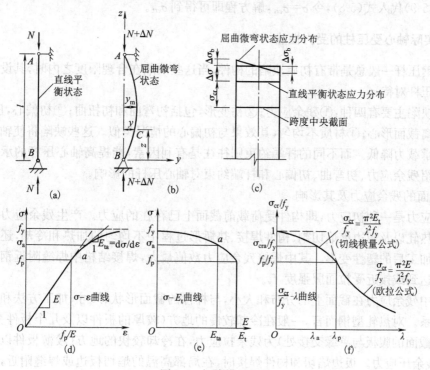

图 5-4　切线模量理论

根据香莱理论，构件保持直线状态直到轴心压力到达临界力 $N(N>Af_p)$［图 5-4(a)］。一微小干扰力会使构件从直线状态转到微弯状态，轴心力由 N 增至 $N+\Delta N$［图 5-4(b)］，弯曲应变与轴向应变同时增加，并且轴向增加的平均应力 $\Delta\sigma$ 大于因杆微弯产生的应力 $\Delta\sigma_b$，因此任何截面上不引起应变变号［图 5-4(c)］，即不会出现卸载现象，这样截面上所有点 $\sigma-\varepsilon$ 的关系都由切线模量 E_t 来控制。假设超过临界力时构件的弯曲变形很小，因而弯曲时增加的 $\Delta\sigma$ 与临界应力 σ_{cr} 相比非常小，所以 σ_{cr} 与相应的 E_t 可用于构件同一个截面的所有点。这时构件的屈曲力称为切线模量屈曲力，其值为

$$N_{crt}=\frac{\pi^2 E_t I}{l^2} \tag{5-7}$$

相应的切线模量临界应力为

$$\sigma_{crt}=\frac{\pi^2 E_t}{\lambda^2}=\frac{\pi^2 E\eta}{\lambda^2} \tag{5-8}$$

式中，E_t 为切线模量，η 为弹性模量修正系数。η 可按 Ylinen A. 的建议采用式(5-9a)：

$$\eta=\frac{(f_y-\sigma)}{f_y-0.96\sigma} \tag{5-9a}$$

或者，按 Bleich F. 的建议采用式(5-9b)：

$$\eta=\frac{(f_y-\sigma)\sigma}{(f_y-f_p)f_p} \tag{5-9b}$$

$$\eta=1/0.6(\sqrt{1/\lambda_n^4+1.14}-1/\lambda_n^2) \tag{5-9c}$$

式中，λ_n 为正则化长细比，$\lambda_n=\frac{\lambda}{\pi}\sqrt{f_y/E}$。

将式(5-9)代入式(5-8)，令 $\sigma=\sigma_{crt}$，解方程即可得到 σ_{crt}。

二、实际轴心受压柱的受力性能

实际钢压杆一般总是带有初始缺陷的构件，当这些缺陷在合理限度之内时，其设计或验算仍按轴心压杆对待。

初始缺陷主要有四种：①残余应力；②初变形，包括初弯曲和初扭曲；③初偏心，压力 N 的作用点偏离截面形心；④材质不均匀，其效果与初偏心的情况类似。这些缺陷将使轴心压杆的整体稳定承载力降低。而不同的杆端约束则往往是有利因素，能提高轴心压杆的承载力。下面主要介绍残余应力、初弯曲、初偏心和杆端约束对轴心压杆的影响。

1. 截面的残余应力及其影响

残余应力是一种初应力，即构件受荷载前截面上已存在的应力。产生残余应力的原因主要是钢材热轧以及板边火焰切割、构件焊接、热矫形过程中不均匀的加热和冷却，还有构件冷矫形和冷加工后的塑性变形。其中焊接残余应力数值最大，焊接结构中焊缝附近钢材的残余应力通常达到或接近受拉屈服强度 f_y。

杆件中残余应力在截面上的分布和大小，与杆件的截面形状、尺寸、加工方法和加工过程有密切关系。对热轧型钢而言，一般在冷却较慢的地方（较厚的板件以及几个板件交汇部分，如工字形截面的腹板与翼缘交接处）为残余拉应力，在冷却较快的地方（较薄板件以及板端和角部）为残余压应力。板边焰切和构件焊接时，在局部高温的焰切板边或焊缝附近，为残余拉应力，邻近部分为残余压应力。截面残余应力有自相平衡的特点。

量测残余应力的方法很多,主要有分割法、钻孔法和 X 射线衍射法等,目前在钢结构中应用较多的是分割法。其原理是:将有残余应力构件的各板件分割成若干窄条,使原始处于自相平衡状态的截面残余应力完全释放,量测每一小条分割前后的长度变化,从而求出截面残余应力的大小和分布。

钢构件中存在残余应力时,其轴心受压时的 σ—ε 曲线通常可由短柱压缩试验测得。所谓短柱就是取一柱段,其长度既足以保证其中部截面残余应力与实际构件相同,又不致在受压时发生屈曲破坏。有残余应力的短柱试验所测得的 σ—ε 曲线与另用消除了残余应力(例如经过退火热处理)短柱试验的 σ—ε 曲线对比见图 5-5。

从图中可以看出,有残余应力短柱的 σ—ε 曲线呈弹性—弹塑性—塑性关系:外加压应力较小时的 OA 段为弹性直线段;当达到 $\sigma=f_p=f_y-\sigma_{rc}$($\sigma_{rc}$ 为截面最大残余压应力的绝对值)时,截面开始部分屈服,此后逐渐发展增大并保持屈服应力 f_y,继续受力的截面弹性区相应地逐渐减小,这时的 σ—ε 曲线为弹塑性的 ACD 曲线段;当应变达到 $\varepsilon=(f_y+\sigma_{rt})/E$($\sigma_{rt}$ 为截面最大残余拉应力的绝对值)时,截面完全屈服,此为 σ—ε 曲线的完全塑性 DE 段。

根据短柱试验测定的构件材料 σ—ε 曲线,利用切线模量理论计算轴心压杆弹塑性屈曲时,由于未能反映出最大残余压应力 σ_{rc} 在构件截面上的位置(例如是在 H 形截面的翼缘边缘或是在腹板中部等)及对轴心压杆临界力的具体影响,故有其不足之处。

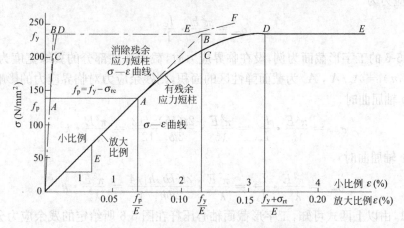

图 5-5　短柱试验的应力—应变曲线

为叙述简明起见,今以两端铰接的轧制工字形截面构件[图 5-6(a)]为例,介绍构件残余应力的分布和大小,分析残余应力的不利影响。

设截面两翼缘相等,截面积为 A,并假设腹板面积较小,可予忽略。残余应力为对称折线分布[图 5-6(b)],翼缘残余应力 $|\sigma_{rc}|=|\sigma_{rt}|=\gamma f_y$(一般 $\gamma=0.3\sim0.4$)。

当轴向压力 N 引起的应力 $\sigma=N/A\leqslant f_p=f_y-\sigma_{rc}$ 时,截面 σ—ε 关系为弹性[图 5-6(c)、(d)]。这时如发生弯曲屈曲,其临界力仍由式(5-5)确定,即为欧拉临界力。当 $\sigma>f_p=f_y-\sigma_{rc}$ 时,截面的一部分屈服,出现塑性区和弹性区两部分。当到达临界应力时,构件发生弯曲。由于按香莱理论,截面不出现卸载区,这意味着能抵抗弯曲变形的有效惯性矩只有截面弹性区的惯性矩 I_e,截面的抗弯刚度由 EI 降至 EI_e。这样,得到的临界力为

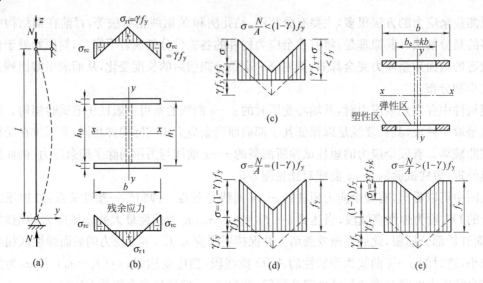

图 5-6　残余应力对临界力的影响

$$N_{cr} = \frac{\pi^2 E_t I_e}{l^2} = \frac{\pi^2 E_t I}{l^2} \cdot \frac{I_e}{I} \tag{5-10}$$

相应的临界应力为

$$\sigma_{cr} = \frac{\pi^2 E}{\lambda^2} \cdot \frac{I_e}{I} \tag{5-11}$$

仍以图 5-6 的工字形截面为例,设在临界应力时,截面弹性部分的翼缘宽度为 b_e ,令 $k = b_e/b = b_e t/(bt) = A_e/A$, A_e 为截面弹性区的面积,则残余应力对临界应力的影响为

对 $y-y$ 轴屈曲时

$$\sigma_{cry} = \frac{\pi^2 E}{\lambda_y^2} \cdot \frac{I_{ey}}{I_y} = \frac{\pi^2 E}{\lambda_y^2} \cdot \frac{2t(kb)^3/12}{2tb^3/12} = \frac{\pi^2 E}{\lambda_y^2} \cdot k^3 \tag{5-12}$$

对 $x-x$ 轴屈曲时

$$\sigma_{crx} = \frac{\pi^2 E}{\lambda_x^2} \cdot \frac{I_{ex}}{I_x} = \frac{\pi^2 E}{\lambda_x^2} \cdot \frac{2t(kb)h_1^2/4}{2tbh_1^2/4} = \frac{\pi^2 E}{\lambda_x^2} \cdot k \tag{5-13}$$

因 $k<1$,由以上两式可知,工字形截面轴心压杆在图 5-6 所给定的残余应力分布条件下,残余应力对绕弱轴的影响比绕强轴的影响严重得多。此外,式(5-12)和式(5-13)中的 kE ,正好是对有残余应力的短柱进行试验得到的 $\sigma-\varepsilon$ 曲线的切线模量 E_t 。由此可见,短柱试验的切线模量并不能普遍地用于轴心受压杆的屈曲应力,因为由式(5-12)计算 σ_{cry} 时用的是 $k^3 E$,而由式(5-13)计算 σ_{crx} 时用的是 kE 。

因为系数 k 随 σ_{cr} 变化,所以不能直接由式(5-12)和式(5-13)求出 σ_{cr} 。 k 与 σ_{cr} 的关系可根据内外力平衡来确定。由图 5-6(e)可得

$$N = Af_y - A_e\sigma_1/2$$

而 $A_e = kA$, $\sigma_1 = (2\gamma f_y)b_e/b = 2\gamma f_y k$,于是上式变形为

$$N = Af_y - kA(2\gamma f_y k)/2 = Af_y(1-\gamma k^2)$$

从而

$$\sigma_{cr} = \frac{N}{A} = f_y(1-\gamma k^2) \tag{5-14}$$

利用式(5-14)与式(5-12)、式(5-14)与式(5-13)联立求解,即可分别得到绕强轴和弱轴的临界应力。

2. 压杆初弯曲的影响

实际的轴心受压杆件不可能是完全挺直的,而是不可避免地存在微小弯曲。弯曲的形式可能多种多样,以图5-7所示具有正弦半波图形的初弯曲最具代表性。设初弯曲形状曲线 $y_0 = v_0 \sin \dfrac{\pi z}{l}$,在构件任一点由 N 引起的挠度为 y,则总挠度为 $y_0 + y$。根据内外力矩相等得平衡微分方程:

$$EI \frac{\mathrm{d}^2 y}{\mathrm{d}z^2} + Ny = -Nv_0 \sin \frac{\pi z}{l} \tag{5-15}$$

令 $k^2 = \dfrac{N}{EI}$,得

$$\frac{\mathrm{d}^2 y}{\mathrm{d}z^2} + k^2 y = -k^2 v_0 \sin \frac{\pi z}{l}$$

其解为

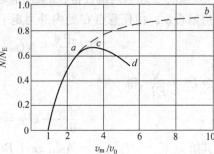

图 5-7 具有初弯曲的轴心受压构件

$$y = A\sin kz + B\cos kz + \frac{k^2}{\pi^2/l^2 - k^2} v_0 \sin \frac{\pi z}{l}$$

$$= A\sin kz + B\cos kz + \frac{\alpha}{1-\alpha} v_0 \sin \frac{\pi z}{l}$$

式中,$\alpha = N/N_E$,$N_E = \pi^2 EI/l^2$,称为欧拉临界力。

根据边界条件 $z=0$ 和 $z=l$ 时,$y=0$,可得 $A=0$,$B=0$,于是

$$y = \frac{\alpha}{1-\alpha} v_0 \sin \frac{\pi z}{l} \tag{5-16}$$

总挠度曲线

$$Y = y_0 + y = \frac{v_0}{1-\alpha} \sin \frac{\pi z}{l} \tag{5-17}$$

杆件跨中总挠度最大,为

$$v_m = v_0 + v = \frac{v_0}{1-\alpha} \tag{5-18}$$

图 5-8 中的曲线 1-a-b 为有初弯曲的弹性压杆的压力挠度曲线。可以看出,有初弯曲的轴心压杆,其承载力总是低于欧拉临界力,只当挠度趋于无穷大时,压力 N 才可能接近或达到 N_E。此外,由式(5-18)可见,初弯曲值 v_0 越大,在相同压力作用下杆的挠度也越大。

实际上钢材并非无限弹性的,为分析方便,假设钢材为理想弹塑性体,在轴心压力 N 和附加弯矩 Nv_m 共同作用下,当挠度发展到一定程度时,构件中点截面最大受压边缘纤维的应力就会达到 f_y,即

图 5-8 有初弯曲压杆的压力挠度曲线

$$\sigma_{max} = \frac{N}{A} + \frac{Nv_m}{W} = \frac{N}{A}\left(1 + \frac{v_0}{W/A} \cdot \frac{1}{1-N/N_E}\right) = f_y$$

$$\tag{5-19}$$

这时材料进入弹塑性状态,如图5-8中的a点。此后N继续增加,截面的一部分进入塑性状态,变形不再像完全弹性那样沿ab发展,而是沿变化更快的acd发展。N到达c点时,截面塑性变形区已发展得相当深,再增加N已不可能,要维持平衡只能随挠度增大而卸载(cd段)。曲线的极值点c表示由稳定平衡过渡到不稳定平衡,相应于c点的N_u是临界荷载。

因为求解N_u比较复杂,作为近似,可取边缘纤维开始屈服时的曲线a点代替c点。

令$W/A=\rho$(截面核心距),$v_0/\rho=\varepsilon_0$(相对初弯曲或初弯曲率),$N/A=\sigma_0$,$N_E/A=\sigma_E$,则式(5-19)可写成

$$\sigma_{\max}=\sigma_0\left(1+\varepsilon_0\cdot\frac{\sigma_E}{\sigma_E-\sigma_0}\right)=f_y \tag{5-20}$$

整理成

$$\sigma_0^2-[f_y+(1+\varepsilon_0)\sigma_E]\sigma_0+f_y\sigma_E=0$$

解得

$$\sigma_0=\frac{f_y+(1+\varepsilon_0)\sigma_E}{2}-\sqrt{\left[\frac{f_y+(1+\varepsilon_0)\sigma_E}{2}\right]^2-f_y\sigma_E} \tag{5-21}$$

这就是佩利(Perry. J)公式。若已知构件的相对初弯曲ε_0、长细比λ(或$\sigma_E=\pi^2E/\lambda^2$)和钢材性能($f_y$和$E$),就可求得边缘纤维开始屈服的$\sigma_0$或$N$。

因为佩利公式根据构件边缘纤维屈服理论准则导出,求得的N和σ_0只代表边缘受压纤维到达屈服时的最大荷载或最大应力,并不是稳定的临界力(极限承载力)或临界应力(极限应力)。另外,边缘纤维屈服理论是用应力问题代替稳定问题,所得结果偏于保守,有些情况比实际屈曲荷载低得多。所以,这个准则只用于确定有初弯曲的薄壁型钢轴心压杆和绕虚轴弯曲的格构式轴心压杆的承载力。

GB 50017对初弯曲的取值规定为杆长的1/1 000,即$v_0=l/1\,000$(《冷弯薄壁型钢设计规范》则取$v_0=l/750$),将$v_0=\lambda i/1\,000$(i为截面的回转半径),$W/A=\rho$代入式(5-19)得

$$\frac{N}{A}\left[1+\frac{\lambda}{1\,000}\cdot\frac{i}{\rho(1-a)}\right]=f_y \tag{5-22}$$

虽然式(5-22)不能真实反映弹塑性轴心压杆的承载力,但仍可反映当杆的长细比相同时,初弯曲对不同截面形式杆的承载力的影响,这是因为,不同截面形式的i/ρ不同,i/ρ值愈大的杆,初弯曲对其承载力的影响也愈大。

3. 压杆初偏心的影响

图5-9表示两端铰接、等截面的轴心压杆,两端具有方向相同的初偏心e_0。由任意点C处内外力矩平衡可写出平衡微分方程为

$$EI\frac{d^2y}{dz^2}+N(e_0+y)=0 \tag{5-23}$$

令$k^2=\dfrac{N}{EI}$,得

$$\frac{d^2y}{dz^2}+k^2y=-k^2e_0$$

其解为 $\qquad y=A\sin kz+B\cos kz-e_0$

根据边界条件$z=0$和$z=l$时,$y=0$,得

$$B=e_0,\quad A=e_0(l-\cos kl)/\sin kl$$

于是,杆件跨中最大挠度为

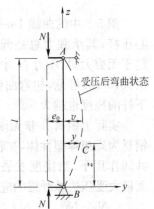

图5-9 具有初偏心的压杆

$$v = e_0 \left(\sec \frac{\pi}{2} \sqrt{\frac{N}{N_E}} - 1 \right) \tag{5-24}$$

由式(5-24)可见,对于不同的初弯曲情况,当压力 N 达到 N_E 时,均有 v 趋于无穷大。图 5-10 绘出 $e_0 = 0.1$ cm 和 0.3 cm 时的 N/N_E—v 曲线,图中虚线表示杆的弹塑性阶段压力挠度曲线。初偏心对压杆的影响本质上和初弯曲是相同的,但影响的程度有差别。初偏心对短压杆的影响比较明显,而对长杆的影响甚微。

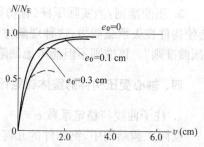

图 5-10　有初偏心压杆的挠度曲线

4. 杆端约束的影响

轴心压杆因与其他杆件相连接而受到端部约束,端部约束对杆的承载能力有相当程度的影响。按照弹性理论,可以根据不同的约束条件,用计算长度 $l_0 = \mu l$ 把两端有约束的杆等效为两端铰接的杆,这里 μ 称为计算长度系数,l 为杆件的几何长度。采用计算长度这个概念,则各种杆端约束的轴心压杆的临界力公式可统一为 $N_{cr} = \pi^2 EI / (\mu l)^2$。

表 5-4 列出了 6 种具有理想端部条件的轴心压杆计算长度系数 μ。考虑到理想的约束条件难以完全实现,表中同时给出了用于实际设计的建议值。

表 5-4　轴心压杆的计算长度系数 μ

项　次	1	2	3	4	5	6
简　图						
μ 的理论值	0.50	0.70	1.0	1.0	2.0	2.0
μ 的建议值	0.65	0.80	1.0	1.2	2.1	2.0
端部条件符号	⫟ 无转动,无侧移	▭ 无转动,自由侧移		⫪ 自由转动,无侧移	○ 自由转动,自由侧移	

三、确定轴心受压构件承载力的三种准则

轴心受压构件的整体稳定承载力与许多因素有关,情况错综复杂。当前确定轴心压杆承载力的计算准则主要有三种:

1. **压屈准则**:当理想轴心压杆的轴力增大到某一值时,弹性或非弹性应变将导致压杆丧失原状、失去直线状态平衡,这种现象就称为"压屈"(或屈曲),以此来确定临界力的准则称"压屈准则"。该准则建立在理想压杆的假定之上,应用数学模型推导而出,形式严谨。弹性阶段以欧拉临界力为基础,弹塑性阶段以切线模量临界力为基础,可以通过安全系数来考虑初弯曲、初偏心等初始缺陷。

2. **边缘纤维屈服准则**:以有初弯曲和初偏心等缺陷的压杆为计算模型,把截面边缘纤维应力达到屈服视为承载力的极限,称"边缘纤维屈服准则"。该准则思路简单,推导过程容易理

解。实践证明,当分项系数(和安全系数)取值适当时,精度能满足工程需要。但以属于强度的计算代替稳定的计算,似乎理论依据不足。目前只用来确定有初弯曲的薄壁型钢轴心受压构件和绕虚轴弯曲的格构式构件的承载力。

3. 压溃准则:当实际压杆(有初始缺陷)所受的轴力增大到某一数值时,巨大的弯曲变形会使构件丧失承载能力,这种现象称为"压溃"。据此计算构件最后所能达到的最大压力值称"压溃准则"。该准则不但能考虑缺陷的影响,而且亦能考虑截面的塑性发展。

四、轴心受压构件的整体稳定计算

1. 柱子曲线与稳定系数 φ

实际工程结构中,钢构件的几何缺陷、残余应力等不利影响总是存在的,但其最大值同时出现于一根柱子的可能性是极小的。GB 50017 主要考虑初弯曲和残余应力两个最不利因素,将初弯曲的矢高取为杆长的 1/1 000 作为几何缺陷的代表值,残余应力则以杆件加工条件确定,并考虑不同截面形状和尺寸、不同弯曲屈曲方向等;然后,将其视为压弯构件对待,采用数值积分法计算它的极限承载力,并以截面平均极限应力 σ_u 与屈服点 f_y 的比值 $(\varphi = \sigma_u/f_y)$ 为纵坐标,以正则化长细比,$\lambda_n = \lambda\sqrt{f_y/235}$ 为横坐标,画出 $\varphi - \lambda_n$ 关系曲线,该曲线称为柱子曲线。制定标准时共计算了 200 多根柱子曲线,而后选用了其中最常用截面的 96 条柱曲线,这些曲线呈相当宽的带状分布,即长细比相同时,其承载力往往有很大差别,因此,若用单一的柱子曲线来代表这些曲线,显然是不合理的。通过数理统计分析,将诸多柱曲线归纳为 a、b、c 三类,各曲线各自代表一组截面 φ 值的平均值。GB 50017 增加了 d 类曲线,如图5-11所示。在 $\lambda = 40 \sim 120$ 的常用范围,柱子曲线 a 比曲线 b 高出 4%～15%,而曲线 c 比曲线 b 低 7%～13%,d 曲线则更低,主要用于厚板截面。

组成截面的板件厚度 $t < 40$ mm 时轴心受压构件的截面分类见附表 1-7,$t \geq 40$ mm 时见附表 1-8。

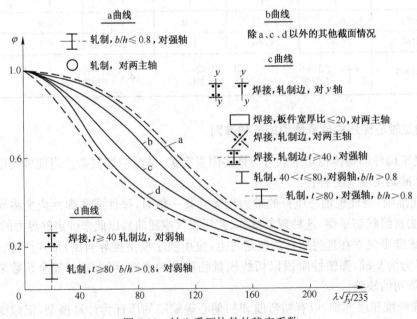

图 5-11　轴心受压构件的稳定系数

压杆截面分类的主要依据是截面的形式、残余应力的分布及其峰值、绕截面的哪个主轴屈曲和钢板边缘的加工方式。一般的截面情况属于 b 类;轧制圆管以及轧制普通工字钢绕 x 轴失稳时其残余应力影响较小,故属 a 类,格构式截面绕虚轴的稳定计算,采用边缘纤维准则确定的 φ 值与曲线 b 接近,故属 b 类。槽形截面用于格构式柱的分肢时,分肢的扭转会受到缀材的牵制,所以计算绕自身对称轴的稳定时,用曲线 b。翼缘为轧制和剪切边的焊接工字形截面,绕弱轴失稳时边缘为残余压应力,使承载力降低,归入 c 类。板件厚度 $t \geqslant 40$ mm 的截面,残余应力不但沿板件宽度方向变化,而且在厚度方向的变化也比较显著,其分类列于附表 1-8。

根据构件截面类别、长细比 λ(或换算长细比)以及钢材牌号即可按附表 1-9～附表 1-12 查出稳定系数 φ。表中 λ / ε_k(ε_k 为钢号修正系数,$\varepsilon_k = \sqrt{235/f_y}$)是为了考虑不同钢号屈服点不同的影响。

稳定系数表格与柱子曲线一样,本来由数值计算得到。后来考虑为了使用方便,将 a、b、c、d 四条曲线拟合成佩利公式形式,表达如下:

$$\lambda_n \leqslant 0.215 \text{ 时}, \ \varphi = 1 - \alpha_1 \lambda_n^2 \tag{5-25a}$$

$$\lambda_n > 0.215 \text{ 时}, \ \varphi = \frac{1}{2\lambda_n^2}\Big[(1 + \varepsilon_0 + \lambda_n^2) - \sqrt{(1 + \varepsilon_0 + \lambda_n^2)^2 - 4\lambda_n^2} \Big]$$

$$= \frac{1}{2\lambda_n^2}\Big[(\alpha_2 + \alpha_3 \lambda_n + \lambda_n^2) - \sqrt{(\alpha_2 + \alpha_3 \lambda_n + \lambda_n^2)^2 - 4\lambda_n^2} \Big] \tag{5-25b}$$

式中　　λ_n ——构件的正则化长细比(或相对长细比),是构件长细比与欧拉临界应力为 f_y 时长细比的比值,用 λ_n 代替 λ 可使公式无量纲化,并使之能应用于各种屈服点的钢材,$\lambda_n = \dfrac{\lambda}{\pi} \sqrt{\dfrac{f_y}{E}}$;

ε_0 ——等效初弯曲率,代表初弯曲、初偏心、残余应力等初始缺陷的综合影响,$\varepsilon_0 = \alpha_2 + \alpha_3 \lambda_n - 1$(即 $1 + \varepsilon_0 = \alpha_2 + \alpha_3 \lambda_n$);

$\alpha_1, \alpha_2, \alpha_3$ ——系数,依据表 5-5 采用。

表 5-5 α_1、α_2、α_3 的值

截面类别		α_1	α_2	α_3
a 类		0.41	0.986	0.152
b 类		0.65	0.965	0.300
c 类	$\lambda_n \leqslant 1.05$	0.73	0.906	0.595
	$\lambda_n > 1.05$		1.216	0.302
d 类	$\lambda_n \leqslant 1.05$	1.35	0.868	0.915
	$\lambda_n > 1.05$		1.375	0.432

2. 长细比计算

实腹式构件的长细比应根据其失稳模式,由下列公式确定。

(1)截面形心与剪心重合的构件

①当计算弯曲屈曲时,长细比按下列公式计算:

$$\lambda_x = l_{0x}/i_x \tag{5-26a}$$

$$\lambda_y = l_{0y}/i_y \tag{5-26b}$$

②当计算扭转屈曲时,长细比应按式(5-27)计算,双轴对称十字形截面板件宽厚比不超过 $15\varepsilon_k$ 者,可不计算扭转屈曲。

$$\lambda_z = \sqrt{\frac{I_0}{I_t/25.7 + I_\omega/l_\omega^2}} \tag{5-27}$$

式中 I_0,I_t,I_ω ——分别为构件毛截面对剪心的极惯性矩、自由扭转常数和扇性惯性矩,对十字形截面可近似取 $I_\omega = 0$;

l_ω ——扭转屈曲的计算长度,两端铰支且端截面可自由翘曲者,取几何长度 l;两端嵌固且端部截面的翘曲完全受到约束者,取 $0.5l$。

(2)截面为单轴对称的构件

①计算绕非对称主轴的弯曲屈曲时,长细比应由式(5-26a)、式(5-26b)确定。计算绕对称主轴的弯扭屈曲时,长细比应按下式计算确定:

$$\lambda_{yz} = \left[\frac{(\lambda_y^2 + \lambda_z^2) + \sqrt{(\lambda_y^2 + \lambda_z^2)^2 - 4(1 - y_s^2/i_0^2)\lambda_y^2\lambda_z^2}}{2} \right]^{1/2} \tag{5-28}$$

式中 y_s ——截面形心至剪心的距离;

i_0 ——截面对剪心的极回转半径,$i_0^2 = y_s^2 + i_x^2 + i_y^2$;

λ_z ——扭转屈曲换算长细比,由式(5-27)确定。

以上公式可以简单推导如下:

根据弹性稳定理论,单轴对称截面绕对称轴(y 轴)的弯扭屈曲临界力 N_{yz} 和弯曲屈曲临界力 N_{Ey} 及扭转屈曲临界力 N_z 之间的关系由下式表达:

$$(N_{Ey} - N_{yz})(N_z - N_{yz}) - \frac{y_s^2}{i_0^2}N_{yz}^2 = 0$$

$$N_z = \frac{1}{i_0^2}\left(GI_t + \frac{\pi^2 EI_\omega}{l_\omega^2}\right)$$

令 $N_{Ey} = \dfrac{\pi^2 EA}{\lambda_y^2}$,$N_z = \dfrac{\pi^2 EA}{\lambda_z^2}$,$N_{yz} = \dfrac{\pi^2 EA}{\lambda_{yz}^2}$,代入上式,就能得到 GB 50017 规定的换算长细比计算式,即式(5-28)。

②等边单角钢轴心受压构件当绕两主轴弯曲的计算长度相等时,可不计算弯扭屈曲。塔架单角钢压杆应符合 GB 50017 第 7.6 节的相关规定。

③双角钢组合 T 形截面构件(图 5-12)绕对称轴的换算长细比 λ_{yz} 可按下列简化公式确定:

等边双角钢[图 5-12(a)]:

当 $\lambda_y \geqslant \lambda_z$ 时,有

$$\lambda_{yz} = \lambda_y\left[1 + 0.16\left(\frac{\lambda_z}{\lambda_y}\right)^2\right] \tag{5-29a}$$

当 $\lambda_y < \lambda_z$ 时,有

$$\lambda_{yz} = \lambda_z\left[1 + 0.16\left(\frac{\lambda_y}{\lambda_z}\right)^2\right] \tag{5-29b}$$

$$\lambda_z = 3.9\frac{b}{t} \tag{5-29c}$$

长肢相并的不等边双角钢[图 5-12(b)]：

当 $\lambda_y \geqslant \lambda_z$ 时，有

$$\lambda_{yz} = \lambda_y \left[1 + 0.25 \left(\frac{\lambda_z}{\lambda_y} \right)^2 \right] \tag{5-30a}$$

当 $\lambda_y < \lambda_z$ 时，有

$$\lambda_{yz} = \lambda_z \left[1 + 0.25 \left(\frac{\lambda_y}{\lambda_z} \right)^2 \right] \tag{5-30b}$$

$$\lambda_z = 5.1 \frac{b_2}{t} \tag{5-30c}$$

短肢相并的不等边双角钢[图 5-12(c)]：

当 $\lambda_y \geqslant \lambda_z$ 时，有

$$\lambda_{yz} = \lambda_y \left[1 + 0.06 \left(\frac{\lambda_z}{\lambda_y} \right)^2 \right] \tag{5-31a}$$

当 $\lambda_y < \lambda_z$ 时，有

$$\lambda_{yz} = \lambda_z \left[1 + 0.06 \left(\frac{\lambda_y}{\lambda_z} \right)^2 \right] \tag{5-31b}$$

$$\lambda_z = 3.7 \frac{b_1}{t} \tag{5-31c}$$

（3）截面无对称轴且剪心和形心不重合的构件

$$\lambda_{xyz} = \pi \sqrt{\frac{EA}{N_{xyz}}} \tag{5-32a}$$

$$(N_x - N_{xyz})(N_y - N_{xyz})(N_z - N_{xyz}) - N_{xyz}^2 (N_x - N_{xyz}) \left(\frac{y_s}{i_0} \right)^2 - N_{xyz}^2 (N_y - N_{xyz}) \left(\frac{x_s}{i_0} \right)^2 = 0$$

$$\tag{5-32b}$$

$$i_0^2 = i_x^2 + i_y^2 + x_s^2 + y_s^2 \tag{5-32c}$$

$$N_x = \frac{\pi^2 EA}{\lambda_x^2} \tag{5-32d}$$

$$N_y = \frac{\pi^2 EA}{\lambda_y^2} \tag{5-32e}$$

$$N_z = \frac{1}{i_0^2} \left(\frac{\pi^2 EI_\omega}{l_\omega^2} + GI_t \right) \tag{5-32f}$$

式中　　　N_{xyz}——弹性完善杆的弯扭屈曲临界力，由式（5-32b）确定；

x_s，y_s——截面剪心相对于形心的坐标；

i_0——截面对剪心的极回转半径；

N_x，N_y，N_z——分别为绕 x 轴和 y 轴的弯曲屈曲临界力和扭转屈曲临界力。

（4）不等边角钢（如图 5-13）轴心受压构件

当 $\lambda_v \geqslant \lambda_z$ 时，有

$$\lambda_{xyz} = \lambda_v \left[1 + 0.25 \left(\frac{\lambda_z}{\lambda_v} \right)^2 \right] \tag{5-33a}$$

当 $\lambda_v < \lambda_z$ 时，有

$$\lambda_{xyz} = \lambda_z \left[1 + 0.25 \left(\frac{\lambda_v}{\lambda_z} \right)^2 \right] \tag{5-33b}$$

$$\lambda_z = 4.21 \frac{b_1}{t} \tag{5-33c}$$

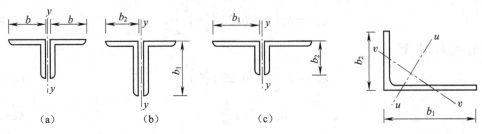

图 5-12　双角钢组合 T 形截面　　　　　图 5-13　不等边角钢

3. 整体稳定计算公式

得到整体稳定系数 φ 后,就可以对轴心受压构件整体稳定进行计算。这时,应使构件承受的轴心压力设计值 N 除以毛截面积 A 求得的应力不超过构件的极限应力 σ_u 除以抗力分项系数 γ_R,即

$$\frac{N}{A} \leqslant \frac{\sigma_u}{\gamma_R} = \frac{\sigma_u}{f_y} \cdot \frac{f_y}{\gamma_R} = \varphi f$$

为了同截面强度的应力表达式相区别,GB 50017 规定设计时可写成轴心压力设计值与构件承载力之比的表达式,即

$$\frac{N}{\varphi A f} \leqslant 1.0 \tag{5-34}$$

式中,φ 为轴心受压构件的整体稳定系数,可根据截面分类、长细比、钢号按附表 1-9～附表 1-12采用。

第四节　轴心受压构件的局部稳定

轴心受压构件不仅有丧失整体稳定的可能性,而且也有丧失局部稳定的可能。例如工字形截面构件的翼缘与腹板,它们的厚度与板件其他两个方向尺寸相比很小,在均匀压力作用下,当压力达到某一数值时,板件就可能在构件丧失整体稳定或强度破坏之前,偏离其原来的平面位置而发生波状鼓曲(图 5-14)。因为板件失稳是发生在整体构件的局部部位,所以称为局部失稳或局部屈曲(local buckling)。局部屈曲会使部分板件退出受力而使其他板件受力增大,也可能使截面不对称,从而降低构件的承载力。

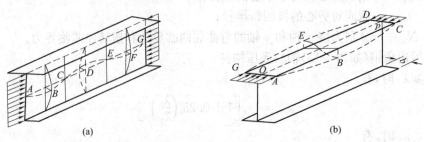

图 5-14　轴心受压构件的局部失稳

一、矩形板单向均匀受压的屈曲

轴心受压构件中板件的局部屈曲,实际上是薄板在轴心压力作用下的屈曲问题,相连板件可视为互为支承。例如工字形截面柱的翼缘相当于单向均匀受压的三边支承(纵向侧边的支承为腹板,横向上下两边为横向加劲肋、横隔或柱头柱脚)、一边自由的矩形薄板;腹板相当于单向均匀受压的四边支承(纵向左右两侧的支承为翼缘,横向上下两边为横向加劲肋、横隔等)的矩形薄板。上述支承,可先视为无约束转动的简支进行分析,然后再考虑这种约束。

1. 板件的弹性屈曲

图 5-15 表示一四边简支均匀受压板。处于弹性屈曲时,由薄板弹性稳定理论可得其弯曲平衡微分方程为

$$D\left(\frac{\partial^4 w}{\partial x^4} + 2\frac{\partial^4 w}{\partial x^2 y^2} + \frac{\partial^4 w}{\partial y^4}\right) + N_x \frac{\partial^2 w}{\partial x^2} = 0 \tag{5-35}$$

式中　w——板件屈曲后任一点的挠度;

　　　N_x——单位板宽的压力;

　　　D——单位宽度板的柱面刚度(即抗弯刚度),$D = \dfrac{Et^3}{12(1-\mu^2)}$,$t$ 为板厚,μ 为泊松比。

显然,此抗弯刚度 D 比相应矩形截面梁的抗弯刚度大,这是由于板条弯曲时,截面的侧向应变受到临近板条限制的缘故。

对四边简支板,其边界条件是四个简支边上的挠度和弯矩为零,满足此边界条件的解可用下面的二重三角级数表示:

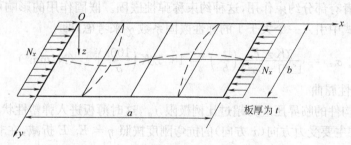

图 5-15　四边简支单向均匀受压板的屈曲

$$w = \sum_{m=1}^{\infty} \sum_{n=1}^{\infty} A_{mn} \sin\frac{m\pi x}{a} \sin\frac{n\pi y}{b} \tag{5-36}$$

式中,m、n 分别为板屈曲时沿 x 轴和 y 轴方向的屈曲半波数(图 5-15 中 $m=2,n=1$)。

将式(5-36)代入式(5-35)求解,可得单位宽度的临界力为

$$N_{crx} = \frac{\pi^2 D}{b^2}\left(\frac{mb}{a} + \frac{n^2 a}{mb}\right)^2 \tag{5-37}$$

临界力是板保持微弯状态的最小荷载,当 $n=1$(即在 y 轴方向为一个半波)时,N_{crx} 值最小,因而临界力为

$$N_{crx} = \frac{\pi^2 D}{b^2}\left(\frac{mb}{a} + \frac{a}{mb}\right)^2 \tag{5-38}$$

令 $K = \left(\dfrac{mb}{a} + \dfrac{a}{mb}\right)^2$,称为屈曲系数,则式(5-38)可写成:

$$N_{crx} = K \frac{\pi^2 D}{b^2} \tag{5-39}$$

对 K 求导,可知 $m = a/b$ 时 K 最小,$K_{min} = 4$,今按 $m = 1$、2、3、4 将 K-(a/b) 关系曲线画成图 5-16 所示的曲线,实线表示可能出现的 K 值随 a/b 变化的情况。当 $a/b > 1$ 时,K 值变化不大,可取 $K = 4$。由图 5-16 可见,只有 a 小于 b 时才可使 N_{crx} 有较大的提高。

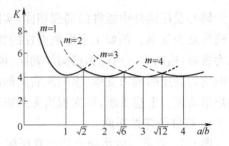

图 5-16　四边简支单向均匀受压板的屈曲系数

式(5-39)和欧拉临界力的计算式相似,但其临界力与压力方向的板长无关,而与垂直于压力方向的板宽 b 的平方成反比。

由式(5-39)可得板的弹性屈曲应力。若将柱面刚度 $D = \dfrac{Et^3}{12(1-\mu^2)}$ 代入,整理后得(按 $E = 206 \times 10^3$ N/mm^2,$\mu = 0.3$)

$$\sigma_{crx} = \frac{N_{crx}}{1 \times t} = \frac{K\pi^2 E}{12(1-\mu^2)} \left(\frac{t}{b}\right)^2 = 18.6K \left(\frac{100t}{b}\right)^2 \quad (\text{N/mm}^2) \tag{5-40}$$

这一公式虽由四边简支板得出,但对于其他支承条件的板,用同样的方法也可得到与该式相同的表达式,只是屈曲系数 K 不同而已。如单向均匀受压的三边简支、一边自由的矩形板,$K \approx 0.425 + b^2/a^2$,当 $a \gg b$ 时(如工字形截面的翼缘),可取 $K = 0.425$。

前已述及,相连板件间的支承,有的对相邻板件自由转动无约束能力,可视为简支,但有些常常是强者对弱者有部分约束作用,这种约束称弹性嵌固。嵌固作用的影响可用在四边简支板的临界应力公式中引入一个大于1的弹性嵌固系数 χ 来考虑,即

$$\sigma_{crx} = \frac{\chi K\pi^2 E}{12(1-\mu^2)} \left(\frac{t}{b}\right)^2 = 18.6\chi K \left(\frac{100t}{b}\right)^2 \quad (\text{N/mm}^2) \tag{5-41}$$

2. 板的弹塑性屈曲

当轴心受压构件的临界压应力超过比例极限 f_p,这时薄板进入弹塑性状态,可视为"正交异性板"。即板在主要受力方向(x 方向)的抗弯刚度按照 $\eta = E_t/E$ 折减,在非加载方向(y 方向)抗弯刚度不折减,而 x 方向对 y 方向的抗弯刚度按照 $\sqrt{\eta}$ 折减。这时的薄板稳定微分方程可以写成

$$D\left(\eta \frac{\partial^4 w}{\partial x^4} + 2\sqrt{\eta} \frac{\partial^4 w}{\partial x^2 y^2} + \frac{\partial^4 w}{\partial y^4}\right) + N_x \frac{\partial^2 w}{\partial x^2} = 0 \tag{5-42}$$

按照与弹性板一样的方法求解,其结果是将弹性屈曲应力乘以 $\sqrt{\eta}$。若再考虑弹性嵌固的影响,则临界应力可以写成

$$\sigma_{crx} = \frac{\chi \sqrt{\eta} K\pi^2 E}{12(1-\mu^2)} \left(\frac{t}{b}\right)^2 = 18.6\chi K \sqrt{\eta} \left(\frac{100t}{b}\right)^2 \quad (\text{N/mm}^2) \tag{5-43}$$

式中 η 根据试验资料分析,可近似取为

$$\eta = 0.101\,3\lambda^2(1 - 0.024\,8\lambda^2 f_y/E) f_y/E \leqslant 1.0 \tag{5-44}$$

二、板件宽厚比的限值

为了保证一般钢结构(冷弯薄壁型钢结构另行考虑)轴心受压构件的局部稳定,通常限制

板件的宽厚比。GB 50017 在规定轴心受压构件宽厚比限值时,采用了两种原则:①等稳定性原则,即板件的局部屈曲临界应力应大于或等于构件的整体稳定临界力,不允许板件的屈曲先于构件的整体屈曲。对工字形截面构件和 T 形截面构件采用此原则。②板件的局部屈曲临界应力应大于或等于钢材屈服点,对箱形截面构件采用此原则。

截面中各板件的宽度、高度规定如图 5-17 所示。图中,翼缘板自由外伸宽度的取值为:对焊接截面,取腹板边至翼缘板(肢)侧面边缘的距离;对轧制截面,取内圆弧起点至翼缘(肢)侧面边缘的距离。

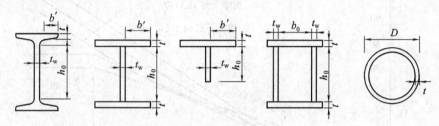

图 5-17　轴心受压构件的板件宽厚比

1. 工字形截面构件的板件宽厚比限值

根据上述原则,对工字形截面板件进行分析如下。

翼缘为三边简支,一边自由,$K = 0.425$;腹板对翼缘嵌固作用很小,取 $\chi = 1$。代入式(5-43)使 $\sigma_{crx} \geqslant \varphi f_y$,并将 f_y 表达为 $235 f_y / 235$ 以适应不同屈服强度钢材,可得翼缘自由外伸宽度 b' 与厚度 t 之比为

$$b'/t \leqslant (18.34\sqrt[4]{\eta}/\sqrt{\varphi})\sqrt{235/f_y} \tag{5-45}$$

腹板为两边简支,两边弹性嵌固,$K = 4$;翼缘对腹板嵌固作用较大,取 $\chi = 1.3$。代入式(5-43)使 $\sigma_{crx} \geqslant \varphi f_y$,可得腹板计算高度 h_0 与厚度 t_w 之比为

$$h_0/t_w \leqslant (64.2\sqrt[4]{\eta}/\sqrt{\varphi})\sqrt{235/f_y} \tag{5-46}$$

由于 η 与 φ 都是 λ_n 或 λ($\lambda_n = \lambda\sqrt{f_y/\pi^2 E}$)的函数,显然 b'/t 或 h_0/t_w 的限值也是 λ_n 或 λ 的函数。对 Q235 钢,三类截面的宽厚比限值曲线示于图 5-18。图中 a、b、c 三条曲线差别不大并接近直线,规范将其简化为一条直线,从而将工字形截面轴心受压构件的板件宽厚比统一为下列公式:

翼缘　　　　　　　　$b'/t \leqslant (10 + 0.1\lambda)\varepsilon_k$ 　　　　　(5-47a)

腹板　　　　　　　　$h_0/t_w \leqslant (25 + 0.5\lambda)\varepsilon_k$ 　　　　　(5-47b)

式中,ε_k 为钢号修正系数,其值为 $\sqrt{235/f_y}$;λ 取构件两个方向长细比的较大者,当 $\lambda < 30$ 时,取 $\lambda = 30$;当 $\lambda > 100$ 时,取 $\lambda = 100$。

2. 其他截面构件的宽厚比限值

(1)T 形截面

$$b'/t \leqslant (10 + 0.1\lambda)\varepsilon_k \tag{5-48a}$$

热轧剖分 T 形钢　　　$h_0/t_w \leqslant (15 + 0.2\lambda)\varepsilon_k$ 　　　　　(5-48b)

焊接 T 形钢　　　　　$h_0/t_w \leqslant (13 + 0.17\lambda)\varepsilon_k$ 　　　　(5-48c)

(2)箱形截面

$$h_0/t_w \leqslant 40\varepsilon_k \tag{5-49a}$$

$$b_0/t \leqslant 40\varepsilon_k \tag{5-49b}$$

（3）圆管截面

$$D/t \leqslant 100\varepsilon_k^2 \tag{5-50}$$

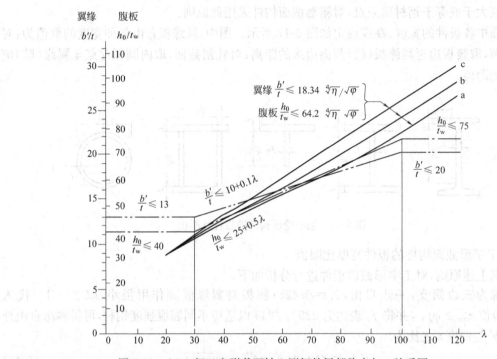

图 5-18　Q235 钢工字形截面轴心压杆的局部稳定与 λ 关系图

三、板件宽厚比限值不能满足要求时的处理

对 H 形、工字形和箱形截面受压构件的板件,其宽厚比限值不能满足上述要求时,可采用以下方法:①加厚板件,使板件宽厚比满足限制要求;②当轴心受压构件的压力小于稳定承载力 $\varphi A f$ 时,可将其板件宽厚比限制乘以放大系数 $\alpha = \sqrt{\varphi A f/N}$ 后,重新计算板件宽厚比是否满足要求;③对于腹板,可在腹板中部设置纵向加劲肋加强,用纵向加劲肋加强后的腹板按式(5-47b)、式(5-49a)、式(5-49b)计算,但 h_0 应取翼缘与纵向加劲肋之间的距离(在图 5-19 中取 h_0 之半)。纵向加劲肋宜在腹板两侧成对布置,其一侧外伸宽度 b_z 不应小于 $10 \, t_w$,厚度 t_z 不应小于 $0.75t_w$。④可考虑屈曲后强度,采用有效截面进行计算,此时,轴心受压构件的强度和稳定性可按下列公式计算。

强度计算:

$$\frac{N}{A_{ne}} \leqslant f \tag{5-51a}$$

稳定性计算:

$$\frac{N}{\varphi A_e f} \leqslant 1.0 \tag{5-51b}$$

$$A_{ne} = \sum \rho_i A_{ni} \tag{5-51c}$$

$$A_e = \sum \rho_i A_i \tag{5-51c}$$

式中　A_{ne}，A_e——分别为有效净截面面积和有效毛截面面积；

　　　　A_{ni}，A_i——分别为各板件净截面面积和毛截面面积；

　　　　φ——稳定系数，可按毛截面计算；

　　　　ρ_i——各板件有效截面系数，可按式(5-52a)～式(5-52d)计算。

对于 H 形或工字形的腹板、箱形截面的壁板，轴心受压构件的有效截面系数 ρ 可按下列规定计算：

当 $b/t \leqslant 42\varepsilon_k$ 时：

$$\rho = 1.0 \tag{5-52a}$$

当 $b/t > 42\varepsilon_k$ 时：

$$\rho = \frac{1}{\lambda_{n,p}}\left(1 - \frac{0.19}{\lambda_{n,p}}\right) \tag{5-52b}$$

$$\lambda_{n,p} = \frac{b/t}{56.2\varepsilon_k} \tag{5-52c}$$

当 $\lambda > 52\varepsilon_k$ 时：

$$\rho \geqslant (29\varepsilon_k + 0.25\lambda)t/b \tag{5-52d}$$

式中 b，t——分别为壁板或腹板的净宽度和厚度。

注意，由于《钢结构设计标准》(GB 50017—2017)并未规定翼缘的有效截面如何确定，因此可认为翼缘的宽厚比应满足局部稳定要求，或者，超出宽厚比限值的部分在计算有效截面积时不予考虑。

【例题 5-1】 今有一焊接工字形截面轴心受压柱，如图 5-20 所示，承受轴心压力设计值 $N=4\,500$ kN(已经包括柱的自重)。计算长度 $l_{0x}=7$ m，$l_{0y}=3.5$ m。翼缘钢板为火焰切割边，每个翼缘上有直径为 24 mm 的圆孔两个，钢板为 Q235B。要求验算该柱的整体稳定性和板件的局部稳定。

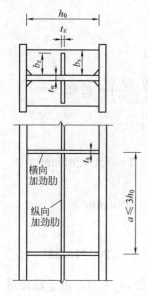

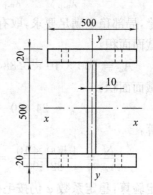

图 5-19　实腹柱腹板的加劲肋　　　图 5-20　例题 5-1 图(单位：mm)

【解】（1）柱截面几何特性

毛截面面积：$A = 2 \times 500 \times 20 + 500 \times 10 = 2.5 \times 10^4 (\text{mm}^2)$

毛截面惯性矩：

$$I_x = (500 \times 540^3 - 490 \times 500^3)/12 = 1.46 \times 10^9 (\text{mm}^4)$$

$$I_y = (2 \times 20 \times 500^3 + 500 \times 10^3)/12 = 4.17 \times 10^8 (\text{mm}^4)$$

回转半径：

$$i_x = \sqrt{I_x/A} = \sqrt{1.46 \times 10^9 / 2.5 \times 10^4} = 241 (\text{mm})$$

$$i_y = \sqrt{I_y/A} = \sqrt{4.17 \times 10^8 / 2.5 \times 10^4} = 129 (\text{mm})$$

（2）刚度、整体稳定性、局部稳定验算

①刚度验算：

$$\lambda_x = l_{0x}/i_x = 7\,000/241 = 29 < [\lambda] = 150$$

$$\lambda_y = l_{0y}/i_y = 3\,500/129 = 27 < [\lambda] = 150$$

②整体稳定验算：由于截面对 x 轴、y 轴同属于 b 类，故由 $\lambda_x = 29.0$ 查表，得 $\varphi = 0.939$，于是

$$\frac{N}{\varphi A f} = \frac{4\,500 \times 10^3}{0.939 \times 2.5 \times 10^4 \times 205} = 0.94 < 1.0$$

之所以取 $f = 205 \text{ N/mm}^2$ 是由于按照 GB 50017 规定，对轴心受压构件取截面中较厚板件厚度确定强度设计值，今翼缘厚度超过 16 mm 的缘故。

③局部稳定验算：

翼缘　　$b'/t = (500-10)/2/20 = 12.3 < 10 + 0.1 \times 30 = 13.0$　（满足要求）

腹板　　$h_0/t_w = 500/10 = 50.0 > 25 + 0.5 \times 30 = 40.0$　（不满足要求）

考虑屈曲后强度，重新验算。

（3）按照有效截面验算

有效截面系数：

对于腹板，$500/10 = 50 > 42$，则

$$\lambda_{n,p} = \frac{50}{56.2} = 0.890$$

$$\rho = \frac{1}{\lambda_{n,p}} \left(1 - \frac{0.19}{\lambda_{n,p}} \right) = \frac{1}{0.890} \left(1 - \frac{0.19}{0.890} \right) = 0.884$$

对于翼缘，局部稳定满足要求，取有效截面系数 $\rho = 1.0$。

有效毛截面面积：

$$A_e = 500 \times 10 \times 0.884 + 2 \times 500 \times 20 \times 1 = 24\,420 (\text{mm}^2)$$

有效净截面面积：

$$A_{en} = 24\,420 - 4 \times 24 \times 20 = 22\,500 (\text{mm}^2)$$

强度验算：

$$\frac{N}{A_{en}} = \frac{4\,500 \times 10^3}{22\,500} = 200 (\text{N/mm}^2) < f = 205 \text{ N/mm}^2$$

整体稳定验算：稳定系数 φ 仍按毛截面确定，即 $\lambda_x = 29$，$\lambda_y = 27$。由于截面对 x 轴、y 轴同属于 b 类，故由 $\lambda_x = 29$ 查表，得到 $\varphi = 0.939$，于是

$$\frac{N}{\varphi A_e f} = \frac{4\,500 \times 10^3}{0.939 \times 24\,420 \times 205} = 0.957 < 1.0$$

满足强度和整体稳定要求。

第五节　实腹式轴心受压构件截面设计

一、截面形式选择

实腹式轴心受压构件的截面形式有图 5-1 所示的型钢和组合截面两大类。在选择时,主要考虑用料经济,并尽可能使结构简单,制造省工,便于运输和取材容易。要达到用料经济,就必须使截面符合等稳定性原则并采用壁薄而宽敞的截面。亦即,当绕两主轴屈曲属同一类截面时,取 $\lambda_x = \lambda_y$;在满足局部稳定和使用等条件下,尽量使壁薄一些,使截面面积分布远离主轴,以提高稳定承载力。

实腹式轴心受压构件通常采用双轴对称截面,如工字形(H 形)、箱形、圆管和十字形等。热轧普通工字钢由于两主轴方向回转半径差别较大,只适用于 l_{0x} 比 l_{0y} 大 2 倍以上的情况;H 型钢属高效钢材,不但具有侧向刚度大、抗扭和抗震能力强的优点,而且翼缘内侧表面平直便于与其他构件连接,宜优先选用。焊接工字形截面的截面积分布比较合理,制造也比较简便,在我国应用最广。箱形截面其稳定性和刚度在两主轴方向都接近或相等,近年在我国高层建筑钢结构中用的较多,但其制造困难。圆管截面没有强轴、弱轴之分,抗扭刚度大,但与其他构件连接比较复杂。十字形截面也具有绕两个主轴稳定性和刚度相等的优点,在高层建筑钢结构中曾得到应用,需要时可在板的端部加焊翼缘板,以增强板的局部稳定性和抗扭刚度。

需要注意的是,对单、双角钢截面,由于绕对称轴失稳时会出现弯扭屈曲现象,承载力较弯曲失稳低,因而应尽量避免。出现这种情况的条件是构件比较短粗(l_{0y}/b 小),同时截面宽而薄(b/t 大)。因此,上面所述轴心受压构件应采用壁薄而宽敞的截面是针对弯曲失稳形式而言的。当构件绕对称轴屈曲时,长杆仍可选宽而薄的规格,但短杆用宽而薄者有可能反而不利。

二、设计步骤

当实腹式轴心压杆所用钢材、截面形式、轴心压力设计值 N 以及两主轴方向的计算长度 l_{0x} 和 l_{0y} 确定之后,可按下列步骤进行设计:

1. 假设杆件的长细比,一般可在 $60 \sim 100$ 范围内选择。当 N 大而且 l_{0x} 和 l_{0y} 小时,λ 取较小值,反之取较大值。根据以往设计经验,当荷载小于 1 500 kN,计算长度为 $5 \sim 6$ m 时,可假定 $\lambda = 80 \sim 100$。再根据截面分类、钢材牌号和 λ 值,查得相应的稳定系数 φ,求出所需截面积 $A = N/(\varphi f)$。

2. 求绕两主轴方向所需回转半径:

$$i_x = l_{0x}/\lambda, \quad i_y = l_{0y}/\lambda$$

再根据回转半径与截面高度 h、宽度 b 之间的近似关系,即 $i_x = \alpha_1 h$ 和 $i_y = \alpha_2 b$(α_1、α_2 近似值见附表 2-8),求出所需截面的轮廓尺寸:

$$h = i_x/\alpha_1, \quad b = i_y/\alpha_2$$

3. 根据所需的 A、h、b,并考虑局部稳定和构造要求,可以初选截面尺寸。由于假定的 λ 未必恰当,完全按照所需的 A、h、b 配置截面可能会使板件厚度太大或太小,这时可适当调整 h 或 b,必要时可重新假定 λ,重复上述步骤。

4. 认为初选截面大致满意后,进行刚度、整体稳定和局部稳定验算。如有孔洞削弱,还应按式 $\sigma=N/A_n\leqslant0.7f_u$ 验算净截面强度。

若验算结果不完全满足要求,应将截面加以修改重新验算。

三、构造要求

当实腹式轴心受压构件的腹板高厚比 $h_0/t_w>80\varepsilon_k$ 时,为防止腹板在施工和运输过程中发生变形,提高构件的抗扭刚度,应设置横向加劲肋,其间距不得大于 $3h_0$,外伸宽度 b_s 应不小于 $(h_0/30+40)$mm,厚度 t_s 应不小于外伸宽度的 $1/15$。

在轴心受压构件中,由偶然弯曲引起的剪力不大,故焊接实腹式轴心受压构件中翼缘与腹板之间的连接焊缝,一般按构造取 $h_f=4\sim8$ mm。

【例题 5-2】 设计某轴心受压构件的截面尺寸。已知构件高 $l=7$ m,两端铰接,轴心压力设计值 $N=3\,600$ kN(包括自重)。采用焊接工字形截面,截面无孔洞削弱,翼缘板为火焰切割边,钢材用 Q235BF 钢。

【解】 已知 $l_{0x}=l_{0y}=7$ m;截面对 x 轴和 y 轴均属 b 类。

(1) 假设 $\lambda=60$,查表得 $\varphi=0.807$,则所需截面积:
$$A=\frac{N}{\varphi f}=\frac{3\,600\times10^3}{0.807\times215}=20\,750(\text{mm}^2)$$

所需回转半径(假设绕两主轴的回转半径相同):
$$i_x=l_{0x}/\lambda=i_y=l_{0y}/\lambda=7\,000/60=117(\text{mm})$$

(2) 初选截面。利用工字形截面轮廓尺寸与回转半径的近似关系,得
$$h=\frac{i_x}{a_1}=\frac{117}{0.43}=272(\text{mm})\,,\,b=\frac{i_y}{a_2}=\frac{117}{0.24}=488(\text{mm})$$

先试取 $b=500$ mm,按 $h\approx b$,则所需平均板厚 $t\approx20\,750/(3\times500)=13.8(\text{mm})$。今试选截面尺寸如图 5-21 所示。

(3) 计算截面特性:
$$A=2\times500\times16+460\times10=20\,600(\text{mm}^2)$$
$$I_x=(500\times492^3-490\times460^3)/12=987.8\times10^6(\text{mm}^4)$$
$$i_x=\sqrt{I_x/A}=\sqrt{987.8\times10^6/2.06\times10^4}=219.0(\text{mm})$$
$$I_y=(2\times16\times500^3+460\times10^3)/12=333.4\times10^6(\text{mm}^4)$$
$$i_y=\sqrt{I_y/A}=\sqrt{333.4\times10^6/2.06\times10^4}=127.2(\text{mm})$$

(4) 截面验算:

刚度:$\lambda_x=l_{0x}/i_x=7\,000/219.0=32.0<[\lambda]=150$

$\lambda_y=l_{0y}/i_y=7\,000/127.2=55.0<[\lambda]=150$

整体稳定:由 $\lambda_y=55.0$ 查表得 $\varphi=0.833$,有

$$\frac{N}{\varphi Af}=\frac{3\,600\times10^3}{0.833\times2.06\times10^4\times215}=0.976<1.0$$

局部稳定:

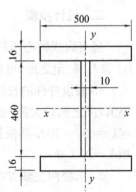

图 5-21 例题 5-2 图
(单位:mm)

翼缘　　　　　　　$b'/t = 245/16 = 15.3 < 10 + 0.1 \times 55 = 15.5$

腹板　　　　　　　$h_0/t_w = 460/10 = 46.0 < 25 + 0.5 \times 55 = 52.5$

由以上计算可见,在本例题中,绕弱轴(y轴)的稳定控制设计。

若在绕 y 轴方向的跨中位置增设一侧向支撑,则 $\lambda_y = 27.5$,此时应按照 $\lambda_x = 32.0$ 查表,得 $\varphi = 0.929$,于是,该柱的承载力为

$$N = 0.929 \times 20\ 600 \times 215 \times 10^{-3} = 4\ 114.5 (\text{kN})$$

可见,承载力较原来有很大的提高。

第六节　格构式轴心受压柱设计

一、格构式轴心受压柱的组成

格构式轴心受压柱比较常用的截面是由两个槽钢或工字钢作为分肢,用缀材(缀条或缀板)连成整体而构成[图 5-22(a)、(b)、(c)]。这种构件便于调整两分肢间的距离,以实现对两主轴方向的稳定性相同。槽钢的翼缘可以朝内或朝外,但以前者应用较为普遍,这是因为,在轮廓尺寸相同的条件下,前者可以得到较大的惯性矩,且外观平整,便于和其他构件相连接。对于十分强大的柱,分肢有时用焊接组合工字形截面。

长度较大而受力不大的柱,分肢也可以由四个角钢组成[图 5-22(d)],四周均用缀材连接。由三个分肢组成的格构柱[图 5-22(e)],用的较少。

在构件截面上穿过分肢腹板的轴称为"实轴"[通常写成 y 轴,如图 5-22(a)、(b)、(c) 中的 y 轴],穿过缀材平面的轴称"虚轴"[通常写成 x 轴,如图 5-22(a)、(b)、(c) 中的 x 轴,(d) 和(e) 中的 x 轴和 y 轴]。

需要指出的是,缀材只是将分肢联系起来作为一个整体共同工作,在计算截面特性时并不计入。

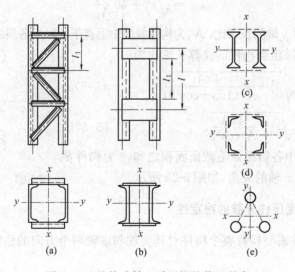

图 5-22　格构式轴心受压柱的截面形式

二、格构式轴心受压柱的整体稳定

格构式轴心受压柱绕实轴的弯曲屈曲情况，与实腹式轴心受压柱没有区别，因此稳定计算也相同。但绕虚轴发生弯曲失稳时，因构件弯曲产生的横向剪力由比较柔弱的缀材负担，剪切变形较大，从而导致构件产生较大的附加变形，它对构件临界力的降低不能忽略（横向剪力对实腹构件临界力也有影响，但其引起的临界力降低值不到 1%，可以忽略）。经理论分析，只要用换算长细比 λ_{0x} 代替 λ_x，就可以考虑缀材变形的这种不利影响。

GB 50017 规定，双肢格构式构件对虚轴的换算长细比计算公式为

缀条式构件[图 5-22(a)] $\lambda_{0x} = \sqrt{\lambda_x^2 + 27A/A_{1x}}$ (5-53)

缀板式构件[图 5-22(b)] $\lambda_{0x} = \sqrt{\lambda_x^2 + \lambda_1^2}$ (5-54)

式中　λ_x —— 整个构件对虚轴（x 轴）的长细比；

　　　　A —— 整个构件的横截面毛面积；

　　　　A_{1x} —— 构件截面中垂直于 x 轴的各斜缀条的毛截面积之和；

　　　　λ_1 —— 单肢对平行与 x 轴的自身形心轴（即最小刚度轴）的长细比，其计算长度取为：

　　　　　　　　焊接时，为相邻两缀板的净距离；螺栓连接时，为相邻两缀板边缘螺栓的距离。

需要注意的是，式(5-53) 仅适用于横缀条不受力或未设置横缀条的缀条柱。

四肢组合构件[图 5-22(d)] 的换算长细比，当缀件为缀板时：

$$\lambda_{0x} = \sqrt{\lambda_x^2 + \lambda_1^2}$$ (5-55a)

$$\lambda_{0y} = \sqrt{\lambda_y^2 + \lambda_1^2}$$ (5-55b)

当缀件为缀条时：

$$\lambda_{0x} = \sqrt{\lambda_x^2 + 40\frac{A}{A_{1x}}}$$ (5-56a)

$$\lambda_{0y} = \sqrt{\lambda_y^2 + 40\frac{A}{A_{1y}}}$$ (5-56b)

式中，λ_y 为整个截面对 y 轴的长细比，A_{1y} 为构件截面中垂直于 y 轴的各斜缀条毛截面面积之和。

缀件为缀条的三肢组合构件的换算长细比为

$$\lambda_{0x} = \sqrt{\lambda_x^2 + \frac{42A}{A_1(1.5-\cos^2\theta)}}$$ (5-57a)

$$\lambda_{0y} = \sqrt{\lambda_y^2 + \frac{42A}{A_1\cos^2\theta}}$$ (5-57b)

式中，A_1 为构件截面中各斜缀条毛截面面积之和。θ 为构件截面内缀条所在平面与 x 轴的夹角，如图 5-23 所示。

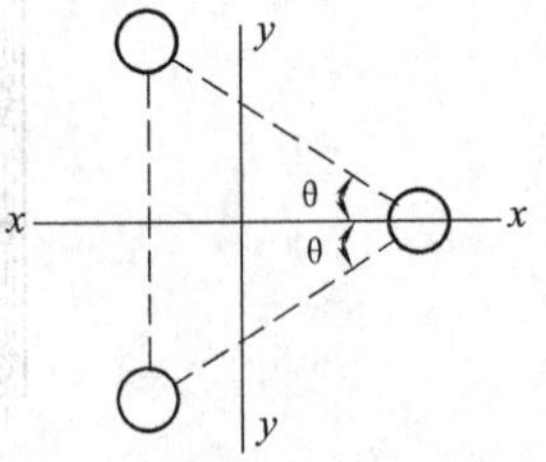

图 5-23　三肢组合的格构柱截面

三、格构式轴心受压柱分肢的稳定性

对格构式构件，除需要检算整个构件对其实轴和虚轴两个方向的稳定性外，还要考虑分肢的稳定性。

格构式轴心受压柱的分肢既是组成整体截面的一部分，在缀材节点之间又是一个单独的实腹式受压构件。设计时，应保证各分肢不先于构件整体失稳。由于构件可能在弯曲状态受力

而产生附加弯矩和剪力（附加弯矩使两肢的内力不等，附加剪力使缀板构件的分肢产生弯矩），另外，分肢截面的类别还可能比整体截面的低，这些都会使分肢的稳定承载力降低，因而计算时不能简单地采用 $\lambda_1 < \lambda_{0x}(\lambda_y)$ 作为分肢的稳定条件。

GB 50017 规定，满足下列条件时，分肢的稳定性可以得到保证：

缀条柱
$$\lambda_1 \leqslant 0.7\lambda_{max} \tag{5-58}$$

缀板柱
$$\begin{cases} \lambda_1 \leqslant 0.5\lambda_{max} \\ \lambda_1 \leqslant 40\varepsilon_k \end{cases} \tag{5-59}$$

式中 $\lambda_{max} = \max\{\lambda_{0x}, \lambda_y\}$。在式（5-59）中，要求 $\lambda_{max} \geqslant 50$，即当 $\lambda_{max} < 50$ 时，取 $\lambda_{max} = 50$。

四、缀材设计

1. 格构式轴心受压柱的剪力

缀材要承受构件绕虚轴失稳弯曲时产生的剪力。

设临界状态时杆弯曲成正弦曲线，即 $y = v\sin\dfrac{\pi z}{l}$，则任意截面的剪力为

$$V = \frac{dM}{dz} = Nv\frac{\pi}{l}\cos\frac{\pi z}{l} \tag{5-60}$$

在杆的两端，剪力取得最大值，为

$$V_{max} = \frac{\pi}{l}Nv \tag{5-61}$$

GB 50017 以构件跨中截面边缘纤维发生屈服为条件，先求出 v，代入上式即可得到一个 V_{max} 的关系式。为使用方便，再进一步简化，从而得到

$$V = \frac{Af}{85\varepsilon_k} \tag{5-62}$$

设计缀材及连接时，取剪力沿构件全长不变，如图 5-24(b) 中的虚线所示。

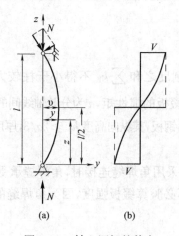

图 5-24　轴心压杆的剪力

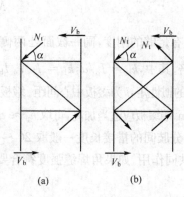

图 5-25　缀条计算简图

2. 缀条的设计

对于缀条式构件，可将缀条视为平行弦桁架的腹杆进行计算（图 5-25），缀条的内力 N_t 为

$$N_t = \frac{V_b}{n\cos\alpha} \tag{5-63}$$

式中　V_b——分配到一个缀材面的剪力,在图 5-25(a)、(b)中每根构件都有两个缀材面,因此
$V_b = V/2$;

　　　n——承受剪力 V_b 的斜缀条数,图 5-25(a)为单缀条体系,$n=1$,而图 5-25(b)为双缀
条超静定体系,通常简单地认为每根缀条负担剪力 V_b 的一半,取 $n=2$;

　　　α——斜缀条与水平线的夹角,GB 50017 规定在 20°～50°之间采用。

由于构件失稳时的方向可能向左或向右,横向剪力的方向也将随之改变,导致斜缀条可能
受拉或受压。设计时取不利情况,按轴心受压构件设计,其容许长细比 $[\lambda] = 150$。缀条一般采
用单角钢,角钢只有一个边与分肢相连,受力有偏心,因而 GB 50017 规定强度设计值应乘以折
减系数(GB 50017 第 7.6.1 条规定,考虑强度折减后,可不再考虑角钢的扭转效应)。计算缀条
强度和连接时,折减系数为 0.85;计算稳定性时,折减系数 η 取值如下:

(1) 等边角钢

$$\eta = 0.6 + 0.001\ 5\lambda, 且 \leqslant 1.0 \qquad (5\text{-}64a)$$

(2) 不等边角钢

短边相连时　　　　　　$\eta = 0.5 + 0.002\ 5\lambda, 且 \leqslant 1.0 \qquad (5\text{-}64b)$

长边相连时　　　　　　　　　$\eta = 0.70 \qquad (5\text{-}64c)$

式中,λ 为角钢的长细比,对中间无联系的单角钢缀条,应按最小回转半径计算,当 $\lambda < 20$ 时,
取 $\lambda = 20$。

横缀条主要用来减小肢件的计算长度,其截面可取与斜缀条相同,或按 $\lambda \leqslant [\lambda] = 150$ 确定。

3. 缀板设计

缀板式构件可视为一多层平面刚架。假定其在整体失稳时,反弯点在各层分肢的中点和缀
板的中点。取图 5-26 所示隔离体,根据内力平衡,可得缀板内力值为

剪力　　　　　　　　　　　　$T = \dfrac{V_b l}{a} \qquad (5\text{-}65)$

弯矩　　　　　　　　　　　　$M = \dfrac{V_b l}{2} \qquad (5\text{-}66)$

缀板应有足够的刚度,同一截面处两侧缀板线刚度之和 $\sum k_b$ 不得小于柱较大分肢线刚
度 k_1 的 6 倍。其中,$k_b = I_b/a$,$k_1 = I_1/l$。I_b 为一侧缀板的惯性矩,a 为分肢轴线间的距离,I_1 为
分肢绕弱轴的惯性矩,l 为缀板中心间距。缀板所采用的钢板,其纵向高度 $h_p \geqslant 2a/3$,厚度 $t_p \geqslant a/40$
且大于 6 mm。端缀板应适当加高,可取 $h_p \approx a$。

缀板与分肢间的搭接长度一般取 $20 \sim 30$ mm,采用角焊缝连接时,角焊缝承受剪力 T 和
弯矩 M 的共同作用。如果角焊缝强度符合要求,则不必验算缀板强度,因为角焊缝的强度设计
值比钢板低。

4. 柱的横隔

为提高格构式柱的抗扭刚度,避免或减小构件在运输和安装过程中截面变形,格构式柱以
及大型实腹式构件应设横隔。横隔可用钢板或交叉角钢做成,如图 5-27 所示。GB 50017 规定,
横隔的间距不得大于构件截面较大宽度的 9 倍和 8 m,且每个运送单元的端部均应设置横隔。
当构件某截面处有较大横向集中力作用时,也应在该处设置横隔,以免柱肢局部弯曲。

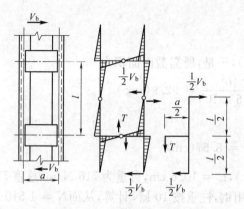

图 5-26　缀板计算简图

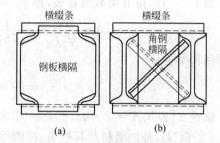

图 5-27　格构式构件的横隔

五、格构式轴心受压构件的设计步骤

格构式轴心受压构件的设计需首先选择分肢截面和缀材的形式,中小型柱可采用缀板或缀条柱,大型柱宜用缀条柱。设计步骤如下:

(1) 按对实轴(y-y 轴)的整体稳定选择构件的截面,方法同实腹式构件的计算。

(2) 按虚轴(x-x 轴)与实轴等稳定原则确定两分肢间距。

为了满足等稳定性,一般应使两主轴方向的长细比相等,即使 $\lambda_{0x} = \lambda_y$。

对双肢缀条柱:

$$\lambda_{0x} = \sqrt{\lambda_x^2 + 27\frac{A}{A_{1x}}} = \lambda_y$$

即

$$\lambda_x = \sqrt{\lambda_y^2 - 27\frac{A}{A_{1x}}} \tag{5-67}$$

对双肢缀板柱:

$$\lambda_{0x} = \sqrt{\lambda_x^2 + \lambda_1^2} = \lambda_y$$

即

$$\lambda_x = \sqrt{\lambda_y^2 - \lambda_1^2} \tag{5-68}$$

计算时对缀条式柱应预先确定斜缀条的截面面积 A_{1x};对缀板式柱应先假定分肢长细比 λ_1。由式(5-67)或式(5-68)计算出 λ_x 后,即可得到对虚轴的回转半径 $i_x = l_{0x}/\lambda_x$;根据附表2-8,可得构件在缀材方向的宽度 $b \approx i_x/\alpha_1$。亦可根据已知截面的几何特性直接计算构件的宽度 b,请读者自行推导。

两分肢翼缘间的净距离应大于$100 \sim 150$ mm,以便于油漆。b 的实际尺寸应调整为10 mm 的倍数。

(3) 按照上述步骤初选截面后,进行刚度、整体稳定和分肢稳定验算;如有孔洞削弱,还应进行强度验算;满足要求后进行缀材及连接的设计。如果验算结果不完全满足要求,应调整截面尺寸后重新验算,直到满足要求为止。

【例题 5-3】 某一缀条联系的格构式轴心受压柱,截面采用一对槽钢,翼缘肢尖向内;柱高 6 m,两端铰接,承受轴心压力设计值 $N = 1\ 500$ kN,钢材用 Q235 BF,焊条为 E43 系列,采用低氢焊接方法进行焊接。试选择截面并设计缀条。

【解】 依题意,有 $l_{0x} = l_{0y} = 6$ m。

(1) 对实轴(y 轴)计算,选择截面

设 $\lambda_y = 70$,按 b 类截面查表,得 $\varphi_y = 0.751$,于是,所需截面面积为

$$A = \frac{N}{\varphi_y f} = \frac{1\,500 \times 10^3}{0.751 \times 215 \times 10^2} = 92.9 (\text{cm}^2)$$

所需回转半径:

$$i_y = \frac{l_{0y}}{\lambda_y} = \frac{600}{70} = 8.57 (\text{cm})$$

试选 2 [28b,$A = 2 \times 45.634 = 91.27 (\text{cm}^2)$,$i_y = 10.6$ cm,自重为 716 N/m,总重 716 × 6 = 4 296(N),外加缀材及其柱头、柱脚等构造用钢,柱重按 10 kN 计算,从而 $N = 1\,510$ kN。

对实轴验算刚度和整体稳定:

$$\lambda_y = \frac{600}{10.6} = 56.6 < [\lambda] = 150 (\text{满足要求})$$

按 b 类截面查表,得 $\varphi_y = 0.825$,则

$$\frac{N}{\varphi_y A f} = \frac{1\,510 \times 10^3}{0.825 \times 91.27 \times 10^2 \times 215} = 0.933 < 1.0 (\text{满足要求})$$

(2) 对虚轴(x 轴)计算,确定两分肢间距

设用缀条∟45 × 4,则 $A_{1x} = 2 \times 3.49 = 6.98 (\text{cm}^2)$。由等稳定原则 $\lambda_{0x} = \lambda_y$,得

$$\lambda_x = \sqrt{\lambda_y^2 - 27 A/A_{1x}} = \sqrt{56.6^2 - 27 \times \frac{91.27}{6.98}} = 53.4$$

相应的回转半径

$$i_x = \frac{l_{0x}}{\lambda_x} = \frac{600}{53.4} = 11.2 (\text{cm})$$

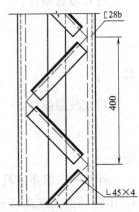

查附表 2-8,得到 $b = \frac{i_x}{0.44} = \frac{11.2}{0.44} = 25.5 (\text{cm})$,取 $b = 26$ cm。

初选截面以及缀条布置如图 5-28 所示。

(3) 对所选柱截面验算

① 截面几何特性

查附表,得槽钢对 1-1 轴的惯性矩、回转半径和形心距分别为 $I_1 = 242.1 \text{ cm}^4$,$i_1 = 2.3$ cm 和 $x_0 = 2.02$ cm,则

$$I_x = 2 \times (242.1 + 45.634 \times 10.98^2) = 11\,487 (\text{cm}^4)$$

$$i_x = \sqrt{\frac{I_x}{A}} = \sqrt{\frac{11\,487}{91.27}} = 11.2 (\text{cm})$$

$$\lambda_x = l_{0x}/i_x = 600/11.2 = 53.6$$

② 刚度

$$\lambda_{0x} = \sqrt{\lambda_x^2 + 27 A/A_{1x}} = \sqrt{53.6^2 + 27 \times 91.27/6.98}$$
$$= 56.8 < [\lambda] = 150 (\text{满足要求})$$

③ 绕虚轴(x 轴)的整体稳定性验算

按 $\lambda_{0x} = 56.8$,b 类截面查表,得 $\varphi_x = 0.824$,于是

$$\frac{N}{\varphi_x A f} = \frac{1\,510 \times 10^3}{0.824 \times 91.27 \times 10^2 \times 215} = 0.934 < 1.0 (\text{满足要求})$$

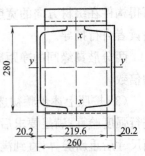

图 5-28   例题 5-3 图
(单位:mm)

④ 分肢稳定性验算

计算模型按照形心线确定尺寸，分肢对 1-1 轴的计算长度 $l_{01} = 40$ cm，则长细比 λ_1 为

$$\lambda_1 = \frac{l_{01}}{i_1} = \frac{40}{2.30} = 17.4 < 0.7\lambda_{max} = 0.7 \times 56.8 = 39.8$$

分肢稳定性满足要求。

（4）缀条及其分肢连接的计算

轴心受压柱的剪力：

$$V = \frac{Af}{85\varepsilon_k} = \frac{91.27 \times 10^2 \times 215}{85} \times 10^{-3} = 23.1(kN)$$

前已选定缀条∟ 45×4，查附表可得 $A_t = 3.49$ cm²，$i_{min} = 0.89$ cm。斜缀条长度 $l_t = \sqrt{21.96^2 + 20^2} = 29.7$(cm)。

一根斜缀条所受的轴力：　$N_t = \frac{V_b}{\cos\alpha} = \frac{23.1/2}{21.96/29.7} = 15.6(kN)$

缀条的最大长细比为

$$\lambda_t = \frac{l_t}{i_{min}} = \frac{29.7}{0.89} = 33 < [\lambda] = 150$$

按 b 类截面查表，得 $\varphi_t = 0.925$，由于是单角钢单面连接，计算构件稳定时的强度折减系数为 $\eta = 0.6 + 0.0015 \times 33 = 0.650$，则

$$\frac{N_t}{\eta\varphi_t A_t f} = \frac{15.6 \times 10^3}{0.65 \times 0.925 \times 348.6 \times 215} = 0.346 < 1.0$$

可见，所选缀条截面满足受力要求。

缀条与分肢间的连接焊缝采用三面围焊，取 $h_f = 4$ mm，可以满足最大、最小焊脚尺寸的构造要求。不考虑端部焊缝的强度提高，所需围焊缝的计算长度为：

$$\sum l_w = \frac{N_t}{0.7 h_f \times 0.85 f_f^w} = \frac{15.6 \times 10^3}{0.7 \times 4 \times 0.85 \times 160} = 41(mm)$$

上式中，0.85 为按轴心受力构件计算单面单角钢连接时的强度折减系数。

需要说明的是，在缀条的计算中，取 $l_0 = l$ 适用于缀条与柱肢直接相连的情况。若缀条与柱肢采用节点板连接，则依据 GB 50017 第 7.4.1 条，缀条在其斜平面内计算长度应取为 $l_0 = 0.9l$。计算长细比所需要的回转半径均取截面的最小回转半径 i_{min}。

另外，在确定分肢间距时，也可以直接用惯性矩移轴公式得出，试演如下：

将两分肢轴线间的距离记作 a，一个分肢对 1-1 轴的惯性矩、回转半径分别记作 I_1、i_1，两个分肢组成的全部截面面积为 A，则根据惯性矩移轴公式，有

$$\left[I_1 + \frac{A}{2}\left(\frac{a}{2}\right)^2 \right] \times 2 = I_x$$

两边同除以 A，则

$$\frac{I_1}{A/2} + \left(\frac{a}{2}\right)^2 = \frac{I_x}{A}$$

即

$$a = 2\sqrt{i_x^2 - i_1^2}$$

【例题 5-4】 将上例题缀条受压柱改为缀板受压柱，重新设计（其他条件不变）。

【解】 （1）同上例，按绕实轴 y 轴选定 2 [28b。

（2）按虚轴（x 轴）计算，确定肢间距离。因 $\lambda_y = 56.6$，分肢长细比 $\lambda_1 \leqslant 0.5\lambda_{max} = 0.5 \times$

$56.6 = 28.3$,实际取 $\lambda_1 = 28$,则

$$\lambda_x = \sqrt{\lambda_y^2 - \lambda_1^2} = \sqrt{56^2 - 28^2} = 49.2$$

$$i_x = l_{0x}/\lambda_x = 600/49.2 = 12.2(\text{cm})$$

利用回转半径与截面轮廓尺寸的近似关系,可得 $b = i_x/0.44 = 12.2/0.44 = 27.7$ cm,取 $b = 28$ cm。形成的截面如图 5-29 所示。

(3) 对所选柱截面验算。

① 截面几何特性

$$I_x = 2 \times (242.1 + 45.634 \times 11.98^2) = 13\ 583(\text{cm}^4)$$

$$i_x = \sqrt{I_x/A} = \sqrt{13\ 583/91.27} = 12.2(\text{cm})$$

$$\lambda_x = l_{0x}/i_x = 600/12.2 = 49.2$$

② 刚度和整体稳定性

$$\lambda_{0x} = \sqrt{\lambda_x^2 + \lambda_1^2} = \sqrt{49.2^2 + 28^2} = 56.6 < [\lambda] = 150$$

对 x 轴按 b 类截面查表,得 $\varphi = 0.825$。

$$\frac{N}{\varphi A f} = \frac{1\ 510 \times 10^3}{0.825 \times 91.27 \times 10^2 \times 215} = 0.933 < 1.0(\text{满足要求})$$

③ 分肢稳定性验算

$$\lambda_{\max} = \max\{\lambda_{0x}, \lambda_y, 50\} = 56.6$$

今 $\lambda_1 = 28 < \begin{cases} 40 \\ 0.5\lambda_{\max} = 0.5 \times 56.6 = 28.3 \end{cases}$ (满足要求)

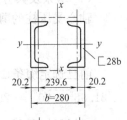

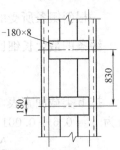

图 5-29 例题 5-4 图
(单位:mm)

(4) 缀板设计。

初选缀板尺寸: 宽度 $h_p \geqslant \frac{2}{3}a = \frac{2}{3} \times 23.96 = 15.97(\text{cm})$

$$厚度\ t_p \geqslant \frac{a}{40} = \frac{23.96}{40} = 0.6(\text{cm})$$

取 $h_p \times t_p = 180\ \text{mm} \times 8\ \text{mm}$。

缀板间净距 $l_1 = i_1 \lambda_1 = 2.3 \times 28 = 64.4(\text{cm})$,用 65 cm

相邻缀板中心距 $l = l_1 + h_p = 65 + 18 = 83(\text{cm})$

缀板线刚度之和与分肢刚度比值为

$$\frac{\sum k_b}{k_1} = \frac{\sum I_b/a}{I_1/l} = \frac{2 \times (0.8 \times 18^3/12)/23.96}{242.1/83} = \frac{32.45}{2.92} = 11.1 > 6(\text{满足要求})$$

(5) 缀板与柱肢连接焊缝的计算

柱的剪力:同上例,$V = 23.1$ kN。作用于一个缀板系的剪力为

$$V_b = \frac{V}{2} = 11.55(\text{kN})$$

缀板与分肢连接处的内力:

剪力 $T = \frac{V_b l}{a} = \frac{11.55 \times 83}{23.96} = 40.0(\text{kN})$

弯矩 $M = \frac{V_b l}{2} = \frac{11.55 \times 83 \times 10^{-2}}{2} = 4.79(\text{kN} \cdot \text{m})$

缀板与分肢采用三面围焊,焊缝群承受扭矩作用。计算时为偏于安全仅考虑竖向焊缝,即

取其计算长度 $l_w = h_p = 180$ mm，这时，可按照焊缝受弯考虑。

在剪力 T 与弯矩 M 的共同作用下，该连接角焊缝的强度应满足下式要求：

$$\sqrt{\left(\frac{\sigma_f}{1.22}\right)^2 + \tau_f^2} = \sqrt{\left(\frac{6M}{1.22 \times 0.7 h_f l_w}\right)^2 + \left(\frac{T}{0.7 h_f l_w}\right)^2} \leqslant f_f^w$$

据此可得到所需焊接尺寸为

$$h_f \geqslant \frac{1}{0.7 l_w f_f^w} \sqrt{\left(\frac{6M}{1.22 l_w}\right)^2 + T^2}$$

$$= \frac{1}{0.7 \times 180 \times 160} \sqrt{\left(\frac{6 \times 4.79 \times 10^6}{180 \times 1.22}\right)^2 + (40.0 \times 10^3)^2} = 6.8 \text{(mm)}$$

又根据构造要求，有 $h_{fmin} = 5$ mm，h_f 应按构造要求取值，不超过 $6 \sim 7$ mm，最后，取焊脚尺寸 $h_f = 7$ mm，可以满足要求。

第七节　支撑杆件的计算

前已述及，轴心受压构件如在侧向跨中设置侧向支撑，则因压杆在支撑杆件平面内的计算长度减小为原来的 $1/2$ 而提高了稳定承载力。

如图 5-30 所示，如果 AB 杆是完善的直杆，则在屈曲前 CD 杆并不受力。然而实际杆件总存在缺陷，AB 杆承受压力后总会使撑杆受力。因此，设计时不能把 CD 杆看做是零力杆，而应对它的刚度和承载力有一定要求。分析时若把 CD 杆视为弹簧，则在弹簧刚度很弱时，AB 杆将不会发生两个半波的屈曲变形，而是如图 5-30(c) 所示，这时，AB 杆失稳时的计算长度就不能按减少为一半计算。

如图 5-30(d) 所示，当压杆呈两个半波屈曲时，弹簧位置是反弯点，假设该位

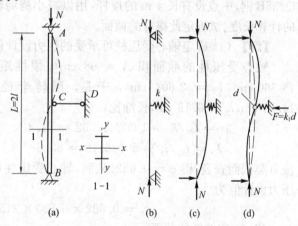

图 5-30　支撑的受力状况

置处杆件的初弯曲为 d_0，弹簧因受力的变形为 d，弹簧刚度为 k_1，对杆件 AB 中点取矩，则有

$$\frac{k_1 d l}{2} = N_{cr}(d_0 + d)$$

由此可推出要求弹簧刚度至少为

$$k_1 = \frac{2N_{cr}}{l}\left(\frac{d_0}{d} + 1\right)$$

若取 $d_0 = d = L/500$，则可得到 $F = k_1 d = 0.016 N_{cr}$。事实上，在产生附加挠度 d 之后，压杆中点的弯距并不为零，所需要的弹簧刚度要更大些。经过上述简化推导，得到了柱高度中央支撑所承受的近似支撑力。对其他位置支撑以及设置多道支撑等情况，也可按类似过程确定支撑力。

GB 50017 规定，用作减小受压构件自由长度的支撑，当其轴线通过被撑构件截面剪心时，沿被撑构件屈曲方向的支撑力应按下列方法计算：

(1) 长度为 L 的单根柱设置一道支撑时，支撑力 F_{b1} 为

当支撑位于柱高度中央时　　　　　　　　$F_{bl} = N/60$　　　　　　　　　　(5-69a)

当支撑杆位于距杆端 αL 处时($0 < \alpha < 1$)

$$F_{bl} = \frac{N}{240\alpha(1-\alpha)}$$　　　　　　　　(5-69b)

式中,N 为被撑构件的最大轴心压力。

(2) 长度为 L 的单根柱设置 m 道等间距(或间距不等,但与平均间距相差不超过 20%)支撑时,各支承点的支撑力 F_{bm} 为

$$F_{bm} = \frac{N}{42\sqrt{m+1}}$$　　　　　　　　(5-70)

(3) 被撑构件为多根柱组成的柱列,在柱高度中央附近设置一道支撑时,支撑力应按下式计算:

$$F_{bn} = \frac{\sum N_i}{60}\left(0.6 + \frac{0.4}{n}\right)$$　　　　　　　　(5-71)

式中,n 为柱列中被撑柱的根数;$\sum N_i$ 为被撑柱同时存在的轴心压力设计值之和。

(4) 当支撑同时承担结构上其他作用的效应时,应按实际可能发生的情况与支撑力组合。

【例题 5-5】 如图 5-31 所示轴心受压柱,柱长 10 m,截面为焊接工字形[图 5-31(b)],翼缘为火焰切割边,材料为 Q235B 钢,中点设有长 4 m 的撑杆,用以减小绕弱轴屈曲的计算长度。试确定此撑杆的截面。

【解】 (1) 确定轴心受压柱可承受的压力设计值

轴心受压柱的截面积 $A = 68$ cm^2,惯性矩 $I_x = 13\ 360$ cm^4,$I_y = 2\ 604$ cm^4,于是,回转半径 $i_x = 14.02$ cm,$i_y = 6.19$ cm,长细比:

$$\lambda_x = l_{0x}/i_x = 1\ 000/14.02 = 71.3$$

$$\lambda_y = l_{0y}/i_y = 500/6.19 = 80.8$$

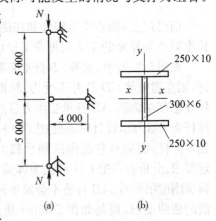

图 5-31　例题 5-5 图(单位:mm)

按 b 类截面查表,得 $\varphi = 0.682$。从而,轴心受压柱可承受压力设计值为

$$N = 0.682 \times 6\ 800 \times 215 = 997 \times 10^3\text{(N)}$$

(2) 确定撑杆的截面

撑杆应能承受的压力为

$$F = \frac{N}{60} = 16.6 \times 10^3\text{(N)}$$

GB 50017 规定支撑构件的长细比不超过 200(见表 5-2)。今杆件长为 4 m,由于采用双角钢十字形截面,计算长度按斜平面取为 $0.9l_0 = 3\ 600$ mm,则需要回转半径 $i = 3\ 600/200 = 18$ mm。若取 2∟ 56×4 组成的十字形截面,则有 $A = 8.78$ cm^2,$i_y = i_{min} = 2.18$ cm,可满足回转半径要求。此时

$$\frac{w}{t} = \frac{56 - 2 \times 4}{4} = 12 < 15\varepsilon_k = 15$$

满足 GB 50017 要求,不会发生扭转屈曲。

$$\lambda_{0x} = 3\ 600/21.8 = 165$$

按照 b 类截面查表,得 $\varphi = 0.262$。

$$\frac{N}{\varphi A f} = \frac{16\ 600}{0.262 \times 876 \times 215} = 0.34 < 1.0$$

可见,所选撑杆截面满足要求。

第八节　轴心受压柱的柱头和柱脚

轴心受压柱是一根独立的构件,它直接承受上部结构(如梁)传来的荷载,并通过它把荷载传给基础。为此,在柱的上、下端部必须适当扩大承载截面,则形成了柱头和柱脚。柱头、柱脚在结构上都要求传力可靠、构造简单和便于安装。

一、柱头的构造设计

轴心受压柱柱头只承受轴心压力,故采用铰接。它的构造可以分成两类,即将梁支承于柱顶或柱侧。

1. 梁支承于柱顶

由上部结构传给柱子的压力应尽可能均匀地分布到柱子上,为此,可使梁的轴线与柱的腹板垂直,这样压力可比较均匀地先到达腹板,而后传递给两侧的翼缘。但是柱截面绕弱轴的稳定性较差,且由于构造原因梁对柱不可避免地存在偏心作用,所以这种方案一般并不采用。

比较合理的柱头构造是梁的轴线与柱的腹板平行,两侧梁端部设突缘加劲肋支承于焊在柱头顶板的垫板上,使上部压力集中作用于柱的中心。对于实腹式柱,应在对准突缘加劲肋的前后设置加劲肋以加强腹板[图 5-32(a)]。由于荷载主要通过柱顶板传递,顶板本身必须具有足够的刚度,一般板厚采用 20~30 mm。为便于安装就位,两相邻梁之间通常留有 10 mm 的

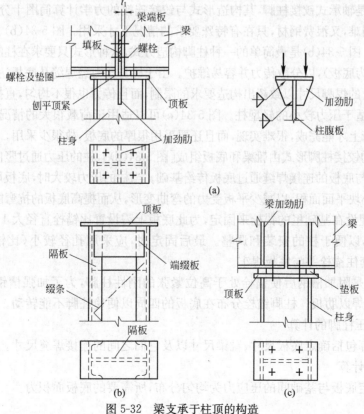

图 5-32　梁支承于柱顶的构造

间隙以适应梁制造时存在的误差,再以构造螺栓固定。对图 5-32(b)所示格构式柱,为保证传力均匀,柱顶必须用缀板将两个分肢连接起来,同时在分肢之间的顶板下面设置加劲肋。对图 5-32(c)所示构造,梁反力通过支承加劲肋及钢垫板直接传给柱翼缘。

2. 梁支承于柱侧

将梁从侧面支承于柱上的做法,最简单的是在柱翼两侧设置 T 形支托以支承梁,此时梁的荷载作用于支托距边缘 1/3 处[图 5-33(a)]。如果梁的荷载较大,可在梁端设突缘加劲肋,而在柱上设较厚的承托板[图 5-33(b)]。承托板厚度应比所支承的突缘加劲肋厚 10~12 mm。这种构造要求施工比较精确,而且需要将支承面刨光顶紧。考虑到两侧梁的荷载常不相同,有偏心作用,梁的支点压力按其 1.25 倍计算。当柱两侧作用压力相差较大时,须对柱进行偏心受压验算。

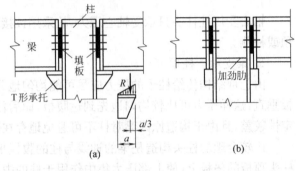

图 5-33　梁支承于柱侧的构造

二、柱脚设计

柱脚的作用是把柱身的压力均匀地传给基础,并和基础牢固地连接在一起。由于柱脚占整个柱的耗钢量比例较大且比较费工,因此设计时应尽量做到构造简单。

1. 柱脚的形式和构造

轴心受压柱的柱脚与基础的固定方式有两种,一种是铰接柱脚,另一种是刚接柱脚。

图 5-34(a)是轴承式铰接柱脚,其构造形式与铰接连接的力学计算简图十分相符,但因这种柱脚制造安装困难,又浪费钢材,只在有特殊要求的情况下才采用。图 5-34(b)、(c)、(d)都是平板式铰接柱脚。图 5-34(b)是最简单的一种柱脚构造方式,这种形式只要求在柱的端部焊一块不太厚的钢板(称为底板),以分散传力并容易维护。由于柱身压力经焊缝从底板达到基础,若压力过大势必需要大的焊脚尺寸以致超出构造要求的限制,而且传力也很不均匀,直接影响基础的承载能力,因此只适于压力较小的轻型柱。图 5-34(c)可以适用于荷载很大的情况,但是柱端的加工要在大型铣床上才能完成,很难实现,而且还要采用很厚的底板,故很少采用。

最常采用的铰接柱脚形式由靴梁和底板组成[图 5-34(d)],柱的压力通过竖向焊缝传给两个靴梁,再由靴梁与底板的连接焊缝通过底板传给基础。当柱的压力较大时,底板可划分成数个不同支承条件的小块平面面积,以减少平板受力的弯曲变形,从而提高底板的抗弯能力。

柱脚通过埋设在基础里的锚栓来固定,为此底板上需设置比锚栓直径大 1~1.5 倍的锚栓孔或 U 形缺口,以便于柱的安装和调整。最后固定时,应采用孔径较小(比锚栓直径大 1~2 mm)的垫板套住锚栓并与底板焊牢。

图 5-34(e)是附加槽钢后使锚栓处于高位紧张的刚性柱脚,为了加强槽钢翼缘的抗弯能力,在它的下面焊以肋板。柱脚锚栓分布在底板的四周以便使柱脚不能转动。

2. 轴心受压柱脚的计算

柱脚的计算包括确定底板尺寸、靴梁尺寸以及它们之间的连接焊缝尺寸。

(1)底板的计算

计算时假定底板与基础间的压应力为均匀分布,所需要的底板面积为

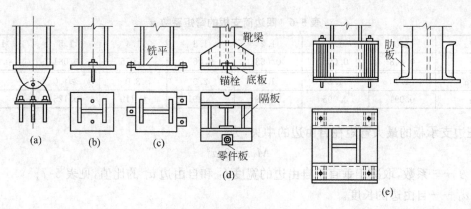

图 5-34　柱脚的形式

$$A = L \cdot B = \frac{N}{f_c} + A_0 \tag{5-72}$$

式中　L, B——底板的长度和宽度；

　　　N——作用于柱脚的压力设计值；

　　　f_c——基础材料的抗压强度设计值；

　　　A_0——锚栓孔面积。

对有靴梁的柱脚(图 5-35)，底板宽度 B 由柱截面的宽度 b、靴梁板厚度 t 和底板悬伸部分 c 组成，即

$$B = b + 2t + 2c$$

式中，c 值取 60～100 mm，且使尺寸 B 取为整数。底板的长度 $L = A/B$。

底板尺寸取值以 L 等于或稍大于 B 较为合理，L 不得大于 $2B$，这是因为过分狭长的柱脚会使底板压力分布很不均匀，且需要设置较多的隔板。

将柱端、靴梁、隔板和肋板视为底板的支承，这样，在基础的均匀反力作用下，底板就形成了四边支承板(图 5-35 中柱身截面内的板，或柱身与隔板之间部分)、三边支承板(图 5-35 中隔板至底板自由边部分)或悬臂板(图 5-35 中靴梁至底板自由边部分)等几种受力状态区格。对各个区格取单位宽度板条作为计算单元，可得到各个区格的最大弯矩，取这些区格弯矩中的最大值，用来确定底板厚度。

对于四边支承板，最大弯矩在板中央的短边方向，为

$$M_4 = \alpha q a^2 \tag{5-73}$$

式中　α——系数，取决于板长边与短边的比值，见表 5-6；

　　　q——作用于底板单位面积的均匀压应力，$q = \dfrac{N}{LB - A_0}$；

　　　a——四边支承板短边长度。

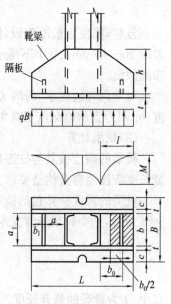

图 5-35　柱脚计算简图

表 5-6　四边简支板的弯矩系数 α

b/a	1.0	1.1	1.2	1.3	1.4	1.5	1.6
α	0.048	0.055	0.063	0.069	0.075	0.081	0.086
b/a	1.7	1.8	1.9	2.0	3.0	$\geqslant 4.0$	
α	0.091	0.095	0.099	0.101	0.119	0.125	

三边支承板的最大弯矩在自由边的中央,为

$$M_3 = \beta q a_1^2 \tag{5-74}$$

式中　β——系数,取决于垂直于自由边的宽度 b_1 和自由边 a_1 的比值,见表 5-7;

a_1——自由边的长度。

表 5-7　三边简支、一边自由板的弯矩系数 β

b_1/a_1	0.3	0.4	0.5	0.6	0.7
β	0.026	0.044	0.060	0.075	0.087
b_1/a_1	0.8	0.9	1.0	1.2	$\geqslant 1.4$
β	0.097	0.105	0.112	0.121	0.125

悬臂板的最大弯矩为

$$M_1 = \frac{1}{2} q c^2 \tag{5-75}$$

式中,c 为悬臂长度。

取 M_4、M_3 和 M_1 之最大者 M_{max} 作为底板需要承受的弯矩,则底板厚度为

$$t = \sqrt{\frac{6 M_{max}}{f}} \tag{5-76}$$

显然,要使底板厚度设计合理,应使各区格弯矩值 M_4、M_3 和 M_1 大致接近。底板厚度一般取 20~40 mm,最小不得小于 14 mm,以保证底板有足够刚度从而符合基础反力为均匀分布的假设。

对于两邻边支承、另两边自由的底板,也可按式(5-74)计算其弯矩,此时 a_1 取对角线长度,b_1 则为支承边交点至对角线的距离。

(2)靴梁计算

靴梁的高度按其与柱连接所需的焊缝长度确定,并假定柱压力全部由焊缝传给靴梁。焊缝长度应注意符合构造要求。靴梁的厚度宜与被连接柱子的翼缘厚度大致相同。

靴梁的强度验算包括抗弯和抗剪两项。靴梁按与水平柱边的双悬臂梁计算,其受力如图 5-35 所示,两个靴梁悬臂支承端承受的最大弯矩 M 及最大剪力 V 分别为

$$M = \frac{1}{2} q B l^2 \tag{5-77}$$

$$V = q B l \tag{5-78}$$

式中,l 为靴梁的悬臂长度。根据 M、V 的值即可验算靴梁的强度。

(3)隔板计算

隔板作为底板的支承边,应具有一定的刚度,因此其厚度不应小于长度的 1/50,但可比靴梁略薄。高度一般取决于与靴梁连接焊缝长度的需要,其所传之力可简单地取图 5-35 中阴影部分的基础反力,按支承于靴梁的简支梁计算。

【例题 5-6】 某轴心受压实腹式柱,其截面外轮廓尺寸为 $b \times h = 160 \text{ mm} \times 350 \text{ mm}$。承受轴心压力设计值 $N = 1\,300 \text{ kN}$(包括柱自重),基础混凝土采用 C20,$f_c = 9.6 \text{ N/mm}^2$,钢材为 Q235B,焊条为 E43 系列,采用低氢焊接方法进行焊接。试设计该轴心受压柱的柱脚。

【解】(1)底板计算

近似按照方形计算锚栓孔面积:
$$A_0 = 2 \times 40 \times 40 = 3\,200\,(\text{mm}^2)$$
则所需的底板面积为
$$A = \frac{N}{f_c} + A_0 = \frac{1\,300 \times 10^3}{9.6} + 3\,200 = 138\,617\,(\text{mm}^2)$$
取靴梁的厚度为 10 mm,则所需底板的宽度为
$$B = 160 + 2 \times (10 + 60) = 300\,(\text{mm})$$
所需底板长度为
$$L = A/B = 138\,617/300 = 462\,(\text{mm}),\text{取 } L = 470 \text{ mm}$$
底板布置见图 5-36。底板承受的均布压力为
$$q = \frac{1\,300 \times 10^3}{470 \times 300 - 3\,200} = 9.4\,(\text{N/mm}^2)$$

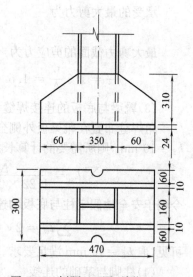

图 5-36　例题 5-6 图(单位:mm)

今以 $q = 10 \text{ N/mm}^2$ 计算单位板条所承受的弯矩值。

四边支承板,$b/a = 350/80 = 4.375$,查表得 $\alpha = 0.125$。
$$M_4 = \alpha q a^2 = 0.125 \times 10 \times 80^2 = 8\,000\,(\text{N} \cdot \text{mm})$$
三边支承板,$b_1/a_1 = 60/160 = 0.375$,查表得 $\beta = 0.038$。
$$M_3 = \beta q a_1^2 = 0.038 \times 10 \times 160^2 = 9\,728\,(\text{N} \cdot \text{mm})$$
悬臂板:
$$M_1 = \frac{1}{2} q c^2 = \frac{1}{2} \times 10 \times 60^2 = 18\,000\,(\text{N} \cdot \text{mm})$$

最大弯矩为 $M_{\max} = 18\,000 \text{ N} \cdot \text{mm}$。今假定底板厚度在 $16 \sim 40$ mm 之间,对于 Q235 钢材有 $f = 205 \text{ N/mm}^2$,则所需底板厚度为
$$t = \sqrt{\frac{6 M_{\max}}{f}} = \sqrt{\frac{6 \times 18\,000}{205}} = 23.0\,(\text{mm})$$

今取 $t = 24$ mm,满足假定条件。

(2)靴梁计算

设焊脚尺寸 $h_f = 10$ mm,焊缝共 4 条,每条焊缝计算长度为
$$l_w = \frac{N}{4 \times 0.7 h_f \cdot f_f^w} = \frac{1\,300 \times 10^3}{4 \times 0.7 \times 10 \times 160} = 290\,(\text{mm})$$
焊缝计算长度 $l_w < 60 h_f = 60 \times 10 = 600\,(\text{mm})$,故不需要对焊缝强度进行折减。

检验焊缝最小计算长度:$l_w > l_{w\min} = 8 h_f = 8 \times 10 = 80\,(\text{mm})$,满足要求。

考虑端部缺陷,每条侧焊缝实际长度至少为 $290 + 2 \times 10 = 310\,(\text{mm})$。

实际焊缝长度取为 310 mm,亦即取靴梁高度为 310 mm,厚 10 mm。

每一根靴梁承受的线荷载:
$$\frac{1}{2} q B = \frac{1}{2} \times 10 \times 300 = 1\,500\,(\text{N/mm})$$

承受的最大弯矩:
$$M = \frac{1}{2} \times 1\,500 \times 60^2 = 2.7 \times 10^6\,(\text{N} \cdot \text{mm})$$

最大弯矩截面的正应力为

$$\sigma = \frac{M}{W} = \frac{2.7 \times 10^6}{\frac{1}{6} \times 10 \times 310^2} = 16.9 (\text{N/mm}^2) < f = 215 \text{ N/mm}^2$$

承受的最大剪力为

$$V = 1\ 500 \times 60 = 9.0 \times 10^4 (\text{N})$$

最大剪力截面的剪应力为

$$\tau = 1.5 \frac{V}{A} = 1.5 \times \frac{9.0 \times 10^4}{10 \times 310} = 43.5 (\text{N/mm}^2) < f_v = 125 \text{ N/mm}^2$$

(3)靴梁与底板的连接焊缝

角焊缝布置在靴梁板外侧全长,内侧只布置在靴梁板的外伸部分。暂定焊脚尺寸统一为 $h_f = 10$ mm,则所需要的计算长度为

$$\sum l_w = \frac{N}{1.22 \times 0.7 h_f f_f^w} = \frac{1\ 300 \times 10^3}{1.22 \times 0.7 \times 10 \times 160} = 951 (\text{mm})$$

今偏于安全地假定柱与底板的连接焊缝不传力,则实际可以提供的计算长度为

$$\sum l_w = 2 \times (470 - 2 \times 10) + 4 \times (60 - 10) = 1\ 100 (\text{mm})$$

可见,取 $h_f = 10$ mm 满足要求。

(4)柱脚与基础的连接

按构造要求设置锚栓 2 个,直径为 20 mm。

思 考 题

1. 轴心受压构件和轴心受拉构件相比,验算内容有何不同?

2. 对于轴心受拉构件,为什么也有长细比限值要求?

3. 轴心受压构件整体可能有哪几种失稳形式? 主要影响因素有哪些?《钢结构设计标准》中如何处理各种失稳形式的计算?

4. 简述确定轴心受压构件承载力的 3 种计算准则,并说明《钢结构设计标准》采用的是何种方法?

5. 何谓"柱子曲线"? a、b、c、d 四条曲线是如何确定的?

6. 简述实腹式轴心受压构件的设计步骤。

7. 说明确保局部稳定的原则和方法,若腹板不能满足局部稳定要求,应该如何处理?

8. 格构式压杆整体稳定计算为什么采用换算长细比?

9. 推导双肢格构式轴心受压构件(缀条式和缀板式)换算长细比的计算公式。

10. 简述格构式轴心受压构件的设计步骤。

11. 柱头、柱脚的常用构造形式有哪些? 简述柱脚的设计步骤。

习 题

5—1 某钢屋架中的轴心受压上弦杆截面如图 5-37 所示。承受轴心压力设计值 $N = 1\ 030$ kN,计算长度 $l_{0x} = 150.9$ cm,$l_{0y} = 301.8$ cm,节点板厚度为 14 mm,钢材为 Q235B。采用双角钢 T 形截面,选用 $2 \angle 160 \times 100 \times 12$,短边相连。截面外伸肢上有 $2\phi 21.5$ 的螺栓孔。要求验算此截面的强度、刚度和整体稳定。

5—2 如图 5-38 所示工字形截面受压柱截面,承受轴心压力设计值 $N = 4\ 500$ kN(已包

括柱的自重),计算长度 $l_{0x}=7$ m, $l_{0y}=3.5$ m(柱子中点在 x 方向有一个侧向支撑),翼缘钢板为剪切边,每块翼缘板上设有 $2\phi24$ 的螺栓孔。材料为 Q235B 钢。要求验算此柱截面的强度、刚度、整体稳定和局部稳定。

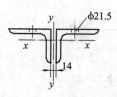

图 5-37　习题 5-1 图

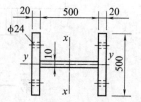

图 5-38　习题 5-2 图(单位:mm)

5—3　试设计工作平台轴心受压柱的截面尺寸,柱高 4 m,一端铰接一端固定,截面为焊接工字形,翼缘为火焰切割边,柱压力设计值 $N=800$ kN,钢材为 Q235B 钢。

5—4　某轴心受压柱的长度为 6.5 m,截面组成如图 5-39 所示,缀板式柱,两端均为铰接,单肢长细比 $\lambda_1=30$,材料为 Q235B 钢,要求确定柱的承载能力。

5—5　两端铰接的焊接工字形截面轴心受压柱,柱高 $l=10$ m,钢材为 Q235BF,采用如图 5-40(a)、(b)所示两种截面,翼缘为火焰切割边。计算柱的承载能力并验算截面的局部稳定。

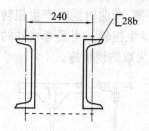

图 5-39　习题 5-4 图(单位:mm)

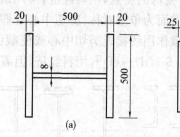

(a)　　　　　　(b)

图 5-40　习题 5-5 图(单位:mm)

5—6　试设计某轴心受压双肢缀条柱。柱肢为工字形截面,单缀条体系,采用角钢∟ 45×4,倾角 $\alpha=45°$,钢材为 Q235B 钢,柱高 10 m,上端铰接,下端固定,轴心压力设计值 $N=1$ 550 kN。

5—7　试设计图 5-41 所示焊接工字形轴心受压柱的铰接柱脚。柱的压力设计值 $N=1$ 000 kN,材料为 Q235B 钢,焊条为 E43 系列,采用低氢焊接方法进行焊接,基础混凝土强度等级为 C20, $f_c=9.6$ N/mm²。

5—8　设计图 5-42 所示格构式轴心受压柱的铰接柱脚,柱的压力设计值 $N=1$ 550 kN,材料为 Q235B 钢,焊条为 E43 系列,采用低氢焊接方法进行焊接,基础混凝土强度等级为 C20, $f_c=9.6$ N/mm²。

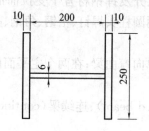

图 5-41　习题 5-7 图(单位:mm)

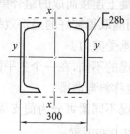

图 5-42　习题 5-8 图(单位:mm)

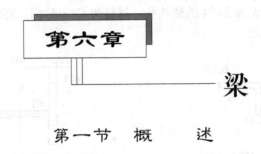

第六章

梁

第一节 概 述

承受横向荷载(lateral load)的构件称为受弯构件(flexural member),其形式有实腹式和格构式两个系列,实腹式受弯构件通常称作梁,格构式受弯构件称为桁架。

一、梁的类型

按制作方法,梁可分为型钢梁和组合梁两大类(图 6-1)。型钢梁加工简单,制造方便,成本较低,因而广泛用作小跨度受弯构件。型钢梁常采用工字钢或槽钢[图 6-1(a)～(c)]。工字钢的材料分布比较符合受弯的特点,用料经济,应用最普遍。槽钢的翼缘较小,材料分布不如工字钢合理,而且它的截面为单轴对称,剪切中心在腹板外侧,弯曲时同时产生扭转。如采用槽钢应采取措施,使荷载作用线接近剪切中心或使截面不发生扭转。当受弯构件的受力不大时,可采用薄壁型钢[图 6-1(d)～(f)],用料经济,但需注意采取防锈措施。

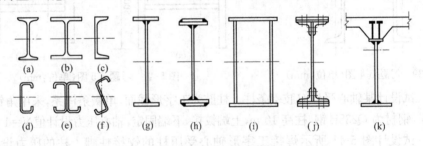

图 6-1 梁的截面类型

组合梁由钢板、型钢连接而成[图 6-1(g)～(j)],它的截面组成比较灵活,可使材料在截面上的分布更加合理,它常用作荷载或跨度较大的梁,其中主要由三块钢板焊成的工字形组合梁,因构造简单,制作方便,应用最为广泛。当梁的荷载很大而梁的高度受限制或抗扭要求较高时,可采用箱形截面。

钢材和混凝土连接而成的组合梁[图 6-1(k)]可充分发挥钢材宜于受拉而混凝土宜于受压的特点,因而能取得较好的经济效果。二者间可采用圆柱头焊钉、槽钢、角钢、高强度螺栓及其他抗剪构件承受剪力。

按受力情况的不同,在一个主平面受弯的梁称为单向弯曲梁;在两个主平面内受弯的称为双向弯曲梁,也称斜弯曲梁。

按支承情况不同梁可分为简支梁(simply supported beam)、连续梁(continous beam)、悬臂梁(cantilever beam)等。

依梁截面形状沿长度方向有无改变可分为等截面梁和变截面梁。

另外,近些年来,预应力钢梁也正在逐步应用,国内外在理论研究和实践应用上都取得了一定成果。它的基本原理是在梁的受拉侧设置具有较高预拉力的高强度钢筋、钢绞线或钢丝束,使梁在受荷载前产生反向的弯曲,从而可以提高梁在外荷载作用下的承载能力,以达到节约钢材目的。

二、梁的设计计算内容

依据《钢结构设计标准》,梁的设计分为两类:(1)不考虑腹板屈曲后强度的梁。这类梁可称作一般梁,需要满足强度、刚度、局部稳定和整体稳定四个方面的要求。(2)考虑腹板屈曲后强度的梁。当梁承受静力荷载或间接承受动力荷载时,可按这类梁设计。此时,需要满足强度、刚度、整体稳定三个方面的要求。

直接承受动力荷载的构件且应力循环次数 $n \geqslant 5 \times 10^4$ 次时,应进行疲劳计算。

另外,采用钢板焊接的组合截面梁时,计算内容还应包括梁翼缘与腹板的连接焊缝、腹板加劲肋设计、梁的拼接、梁与梁的连接、梁的支座、梁截面沿跨度方向的变化等。

第二节 板件等级与截面等级

一、应力梯度的概念

构件因为荷载作用在截面上可能存在轴力、剪力和弯矩。仅取轴力和弯矩研究,并以工字形截面为例,可得到不同受力状态下其腹板截面的应力分布如图 6-2 所示。

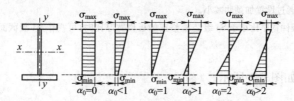

图 6-2 应力梯度

将这种应力分布的特征以"应力梯度"的形式表达,记作

$$\alpha_0 = \frac{\sigma_{max} - \sigma_{min}}{\sigma_{max}} \tag{6-1}$$

式中 α_0 ——应力梯度;

σ_{max} ——腹板计算边缘的最大压应力;

σ_{min} ——腹板计算高度另一边缘相应的应力,压应力取正值,拉应力取负值。

可以看到,应力梯度 $\alpha_0 = 0$ 表示均匀受压;$\alpha_0 = 2$ 表示仅有弯矩作用;$\alpha_0 > 2$ 表示同时承受拉力和弯矩;$0 < \alpha_0 < 2$ 时表示同时承受压力和弯矩。

二、板件的等级

绝大多数钢构件的截面由若干板件构成,而板件宽厚比(高厚比)大小直接决定了钢构件的承载力和受弯及压弯构件的塑性转动变形能力,据此,《钢结构设计标准》将截面板件按宽厚比(高厚比)划分为 S1~S5 五个等级,见表 6-1。此钢构件截面的分类,是钢结构设计计算的基础。

表 6-1　压弯和受弯构件的截面板件宽厚比等级及限值

构件	截面板件宽厚比等级		S1 级	S2 级	S3 级	S4 级	S5 级
压弯构件（框架柱）	H形截面	翼缘 b/t	$9\varepsilon_k$	$11\varepsilon_k$	$13\varepsilon_k$	$15\varepsilon_k$	20
		腹板 h_0/t_w	$(33+13\alpha_0^{1.3})\varepsilon_k$	$(38+13\alpha_0^{1.39})\varepsilon_k$	$(40+18\alpha_0^{1.56})\varepsilon_k$	$(45+25\alpha_0^{1.66})\varepsilon_k$	250
	箱形截面	壁板(腹板)间翼缘 b_0/t	$30\varepsilon_k$	$35\varepsilon_k$	$40\varepsilon_k$	$45\varepsilon_k$	—
	圆钢管截面	径厚比 D/t	$50\varepsilon_k^2$	$70\varepsilon_k^2$	$90\varepsilon_k^2$	$100\varepsilon_k^2$	—
受弯构件（梁）	工字形截面	翼缘 b/t	$9\varepsilon_k$	$11\varepsilon_k$	$13\varepsilon_k$	$15\varepsilon_k$	20
		腹板 h_0/t_w	$65\varepsilon_k$	$72\varepsilon_k$	$93\varepsilon_k$	$124\varepsilon_k$	250
	箱形截面	壁板(腹板)间翼缘 b_0/t	$25\varepsilon_k$	$32\varepsilon_k$	$37\varepsilon_k$	$42\varepsilon_k$	—

注：（1）ε_k 为钢号修正系数，其值为 235 与钢材牌号中屈服点数值的比值的平方根。

（2）b 为工字形、H形截面的翼缘外伸宽度，t、h_0、t_w 分别是翼缘厚度、腹板净高和腹板厚度。对轧制型截面，翼缘外伸宽度及腹板净高不包括翼缘腹板过渡处圆弧段；对于箱形截面，b_0、t 分别为壁板间的距离和壁板厚度；D 为圆管截面外径。

（3）箱形截面梁及单向受弯的箱形截面柱，其腹板限值可根据工字形截面梁及 H 形截面柱腹板采用。

（4）腹板的宽厚比可通过设置加劲肋减小。

（5）当 S5 级截面的板件宽厚比小于 S4 级经 ε_σ 修正的板件宽厚比时，可视作 S4 级截面，ε_σ 为应力修正因子，$\varepsilon_\sigma=\sqrt{f/\sigma_{\max}}$。

表中的截面尺寸如图 6-3 所示。

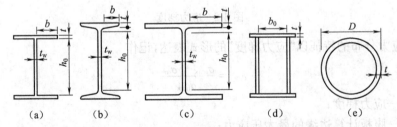

图 6-3　用于板件宽厚比计算的截面尺寸
(a)焊接工形；(b)热轧工形；(c)热轧 H 形；(d)箱形；(e)圆管

这里，板件达到 S4 级，认为达到了弹性设计时的局部稳定要求。

根据第五章相关内容，可知对于轴心受压构件，板件的局部稳定要求还与构件的长细比有关。

三、截面的等级

截面由板件组成，截面的分类决定于组成截面板件的分类，截面的等级按其组成板件的等级最差者确定。例如,对于工字形截面,如果翼缘的等级为 S3 级,腹板的等级为 S4 级,那么设计时截面的等级按 S4 级考虑。

截面等级本质上反映了截面延性的高低。

S1 级截面:可达全截面塑性并具有足够的塑性转动能力,且在转动过程中承载力不降低,适用于塑性设计,称为一级塑性截面,也可称为塑性转动截面。

S2 级截面:可达全截面塑性,但由于局部屈曲,塑性铰转动能力有限,适用于塑性调幅设计,称为二级塑性截面。

S3 级截面:翼缘全部屈服,腹板可发展不超过 1/4 截面高度的塑性,称为弹塑性截面,此时,截面部分进入塑性,可以根据规范给出的"塑性发展系数"进行设计。

S4 级截面:截面受压边缘纤维可达屈服强度,但由于局部屈曲而不能发展塑性,称为弹性截面,适用于弹性设计。

S5 级截面:在边缘纤维达屈服强度前会发生局部屈曲,称为薄壁截面,适用于采用"有效截面"进行强度和稳定性验算。

【例题 6-1】某焊接工字形截面(翼缘为焰切边)压弯构件,截面尺寸为 $h \times b \times t_w \times t_f =$ 1 000 mm×320 mm×8 mm×14 mm,已求得截面特性为:截面积 $A = 16\ 740$ mm^2,惯性矩 $I_x = 2\ 790 \times 10^6$ mm^4, $I_y = 7\ 646 \times 10^4$ mm^4,回转半径 $i_x = 408$ mm, $i_y = 68$ mm,弹性截面模量 $W_x = 5\ 580 \times 10^3$ mm^3。承受轴压力设计值 610 kN,弯矩设计值 $M = 810$ kN・m。钢材为 Q235B。试确定截面的等级。

解:(1)计算应力梯度 α_0

截面腹板计算高度边缘的应力(以压为正拉为负):

$$\sigma_{max} = \frac{N}{A} + \frac{M \times h_w/2}{I_x} = \frac{610 \times 10^3}{16\ 740} + \frac{810 \times 10^6 \times (1\ 000 - 2 \times 14)/2}{2\ 790 \times 10^6} = 177.54 (\text{N}/\text{mm}^2)$$

$$\sigma_{min} = \frac{N}{A} - \frac{M \times h_w/2}{I_x} = \frac{610 \times 10^3}{16\ 740} - \frac{810 \times 10^6 \times (1\ 000 - 2 \times 14)/2}{2\ 790 \times 10^6} = -104.66 (\text{N}/\text{mm}^2)$$

应力梯度:

$$\alpha_0 = \frac{\sigma_{max} - \sigma_{min}}{\sigma_{max}} = 1.59$$

(2)确定截面等级

S4 级要求腹板 $h_0/t_w \leqslant (45 + 25a_0^{166})\varepsilon_k = 45 + 25 \times 1.59^{1.66} = 99.0$,今 $h_0/t_w = 972/8 = 121.5 > 99.0$ 且 $\leqslant 250$,属于 S5 级。

S3 级要求翼缘 $b/t \leqslant 13\ \varepsilon_k = 13$,今 $b/t = (320-8)/2/14 = 11.1 < 13\ \varepsilon_k$,属于 S3 级。

故整个截面属于 S5 级。

第三节 梁的强度与刚度计算

梁的强度和刚度往往对截面设计起控制作用,因此在设计时,应先进行强度和刚度验算。

一、梁的强度验算

钢梁满足强度要求,就是指在荷载设计值作用下,梁的弯曲正应力、剪应力、局部压应力和在复杂应力状态下的折算应力等,均不超过设计规范规定的相应强度设计值。

1. 梁的抗弯强度(bending strength)

(1)纯弯曲时梁的工作阶段

钢梁受弯时,其弯曲正应力 σ 和应变 ε 之间的关系曲线与受拉时相似,通常视为理想弹塑性体且截面中的应变符合平截面假定。钢梁在纯弯矩作用下,其截面的正应力发展过程可分为 3 个阶段,如图 6-4 所示。

①弹性工作阶段。钢梁的最大应变 $\varepsilon < f_y/E$ 时,梁属于全截面弹性工作,梁截面上的应力分布如图 6-4(a)所示。弹性工作阶段的最大弯矩为

$$M_e = W_n f_y \qquad (6\text{-}2)$$

式中,W_n 为梁的净截面模量(net section modulus)。

②弹塑性工作阶段。当弯矩 M 继续增大,$\varepsilon > f_y/E$ 时,由于材料为理想弹塑性体,在截面的上部和下部各出现一弯曲正应力 $\sigma = f_y$ 的塑性区。而在 $\varepsilon < f_y/E$ 的截面中间区域仍保持弹性,如图 6-4(b)所示。

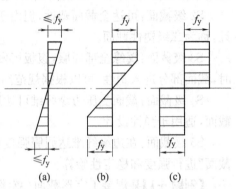

图 6-4　梁的工作阶段

③塑性工作阶段。当弯矩再继续增大,梁截面上的正应力将全部达到 f_y 时,弹性区消失,如图 6-4(c)所示。此时弯矩不再增大,而变形持续发展,形成"塑性铰"(关于塑性铰,更详细的内容,可参看本章第十节梁的塑性设计),达到梁的抗弯极限承载力。其最大弯矩(又称塑性铰弯矩)为

$$M_p = W_{pn} f_y \qquad (6\text{-}3)$$

式中,W_{pn} 为塑性净截面模量(net plastic section modulus),$W_{pn} = S_{1n} + S_{2n}$,这里 S_{1n} 、S_{2n} 分别为中和轴以上和中和轴以下净截面对中和轴的面积矩(static moment of section)。

需要指出的是,截面弹性中和轴与形心轴重合,而塑性截面中和轴与形心轴有时并不重合(例如非对称截面)。由力的平衡可知,塑性截面中和轴是梁截面的面积平分轴。

若以 F 表示 M_P 与 M_e 的比值,则有 $M_p = FM_e$,可更方便地利用弹性公式计算出塑性抗弯承载力。对于高为 h 、宽为 b 的矩形截面,有

$$W_n = \frac{bh^2}{6}, \quad W_{pn} = 2 \times \left(\frac{bh}{2} \times \frac{h}{4} \right) = \frac{bh^2}{4}$$

由 $F = \dfrac{M_p}{M_e} = \dfrac{W_{pn}}{W_n}$ 可见,F 仅与截面的几何形状有关,而与材料的性质无关,故 F 被称作截面形状系数(Shape factor)。例如,矩形截面 $F = 1.5$;圆形实体截面 $F = 1.7$;圆管形截面 $F = 1.27$;工字形截面,对 x 轴 $F = 1.10 \sim 1.17$,对 y 轴 $F = 1.5$ 。

(2)抗弯强度的计算

虽然在计算梁的抗弯强度时,考虑截面塑性发展可以节省钢材,但若按截面形成塑性铰进行设计,会使简支梁的挠度过大。因此,规范规定,有限度地利用塑性,可通过将 W_n 乘以一个小于 F 的塑性发展系数 γ 来实现。

《钢结构设计标准》规定,在主平面内受弯的实腹构件,其抗弯强度应按下列规定计算:

$$\frac{M_x}{\gamma_x W_{nx}} + \frac{M_y}{\gamma_y W_{ny}} \leqslant f \qquad (6\text{-}4)$$

式中　M_x , M_y ——同一截面处绕 x 轴和 y 轴的弯矩;

W_{nx},W_{ny}——对 x 轴和 y 轴的净截面模量；

γ_x,γ_y——截面塑性发展系数；

f——钢材抗弯强度设计值,按附表 1-1 采用。

截面板件的宽厚比不同,构件的延性也不同。为此,《钢结构设计标准》针对受弯构件对截面板件的等级进行了划分,以此确定截面承载力中是否考虑塑性发展系数,或是否可以用于塑性设计。

当截面等级为 S1 级时,可采用塑性设计；当截面等级为 S2 级时,可采用调幅设计；当截面等级为 S3 级时,可考虑部分发展塑性；当截面等级为 S4 级时,应采用弹性设计；当截面等级为 S5 级时,由于截面边缘纤维在达到屈服之前会发生板件的局部屈曲,因此,应采用有效截面计算。

净截面模量 W_{nx} 、W_{ny} 按照以下规定取值：

当组成截面板件等级为 S1、S2、S3 或 S4 级时,截面全部有效,按全截面计算净截面模量。当截面板件等级为 S5 时,应取有效截面计算"有效净截面模量",均匀受压翼缘有效外伸宽度可取为 $15t_f\varepsilon_k$(t_f 为翼缘厚度),腹板有效截面可根据应力梯度 α_0 确定有效截面,具体可以参考第七章第二节方法确定。

截面塑性发展系数 γ_x 、γ_y 按照以下规定取值：

当截面板件等级为 S1、S2、或 S3 级时,可采用部分发展塑性设计,此时工字形截面 $\gamma_x = 1.05$ 、$\gamma_y = 1.20$,箱形截面截面 $\gamma_x = \gamma_y = 1.05$,其他截面的塑性发展系数可查附表 1-13 确定；当截面板件等级为 S4、或 S5 级时,应采用弹性设计,取 $\gamma_x = \gamma_y = 1.0$ 。

对需要计算疲劳(应力循环次数超过 5×10^4 次)的梁,则应取 $\gamma_x = \gamma_y = 1.0$ 。这是由于塑性区钢材易发生硬化,会促使疲劳断裂提前发生的缘故。

对单向弯曲的梁,可直接由式(6-4)取 $M_y = 0$ 而得到。

我国设计标准中还规定对不直接承受动力荷载的单向弯曲的固端梁、连续梁等超静定梁,可采用塑性设计,容许截面上的应力状态进入塑性阶段,形成可以转动的塑性铰,此时在超静定梁内产生内力重分布,直到在梁内形成机构,最终进入承载能力极限状态,有关塑性设计详见本章第十节。在直接承受动力荷载时,以及在静定梁的设计中,我国标准规定不能采用塑性设计。当梁的抗弯强度不够时,应增大梁的截面尺寸,当以增加梁高最有效。

2. 梁的抗剪强度(shear strength)

通常梁既承受弯矩 M,同时又承受剪力 V。钢梁的截面常为工字形、槽形或箱形,组成这些截面的板件宽(高)厚比较大,可视为薄壁截面,它们截面上的剪应力可用"剪力流"理论来计算,如图 6-5 所示。

按弹性设计时,截面上最大剪应力达到钢材抗剪屈服点时为其极限状态。抗剪强度计算公式为

$$\tau_{max} = \frac{VS}{It_w} \leqslant f_v \tag{6-5}$$

式中 V——计算截面沿腹板平面作用的剪力；

S——计算剪应力处以上(或以下)毛截面对中和轴的面积矩；

I——毛截面惯性矩；

t_w——腹板厚度；

f_v——钢材抗剪强度设计值,按附表 1-1 采用。

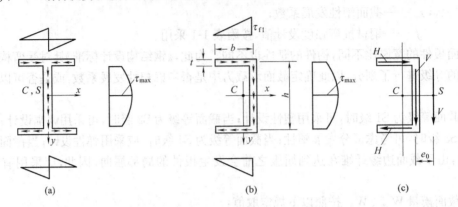

图 6-5　工字形和槽形截面梁中的剪应力

上式中 I 和 S 均采用毛截面计算,是一种简化。一般情况下梁的抗剪强度不是确定梁截面的控制因素,因而采用近似计算不会影响梁的可靠性。

当梁的抗剪强度不足时,最有效的办法是增大腹板的面积,但腹板高度一般由梁的刚度条件和构造要求确定,故设计时常采用增大腹板厚度 t_w 的办法来提高梁的抗剪强度。

3. 梁的局部承压强度(local compressive strength)

梁在承受固定集中荷载处无加劲肋,或承受移动荷载(如轮压)作用时,梁的翼缘如同支承于腹板上的弹性地基梁。腹板计算高度边缘在压力 F 作用点处所产生的压应力最大,向两边逐渐减小,在计算时假定 F 以 $1:2.5$ 的坡度向两边扩散(在钢轨高度范围内以 $1:1$ 的坡度扩散),并均匀分布在腹板计算高度(effective web depth)边缘,如图 6-6 所示。

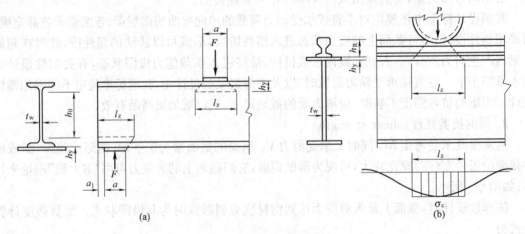

图 6-6　梁的局部压应力

分布长度 l_z 按以下公式计算:

$$l_z = 3.25 \sqrt[3]{\frac{I_R + I_f}{t_w}} \tag{6-6a}$$

$$l_z = a + 5h_y + 2h_R \tag{6-6b}$$

对于边支座的情况,当 $a_1 < 2.5h_y$ 时,取

$$l_z = a + 2.5h_y + a_1 \tag{6-6c}$$

式中　I_R——轨道绕自身形心轴的惯性矩；

　　　I_f——安装轨道的上翼缘中面的惯性矩；

　　　a——集中荷载沿梁跨度方向的支承长度，对钢轨上的轮压可取 $a = 50\ \text{mm}$；

　　　h_y——自梁顶面至腹板计算高度上边缘的距离。腹板的计算高度 h_0，对于型钢，为腹板与翼缘相接处两内圆弧起点间的距离；对于焊接梁，则为腹板高度；

　　　h_R——轨道的高度，对梁顶无轨道的梁，$h_R = 0$；

　　　a_1——梁端至支座板之间的距离，按实际取值，但不大于 $2.5h_y$。

腹板计算高度边缘处局部压应力 σ_c 的计算公式为

$$\sigma_c = \frac{\psi F}{l_z t_w} \leqslant f \tag{6-7}$$

式中　F——集中荷载设计值，对动力荷载应考虑动力系数（重级工作制吊车及特种吊车取 1.1，其他情况取 1.05）；

　　　ψ——集中荷载增大系数，对重级工作制吊车梁 $\psi = 1.35$，其他梁 $\psi = 1.0$。

当梁的支座处若未设置支承加劲肋时，按式(6-7)进行验算，此时 $\psi = 1.0$。

若局部压应力验算不满足要求，对于固定集中荷载作用，可在荷载作用位置设置支承加劲肋；对于移动集中荷载作用，则需加大腹板厚度。

对于翼缘承受均布荷载的梁，因腹板上边缘局部压应力不大，不需进行局部压应力的验算。

4. 梁在复杂应力状态下的强度计算

在组合梁腹板计算高度边缘处，若同时受较大的正应力 σ、较大的剪应力 τ 和局部压应力 σ_c 时，或同时受较大的正应力 σ 和剪应力 τ 时（如连续梁支座处或梁的翼缘截面改变处等），钢材处于复杂应力状态，应按下式计算折算应力（reduced stress）：

$$\sqrt{\sigma^2 + \sigma_c^2 - \sigma\sigma_c + 3\tau^2} \leqslant \beta_1 f \tag{6-8}$$

式中　σ, τ, σ_c——腹板计算高度边缘同一点上同时产生的正应力、剪应力和局部压应力，σ 和 σ_c 以拉应力为正值，压应力为负值。τ 和 σ_c 分别按式(6-5)和式(6-7)计算，但式(6-5)中的 S 是受压翼缘板对中和轴的面积矩。式(6-8)中的 σ 应按下式计算：

$$\sigma = \frac{M_x}{I_n} y_1 \tag{6-9}$$

式中　I_n——梁净截面惯性矩；

　　　y_1——所计算点至梁中和轴的距离；

　　　β_1——计算折算应力的强度设计值增大系数：当 σ 与 σ_c 异号时 $\beta_1 = 1.2$；当 σ 与 σ_c 同号或 $\sigma_c = 0$ 时，$\beta_1 = 1.1$。

当 σ 与 σ_c 异号时，其塑性变形能力比 σ 与 σ_c 同号时大，因此，前者的 β_1 值大于后者。

二、梁的刚度计算

梁的刚度计算就是限制其在荷载作用下的挠度不超过限值。梁的刚度不足，就不能保证正常使用。例如，楼盖梁的挠度超过某一限值时，一方面会令人感觉不安全，另一方面可能使其上部的楼面及下面的抹灰开裂，影响结构的使用功能；吊车梁的挠度过大，则会加剧运行时的冲击和振动,甚至使吊车运行困难。

刚度验算属于正常使用极限状态的计算,因而挠度以荷载的标准组合求出,其验算公式为

$$v \leqslant [v] \tag{6-10}$$

式中,梁的挠度容许值$[v]$依据附表1-14取用。该表列出了由全部荷载标准值产生的挠度容许值$[v_T]$和由可变荷载标准值产生的挠度容许值$[v_Q]$,$[v_T]$主要反映观感而$[v_Q]$主要反映使用条件。

在使用式(6-10)进行验算时,可不考虑螺栓(或铆钉)孔引起的截面削弱。为改善外观和使用条件,可将梁起拱,起拱大小视实际需要而定,一般为恒载标准值加1/2活载标准值所产生的挠度值。此时,在验算$v \leqslant [v_T]$时,公式左边可按挠度计算值减去起拱度取值。

由于钢材为单一材料,故钢梁的挠度v可按结构力学的方法计算。对于受多个(大于3个)集中荷载的梁,其挠度的精确计算较为复杂,可近似按照承受均布荷载计算。于是,对等截面简支梁,有

$$v = \frac{5q_k l^4}{384EI_x} = \frac{5}{48} \cdot \frac{q_k l^2 l^2}{8EI_x} \approx \frac{M_k l^2}{10EI_x} \tag{6-11}$$

对变截面简支梁,则可近似按下式计算:

$$v = \frac{M_k l^2}{10EI_x}\left(1 + \frac{3}{25} \cdot \frac{I_x - I_{x1}}{I_x}\right) \tag{6-12}$$

式中　　q_k——均布线荷载标准值;

　　　　M_k——荷载标准值产生的最大弯矩;

　　　　I_x——跨中毛截面惯性矩;

　　　　I_{x1}——支座附近毛截面惯性矩。

简支梁的几种常用荷载的挠度计算公式如表6-2所示。

表6-2　简支梁的最大挠度计算公式

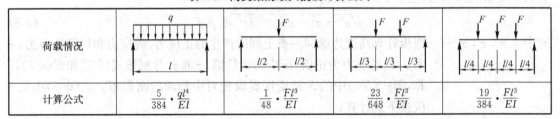

荷载情况				
计算公式	$\dfrac{5}{384} \cdot \dfrac{ql^4}{EI}$	$\dfrac{1}{48} \cdot \dfrac{Fl^3}{EI}$	$\dfrac{23}{648} \cdot \dfrac{Fl^3}{EI}$	$\dfrac{19}{384} \cdot \dfrac{Fl^3}{EI}$

【例6-2】 某工作平台的主梁,承受次梁传来的荷载,计算简图如图6-7(a)所示。采用焊接工字形截面如图6-7(b)所示。钢材采用Q235B。假定,已经求得集中荷载标准值$F_k = 118.0$ kN,设计值$F = 165.2$ kN。计算中如要采用有效截面模量,可取$W_{nex} = 5.0294 \times 10^6$ mm³。计入主梁的自重后验算该梁的强度与刚度是否满足要求(不考虑孔洞削弱)。

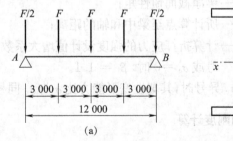

图6-7　例题6-1图

解: (1)确定验算截面的内力

主梁全截面面积为15 840 mm²,自重作为线荷载时的标准值为

$$15\,840 \times 10^{-6} \times 7\,850 \times 10 \times 1.2 = 1\,492\text{(N/m)}$$

上式中，7 850 kg/m³为钢材的密度；取 1 kg＝10 N；1.2 为考虑梁因设置加劲肋等导致的自重增大系数。

于是，考虑主梁自重后的支座反力设计值：

$$R_A = 1.3 \times \frac{1.492 \times 12}{2} + 2 \times 165.2 = 342.0 (\text{kN})$$

确定危险截面的内力设计值：

最大剪力（位于支座处）：$V_{max} = 342.0 - \frac{165.2}{2} = 259.4 (\text{kN})$

最大弯矩（位于跨中处）：$M_{max} = 342.0 \times 6 - \frac{165.2}{2} \times 6 - 165.2 \times 3 - 1.3 \times 1.492 \times 6 \times$

$$3 = 1\ 025.89 (\text{kN} \cdot \text{m})$$

（2）确定截面特性

①确定截面等级

翼缘自由外伸宽度与厚度之比为 $\frac{b}{t} = \frac{(280-8)/2}{14} = 9.7 < 11 \varepsilon_k = 11$，属于 S2 级。

腹板高厚比 $\frac{h_0}{t_w} = \frac{1\ 000}{8} = 125 > 124 \varepsilon_k = 124$，属于 S5 级。

截面属于 S5 级，强度验算时应采用有效截面。

②有效截面的几何特性

全截面面积 15 840 mm²，全截面惯性矩 $I_x = 2.682\ 1 \times 10^9$ mm⁴，有效截面模量 $W_{en} = 5.029\ 4 \times 10^6$ mm³。

（3）强度验算

由于截面属于 S5 级，故取 $\gamma_x = 1.0$。

$$\frac{M_x}{\gamma_x W_{enx}} = \frac{1\ 025.89 \times 10^6}{1.0 \times 5.029\ 4 \times 10^6} = 204.0 (\text{N/mm}^2) < f = 215\ \text{N/mm}^2$$

抗弯强度满足要求。

抗剪强度所用的截面特性仍按照全截面求得，今验算位置为中和轴处，故

$$S_x = 500 \times 8 \times 250 + 280 \times 14 \times 507 = 2\ 612.4 \times 10^3 (\text{mm}^3)$$

$$\tau = \frac{V S_x}{I t_w} = \frac{259.4 \times 10^3 \times 2\ 612.4 \times 10^3}{2.682\ 1 \times 10^9 \times 8} = 31.6 (\text{N/mm}^2) < f_v = 125\text{N/mm}^2$$

可见，剪应力一般不起控制作用。

本例中，由于在集中荷载下方通常设置加劲肋，因此，局部承压强度不必验算。

（4）刚度（挠度）验算

依据本书表 6-2 可知，对简支梁，当集中荷载作用按四等分布置时，最大挠度为 $\frac{19F_k l^3}{384EI}$。

叠加梁自重产生的挠度，得到

$$v_{max} = \frac{19F_k l^3}{384EI} + \frac{5q_k l^4}{384EI} = \frac{19 \times 118\ 000 \times 12\ 000^3}{384 \times 206 \times 10^3 \times 2.682\ 1 \times 10^9} + \frac{5 \times 1.492 \times 12\ 000^4}{384 \times 206 \times 10^3 \times 2.682\ 1 \times 10^9}$$

$$= 18.3 + 0.7 = 19.0 (\text{mm})$$

查附表 1-14，一般的工作平台梁，$[v_T] = \frac{1}{400} = 30 (\text{mm})$，$[v_Q] = \frac{l}{500} = 24 (\text{mm})$，可见，均满足要求。

第四节　梁的扭转

钢结构中专门用来抵抗扭矩作用的构件并不多见。

梁和压弯构件在弯矩作用平面外的失稳为同时发生侧向弯曲和扭转变形,十分复杂。因此,为方便理解,有必要先对构件的扭转作一简单介绍,更详细的内容,请参阅有关薄壁杆件的专门书籍。

因构件端部的约束条件和受力条件不同,扭转有自由扭转和约束扭转两种不同的形式。现分别介绍如下。

一、自由扭转

构件截面不受任何约束,能够自由翘曲的扭转称为自由扭转,也称纯扭转(pure torsion)或圣维南扭转(Sant-Venant torsion)。自由扭转具有以下特点:

(1)各截面的翘曲相同。所谓翘曲,是指构件在扭矩作用下截面上各点沿杆轴方向所产生的位移。各截面的翘曲相同,则杆件的纵向纤维不发生轴向应变,截面上无正应力只有剪应力,且各截面上剪应力的分布情况相同。

(2)纵向纤维不发生弯曲,即纵向纤维保持直线,杆件单位长度的扭转角(即扭转率)为常量。

图 6-8 为工字形截面杆件的自由扭转变形图。

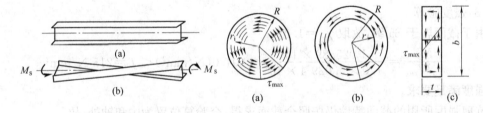

图 6-8　工字形截面的自由扭转　　　　图 6-9　自由扭转剪应力

对于圆形或圆管形截面构件,情况较特殊。由于截面为圆心极点对称,杆件自由扭转时将使整个截面绕圆心发生整体扭转转角,而不会发生翘曲变形,各截面仍保持为平面,仅产生剪应力[图 6-9(a)、(b)]。截面上全部剪应力的合力等于杆件的自由扭矩 M_s,按照材料力学方法,依据平衡条件,有

$$M_s = GI_p \frac{d\varphi}{dz} \tag{6-13}$$

最大剪应力为

$$\tau_{max} = M_s \frac{R}{I_p} \tag{6-14}$$

式中　M_s ——截面上的扭矩;

G——材料的剪切弹性模量,对钢材,弹性模量 $E = 206 \times 10^3$ N/mm²;泊松比 $\mu = 0.3$,$G = E/[2(1+\mu)] = 79 \times 10^3$ N/mm²;

I_p——圆形截面或圆管形截面的极惯性矩，分别为 $I_p = \pi R^4/2$ 和 $I_p = \pi(R^4 - r^4)/2$；

φ——截面上的扭转角；

$d\varphi/dz$——杆件单位长度的扭转角，或称扭转率。

对于矩形截面的自由扭转，按弹性力学方法进行分析，当 $b \geqslant t$ 时[图 6-9(c)]，可以得到与圆杆相似的扭矩与扭转率的关系式：

$$M_s = GI_t \frac{d\varphi}{dz} \tag{6-15}$$

最大剪应力为

$$\tau_{max} = M_s \frac{t}{I_t} \tag{6-16}$$

式中 t——截面厚度；

I_t——截面的自由扭转惯性矩（扭转常数），$I_t \approx \frac{1}{3} bt^3$。

对于如图 6-10 所示的薄板组合开口截面，其扭转常数 I_t 可以近似取为

$$I_t = \frac{1}{3} \sum b_i t_i^3 \tag{6-17}$$

对于热轧型钢截面，考虑各板间连接处圆角加强而修正为

$$I_t = \frac{\eta}{3} \sum b_i t_i^3 \tag{6-18}$$

通常可取 $\eta = 1$（角钢），$\eta = 1.12$（槽形、T 形、Z 形截面），$\eta = 1.25$（工字形截面）。

可见，对于开口截面的构件，自由扭转使截面只产生剪应力，它在截面的壁厚范围内形成封闭的剪力流。此剪力流产生的剪应力分布见图 6-11，其方向与壁厚的中心线平行，而且大小相等，方向相反，成对形成扭矩。剪应力在中心线处为零，壁厚的外表最大，沿厚度线性变化。

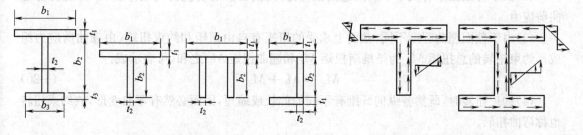

图 6-10 薄板组合截面　　　　　　　图 6-11 截面扭转剪力

闭口截面的情形与此不同。如图 6-12 所示，在扭矩作用下其内部形成沿各组成板件中心方向的剪力流，剪应力可视为沿壁厚均匀分布。此时，平均剪应力由式(6-16)求得，I_t 由下式计算：

$$I_t = \frac{\Omega^2}{\oint \dfrac{ds}{t}} \tag{6-19}$$

式中，Ω 为壁厚中面线所围成的面积的 2 倍；$\oint \dfrac{ds}{t}$ 表示沿壁厚中面线积分。

薄板组合截面箱形梁的抗扭刚度比开口截面梁的抗扭刚度大得多,图 6-12 所示箱形截面的 $\Omega = 2bh$, $\oint \dfrac{\mathrm{d}s}{t} = 2\left(\dfrac{b}{t_1} + \dfrac{h}{t_2}\right)$。

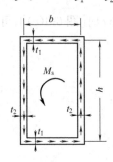

图 6-12　闭口截面的循环剪力流

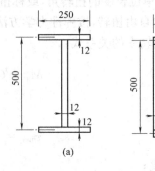

图 6-13　轮廓尺寸相同的两种截面(单位:mm)

图 6-13 所示为高度、宽度及截面面积完全相同的工字形截面和箱形截面,其扭转常数之比约为 1:500,最大扭转剪应力之比近于 30:1,可见闭合箱形截面抗扭性能比工字形截面好得多。

二、约束扭转

在扭转荷载作用下,杆件由于端部对翘曲的约束,或者其他特殊受力条件(例如,扭矩沿构件长度变化),使得截面不能完全自由地产生翘曲变形时,这种情况称约束扭转(restrained torsion),又称非均匀扭转。

约束扭转具有以下特点:

(1)各截面有不同的翘曲变形,因而纵向纤维受到拉伸或压缩,由此将产生正应力,称翘曲正应力。

(2)由于各截面上有大小不同的翘曲正应力,因而必然有剪应力与之平衡,该剪应力称翘曲剪应力。

(3)由于截面翘曲程度不同,截面上承受的扭矩有自由扭矩和约束扭矩(由翘曲剪应力组成),约束扭转的总扭矩 M_{T} 为圣维南扭矩 M_{s} 和翘曲扭矩 M_{ω} 之和,可表示成:

$$M_{\mathrm{T}} = M_{\mathrm{s}} + M_{\omega} \tag{6-20}$$

(4)约束扭转时,既然各纵向纤维有不同的伸长或缩短,因而必然有弯曲变形,故约束扭转也称弯曲扭转。

以图 6-14 所示的双轴对称工字形截面悬臂梁,在自由端作用有外扭矩 M_{T} 的情况进行分析。

如上所述,梁在约束扭转时,截面上不但产生自由扭转剪应力 τ_{s},同时还有由于翼缘弯曲而产生的剪应力 τ_{ω}(图 6-15),τ_{s} 沿板厚呈三角形分布,而 τ_{ω} 可视为均匀分布。每一翼缘中的弯曲扭转剪应力 τ_{ω} 之和应为翼缘中的弯曲剪力 V_{f},而剪力形成的内部扭矩就是翘曲扭矩:

$$M_{\omega} = V_{\mathrm{f}}h \tag{6-21}$$

下面确定弯曲扭转剪力 V_{f} 与转角 φ 之间的关系式。

假设在距固定端为 z 的截面上,产生的扭转角为 φ,则由图 6-14(b)可知上翼缘在 x 方向产生的位移为

$$u = \frac{h}{2}\varphi \tag{6-22}$$

于是,沿 z 轴的曲率为

$$\frac{\mathrm{d}^2 u}{\mathrm{d}z^2} = \frac{h}{2}\frac{\mathrm{d}^2 \varphi}{\mathrm{d}z^2} \tag{6-23}$$

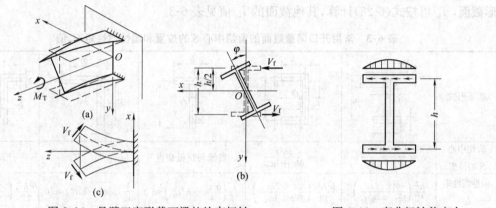

图 6-14 悬臂工字形截面梁的约束扭转   图 6-15 弯曲扭转剪应力

由于扭转导致的 u 在 x 轴的正向,与材料力学一致,取图 6-16 所示的弯矩方向为正方向,则依弯矩与曲率间关系可得

$$M_f = -EI_f\frac{\mathrm{d}^2 u}{\mathrm{d}z^2} = -\frac{h}{2}EI_f\frac{\mathrm{d}^2 \varphi}{\mathrm{d}z^2} \tag{6-24}$$

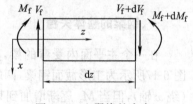

图 6-16 上翼缘的内力

式中 M_f——一个翼缘的侧向弯矩;

I_f——一个翼缘绕 y 轴的惯性矩,$I_f = \dfrac{I_y}{2}$。

再根据图 6-16 所示上翼缘内力的平衡关系,可得

$$V_f = \frac{\mathrm{d}M_f}{\mathrm{d}z} \tag{6-25}$$

将式(6-24)代入式(6-25),得

$$V_f = -\frac{h}{2}EI_f\frac{\mathrm{d}^3 \varphi}{\mathrm{d}z^3} \tag{6-26}$$

因此

$$M_\omega = V_f h = -\frac{EI_f h^2}{2}\cdot\frac{\mathrm{d}^3 \varphi}{\mathrm{d}z^3} \tag{6-27}$$

令

$$I_\omega = \frac{I_f h^2}{2} = \frac{I_y h^2}{4} \tag{6-28}$$

式中 I_ω 称为截面扇性惯性矩,又称翘曲常数(warping constant),则式(6-27)可写成

$$M_\omega = -EI_\omega\frac{\mathrm{d}^3 \varphi}{\mathrm{d}z^3} \tag{6-29}$$

将式(6-15)和式(6-29)代入式(6-20),即可得约束扭转的内外扭矩平衡微分方程为

$$M_T = GI_t \frac{\mathrm{d}\varphi}{\mathrm{d}z} - EI_\omega \frac{\mathrm{d}^3\varphi}{\mathrm{d}z^3} \tag{6-30}$$

式(6-30)为开口薄壁杆件约束扭转计算的一般公式。GI_t 和 EI_ω 分别称为截面的扭转刚度和翘曲刚度。

截面扇性惯性矩 I_ω 是约束扭转计算中的一个重要截面几何性质。对于双轴对称的工字形截面，I_ω 可按式(6-28)计算，其他截面的 I_ω 值见表 6-3。

表 6-3   常用开口薄壁截面的剪切中心 S 的位置和扇性惯性矩 I_ω 值

截面形式				
剪切中心 S 的位置	$a = \dfrac{b_2^3 t_2}{b_1^3 t_1 + b_2^3 t_2} h$	$a = \dfrac{3b^2 t}{6bt + ht_w}$	翼缘与腹板交点	角点	形心点
扇性惯性矩 I_ω	$\dfrac{h^2}{12}\left(\dfrac{b_1^3 t_1 b_2^3 t_2}{b_1^3 t_1 + b_2^3 t_2}\right)$	$\dfrac{b^3 h^2 t}{12}\left(\dfrac{3bt + 2ht_w}{6bt + ht_w}\right)$	$\dfrac{1}{36}\left(\dfrac{b^3 t^3}{4} + h^3 t_w^3\right) \approx 0$	$\dfrac{1}{36}(b_1^3 t_1^3 + b_2^3 t_2^3) \approx 0$	$\dfrac{b^3 h^2 t}{12}\left(\dfrac{bt + 2ht_w}{2bt + ht_w}\right)$

注：O 为形心。

第五节   梁的整体稳定

一、钢梁的整体失稳

在一个主平面内受弯的梁，其截面一般设计成高而窄，以便更有效地发挥材料的作用。图 6-17 所示为工形截面钢梁，两端有弯矩 M_x 作用，当 M_x 较小时，梁仅在弯矩作用平面内弯曲（绕 x 轴），但当 M_x 逐渐增加到某一值时，梁将突然发生侧向弯曲（绕 y 轴），同时伴有扭转发生，并丧失继续承载的能力，这种现象称为梁的侧扭屈曲（lateral-torsional buckling），或简称梁整体失稳。钢梁能保持整体稳定平衡状态所承担的最大弯矩称为临界弯矩。梁在横向荷载作用下，当荷载增大到某一值时，同样也会丧失整体稳定。横向荷载的临界值与它沿梁高的作用位置有关，对图 6-17 所示钢梁，当荷载作用在下翼缘时，在梁侧倾后由荷载产生的附加扭矩有使变形减小的作用，因此作用于下翼缘更有利于阻止梁的侧向弯扭变形，在同样条件下，比荷载作用在上翼缘时的临界值要大。

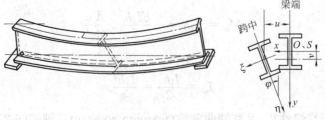

图 6-17   梁丧失整体稳定

二、梁整体稳定的基本理论

为说明梁临界弯矩的求法，下面介绍图 6-18 所示双轴对称工字形截面简支梁受均匀弯矩

（也称纯弯矩，pure bending）时稳定的基本理论和公式，然后对不同荷载类型和作用位置以及单轴对称工字形截面情况加以补充说明。注意，这里所说的"简支"是指梁的两端在 xOz 和 yOz 平面内能自由转动，但梁端截面不能绕 z 轴扭转。

理想平直梁弹性失稳的临界弯矩可按类似第五章求解理想轴心受压构件临界力的过程计算，先假定梁发生侧扭屈曲时有一微小弯扭变形，然后在变形后的坐标系内列出平衡微分方程，再根据弯扭变形位移参数存在非零解的条件求出临界弯矩。具体推导过程如下。

在图 6-18 中，取 $Oxyz$ 为固定坐标，截面发生位移后的移动坐标为 $O'\xi\eta\zeta$。假定截面剪切中心 S 沿 x 轴、y 轴方向的位移分别为 u、v（双轴对称截面的剪心 S 与形心 O 重合），沿坐标轴的正向为正，截面的扭转角为 φ，以右手螺旋方向旋转为正。

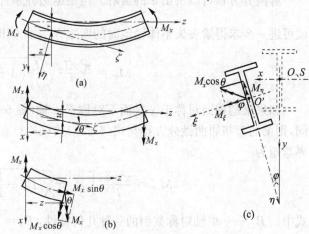

根据材料力学知识，在小变形情况下，在 xOz 和 yOz 平面内梁的曲率分别为 $\dfrac{\mathrm{d}^2u}{\mathrm{d}z^2}$ 和 $\dfrac{\mathrm{d}^2v}{\mathrm{d}z^2}$，在角度方面，可以近似取 $\sin\theta\approx\theta\approx\dfrac{\mathrm{d}u}{\mathrm{d}z}$，$\sin\varphi\approx\varphi$，$\cos\theta\approx 1$ 和 $\cos\varphi\approx 1$。

根据已知条件，在变形前坐标系 $Oxyz$ 内，梁仅承受绕 x 轴的弯矩 M_x

图 6-18 梁整体失稳时的微小变形状态

（$M_y=M_z=0$）；变形后在移动坐标系 $O'\xi\eta\zeta$ 内，M_x 可被分解为一个扭矩 M_ζ 分量和两个弯矩 M_ξ、M_η 分量。

依据图 6-18(b)，在 xOz 平面内，由于侧向挠度 u，使截面发生一转角 θ，于是绕 ζ 轴的扭矩分量为

$$M_\zeta = M_x\sin\theta \approx M_x\frac{\mathrm{d}u}{\mathrm{d}z}$$

而在 $\xi O'\eta$ 平面内的力矩为 $M_x\cos\theta$，该力矩在水平面内。如图 6-18(c)所示，通过分解可得到在 $\xi O'\eta$ 平面内的两个弯矩分量分别为

$$M_\xi = M_x\cos\theta\cos\varphi \approx M_x$$
$$M_\eta = M_x\cos\theta\sin\varphi \approx M_x\varphi$$

按照材料力学中弯矩与曲率的关系，以及式(6-30)表示的内外扭矩间平衡关系，可以写出如下三个平衡微分方程：

$$EI_x\frac{\mathrm{d}^2v}{\mathrm{d}z^2} = -M_x \tag{6-31}$$

$$EI_y\frac{\mathrm{d}^2u}{\mathrm{d}z^2} = -M_x\varphi \tag{6-32}$$

$$GI_t\frac{\mathrm{d}\varphi}{\mathrm{d}z} - EI_\omega\frac{\mathrm{d}^3\varphi}{\mathrm{d}z^3} = M_x\frac{\mathrm{d}u}{\mathrm{d}z} \tag{6-33}$$

以上三个微分方程式中，式(6-31)只含一个变量 v，可以求解梁的竖向挠度，该竖向挠度的微分方程对临界弯矩求解没有影响。式(6-32)和式(6-33)均包含水平挠度 u 和扭转角 φ 两

个变量,将二者联立,要求解的是弯矩 M_x 在什么特定条件下能使 u 和 φ 有非零的解,这个特定的 M_x 就是梁失稳时的临界弯矩。为此,将式(6-33)微分一次,并将式(6-32)中的 $\dfrac{\mathrm{d}^2 u}{\mathrm{d}z^2}$ 代入其中,消去一个变量 u,得

$$EI_\omega \frac{\mathrm{d}^4 \varphi}{\mathrm{d}z^4} - GI_t \frac{\mathrm{d}^2 \varphi}{\mathrm{d}z^2} - \frac{M_x^2}{EI_y}\varphi = 0 \tag{6-34}$$

解微分方程可以得出 φ 的通解。再根据边界条件,当 $z=0$ 和 $z=l$ 时,有 $\varphi=0$,$\dfrac{\mathrm{d}^2 \varphi}{\mathrm{d}z^2}=0$,就可进一步求得梁丧失整体稳定时的弯矩 M_x,此值即为梁的临界弯矩 M_{cr}:

$$M_{cr} = \frac{\pi^2 EI_y}{l^2}\sqrt{\frac{I_\omega}{I_y}\left(1 + \frac{GI_t l^2}{\pi^2 EI_\omega}\right)} \tag{6-35}$$

如果梁的截面对称于 y 轴而不对称于 x 轴(图6-19),而荷载及支承条件等情况与前面相同,则梁的弯扭屈曲微分方程与式(6-32)、式(6-33)有所不同,经理论推导得到的弯扭屈曲临界弯矩为

$$M_{cr} = \frac{\pi^2 EI_y}{l^2}\left[B_y + \sqrt{B_y^2 + \frac{I_\omega}{I_y}\left(1 + \frac{GI_t l^2}{\pi^2 EI_\omega}\right)} \right] \tag{6-36}$$

式中　　B_y——单轴对称截面的一种几何特性,$B_y = \dfrac{1}{2I_x}\displaystyle\int_A y(x^2 + y^2)\,\mathrm{d}A - y_0$,当为双轴对称时,$B_y = 0$;

　　　　y_0——剪切中心 S 至形心 O 的距离,S 在 O 之下时为正值,S 在 O 之上时为负值。

$$y_0 = -\frac{I_1 h_1 - I_2 h_2}{I_y}$$

式中　　I_1,I_2——受压翼缘和受拉翼缘对腹板轴线(y 轴)的惯性矩,$I_1 = \dfrac{t_1 b_1^3}{12}$,$I_2 = \dfrac{t_2 b_2^3}{12}$;

　　　　h_1,h_2——受压翼缘和受拉翼缘形心至整个截面形心的距离。

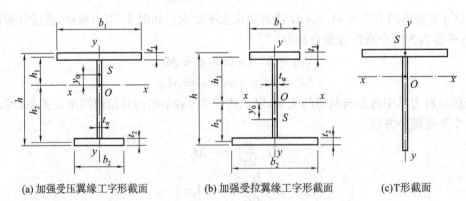

(a) 加强受压翼缘工字形截面　　(b) 加强受拉翼缘工字形截面　　(c)T形截面

图 6-19　单轴对称截面

受一般荷载(横向荷载或端弯矩)的单轴对称截面简支梁,其弯扭屈曲临界弯矩的一般式可用能量法得到,表达如下:

$$M_{cr} = \beta_1 \frac{\pi^2 EI_y}{l^2} \left[\beta_2 a + \beta_3 B_y + \sqrt{(\beta_2 a + \beta_3 B_y)^2 + \frac{I_\omega}{I_y}\left(1 + \frac{GI_t l^2}{\pi^2 EI_\omega}\right)} \right] \tag{6-37}$$

式中　$\beta_1, \beta_2, \beta_3$ ——依梁的截面形式、支承情况和荷载类型而定的系数,表 6-4 给出了三种荷载情况下的 β 值;

　　　　a ——横向荷载作用点至剪切中心的距离,当荷载作用在剪切中心以下时为正,反之为负。

表 6-4　工字形截面简支梁整体稳定的 β_1、β_2、β_3 系数

荷载类型	β_1	β_2	β_3
纯弯曲	1.00	0	1.00
全跨均布荷载	1.13	0.46	0.53
跨中作用集中荷载	1.35	0.55	0.40

从式(6-37)可以看出,影响梁弯扭屈曲临界弯矩 M_{cr} 的因素有很多,下面对几个主要因素进行分析。

(1)梁截面的尺寸。梁的侧向抗弯刚度 EI_y、抗扭刚度 GI_t 和抗翘曲刚度 EI_ω 越大,则 M_{cr} 越大。另外,加强受压翼缘则 B_y 值增大,因而会使 M_{cr} 提高。

(2)梁侧向支承点的距离。梁侧向支承点距离 l 越小,则 M_{cr} 越大。

(3)横向荷载在截面上的作用位置。当荷载作用在剪心位置时,$a = 0$;当荷载作用在剪心位置下方时,$a > 0$,使 M_{cr} 增大,即对整体稳定有利。这是因为,若截面因为偶然的干扰力或者因失稳而扭转时,下方荷载对剪心产生抵消扭矩,促使截面减小扭转。反之,若 $a < 0$,附加扭矩会促使截面增大扭矩,使 M_{cr} 减小,对整体稳定不利。

(4)荷载类型。由表 6-4 中数据并结合式(6-37)可以看出,若双轴对称,则 $\beta_3 B_y = 0$,若荷载作用于剪心,则 $\beta_2 a = 0$,于是,对于尺寸一定的双轴对称工字形截面梁,且荷载均作用于剪心位置的情况,临界弯矩只与系数 β_1 有关。此时,梁受纯弯矩作用时 M_{cr} 最小,跨度中点受一个集中荷载作用时 M_{cr} 最大,满跨均布荷载时 M_{cr} 居中。

现实中,荷载作用于剪心位置(即 $a = 0$)的情况几乎不存在,因此,当均布荷载作用于双轴对称工字形截面的上翼缘时,其整体稳定性必然较均布荷载作用于剪心位置有所降低,此时,其整体稳定性就未必比承受纯弯曲时有利了。这一点,可以从附表 1-15 所规定的 β_b 值看出(对于跨中无侧向支承点的情况,前者最大为 0.95,而后者为 1.0)。

(5)梁的端部支承情况。对位移的约束越强则 M_{cr} 越大。

三、梁的整体稳定计算

1. 规范规定的整体稳定计算公式

前面已推导出钢梁失稳时的临界弯矩 M_{cr} 的计算公式,若要保证梁不丧失整体稳定,应使梁承受的弯矩 $M_x \leqslant \dfrac{M_{cr}}{\gamma_R}$($\gamma_R$ 为抗力分项系数),写成应力形式为

$$\sigma = \frac{M_x}{W_x} \leqslant \frac{M_{cr}}{W_x} \cdot \frac{1}{\gamma_R} = \frac{\sigma_{cr}}{\gamma_R} = \frac{\sigma_{cr}}{f_y} \cdot \frac{f_y}{\gamma_R} = \varphi_b f$$

《钢结构设计标准》中记作

$$\frac{M_x}{\varphi_b W_x f} \leqslant 1.0 \tag{6-38}$$

式中，φ_b 为梁的整体稳定系数，$\varphi_b = \dfrac{\sigma_{cr}}{f_y}$；$W_x$ 为按受压最大翼缘确定的对 x 轴的毛截面模量，当截面板件宽厚比等级为 S1、S2、S3 或 S4 级时，应取全截面模量，当截面板件宽厚比等级为 S5 级时，应取有效截面模量，均匀受压翼缘有效外伸宽度可取 $15t_f\varepsilon_k$（t_f 为翼缘厚度），腹板有效截面可参考第七章第二节方法确定，单轴对称截面时，不应大于塑性截面模量的 0.95 倍。

双向受弯时，梁的整体稳定计算公式为

$$\frac{M_x}{\varphi_b W_x} + \frac{M_y}{\gamma_y W_y} \leqslant f \tag{6-39}$$

式中，φ_b 为按绕强轴弯曲确定的梁整体稳定系数；W_y 为按受压最大纤维确定的对 y 轴的梁毛截面模量。

式(6-39)由对 x 轴的稳定和对 y 轴的强度两个计算公式相加所得，不是一个严格的理论公式，但实验表明此式是可用的。

2. 稳定系数 φ_b 的确定

(1)等截面焊接工字形和轧制 H 型钢简支梁

对于双轴对称工字形截面简支梁承受纯弯曲时的情况，稳定系数 φ_b 按照定义应为

$$\varphi_b = \frac{\sigma_{cr}}{f_y} = \frac{M_{cr}}{W_x f_y} = \frac{\pi^2 E I_y}{W_x f_y l^2}\sqrt{\frac{I_\omega}{I_y}\left(1 + \frac{G I_t l^2}{\pi^2 E I_\omega}\right)} \tag{6-40}$$

对上式进一步简化，取 $E = 206 \times 10^3 \text{ N/mm}^2$，$G = 79 \times 10^3 \text{ N/mm}^2$，$f_y = 235\left(\dfrac{f_y}{235}\right)$，$\dfrac{I_y}{l^2} = \dfrac{A i_y^2}{l^2} = \dfrac{A}{\lambda_y^2}$，$I_t = \left(\dfrac{1}{3}\right)\sum A_i t_i^2 \approx \dfrac{A t_1^2}{3}$（$t_1$ 为翼缘厚度），$I_\omega = \left(\dfrac{h^2}{4}\right)I_y$，$\sqrt{I_\omega I_y} = \dfrac{h}{2}$，$\dfrac{G I_t l^2}{\pi^2 E I_\omega} = \dfrac{79\,000}{\pi^2 \times 20\,600} \times \dfrac{A t_1^2/3}{(h^2/4) I_y/l^2} = \dfrac{t_1^2}{19.3 h^2/\lambda_y^2} \approx \left(\dfrac{\lambda_y t_1}{4.4h}\right)^2$，$\dfrac{\pi^2 E}{235 \times 2} = 4\,325.8 \approx 4\,320$，可得

$$\varphi_b = \frac{4\,320}{\lambda_y^2} \cdot \frac{Ah}{W_x}\sqrt{1 + \left(\frac{\lambda_y t_1}{4.4h}\right)^2}\,\varepsilon_k^2 \tag{6-41}$$

规范通过选取较多的常用截面尺寸，进行电算和数理统计分析，得出了不同荷载作用下梁的整体稳定系数与纯弯曲作用下稳定系数的比值 β_b。同时，为了能够应用于单轴对称工字形截面简支梁的一般情况，将梁承受横向荷载时整体稳定系数 φ_b 的计算公式写成以下形式：

$$\varphi_b = \beta_b \frac{4\,320}{\lambda_y^2} \cdot \frac{Ah}{W_x}\left(\sqrt{1 + \left(\frac{\lambda_y t_1}{4.4h}\right)^2} + \eta_b\right)\varepsilon_k^2 \tag{6-42}$$

式中　β_b——工字形截面简支梁的等效弯矩系数，取值参见附表 1-15；

　　　λ_y——梁在侧向支承点间对截面弱轴 y 的长细比，$\lambda_y = l_1/i_y$；

　　　A, h, t_1——梁的毛截面面积、高度和受压翼缘的厚度[图 6-19(a)、(b)]；

　　　η_b——截面不对称影响系数，对双轴对称工字形截面，$\eta_b = 0$；对加强受压翼缘工字形截面[图 6-19(a)]，$\eta_b = 0.8(2\alpha_b - 1)$；对加强受拉翼缘工字形截面[图 6-19(b)]，$\eta_b = 2\alpha_b - 1$，其中 $\alpha_b = \dfrac{I_1}{I_1 + I_2}$，$I_1$ 和 I_2 分别为受压翼缘和受拉翼缘对 y 轴的惯性矩[图 6-19(a)、(b)]。

按式(6-40)、式(6-41)、式(6-42)求得的整体稳定系数 φ_b 值只适用于梁在弹性受力阶段失稳时,即 $\sigma_{cr} \leqslant f_p$(或 $\varphi_b \leqslant f_p/f_y$,$f_p$ 为钢材的比例极限)时。当 $\sigma_{cr} > f_p$(或 $\varphi_b > f_p/f_y$)时,表示梁失稳时钢材已进入弹塑性受力状态,此时有部分截面的应力已达到 f_y 形成塑性变形区,对抵抗弯扭变形不再起作用。因此,该情况下按弹性受力状况求得的 φ_b 值已不再适用,应该重新计算弹塑性受力时的整体稳定系数 φ_b'。

残余应力会使钢梁的部分截面提前进入塑性,尤其在焊接钢梁中,残余应力值往往很大。研究表明,当考虑残余应力影响时,可取比例极限 $f_p = 0.6f_y$,因此 $\varphi_b \leqslant 0.6$ 时可以认为梁属于弹性失稳而仍采用 φ_b 值,当 $\varphi_b > 0.6$ 时,应按下式计算出相应的 φ_b',代替梁整体稳定计算公式中的 φ_b 值。

$$\varphi_b' = 1.07 - \frac{0.282}{\varphi_b} \leqslant 1.0 \tag{6-43}$$

(2)热轧普通工字钢简支梁

热轧普通工字钢的截面与焊接工字形截面不同,它的翼缘厚度是变化的,翼缘与腹板交接处圆角加厚所占比例较大,因此简化公式(6-42)不能应用,否则误差较大。按热轧普通工字钢的实际几何特性对 φ_b 值进行计算,再作适当归并,编成了简便的 φ_b 表(见附表1-16),以方便应用。但当 $\varphi_b > 0.6$ 时也应按式(6-43)换算成 φ_b'。

(3)热轧槽钢简支梁

热轧槽钢简支梁的整体稳定系数,不论荷载的形式和荷载作用点在截面上的位置如何,均可按下式计算:

$$\varphi_b = \frac{570bt}{l_1 h} \cdot \varepsilon_k^2 \tag{6-44}$$

式中,h、b、t 分别为槽钢截面的高度、翼缘的宽度和平均厚度。当求得的 $\varphi_b > 0.6$ 时亦应用式(6-43)计算出的 φ_b' 代替 φ_b。

(4)双轴对称工字形等截面(含 H 型钢)悬臂梁

双轴对称工字形等截面(含 H 型钢)悬臂梁的整体稳定系数,仍可以按式(6-42)计算,但是,式中用到的系数 β_b 应按照附表1-17查得,$\lambda_y = l_1/i_y$,l_1 为悬臂梁的悬伸长度。当求得的 $\varphi_b > 0.6$ 时亦应用式(6-43)计算出的 φ_b' 代替 φ_b。

3. 可以不必计算整体稳定性的情况

符合下列情况之一时,可不计算梁的整体稳定性:

(1)有面板(各种钢筋混凝土板和钢板)密铺在梁的受压翼缘上并与其牢固连接,能阻止梁受压翼缘的侧向位移时。

(2)箱形截面的简支梁,如图6-20所示,其截面尺寸满足 $h/b_0 \leqslant 6$,且 $l_1/b_0 \leqslant 95\varepsilon_k^2$ 时,可不计算整体稳定性。

需要指出的是,上述稳定计算的理论依据都是以梁的支座处不产生扭转变形为前提的,因此在构造上应考虑在梁的支座处上翼缘设置可靠的侧向支承,以使梁不产生扭转,如图6-21(a)所示。高度不大的梁也可以凭借在支座处设置的支承加劲肋来防止梁端扭转,如图6-21(b)所示。

当简支梁仅有腹板与相邻构件相连时,钢梁稳定性计算时侧向支承点距离应取实际距离的1.2倍。

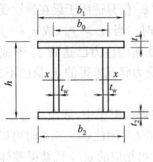

图 6-20　箱形截面

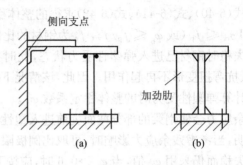

图 6-21　钢梁端部抗扭构造措施

四、梁整体稳定系数 φ_b 的近似计算

对受纯弯曲作用,且 $\lambda_y \leqslant 120\varepsilon_k$ 的梁,其整体稳定系数可按下列近似公式计算。这些公式已考虑了非弹性屈曲问题,因此,当算得的 $\varphi_b > 0.6$ 时,不需要再换算成 φ_b'。但 $\varphi_b > 1.0$ 时,表明整体稳定不控制设计,故应取 $\varphi_b = 1.0$。

1. 工字形(含 H 形)截面

截面双轴对称时:

$$\varphi_b = 1.07 - \frac{\lambda_y^2}{44\,000\varepsilon_k^2} \tag{6-45a}$$

截面单轴对称时:

$$\varphi_b = 1.07 - \frac{W_{1x}}{(2\alpha_b + 0.1)Ah} \cdot \frac{\lambda_y^2}{14\,000\varepsilon_k^2} \tag{6-45b}$$

式中, $\alpha_b = \dfrac{I_1}{I_1 + I_2}$,其中 I_1 和 I_2 分别为受压、受拉翼缘对 y 轴的惯性矩。

2. T 形截面

(1)弯矩使翼缘受压时

双角钢组成的 T 形截面:

$$\varphi_b = 1 - 0.001\,7\,\lambda_y/\varepsilon_k \tag{6-46a}$$

钢板组成的 T 形截面、剖分 T 型钢:

$$\varphi_b = 1 - 0.002\,2\,\lambda_y/\varepsilon_k \tag{6-46b}$$

(2)弯矩使翼缘受拉且腹板宽厚比不大于 $18/\varepsilon_k$ 时

$$\varphi_b = 1 - 0.000\,5\,\lambda_y/\varepsilon_k \tag{6-46c}$$

在下一章的压弯构件计算弯矩作用平面外的整体稳定时,要用到构件受纯弯曲时的整体稳定系数 φ_b,可按照本节的近似公式计算。考虑到 φ_b 对最终的计算结果影响较小, λ_y 略大于 $120\varepsilon_k$ 时也可采用。

【例题 6-3】某两端简支钢梁,采用加强受压翼缘的单轴对称工字形截面,如图 6-22 所示。跨度 6 m,跨间无侧向支承点,钢材为 Q390C。要求计算以下 5 种情况梁的稳定系数:

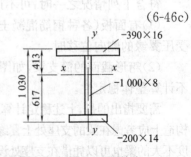

图 6-22　例题 6-3 图(单位:mm)

(1)受纯弯曲作用;

(2)均布荷载作用于上翼缘;

(3)均布荷载作用于下翼缘;

(4)集中荷载作用于上翼缘;

(5)集中荷载作用于下翼缘。

【解】 1. 截面特性

截面积 $A = 170.4 \text{ cm}^2$;受压翼缘绕 y 轴惯性矩 $I_1 = 7\,909 \text{ cm}^4$;受拉翼缘绕 y 轴惯性矩 $I_2 = 933 \text{ cm}^4$;$I_1 + I_2 = 8\,842 \text{ cm}^4$。

截面绕 x 轴的惯性矩 $I_x = 281\,700 \text{ cm}^4$,受压翼缘一侧的截面模量 $W_x = 6\,820.8 \text{ cm}^3$,回转半径 $i_y = 7.20 \text{ cm}$,长细比 $\lambda_y = 83.3$。

2. 各种受力情况的稳定系数计算

(1)梁受纯弯曲时的稳定系数

依据式(6-42),$\varphi_b = \beta_b \dfrac{4\,320}{\lambda_y^2} \cdot \dfrac{Ah}{W_x} \left[\sqrt{1 + \left(\dfrac{\lambda_y t_1}{4.4h} \right)^2} + \eta_b \right] \varepsilon_k^2$,梁受纯弯曲时 $\beta_b = 1.0$。

$$\alpha_b = \frac{I_1}{I_1 + I_2} = \frac{7\,909}{8\,842} = 0.894\,5$$

按加强受压翼缘工字形截面计算,则

$$\eta_b = 0.8 \times (2\alpha_b - 1) = 0.8 \times (2 \times 0.894\,5 - 1) = 0.631\,2$$

将以上数值代入式(6-42),有

$$\varphi_b = 1.0 \times \frac{4\,320}{\lambda_y^2} \frac{Ah}{W_x} \left(\sqrt{1 + \left(\frac{\lambda_y \times 16}{4.4 \times 1\,030} \right)^2} + 0.631\,2 \right) \times \frac{235}{390}$$

经计算,得 $\varphi_b = 1.615\,5 > 0.6$,表明梁已进入非弹性工作阶段,应用 φ_b' 代替 φ_b,由式(6-43)得

$$\varphi_b' = 1.07 - \frac{0.282}{\varphi_b} = 0.895\,4$$

(2)均布荷载作用于上翼缘时的稳定系数

根据附表 1-15 的注释(1),有

$$\xi = \frac{l_1 t_1}{b_1 h} = \frac{6\,000 \times 16}{390 \times 1\,030} = 0.239\,0 < 2$$

根据附表 1-15 的注释(6),对加强受压翼缘的工字形截面,需要判断是否乘以折减系数。今 $\alpha_b = 0.894\,5 > 0.8$,故需要考虑折减。

均布荷载作用于上翼缘属于附表 1-15 的项次 1,且 $\xi = 0.239\,0 < 1.0$,故折减系数为 0.95,于是:

$$\beta_b = 0.95 \times (0.69 + 0.13\xi) = 0.685\,0$$

利用纯弯曲的结果,有 $\varphi_b = 0.685\,0 \times 1.615\,5 = 1.106\,6 > 0.6$,表明梁已进入非弹性工作阶段,应用 φ_b' 代替 φ_b,则由式(6-43)得 $\varphi_b' = 0.815\,2$。

(3)均布荷载作用于下翼缘时的稳定系数

均布荷载作用于下翼缘属于附表 1-15 的项次 2,不必考虑折减。

$$\beta_b = 1.73 - 0.20\xi = 1.682\,2$$

$\varphi_b = 1.682\,2 \times 1.615\,5 = 2.717\,5 > 0.6$,表明梁已进入非弹性工作阶段,应用 φ_b' 代替 φ_b,则由式(6-43)得 $\varphi_b' = 0.962\,2$。

（4）集中荷载作用于上翼缘时的稳定系数

集中荷载作用于上翼缘属于附表 1-15 的项次 3，且 $\xi=0.239\ 0<0.5$，故折减系数为 0.9，于是

$$\beta_b=0.9\times(0.73+0.18\xi)=0.695\ 7$$

$\varphi_b=0.695\ 7\times1.615\ 5=1.123\ 9>0.6$ 表明梁已进入非弹性工作阶段，应用 φ_b' 代替 φ_b，则由式（6-43）得 $\varphi_b'=0.8\ 191$。

（5）集中荷载作用于下翼缘时的稳定系数

集中荷载作用于下翼缘属于附表 1-15 的项次 4，不必考虑折减。

$$\beta_b=2.23-0.28\xi=2.163\ 1$$

$\varphi_b=2.163\ 1\times1.615\ 5=3.494\ 4>0.6$，表明梁已进入非弹性工作阶段，应用 φ_b' 代替 φ_b，则由式（6-43）得 $\varphi_b'=0.989\ 3$。

整体稳定系数计算结果汇总见表 6-5。

表 6-5　例题 6-3 整体稳定系数的计算结果

荷载情况	纯弯曲作用	均布荷载作用于上翼缘	均布荷载作用于下翼缘	集中荷载作用于上翼缘	集中荷载作用于下翼缘
$\varphi_b(\varphi_b')$	0.895 4	0.815 2	0.966 2	0.819 1	0.989 3

由本题的计算结果可以看出，荷载作用于下翼缘较作用于上翼缘有利；一个集中荷载作用于跨中附近较均布荷载满跨布置有利。这是与前述的理论公式相一致的。受纯弯矩作用时，理论上较集中荷载与均布荷载作用于截面剪心位置更不利，但由于受荷载作用位置的影响，对于本例，计算结果表明：当荷载作用于上翼缘时，承受纯弯矩作用反而有利。

【例题 6-4】如图 6-23 所示的 4 种情况，在跨间均有侧向支承，集中荷载均作用于上翼缘。要求计算各种情况的整体稳定等效临界弯矩系数 β_b 的值。

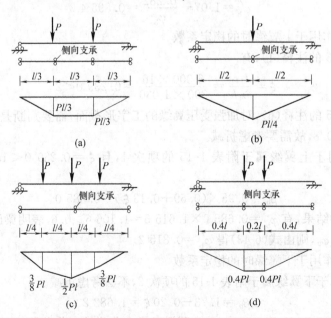

图 6-23　例题 6-4 图

【解】β_b 值需要按照附表 1-15 得到。

图 6-23(a)，跨中有两个等距离设置的侧向支承点，荷载作用于上翼缘，属于附表 1-15 的项次 8，故 $\beta_b = 1.20$。

图 6-23(b)，跨度中点有一个侧向支承点，承受的集中荷载作用于上翼缘，属于附表 1-15 的项次 7，故 $\beta_b = 1.75$。

图 6-23(c)，跨度中点有一个侧向支承点，三个集中荷载位于梁的四分点处，似乎属于附表 1-15 的项次 7，但是考虑表的附注 3，这时的荷载情况并非几个集中荷载位于跨中央附近，从弯矩图来看，更接近于均布荷载作用的情况，因此，β_b 宜按项次 5 取值，即 $\beta_b = 1.15$。

图 6-23(d)，图中的两个侧向支承点并非等间距布置，因此，不能直接查附表 1-15 得到。这时，可假设将梁分为 3 个区段，分别计算 β_b，最后取各区段 β_b 的最小者，这种做法是偏于安全的。具体作法为：左、右两段情况相同，$M_2 = 0$，$M_1 = 0.4Pl$，根据附表 1-15 的项次 10，可知此区段 $\beta_b = 1.75$。中段为纯弯曲梁段，$\beta_b = 1.0$。故对整个梁取 $\beta_b = 1.0$。

第六节 梁的局部稳定和腹板加劲肋设计

对于轧制型钢梁，其规格一般能满足局部稳定的要求，因此不需进行验算。而组合梁为获得经济截面，从强度和整体稳定方面考虑，往往要采用宽而薄的翼缘和高而薄的腹板。如果采用的尺寸不适当，在荷载作用下，受压翼缘和腹板的某些部分可能偏离其正常位置而发生波状屈曲，称为梁的局部失稳，如图 6-24 所示。梁丧失局部稳定后，部分区域退出工作，将使梁的有效截面积和刚度减小，承载能力降低。

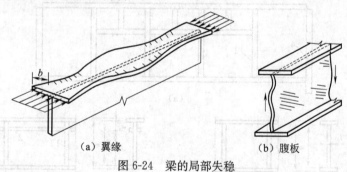

（a）翼缘　　　　　　　　（b）腹板

图 6-24　梁的局部失稳

一、梁受压翼缘的局部稳定

梁的受压翼缘与轴心压杆的翼缘相似，可视为三边简支一边自由的薄板。考虑到残余应力的影响，认为翼缘板纵向压应力已经超过比例极限进入弹塑性阶段，则该板件在纵向均匀受压作用时的屈曲临界应力可按下式计算：

$$\sigma_{cr} = \frac{\sqrt{\eta \chi} K \pi^2 E}{12(1 - \mu^2)} \times \left(\frac{t}{b'}\right)^2 \tag{6-47}$$

若取 $K = 0.425$，$\mu = 0.3$，$\chi = 1.0$，$E = 206 \times 10^3 \text{ N/mm}^2$，$\eta = 0.4$，梁受压翼缘的平均应力取 $0.95f_y$，令 $\sigma_{cr} \geqslant 0.95f_y$，则

$$\frac{\sqrt{0.4 \times 1 \times 0.425} \times \pi^2 \times 206 \times 10^3}{12(1 - 0.3^2)} \times \left(\frac{t}{b}\right)^2 \geqslant 0.95f_y$$

化简后得到

$$\frac{b'}{t} \leqslant 15\varepsilon_k \tag{6-48}$$

以上就是按弹性设计($\gamma_x = 1.0$)时,工形截面梁受压翼缘局部稳定的条件,即 S4 级板件宽厚比的限值条件。

当取塑性发展系数 $\gamma_x = 1.05$ 时,塑性发展深度为 $h/8$,此时,边缘纤维的最大应变为屈服应变的 4/3 倍。以相应于边缘应变为 4/3 ε_y 的割线模量 $E_s = 3E/4$ 代替计算 σ_{cr} 公式中的弹性模量 E,得到

$$\frac{b'}{t} \leqslant \sqrt{\frac{3}{4}} \times 15\varepsilon_k = 13\varepsilon_k \tag{6-49}$$

这就是按弹塑性设计($\gamma_x = 1.05$)时,工形截面梁受压翼缘局部稳定的条件,即 S3 级板件宽厚比的限值条件。

二、梁腹板加劲肋的设置原则

《钢结构设计标准》中,对腹板局部稳定的处理分成两类:对于承受静力荷载和间接承受动力荷载的组合梁,允许腹板发生局部失稳而考虑腹板屈曲后的强度,其详细计算方法见本章第八节;直接承受动力荷载的吊车梁及类似构件或其他不考虑屈曲后强度的焊接截面梁,则一般采用设置加劲肋的方法。梁的加劲肋形式如图 6-25 所示。加劲肋将梁腹板围成一个个区格,每个区格应满足局部稳定验算要求。

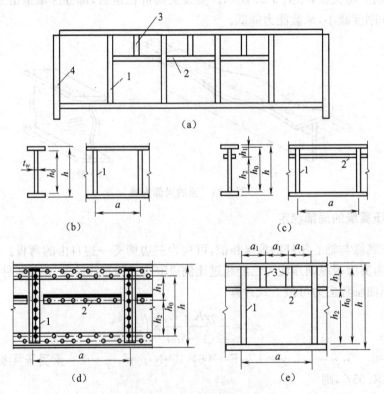

图 6-25 梁的加劲肋

1—横向加劲肋;2—纵向加劲肋;3—短加劲肋;4—支承加劲肋

规范规定,应按下面的原则配置加劲肋:

(1)当 $h_0/t_w \leqslant 80\varepsilon_k$ 时,对有局部压应力($\sigma_c \neq 0$)的梁,宜按构造要求配置横向加劲肋(transverse stiffener);σ_c 较小时,可不配置加劲肋。

(2)当 $h_0/t_w > 80\varepsilon_k$ 时,直接承受动力荷载的吊车梁及类似构件,应配置横向加劲肋。其中,当 $h_0/t_w > 170\varepsilon_k$(受压翼缘扭转受到约束,如连有刚性铺板、制动板或焊有钢轨时)或 $h_0/t_w > 150\varepsilon_k$(受压翼缘扭转未受到约束),或按计算需要时,应在弯曲应力较大区格的受压区配置纵向加劲肋(longitudinal stiffener)。对局部压应力很大的梁,必要时尚宜在受压区配置短加劲肋。梁的支座[图 6-25(a)]和上翼缘受有较大固定集中荷载处,应设置支承加劲肋。

任何情况下,h_0/t_w 均不应超过 250。该限值是为了防止初挠曲过大和焊接时翘曲,因此,和钢材屈服强度无关。

以上所述,h_0 为腹板的计算高度。对焊接截面梁[图 6-25(b)、(c)、(e)]取腹板高度;对轧制型钢梁,取腹板与上、下翼缘相连处两内弧起点间的距离;对高强度螺栓连接或铆接梁[图 6-25(d)],取上、下翼缘与腹板连接的螺栓或铆钉线间最近距离。对于单轴对称截面梁,当确定是否要配置纵向加劲肋时,h_0 应取腹板受压区高度 h_c 的 2 倍;t_w 为腹板的厚度。

横向加劲肋的最小间距应为 $0.5h_0$,最大间距应为 $2h_0$(对于 $\sigma_c = 0$ 的梁,当 $h_0/t_w \leqslant 100$ 时,可采用 $2.5h_0$)。纵向加劲肋至腹板计算高度受压边缘的距离应在 $h_c/2.5 \sim h_c/2$ 范围内。

加劲肋将腹板分成一个个的区格,各区格作为具有边界支承条件的薄板承受弯曲应力、剪应力、局部压应力的共同作用,情况十分复杂。下面,先来研究薄板在单一应力状态下的屈曲受力状况,然后再考虑多种应力共同作用。

三、腹板在单一应力状态下的屈曲临界应力

1. 纯弯曲作用下的屈曲临界应力

如图 6-26(a)所示,将腹板视为沿高度 h_0 承受纯弯曲作用的四边简支板,其临界应力仍可用前述均匀受压板的临界应力公式表示,仅是屈曲系数 K 的取值不同:

$$\sigma_{cr} = \frac{K\pi^2 E}{12(1-\mu^2)}\left(\frac{t_w}{h_0}\right)^2 \tag{6-50}$$

根据弹性稳定理论,在纯弯曲作用下,屈曲系数 K 依边长比 a/h_0 的不同而变化,如图 6-26(b)所示,$K_{min} = 23.9$。若支承方式改变为加荷边简支,其余两边固定,则 $K_{min} = 39.6$,该状况相当于此时的弹性嵌固系数 $\chi = \frac{39.6}{23.9} = 1.66$。

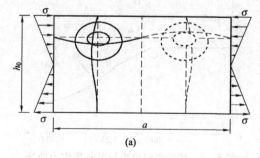
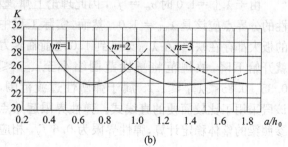

图 6-26 腹板纯弯曲失稳

通常,腹板与翼缘板相连的边不是完全的简支或固定,而是介于二者之间,因此,腹板的屈

曲临界应力公式可以写成下式：

$$\sigma_{cr} = \frac{\chi K \pi^2 E}{12(1-\mu^2)}\left(\frac{t_w}{h_0}\right)^2 \tag{6-51}$$

以上均基于弹性分析。若考虑非弹性工作状态，则需要一个指标加以界定，《钢结构设计标准》采用正则化宽厚比(注：从概念上称高厚比更合适，为与现行标准一致，统一称为宽厚比)$\lambda_{n,b}$。

$\lambda_{n,b}$ 的性质和轴心受压构件的正则化长细比 $\lambda_n = \lambda/\pi \sqrt{f_y/E}$ 相似，可以使不同钢号采用同一公式表达。$\lambda_{n,b}$ 的定义式为

$$\lambda_{n,b} = \sqrt{f_y/\sigma_{cr}} \tag{6-52}$$

将式(6-51)代入式(6-52)，把 $E = 206 \times 10^3 \text{ N/mm}^2$ 及 $\mu = 0.3$ 也代入，得

$$\lambda_{n,b} = \sqrt{f_y/\sigma_{cr}} = \frac{h_0}{t_w}\sqrt{\frac{12(1-\mu^2)f_y}{\chi K \pi^2 E}} = \frac{h_0/t_w}{28.1\sqrt{\chi K}}\sqrt{\frac{f_y}{235}} \tag{6-53}$$

GB 50017 取 $K = 23.9$，对翼缘扭转受约束和未受约束两种情况分别取 $\chi = 1.66$ 和 1.0 计算，结果得到：

当受压翼缘扭转受到约束时

$$\lambda_{n,b} = \frac{2h_c/t_w}{177}\frac{1}{\varepsilon_k} \tag{6-54a}$$

当受压翼缘扭转未受到约束时

$$\lambda_{n,b} = \frac{2h_c/t_w}{138}\frac{1}{\varepsilon_k} \tag{6-54b}$$

式中，h_c 为梁腹板受压区高度，对于双轴对称截面，取 $h_c = h_0/2$。

这样，由正则化宽厚比就可以得到弹性临界应力的表达式为

$$\sigma_{cr} = f_y/\lambda_{n,b}^2 \tag{6-55}$$

考虑到钢材是弹塑性材料，GB 50017 根据 $\lambda_{n,b}$ 的取值，将工作状态分为塑性、弹塑性和弹性范围，规定临界应力分别按下列公式计算：

当 $\lambda_{n,b} \leqslant 0.85$ 时 $\qquad\qquad \sigma_{cr} = f \tag{6-56a}$

当 $0.85 < \lambda_{n,b} \leqslant 1.25$ 时 $\quad \sigma_{cr} = [1 - 0.75(\lambda_{n,b} - 0.85)]f \tag{6-56b}$

当 $\lambda_{n,b} > 1.25$ 时 $\qquad\qquad \sigma_{cr} = 1.1f/\lambda_{n,b}^2 \tag{6-56c}$

临界应力与正则化宽厚比关系曲线示于图 6-27 中。

由于 $\lambda_{n,b} = 1.0$ 时 $\sigma_{cr} = f_y$，因此理论上弹、塑性的分界点应该是 $\lambda_{n,b} = 1.0$。然而，实际工程中的板大都存在缺陷，在 $\lambda_{n,b}$ 未达到 1.0 之前临界力就开始下降，故规范将塑性范围缩小至 $\lambda_{n,b} \leqslant 0.85$。$0.85 < \lambda_{n,b} \leqslant 1.25$ 属于弹塑性过渡范围，该段采用了比较简便的直线式。弹性界限起始点参照梁的整体稳定计算，弹性界限为 $0.6 f_y$，相应的 $\lambda_{n,b} = \sqrt{1/0.6} = 1.29$，考虑到残余应力对腹板局部屈曲的不利影响不如对梁的整体屈曲大，取 $\lambda_{n,b} = 1.25$。

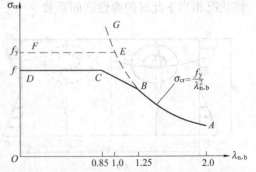

图 6-27　纯弯曲时梁腹板的临界应力曲线

2. 纯剪切作用下的屈曲临界应力

图 6-28 为将腹板视为四边简支板在均匀分布剪应力作用时的弹性屈曲。在纯剪切作用下，梁腹板区格的剪切临界应力可采用与正应力作用时相似的公式形式：

$$\tau_{cr} = \frac{\chi K \pi^2 E}{12(1-\mu^2)} \left(\frac{t_w}{h_0}\right)^2 \tag{6-57}$$

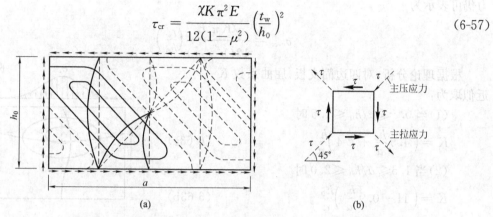

图 6-28　四边简支板在均匀分布剪应力作用下的弹性屈曲

对四边简支板，屈曲系数 K 近似取：

当 $a/h_0 \leqslant 1.0$ 时

$$K = 4.0 + 5.34 \left(\frac{h_0}{a}\right)^2 \tag{6-58a}$$

当 $a/h_0 > 1.0$ 时

$$K = 5.34 + 4.0 \left(\frac{h_0}{a}\right)^2 \tag{6-58b}$$

以 $\lambda_{n,s}$ 表示受剪腹板的正则化高厚比，则

$$\lambda_{n,s} = \sqrt{f_{vy}/\tau_{cr}} \tag{6-59}$$

式中，f_{vy} 为剪切屈服强度，$f_{vy} = 0.58 f_y$。考虑翼缘对腹板的约束，取 $\chi = 1.23$。联立式(6-57)、式(6-58)和式(6-59)，得

当 $a/h_0 \leqslant 1.0$ 时，

$$\lambda_{n,s} = \frac{h_0/t_w}{37\eta \sqrt{4 + 5.34(h_0/a)^2}} \cdot \frac{1}{\varepsilon_k} \tag{6-60a}$$

当 $a/h_0 > 1.0$ 时，

$$\lambda_{n,s} = \frac{h_0/t_w}{37\eta \sqrt{5.34 + 4(h_0/a)^2}} \cdot \frac{1}{\varepsilon_k} \tag{6-60b}$$

同样，将 τ_{cr} 的取值按三段计算，分别适用于塑性、弹塑性和弹性范围。

当 $\lambda_{n,s} \leqslant 0.8$ 时

$$\tau_{cr} = f_v \tag{6-61a}$$

当 $0.8 < \lambda_{n,s} \leqslant 1.2$ 时

$$\tau_{cr} = [1 - 0.59(\lambda_{n,s} - 0.8)]f_v \tag{6-61b}$$

当 $\lambda_{n,s} > 1.2$ 时

$$\tau_{cr} = 1.1 f_v/\lambda_{n,s}^2 \tag{6-61c}$$

这里，塑性界限和弹性界限分别取为 $\lambda_{n,s} = 0.8$ 和 $\lambda_{n,s} = 1.2$。前者系参考欧盟规范 EC3 采用；对于后者，取钢材剪切比例极限为 $0.8 f_{vy}$，再引入几何缺陷影响系数 0.9，弹性界限应为 $\sqrt{1/(0.8 \times 0.9)} = 1.18$，再近似取为 1.2。

当腹板不设加劲肋时，显然 $a/h_0 \to \infty$，此时 $K = 5.34$。令 $\tau_{cr} = f_v$，则 $\lambda_{n,s}$ 不应超过 0.8。由上式可得此时的高厚比限值为

$$h_0/t_w \leqslant 0.8 \times 41 \sqrt{5.34} \varepsilon_k = 75.8 \varepsilon_k$$

考虑到区格的平均剪应力一般低于 f_v，标准规定的限值稍微放宽取为 $80\varepsilon_k$。

3. 横向压力作用下的屈曲临界应力

当梁上作用有比较大的集中荷载而无支承加劲肋时,腹板边缘将承受局部压应力作用,板可能因此而发生屈曲。图6-29为四边简支腹板在局部压应力作用下的弹性屈曲。其临界应力仍可表示为

$$\sigma_{c,cr} = \frac{\chi K \pi^2 E}{12(1-\mu^2)} \left(\frac{t_w}{h_0}\right)^2 \tag{6-62}$$

根据理论分析,对四边简支板,屈曲系数 K 近似取为:

(1)当 $0.5 \leqslant a/h_0 \leqslant 1.5$ 时

$$K = \left(4.5\frac{h_0}{a} + 7.4\right)\frac{h_0}{a} \tag{6-63a}$$

(2)当 $1.5 \leqslant a/h_0 \leqslant 2.0$ 时

$$K = \left(11 - 0.9\frac{h_0}{a}\right)\frac{h_0}{a} \tag{6-63b}$$

考虑翼缘对腹板的约束,取弹性嵌固系数

$$\chi = 1.81 - 0.255\, h_0/a \tag{6-64}$$

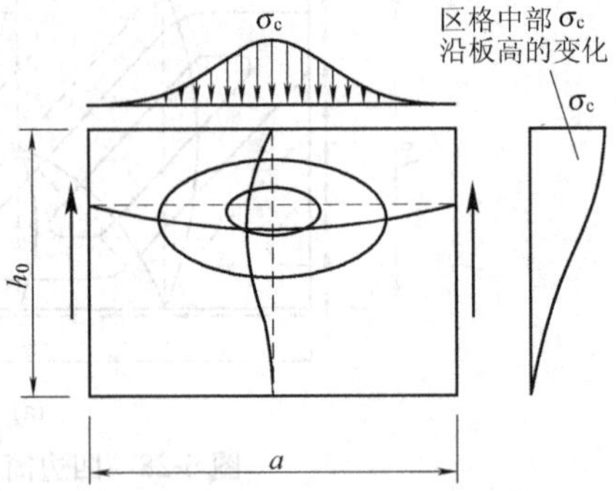

于是,屈曲系数和弹性嵌固系数的乘积可进一步简化为

当 $0.5 \leqslant a/h_0 \leqslant 1.5$ 时 $\qquad \chi K = 10.9 + 13.4(1.83 - a/h_0)^3 \tag{6-65a}$

当 $1.5 \leqslant a/h_0 \leqslant 2.0$ 时 $\qquad \chi K = 18.9 - 5a/h_0 \tag{6-65b}$

此时,正则化宽厚比 $\qquad\qquad \lambda_{n,c} = \sqrt{f_y/\sigma_{c,cr}} \tag{6-66}$

联立式(6-62)、式(6-65)和式(6-66)后得到

当 $0.5 \leqslant a/h_0 \leqslant 1.5$ 时 $\qquad \lambda_{n,c} = \dfrac{h_0/t_w}{28\sqrt{10.9 + 13.4(1.83 - a/h_0)^3}}\dfrac{1}{\varepsilon_k} \tag{6-67a}$

当 $1.5 \leqslant a/h_0 \leqslant 2.0$ 时 $\qquad \lambda_{n,c} = \dfrac{h_0/t_w}{28\sqrt{18.9 - 5a/h_0}}\dfrac{1}{\varepsilon_k} \tag{6-67b}$

同理,规范将 $\sigma_{c,cr}$ 的表达式写为三段形式:

当 $\lambda_{n,c} \leqslant 0.9$ 时 $\qquad\qquad \sigma_{c,cr} = f \tag{6-68a}$

当 $0.9 < \lambda_{n,c} \leqslant 1.2$ 时 $\qquad \sigma_{c,cr} = [1 - 0.79(\lambda_{n,c} - 0.9)]f \tag{6-68b}$

当 $\lambda_{n,c} > 1.2$ 时 $\qquad\qquad \sigma_{c,cr} = 1.1f/\lambda_{n,c}^2 \tag{6-68c}$

图 6-29 局部压应力时梁腹板的弹性屈曲

局部压应力和弯曲应力都是正应力,但是,腹板中引起横向非弹性变形的残余应力不如纵向大,所以规范将弹性界限取为1.2。塑性范围的界限取为0.9是为了避免过渡段太大。

若仅有单一应力作用,只要满足实际应力小于等于临界应力,就不会发生局部失稳。但上述三种应力有两种以上同时出现在同一区格时,则必须考虑它们的联合效应。联合作用下的临界条件一般用相关公式表达。

四、腹板局部稳定的计算

1. 仅配置横向加劲肋的腹板

仅配置横向加劲肋的腹板,其受力情况可简化为如图6-30所示。腹板各区格应满足下列条件:

$$\left(\frac{\sigma}{\sigma_{cr}}\right)^2 + \frac{\sigma_c}{\sigma_{c,cr}} + \left(\frac{\tau}{\tau_{cr}}\right)^2 \leqslant 1 \tag{6-69}$$

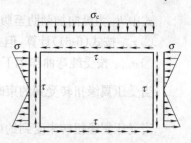

图 6-30　只配置横向加劲肋时
梁腹板的受力情况

式中　　　σ——所计算腹板区格内,由平均弯矩产生的腹板计算高度边缘的弯曲压应力,$\sigma = Mh_c/I$,h_c 为腹板弯曲受压区高度,对双轴对称截面,$h_c = h_0/2$;

τ——所计算腹板区格内,由平均剪力产生的腹板平均剪应力,$\tau = V/(h_w t_w)$;

σ_c——所计算腹板区格内,腹板边缘的局部压应力,$\sigma_c = F/(t_w l_z)$;

σ_{cr},τ_{cr},$\sigma_{c,cr}$——各种应力单独作用下的临界应力,分别按前述式(6-56)、式(6-61)、式(6-68)计算。

2. 同时配置有横向加劲肋和纵向加劲肋的腹板

同时配置有横向加劲肋和纵向加劲肋的腹板,其腹板区格受力简图如图 6-31 所示。腹板各区格的局部稳定应满足:

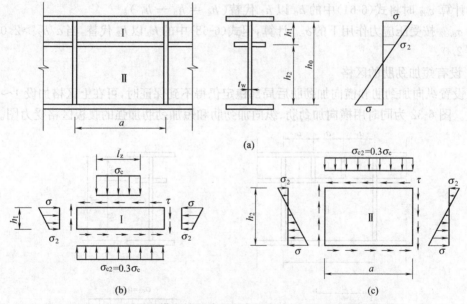

图 6-31　同时用横向加劲肋和纵向加劲肋加强的腹板受力情况

(1)受压翼缘与纵向加劲肋之间的区格

$$\frac{\sigma}{\sigma_{cr1}} + \left(\frac{\sigma_c}{\sigma_{c,cr1}}\right)^2 + \left(\frac{\tau}{\tau_{cr1}}\right)^2 \leqslant 1 \tag{6-70}$$

式中 σ_{cr1}、τ_{cr1} 和 $\sigma_{c,cr1}$ 分别按如下方法计算:

① σ_{cr1} 按式(6-56)计算,但式中的 $\lambda_{n,b}$ 以下列的 $\lambda_{n,b1}$ 代替:

当受压翼缘扭转受到约束时　　　$\lambda_{n,b1} = \dfrac{h_1/t_w}{75\varepsilon_k}$ 　　　(6-71a)

当受压翼缘扭转未受到约束时　　　$\lambda_{n,b1} = \dfrac{h_1/t_w}{64\varepsilon_k}$ 　　　(6-71b)

式中 h_1 为纵向加劲肋至腹板计算高度受压边缘的距离,如图 6-31(a)所示。

② τ_{cr1} 按式(6-61)计算,但式中的 h_0 以 h_1 代替。

③ $\sigma_{c,cr1}$ 按受纯弯曲作用下的 σ_{cr} 计算,但式(6-56)中的 $\lambda_{n,b}$ 用下面的 $\lambda_{n,c1}$ 代替:

当受压翼缘扭转受到约束时
$$\lambda_{n,c1} = \frac{h_1/t_w}{56\varepsilon_k} \tag{6-72a}$$

当受压翼缘扭转未受到约束时
$$\lambda_{n,c1} = \frac{h_1/t_w}{40\varepsilon_k} \tag{6-72b}$$

(2)受拉翼缘与纵向加劲肋之间的区格

$$\left(\frac{\sigma_2}{\sigma_{cr2}}\right)^2 + \frac{\sigma_{c2}}{\sigma_{c,cr2}} + \left(\frac{\tau}{\tau_{cr2}}\right)^2 \leqslant 1 \tag{6-73}$$

式中　σ_2 ——所计算腹板区格内由平均弯矩产生的腹板在纵向加劲肋处的弯曲压应力;

　　　σ_{c2} ——腹板在纵向加劲肋处的横向压应力,取 $0.3\sigma_c$ 。

式中 σ_{cr2} 、τ_{cr2} 和 $\sigma_{c,cr2}$ 分别按如下方法计算:

①计算 σ_{cr2} 时将式(6-56)中的 $\lambda_{n,b}$ 以 $\lambda_{n,b2}$ 代替,即

$$\lambda_{n,b2} = \frac{h_2/t_w}{194\varepsilon_k} \tag{6-74}$$

②计算 τ_{cr2} 时将式(6-61)中的 h_0 以 h_2 代替($h_2 = h_0 - h_1$)。

③ $\sigma_{c,cr2}$ 按受压应力作用下的 $\sigma_{c,cr}$ 计算,但式(6-68)中的 h_0 以 h_2 代替,当 $a/h_2 > 2.0$ 时,取 $a/h_2 = 2.0$ 。

3. 设有短加劲肋的区格

在设置纵向加劲肋和横向加劲肋后局部稳定仍得不到保证时,可在上区格加设 1~3 道短加劲肋。图 6-32 为同时用横向加劲肋、纵向加劲肋和短加劲肋加强的腹板区格受力图。

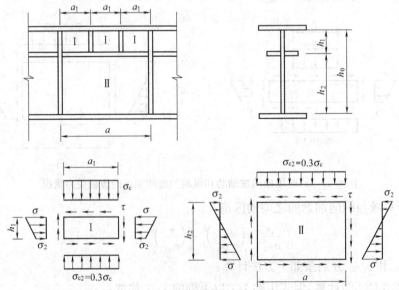

图 6-32　同时用横向加劲肋、纵向加劲肋和短加劲肋加强的腹板

加设短加劲肋时,其局部稳定性计算同受压翼缘与纵向加劲肋之间的区格:

$$\frac{\sigma}{\sigma_{cr1}} + \left(\frac{\sigma_c}{\sigma_{c,cr1}}\right)^2 + \left(\frac{\tau}{\tau_{cr1}}\right)^2 \leqslant 1 \tag{6-75}$$

加设短加劲肋对弯曲压应力的临界值没有影响,仍然和有纵向加劲肋时一样计算。临界剪应力虽然受到短加劲肋的影响,但计算方法不变,不过计算时需要用 h_1 和 a_1 代替 h_0 和 a,a_1 是短加劲肋的间距。局部压应力的临界值较之未设短加劲肋时有所提高。规范规定,$\sigma_{c,crl}$ 按受弯曲压应力的临界值计算,但式(6-56)中的 $\lambda_{n,b}$ 用下面的 $\lambda_{n,cl}$ 代替(当 $a_1/h_1 \leqslant 1.2$ 时):

当受压翼缘扭转受到约束时　　　　　$\lambda_{n,cl} = \dfrac{a_1/t_w}{87\varepsilon_k}$　　　　　(6-76a)

当受压翼缘扭转未受到约束时　　　　　$\lambda_{n,cl} = \dfrac{a_1/t_w}{73\varepsilon_k}$　　　　　(6-76b)

对 $a_1/h_1 > 1.2$ 的区格,上述公式右侧还应乘以 $1/\sqrt{0.4+0.5a_1/h_1}$ 予以修正。

五、腹板中间加劲肋的构造要求

腹板加劲肋按其作用分为间隔加劲肋(或称中间加劲肋)和支承加劲肋,前者的作用是为提高腹板的局部稳定,后者则是传递固定集中荷载或支座反力。

加劲肋宜在腹板两侧成对配置,也允许单侧配置(图 6-33),但支承加劲肋和重级工作制吊车梁的加劲肋不应单侧配置。

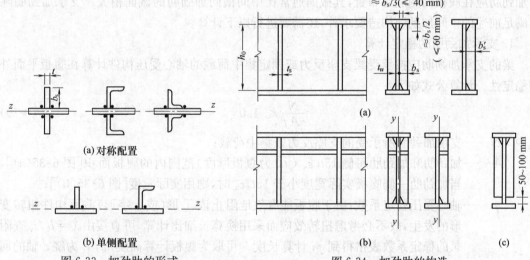

图 6-33　加劲肋的形式　　　　　　图 6-34　加劲肋的构造

为了保证梁的腹板局部稳定,加劲肋应有一定的刚度,为此,《钢结构设计标准》规定:

(1)横向加劲肋的外伸宽度和厚度应符合表 6-6 的要求。

(2)在同时用横向加劲肋和纵向加劲肋加强的腹板中,应在其相交处将纵向加劲肋断开,横向加劲肋保持连续[图 6-34(b)]。此时横向加劲肋的截面尺寸除应满足上述规定外,其截面绕 z 轴(z 轴如图 6-33 所示)的惯性矩尚应符合下式要求:

$$I_z \geqslant 3h_0 t_w^3 \qquad (6-77)$$

表 6-6　横向加劲肋的外伸宽度和厚度最小值

截面尺寸	外伸宽度 b_s (mm)	厚度 t_s (mm)
两侧布置	$\dfrac{h_0}{30}+40$	承压:$b_s/15$ 不受力:$b_s/19$
一侧配置	$1.2 \times \left(\dfrac{h_0}{30}+40\right)$	承压:$b_s/15$ 不受力:$b_s/19$

纵向加劲肋截面绕 y 轴[y 轴如图 6-34(b)所示]的惯性矩 I_y 应符合下式要求:

当 $a/h_0 \leqslant 0.85$ 时,　　　　　$I_y \geqslant 1.5h_0 t_w^3$　　　　　(6-78a)

当 $a/h_0 > 0.85$ 时，
$$I_y \geqslant \left(2.5 - 0.45 \frac{a}{h_0} \right) \left(\frac{a}{h_0} \right)^2 h_0 t_w^3 \tag{6-78b}$$
纵向加劲肋至腹板受压计算高度边缘的距离应在 $h_c/2.5 \sim h_c/2$ 范围内。

(3)短加劲肋的最小间距为 $0.75 h_1$，短加劲肋的厚度不小于其外伸宽度的1/15，其外伸宽度应取横向加劲肋外伸宽度的 $0.7 \sim 1.0$ 倍。

(4)用型钢做成的加劲肋，其截面惯性矩不得小于相应钢板加劲肋的惯性矩。

为了减少焊接应力，避免焊缝过于集中，横向加劲肋端部应切去斜角(图 6-34)，以使梁的翼缘焊缝连续通过。在纵向加劲肋和横向加劲肋交接处，纵向加劲肋端部也应切去斜角，以使横向加劲肋与腹板的连接焊缝连续通过。

对吊车梁及钢桥主梁等长期承受动力荷载的梁，其横向加劲肋的上端应刨平与上翼缘顶紧，也可焊接，中间横向加劲肋的下端一般在距受拉翼缘 $50 \sim 100$ mm 处断开[图 6-34(c)]，不应与受拉翼缘焊接，以改善梁的抗疲劳性能。

六、支承加劲肋

支承加劲肋是指承受固定集中荷载或承受梁支座反力的横向加劲肋，如图 6-35 所示。这种加劲肋应在腹板两侧成对布置，其截面通常比中间横向加劲肋的截面稍大。支承加劲肋除应满足前述的中间加劲肋构造要求外，还需要进行以下计算。

1. 支承加劲肋的稳定计算

梁的支承加劲肋应按承受梁支座反力或固定集中荷载的轴心受压构件计算在腹板平面外的稳定性。计算公式如下：
$$\frac{N}{\varphi A f} \leqslant 1.0 \tag{6-79}$$
式中　N——支承加劲肋所承受的支座反力或集中荷载；

A——加劲肋和加劲肋每侧 $15t_w\varepsilon_k$（t_w 为腹板厚度）范围内的腹板面积[图 6-35(a)]，当加劲肋一侧腹板实际宽度小于 $15t_w\varepsilon_k$ 时，则用实际宽度[图 6-35(b)]；

φ——轴心受压稳定系数：由于腹板能有效地阻止该 T 形（或十字形）截面构件扭转变形的发生，故不必考虑扭转效应而采用换算长细比计算，可直接由 $\lambda = l_0/i_z$ 查附录的稳定系数表格得到 φ；计算长度 l_0 可取为腹板计算高度 h_0，i_z 为绕 z 轴的回转半径。

2. 承压强度计算

梁的支承加劲肋的端部应按其所承受的支座反力或固定集中荷载进行强度验算，当加劲肋端部刨平顶紧时，其端面承压应力按下式计算：
$$\sigma = \frac{N}{A_{ce}} \leqslant f_{ce} \tag{6-80}$$
式中　A_{ce}——支承加劲肋与翼缘板或柱顶板相接触的面积（即承压面积，计算时需扣除加劲肋端部的切角）；

f_{ce}——钢材的端面承压(刨平顶紧)强度设计值，参见附表 1-1。

3. 支承加劲肋的焊缝计算

当支承加劲肋端不是刨平顶紧而是用焊缝与翼缘连接时，应计算其焊缝强度。

支承加劲肋与腹板间的连接焊缝应按承受全部集中力计算，并假定应力沿焊缝全长均匀分布,故不必考虑 l_w 是否大于限值 $60\,h_f$ 而进行焊缝强度折减。

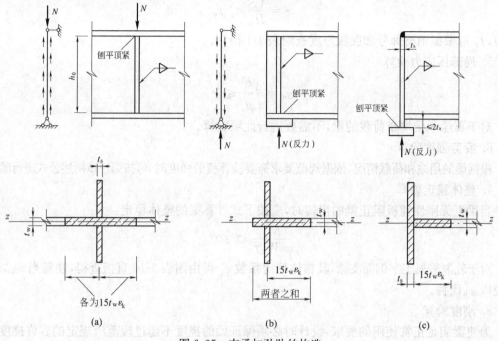

图 6-35 支承加劲肋的构造

第七节 梁的截面设计

一、型钢梁的设计

型钢梁设计一般应满足强度、整体稳定和刚度的要求。当梁承受集中荷载,且在该荷载作用处梁的腹板又未用加劲肋加强时,还需验算腹板的局部压应力。型钢梁腹板和翼缘的宽厚比都不太大,在采用 Q235 钢时局部稳定常可得到保证,不需验算。

下面以普通工字钢梁为例,简述型钢梁的一般设计步骤。

1. 计算梁的内力

根据已知的荷载设计值计算梁的最大弯矩 M_x 和最大剪力 V。

2. 计算需要的净截面抵抗矩 W_{nx}

$$W_{nx} \geqslant \frac{M_x}{\gamma_x f}$$

γ_x 可取 1.05(见附表 1-13),但对需要验算疲劳的梁,取 $\gamma_x = 1.0$。算出 W_{nx} 后,查附表 2-1 选用合适的工字钢截面。

3. 弯曲正应力验算

$$\sigma = \frac{M_x}{\gamma_x W_{nx}} \leqslant f$$

这里的 M_x 应包括工字钢实际自重所产生的弯矩。W_{nx} 应为所选用工字钢实际的净截面模量。f 根据钢材牌号和翼缘厚度查附表 1-1 得到。

4. 最大剪应力验算

$$\tau = \frac{VS}{It_w} \leqslant f_v$$

式中, f_v 可根据钢材牌号和腹板厚度查附表 1-1 得到。

5. 局部压应力验算

$$\sigma_c = \frac{\psi F}{t_w l_z} \leqslant f$$

对于翼缘承受均布荷载的梁, 不需要进行此项验算。

6. 疲劳强度验算

根据梁的用途和荷载情况, 依据规范要求需要验算疲劳强度时, 可按第三章所述公式进行验算。

7. 整体稳定验算

当梁上无刚性铺板阻止梁的扭转时, 应按下式计算梁的整体稳定:

$$\frac{M_x}{\varphi_b W_x f} \leqslant 1.0$$

对于轧制普通工字钢简支梁, 其整体稳定系数 φ_b 可由附表 1-16 直接查得, 注意当 $\varphi_b > 0.6$ 时应以 φ_b' 代替。

8. 刚度验算

为使梁满足正常使用的要求, 设计时必须保证梁的挠度不超过规范所规定的容许挠度, 验算公式为

$$v \leqslant [v]$$

式中, 容许挠度 $[v]$ 可由附表 1-14 得到。

【例题 6-5】 如图 6-36 所示某车间工作平台的平面布置图, 平台上作用有永久荷载和可变荷载, 无动力荷载。假定已求得次梁承受的均布荷载标准值 $q_k = 20.9$ kN/m, 均布荷载设计值 $q = 30.3$ kN/m(不含自重)。主梁与次梁均采用 Q235 钢材。平台板为预制钢筋混凝土板, 通过连接装置与次梁焊接, 可保证次梁的整体稳定。试选择次梁 A 的截面。

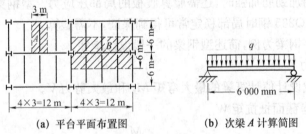

(a) 平台平面布置图　　　(b) 次梁 A 计算简图

图 6-36　例题 6-5 图

【解】 对次梁依据简支梁设计。

1. 内力计算

跨中截面最大弯矩设计值为

$$M_{max} = \frac{ql^2}{8} = \frac{1}{8} \times 30.3 \times 6^2 = 136.35 \ (\text{kN} \cdot \text{m})$$

支座处最大剪力设计值为

$$V_{\max} = \frac{1}{2}ql = 1/2 \times 30.3 \times 6 = 90.9 \text{ (kN)}$$

2. 试选截面

次梁考虑用热轧工字钢,所需要的净截面模量为

$$W_{nx} = \frac{M_x}{\gamma_x f} = \frac{136.35 \times 10^6}{1.05 \times 215} = 604 \times 10^3 \text{(mm}^3\text{)}$$

查附表 2-1,选用 I32a,其 $W_x = 692 \times 10^3 \text{ mm}^3$,单位长度重量为 $52.7 \times 9.8 = 517$ (N/m),$I_x = 11\,100 \times 10^4 \text{ mm}^4$,$I_x/S_x = 27.5 \text{ cm}$,$t_w = 9.5 \text{ mm}$,$t = 15.0 \text{ mm}$。查附表 1-1 可知,验算中应采用 $f = 215 \text{ N/mm}^2$ 和 $f_v = 125 \text{ N/mm}^2$。

3. 截面强度验算

截面强度验算应计入次梁的自重。于是,次梁的跨中截面设计弯矩为

$$M_x = 136.35 + 1.3 \times \frac{1}{8} \times 517 \times 6^2 \times 10^{-3} = 139.37 \text{ (kN·m)}$$

支座边缘的剪力最大,与支座反力相等,为

$$V = R = 90.9 + 1.3 \times \frac{1}{2} \times 517 \times 6 \times 10^{-3} = 92.92 \text{ (kN)}$$

以上计算中,1.3 为永久荷载分项系数。

正应力的验算:

$$\sigma = \frac{M_x}{\gamma_x W_{nx}} = \frac{139.37 \times 10^6}{1.05 \times 692 \times 10^3} = 191.8 \text{ (N/mm}^2\text{)} < f = 215 \text{ N/mm}^2$$

剪应力的验算:

$$\tau = \frac{VS}{It_w} = \frac{92.92 \times 10^3}{27.5 \times 10 \times 9.5} = 35.6 \text{ (N/mm}^2\text{)} < f_v = 125 \text{ N/mm}^2$$

由以上计算可见,型钢梁由于腹板较厚,剪应力值较小,故一般不起控制作用。

4. 次梁的刚度验算

查附表 1-14,得到挠度容许值 $[v_T] = l/250 = 6\,000/250 = 24$ (mm),实际挠度为

$$v = \frac{5}{384} \frac{q_k l^4}{EI} = \frac{5 \times (20.9 + 517 \times 10^{-3}) \times 6\,000^4}{384 \times 206 \times 10^3 \times 11\,100 \times 10^4} = 15.8 \text{ (mm)} < 24 \text{ mm}$$

故刚度符合要求。

【例题 6-6】假定例题 6-5 中的平台板不能保证次梁的整体稳定,试按梁的整体稳定条件重新选择次梁截面。

【解】1. 选择截面

普通热轧工字钢简支梁的整体稳定系数 φ_b 可直接由附表 1-16 查得。假定工字钢型号在 I22~I40 之间,均布荷载作用在上翼缘,梁受压翼缘的自由长度 $l_1 = 6 \text{ m}$,则查得 $\varphi_b = 0.6$。于是,所需截面模量:

$$W_x = \frac{M_x}{\varphi_b f} = \frac{136.35 \times 10^6}{0.6 \times 215} = 1\,056 \times 10^3 \text{(mm}^3\text{)}$$

选用 I40b,其 $W_x = 1\,140 \text{ cm}^3$,单位长度质量为 $73.878 \times 9.8 = 724$ (N/m),$t = 16.5 \text{ mm}$。由于翼缘厚度大于 16 mm,故查附表 1-1 可得 $f = 205 \text{ N/mm}^2$。

2. 整体稳定验算

考虑自重后,跨中截面的设计弯矩为

$$M_x = 136.35 + 1.3 \times \frac{1}{8} \times 724 \times 6^2 \times 10^{-3} = 140.59 \text{ (kN·m)}$$

整体稳定验算:

$$\frac{M_x}{\varphi_b W_x f} = \frac{140.59 \times 10^6}{0.6 \times 1\ 140 \times 10^3 \times 205} = 1.00$$

满足不大于 1.0 的要求。

由以上计算可知,若按整体稳定选择截面,则钢材用量将显著增加,本例题由 I32 提高到 I40b。因此,从经济角度考虑,梁的整体稳定一般最好由刚性铺板或侧向支撑等构造措施来保证。

二、焊接组合梁截面的设计

(一)截面选择

组合梁截面应满足强度、刚度、整体稳定和局部稳定的要求。尽管按照现行规范截面可以选择 S5 级,但设计时宜使截面至少满足 S4 级要求,以确保可以按照全截面特性进行各项验算。

现以双轴对称工字形截面梁为例说明。截面共有四个基本尺寸:h_w、t、b、t(图 6-37)。

1. 截面高度

梁的截面高度应根据下面三个条件决定。

(1)容许最大高度 h_{max}

梁的最大高度必须满足净空要求,即梁的高度不能超过建筑设计或工艺设备需要的净空所允许的限值。以此条件决定的截面高度称为容许最大高度 h_{max}。

(2)容许最小高度 h_{min}

一般依刚度(兼顾强度)条件决定。梁的挠度大小常与截面高度有关,以均布荷载作用下的简支梁为例,其最大挠度计算公式为

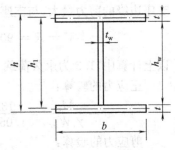

图 6-37 焊接工字形梁截面

$$v = \frac{5q_k l^4}{384EI} = \frac{5l^2}{48EI} \cdot \frac{q_k l^2}{8} = \frac{5Ml^2}{48EI} = \frac{5Ml^2}{48EW(h/2)} = \frac{5\sigma l^2}{24Eh} \tag{6-81}$$

因计算挠度时 q 采用荷载标准值,所产生的应力 σ 比荷载设计值产生的应力小,可近似取 $\sigma = f/1.4$,式中的 1.4 相当于永久荷载和可变荷载二者分项系数的平均值,将 σ 值代入式(6-81)得

$$v = \frac{5fl^2}{24 \times 1.4Eh} \leqslant [v] \tag{6-82}$$

式中,h 即为梁的最小高度 h_{min},它与容许挠度 $[v]$ 之间的关系如下:

$$\frac{h_{min}}{l} \geqslant \frac{5f}{33.6E[v]/l} \tag{6-83}$$

为方便使用,将式(6-83)列成表 6-7 的形式。表中对 Q235 钢取 $f=215$ N/mm²,对 Q355 钢取 $f=305$ N/mm²。

表 6-7 受均布荷载的简支梁的 h_{min} 值

	$[v/l]$	1/250	1/400	1/500	1/600	1/750
$\dfrac{h_{min}}{l}$	Q235	1/26	1/16	1/13	1/11	1/8.5
	Q355	1/18	1/11	1/9	1/7.5	1/6

(3)经济高度 h_e

按抗弯强度和整体稳定的要求,梁截面应有一定的抵抗矩 W_x。为达到此 W_x,梁高可以取

大些,也可以取小些。梁的高度大时,翼缘板用钢可减少而腹板用钢量增多;梁的高度小时,腹板用钢量可减少而翼缘用钢量则增加。经济梁高应使腹板和翼缘总用钢量最少,即截面积最小。下面介绍经济梁高 h_e 的一种近似公式的推导方法。

梁的用钢量与截面积成正比。设梁的截面面积为 A,一个翼缘的面积为 A_f,腹板厚度 t_w,腹板高为 h_w,梁的惯性矩为 I_x。于是

$$A = 2A_f + t_w h_w \tag{6-84}$$

$$I_x = 2A_f\left(\frac{h_w}{2}\right)^2 + \frac{t_w h_w^3}{12} = \frac{A_f h_w^2}{2} + \frac{t_w h_w^3}{12}$$

式中,梁高近似取腹板高度 h_w。又因 $f = \dfrac{M_x}{I_x} \cdot \dfrac{h_w}{2}$(取 $\gamma_x = 1.0$),所以

$$\frac{M_x}{f} \cdot \frac{h_w}{2} = I_x = \frac{A_f h_w^2}{2} + \frac{t_w h_w^3}{12}$$

整理得

$$A_f = \frac{M_x}{h_w f} - \frac{t_w h_w}{6} \tag{6-85}$$

将式(6-85)代入式(6-84),得

$$A = 2\left(\frac{M_x}{h_w f} - \frac{t_w h_w}{6}\right) + t_w h_w = \frac{2M_x}{h_w f} + \frac{2t_w h_w}{3}$$

经济高度应使梁的截面面积 A 最小,于是有

$$\frac{\mathrm{d}A}{\mathrm{d}h_w} = -\frac{2M_x}{h_w^2 f} + \frac{2}{3}t_w = 0$$

由上式解出

$$h_w = \sqrt{\frac{3M_x}{ft_w}} \tag{6-86}$$

在极值点附近,h_w 偏离 $10\% \sim 20\%$ 时,只影响用钢量的 $1\% \sim 3\%$,所以不必过分准确。考虑到腹板加劲肋等其他一些因素的影响,将式(6-86)写成式(6-87)形式作为梁截面经济高度的计算公式:

$$h_e = \sqrt{\frac{\alpha M_x}{ft_w}} \tag{6-87}$$

式中,α 可根据经验取值,t_w 为腹板厚度,通常的使用厚度为 $8 \sim 16$ mm。

经济高度公式也可选用下式,它也是用简化方法推导的近似公式:

$$h_e = 7\sqrt[3]{W_x} - 300 \quad (\text{mm}) \tag{6-88}$$

式中,$W_x = \dfrac{M_x}{\gamma_x f}(\text{mm}^3)$。

根据容许最大梁高、最小梁高和经济梁高,同时考虑供料和加工情况,实际所选用的梁高 h 一般应满足:

$$\left.\begin{array}{c} h_{min} \leqslant h \leqslant h_{max} \\ h \approx h_e \end{array}\right\} \tag{6-89}$$

2. 腹板高度 h_w 和厚度 t_w

梁的腹板高度 h_w 可取稍小于梁高 h 的数值(因翼缘板厚度相对于 h 较小),考虑到钢板的规格尺寸,常将腹板高度取为 50 mm 的倍数。

梁腹板的厚度可根据下面两个参考厚度确定:

(1)抗剪要求的最小厚度。梁的剪力主要由腹板承受,应根据梁端最大剪力按翼缘不参加

工作的矩形腹板计算：

$$t_{\mathrm{w}} \geqslant \frac{1.5 V_{\max}}{h_{\mathrm{w}} f_{\mathrm{v}}}$$ (6-90)

(2)考虑腹板局部稳定和构造需要的经验厚度：

$$t_{\mathrm{w}} \approx 7 + 0.003h \ (\mathrm{mm})$$ (6-91)

腹板厚度不应小于 6 mm，并取为 2 mm 的倍数。

3. 翼缘的宽度 b 和厚度 t

腹板高度 h_{w} 和厚度 t_{w} 确定之后，可由式(6-85)计算出一个翼缘板所需的面积 A_{f}。翼缘宽度 b 一般应参考下列条件选定：

(1)翼缘的局部稳定要求自由外伸宽度 b' 与其厚度 t 之比 $b'/t \leqslant 15\varepsilon_{\mathrm{k}}$，当考虑梁截面发展部分塑性时应取 $b'/t \leqslant 13\varepsilon_{\mathrm{k}}$。

(2)一般采用 $b = (1/6 \sim 1/2.5)h$，这样可不必计算梁的整体稳定。

(3)应使 b 满足使用条件和构造要求。如一般梁的 $b \geqslant 180$ mm；吊车梁的 $b \geqslant 300$ mm；铁路钢板梁的 $b \geqslant 240$ mm 等。

翼缘宽度 b 确定后，根据翼缘面积 A_{f} 并考虑局部稳定条件确定翼缘厚度 t。

(二)截面验算

上述试选截面基本上已满足要求，但在选择截面时多采用简化或近似公式，还需要进一步准确计算出各项截面特性，然后进行精确的截面验算。根据验算结果，必要时再对截面进行调整。

验算项目包括强度(具体为抗弯强度、抗剪强度、局部压应力、折算应力、疲劳强度)、刚度、整体稳定和局部稳定。翼缘的局部稳定一般在确定翼缘尺寸时就已满足。腹板的局部稳定一般通过设置加劲肋予以保证。

如果梁截面沿长度有变化，则其挠度、剪应力和有关的折算应力、疲劳强度可在变截面设计后进行验算。

(三)梁截面沿长度的改变

简支梁的弯矩图通常为两端小中间大的形状，剪力图则相反。根据弯矩图的变化，将工字形截面梁由中部向端部方向将翼缘宽度逐渐减小或将腹板高度逐渐减小，可以达到节约钢材的目的。同理，根据剪力图的变化，将主要承担剪力的腹板由梁端部至中部逐渐减薄也是合理的。图 6-38 是梁截面沿长度的改变示意图。

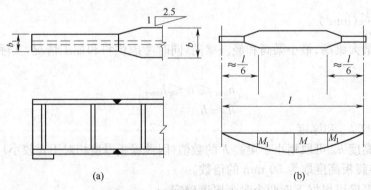

图 6-38　梁的截面沿长度改变

对于单层翼缘板的焊接梁,通常宜改变翼缘板的宽度而厚度不变,因厚度变化处的应力集中比较严重。分析表明,截面改变一次可节约钢材 $10\%\sim20\%$,改变两次最多只能再节约 $3\%\sim4\%$,所以一般只改变一次截面。变截面点的位置可按弯矩包络图由计算确定,通过计算可知,对于承受均布荷载的简支梁,约在距支座 1/6 处变截面较为经济。

翼缘改变后的宽度 b_1 可由变截面点弯矩 M_1 和具体构造确定,并应计算该处截面腹板与翼缘交接处的折算应力,需要时还应验算疲劳强度。为了减少应力集中,翼缘宽度从 b 到 b_1 应从转折点开始匀顺过渡,坡度应≤1∶2.5(对直接承受动力荷载且需验算疲劳的梁,坡度应≤1∶4)。

多层翼缘板的梁,可用切断外层板的方法来改变梁截面(图 6-39)。理论切断点的位置可由计算确定。为了保证被切断的翼缘板在理论切断处能正常参加工作,其外伸长度应满足下列要求:

端部有正面角焊缝:当 $h_f \geqslant 0.75t_1$ 时,$l_1 \geqslant b_1$;当 $h_f < 0.75t_1$ 时,$l_1 \geqslant 1.5b_1$。

端部无正面角焊缝:$l_1 \geqslant 2b_1$。

以上式中,b_1 和 t_1 分别为被切断翼缘板的宽度和厚度;h_f 为侧面角焊缝和正面角焊缝的焊脚尺寸。

有时为了降低建筑高度,简支梁可在靠近支座处减小其高度,梁端部的高度根据抗剪强度要求确定,但不宜小于跨中高度的 1/2,如图 6-40 所示。

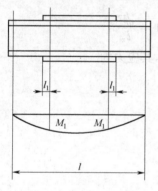

图 6-39 翼缘板切断

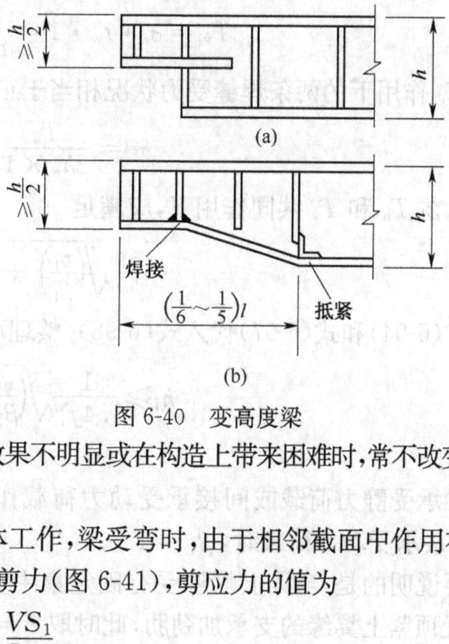

图 6-40 变高度梁

对于跨度较小的梁,当截面改变所得的经济效果不明显或在构造上带来困难时,常不改变截面。

(四)焊接梁翼缘焊缝的计算

焊接组合梁通过连接焊缝保证截面的整体工作,梁受弯时,由于相邻截面中作用在翼缘上的弯曲应力有差值,在翼缘与腹板之间将产生剪力(图 6-41),剪应力的值为

$$\tau = \frac{VS_1}{I_x t_w} \tag{6-92}$$

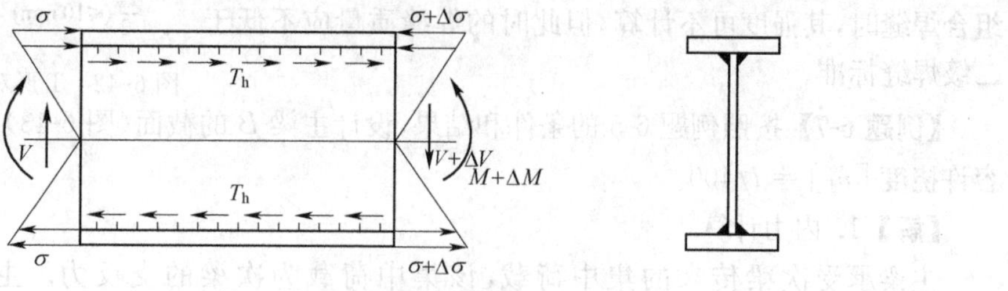

图 6-41 翼缘焊缝的水平剪力

于是,沿水平方向单位长度的剪力 T_h 为

$$T_h = \frac{VS_1}{I_x t_w} \cdot t_w \cdot 1 = \frac{VS_1}{I_x} \tag{6-93}$$

式中　V——所计算截面处梁的剪力;

　　　　I_x——梁截面对 x 轴的惯性矩;

　　　　S_1——一个翼缘板对梁截面中和轴的面积矩。

为了保证翼缘和腹板的整体工作,应使两条角焊缝的剪应力 τ_f 不超过角焊缝的强度设计值 f_f^w ,即

$$\tau_f = \frac{T_h}{2h_e \times 1} = \frac{VS_1}{1.4 h_f I_x} \leqslant f_f^w \tag{6-94}$$

于是,可得焊脚尺寸应满足

$$h_f \geqslant \frac{VS_1}{1.4 f_f^w I_x} \tag{6-95}$$

当梁的翼缘上承受移动集中荷载或承受固定集中荷载而未设置支承加劲肋时,连接焊缝不仅承受由于梁弯曲而产生的水平剪力 T_h 的作用,同时还承受由集中压力 F 所产生的垂直剪力 T_v 的作用。单位长度上的垂直剪力可依下式计算:

$$T_v = \sigma_c \cdot t_w \cdot 1 = \frac{\psi F}{t_w l_z} \cdot t_w \cdot 1 = \frac{\psi F}{l_z} \tag{6-96}$$

在 T_v 作用下的两条焊缝受力状况相当于正面角焊缝,其应力为

$$\sigma_f = \frac{T_v}{2h_e \times 1} = \frac{\psi F}{1.4 h_f l_z} \tag{6-97}$$

因此在 T_h 和 T_v 共同作用下,应满足

$$\sqrt{\left(\frac{\sigma_f}{\beta_f}\right)^2 + \tau_f^2} \leqslant f_f^w \tag{6-98}$$

将式(6-94)和式(6-97)代入式(6-98),整理可得

$$h_f \geqslant \frac{1}{1.4 f_f^w} \sqrt{\left(\frac{\psi F}{\beta_f l_z}\right)^2 + \left(\frac{VS_1}{I_x}\right)^2} \tag{6-99}$$

当梁承受静力荷载或间接承受动力荷载作用时,$\beta_f = 1.22$;直接承受动力荷载时,$\beta_f = 1.0$。

需要说明的是,当梁上翼缘受有固定集中荷载时,宜在该处设置顶紧上翼缘的支承加劲肋,此时取 $F = 0$。另外,当腹板与翼缘的连接焊缝采用如图 6-42 的 T 形对接与角接组合焊缝时,其强度可不计算,但此时的焊缝质量应不低于二级焊缝标准。

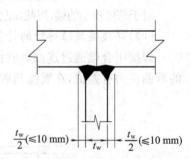

$$\frac{t_w}{2}(\leqslant 10\text{ mm}) \quad t_w \quad \frac{t_w}{2}(\leqslant 10\text{ mm})$$

图 6-42　T 形对接与角接组合焊缝

【例题 6-7】按照例题 6-5 的条件和结果,设计主梁 B 的截面(图 6-43)。工作平台主梁的容许挠度 $[v_T] = l/400$。

【解】1. 内力计算

主梁承受次梁传来的集中荷载,该集中荷载为次梁的支反力。主梁的计算简图如图 6-43(a)所示。集中荷载 F 为两个次梁传来的支座反力,故其值为

$$F = 2 \times 92.92 = 185.84 \text{ (kN)}$$

支座边缘处剪力设计值最大：

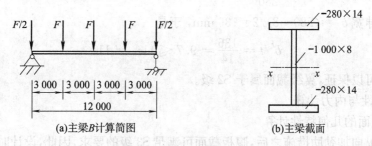

图 6-43　例题 6-7 图（单位:mm）

$$V = \frac{3}{2}F = \frac{3}{2} \times 185.84 = 278.76 \text{ (kN)}$$

主梁跨中截面弯矩设计值最大：

$$M_x = 278.76 \times 6 - 185.84 \times 3 = 1\,115.04 (\text{kN} \cdot \text{m})$$

2. 初选截面

（1）腹板高度和厚度选择

因净空无条件限制，故不存在容许最大梁高 $h_{\max}$。按 Q235 钢材，$[v/l]=1/400$，查表 6-7，可得容许最小梁高 $h_{\min}$ 为

$$h_{\min} = \frac{l}{16} = \frac{12\,000}{16} = 750(\text{mm})$$

经济梁高：

$$W_x = \frac{M_x}{\gamma_x f} = \frac{1\,115.04 \times 10^6}{1.05 \times 215} = 4.939 \times 10^6 (\text{mm}^3)$$

$$h_e = 7\sqrt[3]{W_x} - 300 = 7 \times \sqrt[3]{4.939 \times 10^6} - 300 = 892 \text{ (mm)}$$

参照以上数据，考虑到较大的梁高有利于梁的刚度提高，本例题初选腹板高度 $h_w = 1\,000$ mm。

按抗剪强度要求，所需腹板厚度为

$$t_w \geqslant \frac{1.5 V_{\max}}{h_w f_v} = \frac{1.5 \times 278.76 \times 10^3}{1\,000 \times 125} = 3.3 \text{ (mm)}$$

按经验公式（6-91）求腹板厚度（近似取 $h \approx h_w = 1\,000$ mm）：

$$t_w = 7 + 0.003 \times 1\,000 = 10 \text{ (mm)}$$

考虑到抗剪强度要求的腹板厚度很小，而且腹板高度 h_w 取值较大，选 $t_w = 8$ mm。

由于腹板的高厚比为 $h_w/t_w = 1\,000/8 = 125 > 124\varepsilon_k$，腹板截面等级属于 S5，为了计算时采用全截面以及考虑部分发展塑性，应在腹板设置纵向加劲肋。假定纵向加劲肋距离截面上边缘 250 mm，则分隔而成的两部分可以满足 S3 级别的要求（可根据应力梯度判断，具体见"拉弯压弯构件"一章）。

（2）翼缘的宽度和厚度的选择

每个翼缘所需截面积为

$$A_f = \frac{M_x}{h_w f} - \frac{t_w h_w}{6} = \frac{1\,115.04 \times 10^6}{100 \times 215} - \frac{8 \times 1\,000}{6} = 3\,853 \text{ (mm}^2)$$

试选翼缘宽 $b=280\ \text{mm}$，则所需厚度为

$$t=\frac{3\ 853}{280}=13.8\ (\text{mm})\quad 取\ t=14\ \text{mm}$$

今翼缘外伸宽 $b'=(280-8)/2=136\ \text{mm}$，于是

$$\frac{b'}{t}=\frac{136}{14}=9.7\leqslant 11\varepsilon_k=11$$

翼缘局部稳定可以保证，翼缘截面属于 S2 级。

3. 截面特性与内力计算

（1）所选截面的几何特性计算

采取设置纵向加劲肋措施之后，腹板截面可满足 S3 级的要求，因此，设计时可以用全截面计算，且可考虑部分发展塑性。

截面积为 $\quad A=100\times 0.8+2\times 28\times 1.4=158.4\ (\text{cm}^2)$

对 x 轴的惯性矩为

$$I_x=\frac{0.8\times 100^3}{12}+2\times 28\times 1.4\times\left(\frac{100+1.4}{2}\right)^2=66\ 667+201\ 526=268\ 193\ (\text{cm}^4)$$

以上计算忽略了翼缘对自身轴的惯性矩。

对 x 轴的截面模量为 $\quad W_x=\dfrac{I_x}{h/2}=\dfrac{268\ 193}{51.4}=5\ 218\ (\text{cm}^3)$

（2）考虑自重后的内力计算

主梁的自重荷载标准值：

$$158.4\times 10^{-4}\times 7\ 850\times 9.8\times 1.2=1\ 462(\text{N/m})$$

上式中，$7\ 850\ \text{kg/m}^3$ 为钢材的密度，1.2 为考虑加劲肋等的自重增大系数。

跨中截面设计弯矩为

$$M_{max}=1\ 115.04+1.3\times\frac{1}{8}\times 1.462\times 12^2=1\ 149.25\ (\text{kN}\cdot\text{m})$$

支座边缘处设计剪力为

$$V=278.76+1.3\times\frac{1}{2}\times 1.462\times 12=290.16\ (\text{kN})$$

4. 正应力、剪应力验算

$$\sigma=\frac{M_{max}}{\gamma_x W_x}=\frac{1\ 149.25\times 10^6}{1.05\times 5\ 218\times 10^3}=209.8\ (\text{N/mm}^2)<f=215\ \text{N/mm}^2$$

$$\tau=\frac{1.5V_{max}}{h_w t_w}=\frac{1.5\times 290.16\times 10^3}{1\ 000\times 8}=54.4(\text{N/mm}^2)<f_v=125\ \text{N/mm}^2$$

均满足要求。

5. 折算应力验算

验算截面取 $l/4$ 处，即距左支座 3 m 处(因该截面弯矩和剪力都较大)。

截面设计剪力：

$$V=290.16-1.3\times 1.462\times 3=284.46(\text{kN})$$

截面设计弯矩：$M_x=290.16\times 3-1.3\times\dfrac{1}{2}\times 1.462\times 3^2=863.68(\text{kN}\cdot\text{m})$

对该截面的腹板计算高度边缘位置进行验算：

$$\sigma = \frac{M_x}{I_n} y_1 = \frac{863.68 \times 10^6}{268\ 193 \times 10^4} \times 500 = 161.0 (\text{N/mm}^2)$$

$$\tau = \frac{VS}{It_w} = \frac{284.46 \times 10^3 \times (280 \times 14 \times 507)}{268\ 193 \times 10^4 \times 8} = 26.3 (\text{N/mm}^2)$$

$$\sqrt{\sigma^2 + 3\tau^2} = \sqrt{161.0^2 + 3 \times 26.3^2} = 167.3 (\text{N/mm}^2) < 1.1 \times 215 = 236.5 (\text{N/mm}^2)$$

由验算知满足要求。

6. 局部压应力和疲劳强度验算

次梁作用处,应在主梁腹板设置支承加劲肋,不需验算腹板的局部压应力。因工作平台无动力荷载,疲劳强度也不需验算。

7. 整体稳定验算

由于梁上布置有刚性铺板,不会出现整体失稳,因此,不需验算主梁的整体稳定。

8. 刚度验算

在图 6-43 中,次梁传来的集中荷载 F 的标准值为

$$F_k = 20.9 \times 6 + 0.517 \times 6 = 128.5 (\text{kN})$$

主梁跨中最大挠度为

$$v = \frac{5q_k l^4}{384EI} + \frac{19}{384} \cdot \frac{F_k l^3}{EI}$$

式中,q_k 为主梁的自重荷载标准值。将有关数值代入,则

$$v = \frac{5 \times 1.462 \times 12\ 000^4}{384 \times 206 \times 10^3 \times 268\ 193 \times 10^4} + \frac{19}{384} \times \frac{128.5 \times 10^3 \times 12\ 000^3}{206 \times 10^3 \times 268\ 193 \times 10^4}$$

$$= 20.6 (\text{mm}) < \frac{l}{400} = 30\ \text{mm} \quad (\text{满足要求})$$

【例题 6-8】计算例题 6-7 中主梁翼缘和腹板的局部稳定性。

【解】梁翼缘的宽厚比为

$$\frac{b'}{t} = \frac{(280 - 8)/2}{14} = \frac{136}{14} = 9.7 < 13\varepsilon_k = 13 (\text{满足要求})$$

梁腹板高厚比为

$$\frac{h_0}{t_w} = \frac{100}{0.8} = 125$$

其值在 $80\varepsilon_k$ 和 $150\varepsilon_k$ 之间,应该按照计算配置横向加劲肋。

1. 中间加劲肋的设计和区格验算

加劲肋的截面选用 $-1\ 000\ \text{mm} \times 80\ \text{mm} \times 8\ \text{mm}$,此时,外伸宽度 $80\ \text{mm} > 1\ 000/30 + 40 = 73.3\ \text{mm}$,厚度 $8\ \text{mm} > 80/19 = 42\ \text{mm}$,满足构造要求。为避免焊缝交叉,将加劲肋切角 $30\ \text{mm} \times 40\ \text{mm}$,如图 6-44 所示。加劲肋上端面与翼缘用角焊缝焊接,下端面与翼缘顶紧,竖向与腹板用角焊缝焊接。

因次梁位置要承受固定的集中荷载,所以应设置加劲肋,取 $a = 150\ \text{cm}$,满足 $0.5h_0 \leqslant a \leqslant 2h_0$ 的要求。区格的验算可以按照 $\sigma_c = 0$ 的梁进行。

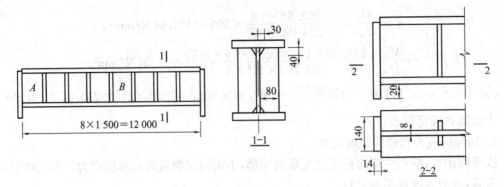

图 6-44   例题 6-8 图(单位:mm)

(1)距离左端支座最近的区格 A 的局部稳定验算

①应力计算

区格 A 左端的内力值: $V_l = 290.16$ kN, $M_l = 0$

区格 A 右端的内力值:

$$V_r = 290.16 - 1.3 \times 1.462 \times 1.5 = 287.31(kN)$$

$$M_r = 290.16 \times 1.5 - 1.3 \times 1.462 \times 1.5^2/2 = 433.10(kN \cdot m)$$

区格 A 平均应力:

$$\sigma = \frac{(M_r + M_l)/2}{W} = \frac{(433.10 + 0) \times 10^6/2}{5\,218 \times 10^3} = 41.50(N/mm^2)$$

$$\tau = \frac{(V_r + V_l)/2}{h_0 t_w} = \frac{(287.31 + 290) \times 10^3/2}{8 \times 1\,000} = 36.09(N/mm^2)$$

②临界屈曲应力

设次梁能有效约束主梁受压翼缘的扭转,则

$$\lambda_{n,b} = \frac{2h_c/t_w}{177} \frac{1}{\varepsilon_k} = \frac{1\,000/8}{177} = 0.706$$

因为 $\lambda_{n,b} \leqslant 0.85$,故 $\sigma_{cr} = f = 215$ N/mm^2。由于 $a/h_0 = 150/100 = 1.5 > 1.0$,所以

$$\lambda_{n,s} = \frac{h_0/t_w}{37\eta \sqrt{5.34 + 4(h_0/a)^2}} \cdot \frac{1}{\varepsilon_k} = \frac{1\,000/8}{37 \times 1.11 \sqrt{5.34 + 4(1\,000/1\,500)^2}} = 1.15$$

由于 $0.8 < \lambda_{n,s} \leqslant 1.2$,所以

$$\tau_{cr} = [1 - 0.59(\lambda_{n,s} - 0.8)]f_v = [1 - 0.59(1.15 - 0.8)] \times 125 = 99\ (N/mm^2)$$

③局部稳定验算

将以上数值代入式(6-69),有

$$\left(\frac{41.50}{215}\right)^2 + \left(\frac{36.09}{99}\right)^2 = 0.170 < 1.0$$

区格 A 满足局部稳定要求。

(2)跨中腹板区格 B 的局部稳定验算

①应力计算

区格 B 左端(跨中截面)的内力值:

剪力由集中荷载引起,由于该位置处作用有集中荷载,故剪力会有突变。取该截面以右的

剪力值,为 $V_l = 278.76 - 185.84 = 92.92(\text{kN})$。

前已求出,弯矩 M_l 为跨中弯矩为 $1\,149.25\,\text{kN·m}$。

区格 B 右端的内力值:

剪力 $\qquad V_r = 290.16 - 1.3 \times 1.462 \times 4.5 - 185.84 = 95.77(\text{kN})$

弯矩 $\qquad M_r = 290.16 \times 4.5 - 1.3 \times 1.462 \times 4.5^2/2 - 185.84 \times 1.5 = 1\,007.72(\text{kN·m})$

区格 B 平均应力:

$$\sigma = \frac{(M_r + M_l)/2}{W} = \frac{(1\,007.72 + 1\,149.25) \times 10^6/2}{5\,218 \times 10^3} = 206.7(\text{N/mm}^2)$$

$$\tau = \frac{(V_r + V_l)/2}{h_0 t_w} = \frac{(95.77 + 92.92) \times 10^3/2}{8 \times 1\,000} = 11.79(\text{N/mm}^2)$$

②临界屈曲应力

σ_{cr}、τ_{cr} 的值同区格 A,即

$$\sigma_{cr} = 206\,\text{N/mm}^2, \qquad \tau_{cr} = 99\,\text{N/mm}^2$$

③局部稳定验算

将有关数值代入式(6-69),有

$$\left(\frac{206.7}{215}\right)^2 + \left(\frac{11.79}{99}\right)^2 = 0.938 < 1.0$$

区格 B 满足局部稳定要求。

(若认为主梁受压翼缘的扭转未受到约束,经计算,可得 $\lambda_{n,b} = 0.906$,此时 $\sigma_{cr} = f = 205\,\text{N/mm}^2$,将有关数值代入公式(6-69),可得区格 B 局部稳定验算值 $= 1.02 > 1.0$,略超出限值要求。)

2. 支承加劲肋的设计

梁的两端采用突缘式支承加劲肋,截面尺寸选为 $-1\,034\,\text{mm} \times 140\,\text{mm} \times 14\,\text{mm}$,伸出翼缘下端 $20\,\text{mm}$,满足小于 $2t_s = 28\,\text{mm}$ 的要求。

(1)稳定性验算

计算主梁的支座反力时,需要考虑主梁两个端部的次梁集中力作用,该集中力按照 $F/2$ 取值。于是,支座反力为

$$N = 290.16 + 185.84/2 = 383.08(\text{kN})$$

考虑加劲肋一侧 $15t_w \varepsilon_k$ 范围内的腹板面积,则有效截面积:

$$A = 140 \times 14 + 15 \times 8 \times 8 = 2\,920(\text{mm}^2)$$

绕腹板中线(z 轴)的截面惯性矩为

$$I_z = 14 \times 140^3/12 + 15 \times 8 \times 8^3/12 = 321 \times 10^4(\text{mm}^4)$$

绕 z 轴的回转半径 $\qquad i_z = \sqrt{\dfrac{321 \times 10^4}{292}} = 33.2\,(\text{mm})$

绕 z 轴的长细比 $\qquad \lambda_z = 1\,000/33.2 = 30.1$

截面类型可以是 b 类(翼缘为焰切边),也可以是 c 类(翼缘为轧制边或剪切边),现按截面类型属于 c 类查附表 1-11,得 $\varphi = 0.901$,于是

$$\frac{N}{\varphi A} = \frac{383.08 \times 10^3}{0.901 \times 2\,920 \times 215} = 0.677 < 1.0\;(\text{满足要求})$$

(2)承压强度验算

承压面积 $\qquad A_b = 140 \times 14 = 1.96 \times 10^3(\text{mm}^2)$

查附表 1-1,得钢材端面承压强度设计值 $f_{ce}=325$ N/mm^2。则承压强度为

$$\sigma=\frac{N}{A_b}=\frac{383.08\times10^3}{1.96\times10^3}=198.5(N/mm^2)<f_{ce}=325 \text{ N/mm}^2 \quad (满足要求)$$

第八节　考虑腹板屈曲后强度的梁

当梁腹板高厚比较大时,一方面,可以通过设置加劲肋的方法避免发生局部屈曲;另一方面,试验表明,即使腹板发生了屈曲也并非立即失效,而是仍能继续承载,这就是屈曲后的强度(post-buckling strength)。对于翼缘,通常不能考虑其屈曲后强度,而对于腹板,GB 50017 规定,承受静力荷载和间接承受动力荷载的组合梁宜考虑腹板屈曲后强度(此时,腹板的高厚比仍不得大于 250)。

一、腹板屈曲后的抗剪承载力

腹板区格在受剪时产生主拉应力和主压应力。当主压应力达到一定程度时,迫使腹板屈曲,此时主拉应力还未达到限值,因此,腹板还可以通过斜向的"拉应力场"(tension field)承受继续增加的剪力。腹板、翼缘、横向加劲肋形成一种类似桁架的作用,腹板的受力类似于桁架中的斜拉杆,横向加劲肋则类似于竖压杆(图 6-45)。

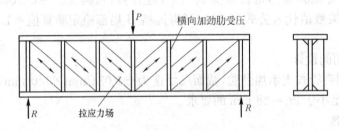

图 6-45　腹板中的张力场作用

规范规定,当考虑腹板屈曲后强度时,梁腹板抗剪承载力设计值 V_u 用下式计算:

当 $\lambda_{n,s}\leqslant0.8$ 时　　　　　　　　　$V_u=h_w t_w f_v$　　　　　　　　　　(6-100a)

当 $0.8<\lambda_{n,s}\leqslant1.2$ 时　$V_u=h_w t_w f_v[1-0.5(\lambda_{n,s}-0.8)]$　　　　(6-100b)

当 $\lambda_{n,s}>1.2$ 时　　　　　　　　　$V_u=h_w t_w f_v/\lambda_{n,s}^{1.2}$　　　　　　　(6-100c)

式中,$\lambda_{n,s}$ 为用于抗剪计算的腹板正则化宽厚比。

$$\lambda_{n,s}=\sqrt{\frac{f_{vy}}{\tau_{cr}}}=\frac{h_0/t_w}{41\sqrt{K}\varepsilon_k}\tag{6-101}$$

当 $a/h_0\leqslant1.0$ 时,$K=4.0+5.34\left(\frac{h_0}{a}\right)^2$;当 $a/h_0>1.0$ 时,$K=5.34+4.0\left(\frac{h_0}{a}\right)^2$;如果只设置支承加劲肋而使 a/h_0 很大时,则可取 $K=5.34$。

二、腹板屈曲后的抗弯承载力 M_{eu}

梁腹板在弯矩达到一定程度受压区出现凸曲变形,即发生屈曲后,若此时边缘应力未

达到屈服,则梁还能承受更大的荷载,但截面上的应力出现重分布,凸曲部分的应力不再继续随荷载增加而增大,甚至会有所减小,而压应力较小部分和受拉部分的应力继续增加,直至边缘应力达到屈服。

这时,可利用"有效截面"的概念计算腹板屈曲后的抗弯承载力 M_{eu}。如图 6-46 所示,图 6-46(a)为全截面有效的情况,图 6-46(b)中阴影部分为有效截面,可见由于受压区部分区域退出工作(称作失效区),中和轴下移。图 6-46(c)为实用计算所采用的有效截面图。按照有效截面计算时,认为截面受压区以及受拉区的应力均为直线分布,即按照材料力学的方法计算。

为了确定有效截面的截面模量,需要首先计算出失效区的高度与位置。令

$$\rho = h_e/h_c \tag{6-102}$$

式中,ρ 称为腹板受压区有效高度系数,h_e 为腹板受压区有效高度,h_c 为按照全部截面有效确定的腹板受压区高度。于是,失效区高度可以表示为 $(1-\rho)h_c$。综合考虑几何缺陷和残余应力等不利因素的影响,规范规定,ρ 的取值按下列公式计算:

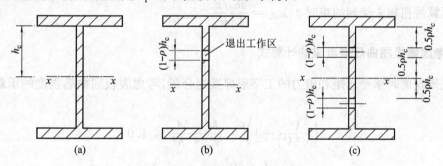

图 6-46 考虑腹板屈曲后强度的截面

$$\lambda_{n,b} > 1.25 \text{ 时} \qquad \rho = (1 - 0.2/\lambda_{n,b})/\lambda_{n,b} \tag{6-103a}$$

$$0.85 < \lambda_{n,b} \leqslant 1.25 \text{ 时} \qquad \rho = 1 - 0.82(\lambda_{n,b} - 0.85) \tag{6-103b}$$

$$\lambda_{n,b} \leqslant 0.85 \text{ 时} \qquad \rho = 1.0 \tag{6-103c}$$

以上公式依次与腹板弹性屈曲、弹塑性屈曲和不发生屈曲[式(6-103c)表示全截面参与工作]相对应。

由于采用图 6-46(b)作为计算简图确定有效截面的惯性矩十分不便,因此,分析时将其简化为图 6-46(c),具体采用了以下假定:

(1)有效截面的中和轴与全截面工作时的中和轴重合;

(2)有效截面受压区腹板失效区中心线与全截面工作时受压区腹板部分的中心线重合;

(3)为了保证假定(1),需要在腹板受拉区对称扣除 $(1-\rho)h_c$;

(4)计算惯性矩时不扣除失效区对自身形心轴的惯性矩。

于是,依据图 6-46(c),腹板有效截面对 x 轴的惯性矩可按下式计算:

$$I_{we} = I_w - 2(1-\rho)h_c t_w \left[\frac{1}{2}\rho h_c + \frac{1}{2}(1-\rho)h_c \right]^2$$

上式简化后变为

$$I_{we} = I_w - \frac{1-\rho}{2} h_c^3 t_w \tag{6-104}$$

整个有效截面对 x 轴的惯性矩为腹板有效截面惯性矩 I_{we} 与翼缘惯性矩 I_f 之和,即

$$I_e = I_f + I_w - \frac{1-\rho}{2}h_c^3 t_w = I_x \left[1 - \frac{(1-\rho)h_c^3 t_w}{2I_x} \right] \tag{6-105}$$

可见,有效截面的惯性矩相当于对全部截面进行了折减。令

$$\alpha_e = 1 - \frac{(1-\rho)h_c^3 t_w}{2I_x} \tag{6-106}$$

α_e 为梁截面模量考虑腹板有效高度后的折减系数,则考虑腹板屈曲后强度的抗弯承载力设计值 M_{eu} 可以写成下式:

$$M_{eu} = \gamma_x \alpha_e W_x f \tag{6-107}$$

以上式中的 W_x、I_x、h_c 均为按梁截面全部有效得到的值。计算 ρ 时所用的正则化宽厚比 $\lambda_{n,b} = \sqrt{f_y / \sigma_{cr}}$ 仍按纯弯曲作用下梁腹板局部稳定的公式计算,即

受压翼缘扭转受到约束时 $\lambda_{n,b} = \dfrac{2h_c/t_w}{177\varepsilon_k} \tag{6-108a}$

受压翼缘扭转未受到约束时 $\lambda_{n,b} = \dfrac{2h_c/t_w}{138\varepsilon_k} \tag{6-108b}$

三、考虑腹板屈曲后强度梁的计算式

规范规定同时承受弯矩和剪力的工字形焊接组合梁,考虑腹板屈曲后强度的承载力表达式为

$$\left(\frac{V}{0.5V_u} - 1 \right)^2 + \frac{M - M_f}{M_{eu} - M_f} \leqslant 1.0 \tag{6-109}$$

$$M_f = \left(A_{f1} \frac{h_{m1}^2}{h_{m2}} + A_{f2}h_{m2} \right) f \tag{6-110}$$

式中　M, V——荷载作用下梁同一截面上同时产生的弯矩和剪力设计值,当 $V \leqslant 0.5V_u$ 时,
取 $V = 0.5V_u$,当 $M \leqslant M_f$ 时,取 $M = M_f$;

　　M_f——梁两翼缘所承担的弯矩设计值;

　A_{f1},h_{m1}——较大翼缘的截面积及其形心至中和轴的距离;

　A_{f2},h_{m2}——较小翼缘的截面积及其形心至中和轴的距离;

M_{eu},V_u——梁腹板屈曲后的抗弯和抗剪承载力设计值,分别由式(6-107)和式(6-100)
计算。

将 M 和 V 的关系画成曲线如图 6-47 所示,该曲线表达了上述考虑腹板屈曲后强度的受弯和受剪承载力关系,其中,直线 1—2 对应的验算条件是:当 $M \leqslant M_f$ 时,$V \leqslant V_u$,其关系可由公式(6-109)得到,即根据当 $M \leqslant M_f$ 时,取 $M = M_f$ 这一条件,代入化简后可得,这表明当梁所受弯矩不超过由翼缘确定的抗弯能力 M_f 时,可以认为腹板不参与承担弯矩,故可以按梁的抗剪能力 V_u 验算;直线 3—4 对应的验算条件是:当 $V \leqslant 0.5V_u$ 时,$M \leqslant M_{eu}$,类似的在公式(6-109)中利用:当 $V \leqslant 0.5V_u$ 时,取 $V = 0.5V_u$ 这一条件可得,表明当剪力较小时(不超过 $0.5V_u$),梁的极限弯矩仍可取为 M_{eu};曲线 2—3 对应的是:当 $M > M_f$,且 $V > 0.5V_u$

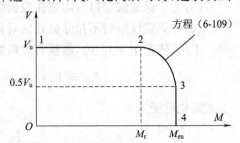

图 6-47　M 和 V 的相关曲线

时,由公式(6-109)表达的 M 和 V 的相关曲线进行验算,表明如果承受的弯矩大了,则能承受的剪力必然减小,反之亦然;其含义为:此时 M 已超过了两个翼缘的抗弯能力,验算承载力时必须考虑腹板对承担弯矩的贡献。

考虑腹板屈曲后强度,原则上除在支座处必须设置支承加劲肋外,跨中可根据计算不设或设横向加劲肋。对保证运输和安装构件不发生扭转等变形而按构造配置的横向加劲肋也可不限定满足 $a \leqslant 2h_0$。按式(6-109)验算时,一般应选择弯矩最大截面、剪力最大截面和弯矩与剪力相对较大的若干个控制截面进行梁的承载能力的验算。

四、考虑腹板屈曲后强度梁的加劲肋设计

如果仅设置支承加劲肋不能满足上述公式(6-109)要求时,应在腹板两侧成对设置横向加劲肋以减小区格的长度。横向加劲肋的间距 a 通常取 $(1 \sim 2) h_0$。

横向加劲肋的截面尺寸除了要满足前述构造要求外,还要考虑拉应力场竖向分力对其的作用,对中间横向加劲肋和上端受有集中压力的中间支承加劲肋,应按轴心受压构件计算其腹板平面外的稳定性。规范规定,轴心压力按下式计算:

$$N_s = V_u - \tau_{cr} h_w t_w + F \tag{6-111}$$

式中,τ_{cr} 为腹板区格的剪切屈曲临界应力,见式(6-61);F 为作用于中间支承加劲肋上的集中荷载。

计算腹板平面外稳定性时,受压构件的截面应包括加劲肋及其两侧各 $15t_w\varepsilon_k$ 范围内的腹板面积;计算长度取 h_0。

梁端部有两种处理方法,如图 6-48 所示。对于图 6-48(a),当支座加劲肋和它相邻的腹板利用屈曲后强度时,必须考虑拉力场水平分力 H 的影响,按压弯构件计算其在腹板平面外的稳定。此压弯构件的计算长度近似取为 h_0,H 的作用点在距腹板计算高度上边缘 $h_0/4$ 处。规范规定,当支座旁的区格 $\lambda_{n,s} \geqslant 0.8$ 时,支座加劲肋承受的水平力 H 按照下式计算:

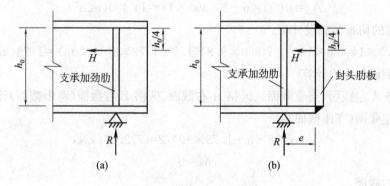

图 6-48 梁端支承加劲肋

$$H = (V_u - \tau_{cr} h_w t_w) \sqrt{1 + (a/h_0)^2} \tag{6-112}$$

式中,对设中间横向加劲肋的梁,a 取支座端区格的加劲肋间距;对不设中间加劲肋的腹板,取梁支座至跨内剪力为零点的距离。规范同时规定,中间横向加劲肋间距较大($a > 2.5h_0$)和不设置中间横向加劲肋的腹板,当满足仅设横向加劲肋的相关公式(式 6-69)时,可取 $H = 0$。

当支承加劲肋采用图 6-44(a)形式不能满足要求时,可采用图 6-48(b)的构造形式,此时加劲肋可当作承受支座反力 R 的轴心受压构件计算。加劲肋、封头肋板以及二者间的腹板组成一

个竖放的短梁,将其视为跨度为 h_0 的简支梁,则在水平力 H 作用下其最大弯矩为 $3h_0H/16$,假设此弯矩完全由竖梁的翼缘承担,将此弯矩等效为力偶,则可知封头肋板的截面积不应小于下式的数值:

$$A_c = \frac{3h_0H}{16ef} \qquad (6\text{-}113)$$

式中,e 为支承加劲肋与封头肋板中心间距,如图 6-48(b)所示,f 为钢材的抗拉强度设计值。

【例题 6-9】某主梁,其计算简图如图 6-49 所示。集中荷载设计值 $F = 170$ kN。今仅在集中荷载作用处设置加劲肋,中间加劲肋尺寸为—1 000 mm×80 mm×6 mm,支承加劲肋尺寸为—1 000 mm×100 mm×10 mm,均为双侧布置。用考虑腹板屈曲后强度的方法校核该梁是否满足规范要求,并对支承加劲肋进行设计。

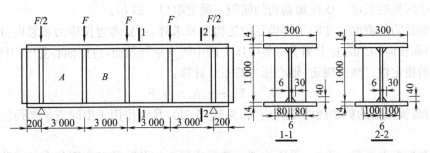

图 6-49　例题 6-9 图(单位:mm)

解: 1. 梁的截面特性

截面惯性矩 $I_x = 6 \times 1\,000^3/12 + 2 \times 14 \times 300 \times 507^2 = 2.659 \times 10^9 \,(\text{mm}^4)$

截面模量　　　$W_x = \dfrac{2.659 \times 10^9}{1\,028/2} = 5.173 \times 10^6 \,(\text{mm}^3)$

截面积　　　　$A = 1\,000 \times 6 + 2 \times 300 \times 14 = 14\,400 \,(\text{mm}^2)$

自重引起的均布荷载设计值:

　　$q = 1.3 \times 14\,400 \times 10^{-6} \times 7\,850 \times 9.8 \times 1.2 = 1.73 \times 10^3 \,(\text{N/m}) = 1.73 \,(\text{kN/m})$

2. 危险截面的内力计算

选取区格 A 左截面(支座截面)、区格 A 右截面、区格 B 右截面(跨中截面)计算。

区格 A 左截面(支座截面):

$$V = (175 \times 3 + 1.73 \times 12)/2 = 272.88 \,(\text{kN})$$

$$M = 0$$

区格 A 右截面:

此处剪力有突变,取较大者,$V = 272.88 - 1.73 \times 3 = 267.69 \,(\text{kN})$。

$$M = 272.88 \times 3 - \frac{1}{2} \times 1.73 \times 3^2 = 810.86 \,(\text{kN} \cdot \text{m})$$

区格 B 右截面(跨中截面)

此处剪力有突变,取较大者,$V = 272.88 - 175 - 1.73 \times 6 = 87.5 \,(\text{kN})$。

$$M = 272.88 \times 6 - 175 \times 3 - \frac{1}{2} \times 1.73 \times 6^2 = 1\,081.14 \,(\text{kN} \cdot \text{m})$$

3. 危险截面的强度验算

(1)计算 M_f、M_{eu} 与 V_u

翼缘达到塑性时可抵抗的弯矩设计值:

$$M_f = 2A_f h_1 f = 2 \times 14 \times 300 \times 507 \times 215 = 915.6 (\text{kN} \cdot \text{m})$$

正则化宽厚比

$$\lambda_{n,b} = \frac{2h_c/t_w}{177} \cdot \frac{1}{\varepsilon_k} = \frac{1\,000/6}{177} = 0.94$$

今 $0.85 < \lambda_{n,b} \leqslant 1.25$，从而 $\rho = 1 - 0.82(\lambda_{n,b} - 0.85) = 0.93$

$$\alpha_e = 1 - \frac{(1-\rho)h_c^3 t_w}{2I_x} = 1 - \frac{(1-0.93) \times 500^3 \times 6}{2 \times 2.659 \times 10^9} = 0.990$$

$$M_{eu} = \gamma_x \alpha_e W_x f = 1.0 \times 0.99 \times 5.173 \times 10^6 \times 215 = 1\,101.1 (\text{kN} \cdot \text{m})$$

由于腹板高厚比为 $1\,000/6 = 167$，故上式中取 $\gamma_x = 1.0$。

今 $a/h_0 = 3 > 1.0$，故

$$\lambda_{n,s} = \frac{h_0/t_w}{37\eta \sqrt{5.34 + 4(h_0/a)^2}} \frac{1}{\varepsilon_k} = \frac{1\,000/6}{37 \times 1.1 \sqrt{5.34 + 4(1\,000/3\,000)^2}} = 1.703$$

因为 $\lambda_{n,s} > 1.2$ $V_u = h_w t_w f_v / \lambda_{n,s}^{1.2} = 1\,000 \times 6 \times 125/1.703^{1.2} = 395.9 (\text{kN})$

(2)对区格 A 左截面验算

$$M = 0, \quad V = 272.88 \text{ kN}$$

$$\left(\frac{272.88}{0.5 \times 395.9} - 1\right)^2 = 0.143 < 1.0 (\text{满足要求})$$

(3)区格 A 右截面(即区格 B 左截面)验算

$$V = 267.69 \text{ kN}, \quad M = 810.86 \text{ kN} \cdot \text{m} < M_f = 915.6 \text{ kN} \cdot \text{m}$$

$$\left(\frac{267.69}{0.5 \times 395.9} - 1\right)^2 = 0.124 < 1.0 (\text{满足要求})$$

(4)对梁跨中截面验算

$$V = 87.5 \text{ kN}, \quad M = 1\,081.14 \text{ kN} \cdot \text{m}$$

$$\frac{1\,081.14 - 915.6}{1\,101.1 - 915.6} = 0.892 < 1.0 (\text{满足要求})$$

4. 中间加劲肋的验算

$$V_u = 395.9 \text{ kN}$$

中间加劲肋间距为 3 m，前已求得 $\lambda_{n,s} = 1.703 > 1.2$，故

$$\tau_{cr} = 1.1 f_v / \lambda_{n,s}^2 = 1.1 \times 125/1.703^2 = 47.4 (\text{N/mm}^2)$$

$$N_s = V_u - \tau_{cr} h_w t_w + F = 395.9 - 47.4 \times 1\,000 \times 6 \times 10^{-3} + 175 = 286.5 (\text{kN})$$

中间加劲肋按照十字形截面视为轴心受压构件验算其腹板平面外稳定性。

截面积 $A = 2 \times 80 \times 6 + (2 \times 15 \times 6 + 6) \times 6 = 2\,076 (\text{mm}^2)$

绕腹板中轴线的惯性矩近似取为 $I_z = 2 \times 6 \times 80^3/3 = 2.408 \times 10^6 (\text{mm}^4)$

长细比

$$\lambda_z = \frac{1\,000}{\sqrt{2.408 \times 10^6/2\,076}} = 29$$

按照 b 类查附表 1-10，得到 $\varphi = 0.939$，则

$$\frac{N}{\varphi A f} = \frac{286.5 \times 10^3}{0.939 \times 2\,076 \times 215} = 0.684 < 1.0$$

满足整体稳定性要求。

5. 支承加劲肋的验算

(1)腹板平面外的稳定性

支承加劲肋尺寸为－1 000 mm×100 mm×10 mm,两侧布置。该位置处支座反力为 272.88＋175/2＝360.38(kN)。

由于 $15t_w\varepsilon_k = 90$ mm<200 mm,故支座处加劲肋向两侧各延伸 90 mm 宽度。

截面积 $A = 2 \times 100 \times 10 + (2 \times 15 \times 6 + 6) \times 6 = 3\,116(\text{mm}^2)$

绕腹板中轴线的惯性矩近似取为 $I_z = 2 \times 10 \times 100^3/3 = 6.667 \times 10^6(\text{mm}^4)$

长细比 $$\lambda_z = \frac{1\,000}{\sqrt{6.667 \times 10^6/3\,116}} = 22$$

按照 b 类查附表 1-10,得到 $\varphi = 0.963$,则

$$\frac{N}{\varphi A f} = \frac{360.38 \times 10^3}{0.963 \times 3\,116 \times 215} = 0.559 < 1.0$$

满足整体稳定性要求。

(2)局部承压验算

承压面积 $\qquad A_b = 2 \times (100 - 30) \times 10 = 1\,400(\text{mm}^2)$

钢材端面承压强度设计值 $\qquad f_{ce} = 325$ N/mm²

$$\sigma = \frac{N}{A_b} = \frac{360.38 \times 10^3}{1\,400} = 257.4 \,(\text{N/mm}^2) < f_{ce} = 325 \text{ N/mm}^2$$

满足局部承压强度要求。

6. 封头肋板的验算

支座旁区格,由于 $\lambda_{n,s} = 1.703 > 1.2$,应考虑拉力场导致的水平力作用。

$$H = (V_u - \tau_{cr} h_w t_w)\sqrt{1 + (a/h_0)^2} = (395.9 - 47.4 \times 1\,000 \times 6 \times 10^{-3})\sqrt{1 + 3^2} = 346.9(\text{kN})$$

支承加劲肋采用如图 6-49 的构造,则封头肋板所需截面积为

$$A_c = \frac{3h_0 H}{16ef} = \frac{3 \times 1\,000 \times 346.9 \times 10^3}{16 \times 200 \times 215} = 1\,513(\text{mm}^2) < 10 \times 180 = 1\,800(\text{mm}^2) \text{ (满足要求)}$$

第九节　梁的拼接、连接和支座

一、梁的拼接

由于钢材供应、运输、安装过程中尺寸的限制,梁通常需要工厂拼接或工地拼接。

1. 拼接位置

梁的拼接位置,应尽量避开内力很大的截面。工厂拼接时,翼缘的拼接位置与腹板的拼接位置应错开,前者以距跨中稍远为宜,而后者则应靠近跨中。工地拼接时,为施工方便,一般将翼缘和腹板在同一截面处断开,其位置一般布置在弯曲应力较小处。

拼接位置还应与加劲肋位置或连接次梁的位置错开,之间距离不小于 $10\,t_w$。

2. 拼接方法

工厂拼接一般采用对接焊缝,并加引弧板,同时使焊缝的质量等级达到一级或二级标准。

工地拼接可采用对接焊缝、角焊缝加拼接板、高强度螺栓加拼接板中的一种,如图 6-50 所示。为方便施焊,应将上、下翼缘板切割成向上开口的 V 形坡口。在图 6-50(a)、(b)中,接头附近翼缘焊缝通常预留大约 500 mm 在工厂不焊,是为减少腹板对接焊缝施焊时产生过大的焊接应力。图中注明的数字是适宜的工地施焊顺序。

由于现场施焊条件较差,焊缝质量较难保证,对于较重要和承受动力荷载的大型钢梁,工地拼接常采用高强度螺栓加拼接板的方法,如图 6-50(c)所示。

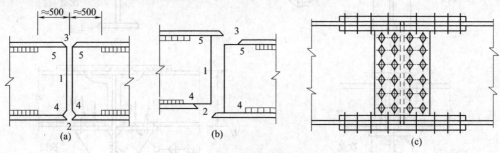

图 6-50 组合梁的工地拼接(单位:mm)

3. 拼接计算

对于能满足一、二级焊缝质量要求的对接焊缝,由于其与母材等强,故不需进行验算。

对于三级焊缝,应验算受拉翼缘和腹板上的最大拉应力是否小于 f_t^w,当强度不足时,可采用斜焊缝或采用拼接板拼接。

采用拼接板时,依据等承载力原则,拼接板的截面积应不小于相应的翼缘或腹板的截面积,并应对角焊缝或高强螺栓进行强度计算。对腹板的连接计算时,假定腹板承受全部剪力,弯矩则按腹板毛截面惯性矩占全部毛截面惯性矩的比例分配。对翼缘拼接板的螺栓进行计算时,可认为翼缘承受全部弯矩,并将该弯矩等效成力偶,于是螺栓群承受剪力作用。详细情况可参看例题6-10。

二、主梁与次梁的连接

次梁经由主梁传递荷载,根据次梁与主梁在交点的相对高度,分为叠接和平接两类。

1. 次梁与主梁叠接

叠接是把次梁直接置于主梁之上,用螺栓或焊缝固定其相对位置,如图 6-51 所示。叠接构造简单,但要求净空高度较大,使用常受到限制。

图 6-51(a)为次梁为简支梁时与主梁的连接构造,图 6-51(b)则为次梁为连续梁时与主梁的连接构造,当次梁荷载较重或主梁上翼缘较宽时,宜在主梁焊接一中心垫板,以保证传力明确。

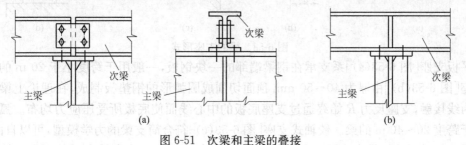

图 6-51 次梁和主梁的叠接

2. 次梁与主梁平接

平接是将次梁从侧面连接于主梁的横向加劲肋,依靠高强度螺栓传递次梁支座反力,如

图 6-52 所示。其中,图 6-52(a)、(b)、(c)表示次梁为简支梁时与主梁的连接构造,图 6-52(d)表示次梁为连续梁时与主梁的连接构造。

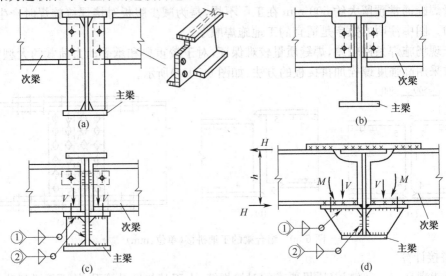

图 6-52 次梁和主梁的平接

连接处螺栓所承受的剪力为次梁的支座反力,当该力较大时,可在次梁下设置承托,如图 6-52(c)、(d)。此时,次梁的支座反力经焊缝①传给竖直板,再由②焊缝传给主梁腹板。具体计算时,通常将次梁的支座反力放大 20%~30%,而不考虑偏心的影响。

对于图 6-52(d),需要考虑次梁的弯矩传递问题。这时,可将梁端负弯矩分解为上翼缘拉力和下翼缘压力的力偶,力的大小为 $N = M/h$(M 为次梁支座处弯矩,h 为次梁高度),上翼缘之上的连接盖板传递拉力,次梁下翼缘的承托水平顶板传递压力。

三、梁的支座

钢梁支承于砌体或钢筋混凝土上的支座有 3 种传统形式,其简化图示见图 6-53。

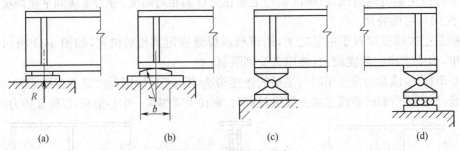

图 6-53 梁的支座形式

平板支座[图 6-53(a)]系支承在钢梁端部的一块钢板,一般用于跨度小于 20 m 的梁。弧形支座[图 6-53(b)]由厚为 40~50 mm 顶面切削成圆弧形的钢垫板制成,在理论上梁底面与支座为线接触,支座反力 R 始终通过支座底板的中心线而使底板所受压应力均布。弧形支座常用于跨度 20~40 m 的梁。铰轴式支座[图 6-53(c)]符合简支梁的力学模型,可以自由转动,下面设置辊轴时称辊轴支座[图 6-53(d)],与铰轴支座配合安装在简支梁的两端。铰轴式支座适用于跨度大于 40 m 的梁。

为防止支座板下的支承材料被压坏，支座板与支承结构顶面的接触面积应由下式确定：

$$A = ab \geqslant \frac{R}{f_c} \qquad (6\text{-}114)$$

式中　R——支座反力；

　　　　f_c——支承材料的承压强度设计值；

　　　　a，b——支座底板的长和宽；

　　　　A——支座底板的平面面积。

支座底板的厚度，应根据支座反力对底板产生的最大弯矩来计算，且不宜小于 12 mm。弯矩计算模型为悬臂梁，对于下翼缘宽度较大的 H 型钢，计算位置为翼缘与圆弧相切处（按塑性截面模量确定板厚），而工字型钢则可取在翼缘趾尖处（按弹性截面模量确定板厚）。

对于弧形支座和辊轴支座，为防止圆弧面与钢板接触面劈裂应力太大，应按下式验算：

$$R \leqslant 40ndlf^2/E \qquad (6\text{-}115)$$

式中　n——辊轴数目，对弧形支座 $n = 1$；

　　　　d——对辊轴支座为辊轴直径，对弧形支座为弧形表面接触点曲率半径 r 的 2 倍；

　　　　l——弧形表面或辊轴与平板的接触长度。

铰轴式支座的圆柱形枢轴，当两相同半径的圆柱形弧面自由接触的中心角 $\theta \geqslant 90°$ 时，其承压应力应满足：

$$\sigma = \frac{2R}{dl} \leqslant f \qquad (6\text{-}116)$$

式中　d——枢轴直径；

　　　　l——枢轴纵向接触面长度。

【例题 6-10】一焊接工字形截面钢梁采用高强度螺栓拼接，如图 6-54 所示。钢梁截面为：翼缘板 2－180 mm×12 mm，腹板－400 mm×8 mm，钢材为 Q235B。拼接处弯矩设计值 $M_x = 153$ kN·m，剪力设计值 $V = 140$ kN，采用 M16 的高强度螺栓摩擦型连接（标准孔，孔径 17.5 mm），接触面采用抛丸处理，试设计此拼接接头。

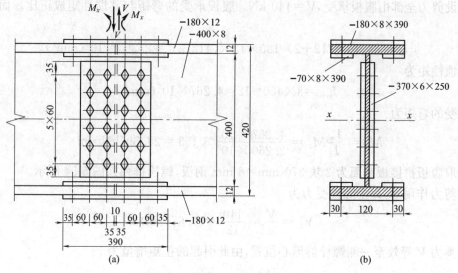

图 6-54　例题 6-10 图（单位：mm）

【解】 1. 一个摩擦型高强度螺栓的抗剪承载力设计值

查表 4-7,可知抗滑移系数 $\mu=0.40$;查表 4-6,得 10.9 级 M16 螺栓的预拉力设计值 $P=100$ kN。传力摩擦面数目 $n_f=2$,于是

$$N_v^b = 0.9kn_f\mu P = 0.9 \times 2 \times 0.40 \times 100 = 72(\text{kN})$$

2. 翼缘板的拼接设计

假设翼缘板承受全部弯矩,并将此弯矩等效成力偶,则翼缘拼接板应传递的轴向力为

$$N_f = \frac{M_x}{h} = \frac{153 \times 10^3}{400 + 12} = 371.36(\text{kN})$$

于是,连接一侧需要的螺栓数为

$$n = \frac{N_f}{N_v^b} = \frac{371.36}{72} = 5.2$$

采用 6 个,分成两排布置。

按毛截面屈服计算所需的翼缘拼接板面积为

$$A = \frac{N_f}{f} = \frac{371.36 \times 10^3}{215} = 1\ 727(\text{mm}^2)$$

初选用厚度为 8 mm 的钢板,翼缘外侧一块 180 mm×8 mm,翼缘内侧 2 块 70 mm×8 mm,则可以提供的毛截面积为

$$180 \times 8 + 2 \times 70 \times 8 = 2\ 560(\text{mm}^2)$$

验算净截面拉断(按螺栓公称直径加上 4 mm 计算螺栓孔削弱):

$$\frac{N_f}{A_{ns}} = \frac{371.26 \times 10^3}{(180 - 2 \times 20) \times 8 + (2 \times 70 - 2 \times 20) \times 8}$$
$$= 193.4(\text{N/mm}^2) < 0.7f_u = 0.7 \times 370 = 259(\text{N/mm}^2)$$

可以满足要求。最后,布置螺栓如图 6-54 所示。M16 螺栓的孔径为 $d_0 = 17.5$ mm,依据表 4-5 和表 4-7 进行螺栓间距的复核,满足规范规定的最大、最小间距要求。

3. 腹板的拼接设计

假设剪力全部由腹板承受,$V=140$ kN。腹板承受的弯矩与其惯性矩成正比。而全部惯性矩为

$$I_x = 8 \times 400^3/12 + 2 \times 180 \times 12 \times (412/2)^2 = 2.260 \times 10^8(\text{mm}^4)$$

腹板的惯性矩为

$$I_{wx} = 8 \times 400^3/12 = 4.267 \times 10^7(\text{mm}^4)$$

腹板承受的弯矩为

$$M_w = \frac{I_{wx}}{I_x}M_x = \frac{4.267 \times 10^7}{2.260 \times 10^8} \times 153 = 28.89(\text{kN} \cdot \text{m})$$

初步选取腹板拼接板截面为 2 块 370 mm×6 mm 钢板,螺栓排列如图 6-54 所示。

在剪力作用下,每个螺栓受力为

$$V_1 = \frac{V}{n} = \frac{140}{12} = 11.67(\text{kN})$$

将剪力 V 等效至一侧螺栓群形心位置,由此引起的扭矩增量为

$$\Delta M_v = V \cdot e = 140 \times \left(\frac{10}{2} + 35 + \frac{60}{2}\right) \times 10^{-3} = 9.80\ (\text{kN} \cdot \text{m})$$

于是,一侧螺栓群承受的总扭矩就成为 $M_w = 28.89 + 9.80 = 38.69 (\text{kN} \cdot \text{m})$。

以螺栓群形心为原点,由于受力最大的螺栓位置为 $y_1 = 150$ mm, $x_1 = 30$ mm,且 $y_1 = 5x_1$,所以,螺栓群受扭可近似忽略 x_i 坐标的影响,则

$$T_1 = \frac{M_w y_1}{\sum y_i^2} = \frac{38.69 \times 10^3 \times 150}{4 \times (30^2 + 90^2 + 150^2)} = 46.06(\text{kN})$$

受力最大螺栓在 V_1 和 T_1 共同作用下,有

$$\sqrt{V_1^2 + T_1^2} = \sqrt{11.67^2 + 46.06^2} = 47.52(\text{kN}) < N_v^b = 81 \text{ kN （满足要求）}$$

考虑到腹板上的螺栓与翼缘上的螺栓受力应协调,即符合直线变化,故这里的 T_1 应满足下述条件:

$$T_1 \leqslant N_v^b \cdot \frac{y_1}{h/2} = 81 \times \frac{150}{424/2} = 57.31(\text{kN}) \text{（满足要求）}$$

下面验算腹板拼接板的强度。两块拼接板的净截面惯性矩为

$$I_{nx,w} = 2 \times 6 \times 370^3 / 12 - (20 \times 6 \times 2) \times (150^2 + 90^2 + 30^2) \times 2 = 3.553 \times 10^7 (\text{mm}^4)$$

拼接板受弯矩作用产生的最大正应力为

$$\sigma_{max} = \frac{M_w y_{max}}{I_{nx,w}} = \frac{38.69 \times 10^6 \times 185}{3.553 \times 10^7} = 201.5 \ (\text{N/mm}^2) < f = 215 \text{ N/mm}^2 \text{ （满足要求）}$$

腹板拼接板的净截面面积为

$$A_{nw} = 2 \times 6 \times 370 - (20 \times 6 \times 2) \times 6 = 3\ 000(\text{mm}^2)$$

剪应力 $\qquad \tau = \frac{V}{A_{nw}} = \frac{140 \times 10^3}{3\ 000} = 46.7(\text{N/mm}^2) < f_v = 125 \text{ N/mm}^2 \text{ （满足要求）}$

4. 梁净截面强度验算

截面上由于存在螺栓孔,导致惯性矩减小,减小值为

$$I_h = 20 \times 12 \times 206^2 \times 4 + 17.5 \times 8 \times (150^2 + 90^2 + 30^2) \times 2 = 5.082 \times 10^7 (\text{mm}^4)$$

全部截面的净截面惯性矩为

$$I_{nx} = I_x - I_h = 2.260 \times 10^8 - 5.082 \times 10^7 = 1.751\ 8 \times 10^8 (\text{mm}^4)$$

$$\sigma_{max} = \frac{M_x y_{max}}{I_{nx}} = \frac{153 \times 10^6 \times 212}{1.751\ 8 \times 10^8} = 185.2 \ (\text{N/mm}^2) < f = 215 \text{ N/mm}^2 \text{（满足要求）}$$

综上,采用图 6-54 的拼接满足规范要求。

例题中有以下两点需要说明:

(1)在翼缘与腹板分配弯矩时,认为翼缘承受全部弯矩,这与腹板按照惯性矩比例不协调,可以认为这种做法对翼缘是偏于安全的;

(2)尽管为高强度螺栓摩擦型连接,但未考虑孔前传力的影响,这是为了计算简便并偏于安全。

第十节　梁的塑性设计

一、概　述

本章第三节已对梁截面的应力发展过程有所阐述,可知,随着梁所承受的外弯矩增长,在梁的某个位置处,截面应力分布将会由弹性阶段的三角形分布发展成完全塑性阶段的接近两

个矩形分布,这时梁的曲率可以任意增长而弯矩仍保持不变,此现象称作形成了塑性铰(plastic hinge),而对应的弯矩称为全塑性弯矩 M_p(plastic moment)。

尽管塑性铰可以沿梁延伸一段长度,但为了分析和设计的方便通常假定其位于一个截面。当足够多的塑性铰形成以致无法再承载时,称作形成了一个"机构"(mechanism)。

如图 6-55 所示,假设一个工字形截面简支梁在跨中承受一个集中荷载,随着荷载增大,在最大弯矩处(本例在荷载作用处)将形成塑性铰。一个塑性铰和端部的两个真实铰的组合形成一个破坏机构,于是构件失效。对于简支梁,采用塑性设计的益处不大。然

图 6-55 简支梁的破坏机构

而,对于超静定结构,例如两端固定梁或连续梁,采用塑性设计可以有效节约钢材。

塑性铰与理想铰的区别是:

(1)能承受一定的弯矩,近似等于极限弯矩;

(2)仅能单向转动;

(3)有一定的长度区域;

(4)转动能力有一定限度。

图 6-56(a)为两端固定梁 AB 在均布荷载作用下的弹性阶段弯矩图。通常,依据梁的最大弯矩 $ql^2/12$ 确定截面,这就是弹性设计。

若梁的截面较小,则当荷载增大时,由于梁端弯矩最大,故这些位置的截面边缘纤维将首先发生屈服,截面达到屈服弯矩 $M_y = Wf_y$。当荷载继续增加,两端弯矩达到全塑性弯矩 M_p 时,两端截面形成塑性铰[图 6-56(b)]。此后,两端截面弯矩将保持不变,继续增加的弯矩必须由较小应力截面承受。荷载增加直至跨中截面的弯矩也达到 M_p。此时,形成三铰机构,静定梁发生塑性破坏。由于端部弯矩为 $\mid M_p$,跨中弯矩为 $-M_p$,而根据结构力学知识有 $-M_p = M_p - ql^2/8$ 存在,故可知塑性弯矩 $M_p = ql^2/16$,如图 6-56(c)所示。

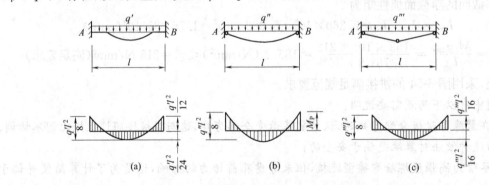

图 6-56 两端固定梁的内力重分配和塑性破坏

比较图 6-56(a)和(c)可见,在弹性阶段和塑性阶段,构件沿其长度的弯矩分布是不相同的。由弹性阶段的弯矩分布向塑性破坏时的弯矩分布的转变过程,称为弯矩的塑性重分布,简称内力重分布。

从图 6-56 还可以看出,该例若按塑性设计,由于发生内力重分布,控制截面弯矩由弹性设计时的 $ql^2/12$ 减小为 $ql^2/16$,同时,由于塑性设计计算时采用的净截面塑性模量 W_p 也较弹性设计时的 W_n 大,因而,采用塑性设计可使截面减小,节约钢材。

内力重分布与应力重分布,两者在概念上既有相同之处,又有区别。应力重分布是指由于材料非线性导致截面上应力分布与弹性时应力分布不一致的现象,与结构是否超静定无关;内力重分布是针对构件内力(例如弯矩)的分布而言的,只有超静定结构才会有内力重分布现象。二者皆因材料非完全弹性性质引起。

二、塑性设计的适用范围与基本要求

1. 适用范围

《钢结构设计标准》规定,塑性设计适用于不直接承受动力荷载的以下结构或构件:

(1)超静定梁、连续梁;

(2)水平荷载参与的荷载组合不控制设计的1~6层框架结构;

(3)满足下列条件之一的框架支撑(剪力墙、核心筒等)结构中的框架部分:

①结构下部1/3楼层的框架部分,承担的水平力不大于该层总水平力20%;

②支撑(剪力墙)系统能够承担所有水平力。

另外还规定,塑性及弯矩调幅设计时,容许形成塑性铰的构件应为单向弯曲的构件。

采用塑性设计或弯矩调幅设计的结构或构件,按承载能力极限状态设计时,采用荷载的设计值,考虑构件截面内的塑性发展及由此引起的内力重分配,用简单塑性理论进行分析;按正常使用极限状态设计时,采用荷载的标准值。

弯矩调幅设计,针对的是竖向荷载引起的梁端弯矩,柱端弯矩以及水平荷载引起的弯矩不得进行调幅。

采用塑性设计或弯矩调幅设计时,结构必须保证在形成机构前不发生构件侧扭屈曲和截面板件局部屈曲。

2. 截面板件等级要求

塑性设计要求某些截面形成塑性铰并能产生所需的转动,使结构形成机构,故对板件宽厚比应严加控制,以避免由于板件局部失稳而降低构件的承载能力。《钢结构设计标准》为此规定如下:

(1)形成塑性铰并发生塑性转动的截面,其截面板件宽厚比等级应为S1级;

(2)最后形成塑性铰的截面,其截面板件宽厚比等级应为S1或S2级;

(3)其他截面板件宽厚比等级应为S1、S2或S3级。

三、构件的强度计算

钢结构设计中,通常采用应力表达式,但在塑性设计时,采用内力表达式。因为塑性设计既然以发挥构件截面的最大塑性承载力为计算依据,设计时只需使由荷载设计值产生的构件内力设计值小于或等于构件的最大塑性承载力即可。

1. 抗剪强度

受弯构件的剪力设计值 V 假设全部由腹板承受,于是,应满足下式:

$$V \leqslant h_{\mathrm{w}} t_{\mathrm{w}} f_{\mathrm{v}}$$

$$(6-117)$$

式中,h_{w}、t_{w} 为腹板的高度和厚度,f_{v} 为钢材抗剪强度设计值。

2. 抗弯强度

非塑性铰部位,应满足一般梁的强度要求。塑性铰部位的截面受弯承载力应满足的要求

如表 6-8 所示,且构件轴压比应满足:

$$\frac{N}{A_n f} \leqslant 0.6 \tag{6-118}$$

表 6-8 塑性铰部位的截面受弯承载力要求

条件	塑性设计	弯矩调幅设计
$\dfrac{N}{A_n f} \leqslant 0.15$	$M_x \leqslant 0.9 W_{npx} f$	$M_x \leqslant \gamma_x W_x f$
$\dfrac{N}{A_n f} > 0.15$	$M_x \leqslant 1.05\left(1-\dfrac{N}{A_n f}\right)W_{npx} f$	$M_x \leqslant 1.05\left(1-\dfrac{N}{A_n f}\right)\gamma_x W_x f$

当 $V/(h_w t_w f_v) > 0.5$ 时,应考虑剪力对受弯承载力的不利影响,将上述公式中强度设计值 f 乘以 $(1-\rho)$ 予以折减,ρ 按下式计算:

$$\rho = \left(\frac{2V}{h_w t_w f_v}-1\right)^2 \tag{6-119}$$

四、其他要求

1. 梁的侧向支承点间距

当构件某截面出现塑性铰而整体结构尚未形成破坏机构时,该塑性铰所在截面应在保持全塑性弯矩 $M_p = W_{pn} f_y$ 状态下具有足够的转动能力,使之能产生内力重分布。因此,除截面板件宽厚比应受到限制,使塑性铰在足够的转动能力下板件不发生局部屈曲外,还必须避免构件的侧向扭转屈曲。要使构件不发生侧向扭转屈曲,应在塑性铰处及其附近适当距离处设置侧向支承。试验证明,塑性铰与相邻侧向支承点间的梁段在弯矩作用平面外的长细比 λ_y(简称侧向长细比)越小,塑性铰截面的转动能力就越强,因此可以用限制侧向长细比 $\lambda_y = l_1 / i_y$(i_y 为截面绕 y 轴的回转半径)作为保证梁段在塑性铰处转动能力的一个措施。

《钢结构设计标准》规定,在构件出现塑性铰的截面处,必须设置侧向支承。该支承点与其相邻支承点间构件的长细比 λ_y 应符合下列要求:

当 $-1 \leqslant \dfrac{M_1}{\gamma_x W_x f} \leqslant 0.5$ 时 $\lambda_y \leqslant \left(60-40\dfrac{M_1}{\gamma_x W_x f}\right)\varepsilon_k$

当 $0.5 < \dfrac{M_1}{\gamma_x W_x f} \leqslant 1.0$ 时 $\lambda_y \leqslant \left(45-10\dfrac{M_1}{\gamma_x W_x f}\right)\varepsilon_k$

式中,λ_y 为弯矩作用平面外的长细比,$\lambda_y = l_1 / i_y$,l_1 为侧向支承点间距离,i_y 为截面回转半径;M_1 为与塑性铰相距 l_1 的侧向支承点处的弯矩,当长度 l_1 内为同向曲率时,$\dfrac{M_1}{\gamma_x W_x f}$ 为正;为反向曲率时,$\dfrac{M_1}{\gamma_x W_x f}$ 为负。

破坏机构中最后形成的塑性铰可以不必满足上述侧向长细比规定,因为该截面无需转动。对不出现塑性铰的构件区段,其侧向支承点间距应按弯矩作用平面外的整体稳定计算确定。

2. 受压构件容许长细比

塑性设计的结构,其受压构件的容许长细比要比弹性设计的容许值稍严,规范规定不宜大于 $130\sqrt{235/f_y}$,这是为了避免引起过大的二阶效应。

3. 构件间的连接

构件拼接和构件间的连接应具有足够的承载力,规范规定,应能传递的弯矩设计值为 $\max(1.1M_{max}, 0.5\gamma_x W_x f)$。

五、塑性设计对钢材和制造的要求

钢结构塑性设计主要是利用一定数目的截面形成塑性铰后,在该截面发生转动而产生内力重分布,因此要求钢材具有良好的延性。

《钢结构设计标准》规定,按塑性设计时,钢材的力学性能应满足:

(1)屈强比不应大于0.85。

超静定结构出现塑性铰是实现内力重分布的前提,而实际上,必须有一小段处在塑性范围才有可能实现足够的转动,这样,受力最大截面应力会大于f_y,进入硬化阶段。故要求f_u/f_y不能太大。

(2)钢材应有明显的屈服台阶,且伸长率不应小于20%。

(3)相应于f_u的应变ε_u不小于20倍屈服点应变ε_y。

结构超静定次数越多,要求先期出现的塑性铰转动角度越大,因此,还要满足对ε_u和δ_5的要求。

为了保证建造的钢结构保持原有材料的良好性能,在可能出现塑性铰的部位应避免产生钢材冷作硬化。如果有手工气切和剪切机切割的边缘时,应予刨平;如需在该部位开孔时,应采用钻孔或先冲孔再扩孔。

【例题 6-11】 如图 6-57 所示,一端简支一端固定的钢梁,跨度为 6 m,在距固定端 2 m 处作用有集中静力荷载,标准值为 $F_k = 450$ kN,设计值为 $F = 620$ kN。钢材为 Q235B,计算时忽略梁自重。试按塑性设计选择梁截面,确定所需侧向支承,并验算梁的侧向长细比、板件宽厚比和挠度是否满足要求。

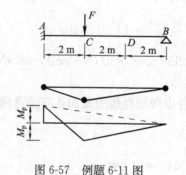

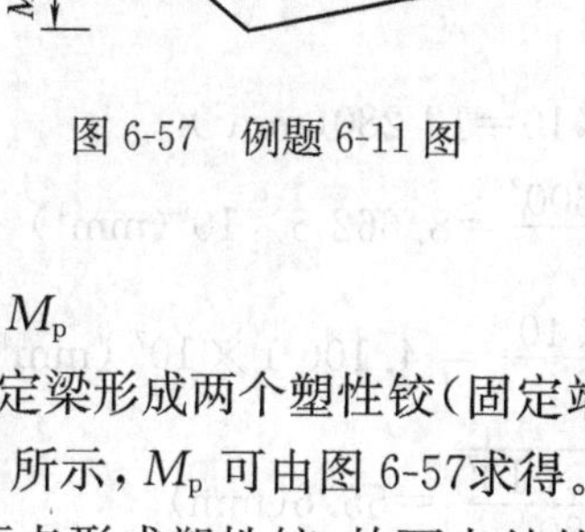

图 6-57 例题 6-11 图

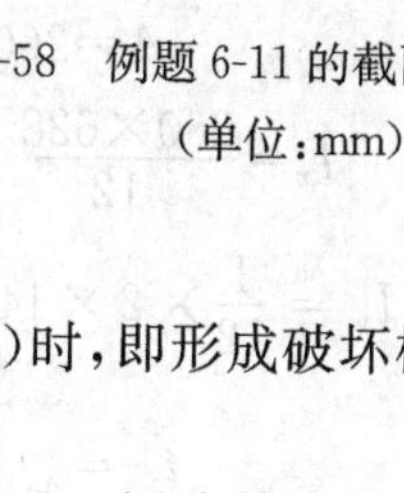

图 6-58 例题 6-11 的截面图
（单位:mm）

【解】(1)求M_p

此一次超静定梁形成两个塑性铰(固定端和集中荷载处)时,即形成破坏机构。AB梁的弯矩图如图 6-57 所示,M_p可由图 6-57 求得。

由于A、C两点形成塑性铰,故两点处的弯矩为M_p。将AB视为简支梁时,C点弯矩为$\frac{620 \times 4 \times 2}{6} = 826.7$(kN·m)。由图中几何关系可知,在$C$点处存在如下关系:

$$826.7 - M_p = \frac{2}{3} M_p$$

于是，可得 $M_p = 496$ kN·m。

（2）求所需截面模量 W_{pnx} 和试选截面

$$W_{pnx} \geqslant \frac{M_p}{0.9f} = \frac{496 \times 10^6}{0.9 \times 215} = 2.563 \times 10^6 (\text{mm}^3)$$

初步选择截面如图 6-58 所示，此时

$$W_{pnx} = 2 \times (260 \times 14 \times 307 + 300 \times 10 \times 150) = 3.135 \times 10^6 (\text{mm}^3)$$

（3）验算板件宽厚比

依据《钢结构设计标准》第 10.1.5 条，形成塑性铰并发生塑性转动的截面，板件宽厚比采用 S1 级。

翼缘自由外伸宽度与厚度之比：$\dfrac{b'}{t} = 125/14 = 8.93 < 9\varepsilon_k$

腹板高厚比：$\dfrac{h_0}{t_w} = 600/10 = 60 < 65\varepsilon_k$

故板件宽厚比满足要求。

（4）对塑性铰部位验算强度

依据《钢结构设计标准》第 10.3.2 条，剪切强度应满足：

$$V \leqslant h_w t_w f_v$$

今 A 点（塑性铰处）剪力为 $V_A = (620 \times 4 + 496)/6 = 496 (\text{kN})$

$h_w t_w f_v = 600 \times 10 \times 125 = 750 \times 10^3 (\text{N}) = 750$ kN $> V_A = 496$ kN（满足要求）

依据《钢结构设计标准》第 10.3.4 条，塑性铰部位的弯矩应满足：

$$M_x \leqslant 0.9 W_{pnx} f$$

由于 $\dfrac{V}{h_w t_w f_v} = \dfrac{496}{750} = 0.661 > 0.5$，$f$ 应考虑折减，则

$$\rho = \left(\frac{2V}{h_w t_w f_v} - 1 \right)^2 = \left(\frac{2 \times 496}{750} - 1 \right)^2 = 0.104\,1$$

$0.9(1 - \rho)W_{pnx}f = 0.9 \times (1 - 0.104\,1) \times 3.135 \times 10^6 \times 215 = 5.435 \times 10^8 (\text{N·mm}) > 496$ kN·m（满足要求）

（5）验算侧向支承点间距和长细比

《钢结构设计标准》第 10.4.2 条规定，在构件出现塑性铰的截面处应设置侧向支承。今在 B、C、D 处设置侧向支承。

相邻支承点间的长细比 λ_y 的验算：

$$A = 260 \times 14 \times 2 + 600 \times 10 = 13\,280 (\text{mm}^2)$$

$$I_x = \frac{260 \times 628^3}{12} - \frac{(260 - 10) \times 600^3}{12} = 8.662\,5 \times 10^8 (\text{mm}^4)$$

$$I_y = \frac{1}{12} \times 2 \times 14 \times 260^3 + \frac{600 \times 10^3}{12} = 4.106\,1 \times 10^7 (\text{mm}^4)$$

$$i_y = \sqrt{\frac{I_y}{A}} = \sqrt{\frac{4.106\,1 \times 10^7}{13\,280}} = 55.6 (\text{mm})$$

$$\lambda_y = l_1/i_y = 2\,000/55.75 = 36$$

在 AC 段，弯矩最大值为 496 kN·m，从而

$$\frac{M_1}{\gamma_x W_x f} = \frac{496 \times 10^6}{1.05 \times 8.662\,5 \times 10^8 / 314 \times 215} = 0.796$$

由于该区间为反向曲率，故应取为负值，即，取为-0.796，故该值介于-1和0.5之间。此时，

$$\left(60 - 40 \frac{M_1}{\gamma_x W_x f}\right) \sqrt{\frac{235}{f_y}} = 60 - 40 \times (-0.796) = 92$$

该值大于$\lambda_y = 36$，满足要求。

在CD段，$M_1 = 496/2 = 248(\text{kN} \cdot \text{m})$，从而$\dfrac{M_1}{\gamma_x W_x f} = 0.398$，由于该区间为同向曲率，故应取为正值，即比值介于$-1$和$0.5$之间。此时

$$\left(60 - 40 \frac{M_1}{\gamma_x W_x f}\right) \sqrt{\frac{235}{f_y}} = 60 - 40 \times 0.398 = 44 > \lambda_y = 36 (满足要求)$$

在DB段，M_1与CD段相同，该区间也为同向曲率，验算过程与CD段相同，故也满足长细比要求。

若不在D处设置侧向支承点，CB区段内$M_1 = 496\text{ kN} \cdot \text{m}$，由于为同向曲率，取$\dfrac{M_1}{\gamma_x W_x f} = 0.796$，则

$$\left(60 - 40 \frac{M_1}{\gamma_x W_x f}\right) \sqrt{\frac{235}{f_y}} = 60 - 40 \times 0.796 = 28 < \lambda_y = 72$$

不满足要求。

(6)挠度计算

计算挠度时，采用荷载的标准值，并按弹性理论计算。依据材料力学知识，梁的挠度为：

AC段：
$$w = \frac{F_k}{EI}\left[\frac{b(l^2 - b^2)}{2l^2} \frac{x^2}{2} - \frac{b(3l^2 - b^2)}{2l^3} \frac{x^3}{6}\right]$$

CB段：
$$w = \frac{F_k}{EI}\left[\frac{b(l^2 - b^2)}{2l^2} \frac{x^2}{2} - \frac{b(3l^2 - b^2)}{2l^3} \frac{x^3}{6} + \frac{(x-a)^3}{6}\right]$$

上式中，x轴以A点为原点，取$a = 2\text{ m}$，$b = 4\text{ m}$，$l = 6\text{ m}$。

将以上两个挠度曲线方程对x求导，可得到最大挠度的位置。今求得梁的最大挠度在$x = 3\text{ m}$处。

将荷载$F_k = 450\text{ kN}$，$E = 206 \times 10^3\text{ N/mm}^2$，$I = 8.662\,5 \times 10^8\text{ N/mm}^4$代入式中，得到

$$w = \frac{450 \times 10^3}{206 \times 10^3 \times 866 \times 10^6}\left[\frac{4\,000(6\,000^2 - 4\,000^2)}{2 \times 6\,000^2} \times \frac{3\,000^2}{2} - \right.$$

$$\left. \frac{4\,000(3 \times 6\,000^2 - 4\,000^2)}{2 \times 6\,000^3} \times \frac{6\,000^3}{6} - \frac{(3\,000 - 2\,000)^3}{6}\right]$$

$$= 3.4(\text{mm}) < l/400 = 15\text{ mm}$$

挠度满足要求。

第十一节　钢与混凝土组合梁设计

一、钢与混凝土组合梁的概念和应用

钢与混凝土组合梁，是指钢梁和所支承的钢筋混凝土板组合成一个整体而共同抗弯的构

件。如果钢筋混凝土面板直接搁置于钢梁上,则钢筋混凝土面板只起板跨方向受弯和把荷载传给钢梁(或通过次梁转传给钢主梁)的作用。钢梁顺梁跨方向受弯时,钢梁和面板在梁跨方向各自发生弯曲变形,接触面处发生相对滑移(面板下皮伸长和钢梁上皮缩短)。此时基本上是钢梁承受全部弯矩,如此的梁称作非组合梁。但是,如果在混凝土面板和钢梁上翼缘间设置若干抗剪连接件,则可以抵抗其间的相对滑移(与焊接梁中翼缘和腹板间的焊缝抵抗水平剪力的作用类似),这时,两部分截面组合成一个具有公共中和轴的整体截面(面板成为组合截面受压上翼缘的全部或主要部分),这就是钢与混凝土组合梁,有时简称组合梁(composite bending member)。

目前,组合梁已在多层和高层建筑楼盖、工作平台以及公路和铁路桥梁中得到较多的应用。组合梁的主要特点是:

(1)抗弯承载力高;

(2)抗弯刚度大,挠度小,故可减小梁高和房屋层高,对高层建筑尤其有利;

(3)整体性、整体稳定和局部稳定好,这是由于组合梁受压翼缘主要是既宽(或整体)又厚的钢筋混凝土,钢梁部分只有较低压应力并大部分截面为受拉;

(4)施工方便,因为架好钢梁后即可用以支模浇灌混凝土(施工阶段荷载全部由钢梁部分承受);

(5)节约钢材,降低造价,这是由于充分利用了混凝土适于受压、钢材适于受拉的特点。

钢与混凝土组合梁除了使用已久的外包混凝土组合梁(称劲性钢筋混凝土梁,其设计属于钢筋混凝土结构范围)外,通常还有下列类型:

(1)工形截面组合梁

其主要形式如图 6-59(a)、(b)、(c)所示,由于面板混凝土主要受压,一般应加强工字形截面受拉的下翼缘。图 6-59(d)的形式将工形截面上翼缘伸入混凝土面板中,可不再设置连接件,由于不经济,故应用较少。图 6-59(e)是设置板托的形式,板托使支模困难,但带来不少好处:加大了梁高,把钢梁顶面下移,使其更接近截面中和轴,从而减小钢梁压应力或使其完全受拉,另外,板厚较小时,板托为设置连接件提供了空间。

(2)箱形截面组合梁[图 6-59(f)]

常用于桥梁结构,承载力和刚度较大。

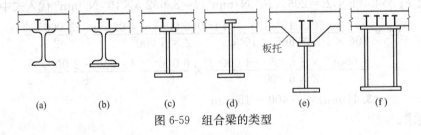

板托

(a)　　　(b)　　　(c)　　　(d)　　　(e)　　　(f)

图 6-59　组合梁的类型

二、钢与混凝土组合梁的一般规定

1. 适用范围

考虑到目前国内对组合梁在动力荷载作用下的试验研究资料有限,规范规定,对于不直接承受动力荷载的一般简支组合梁及连续组合梁,其承载力可采用塑性分析方法进行计算。对于直接承受动力荷载或钢梁受压板件宽厚比不符合塑性设计要求的组合梁,应采用弹性理论分析方法计算。

从组合梁截面形式看,规范的适用对象包括由混凝土翼板与钢梁通过抗剪连接件连成整体而共同工作的组合梁,不包括型钢混凝土组合梁和外包钢混凝土组合梁。

组合梁混凝土翼板可采用现浇混凝土板或混凝土叠合板,后者是由预制板和现浇混凝土层组成的,在混凝土预制板表面采取拉毛及设置抗剪钢筋等措施以保证预制板和现浇层形成整体,按《混凝土结构设计规范》(GB 50010)进行设计。

2. 混凝土翼板的有效宽度

如图 6-60 所示,规范规定混凝土翼板的有效宽度 b_e 应按下式计算:

$$b_e = b_0 + b_1 + b_2 \tag{6-120}$$

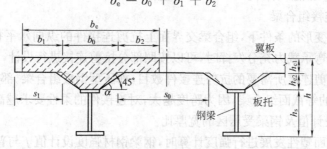

图 6-60　组合梁的截面组成

式中　b_0——板托顶部的宽度:当板托倾角 $\alpha < 45°$ 时,应按 $\alpha = 45°$ 计算;当无板托时,则取钢梁上翼缘的宽度;当混凝土板和钢梁不直接接触(如二者之间有压型钢板分隔)时,取栓钉的横向间距,仅有一列栓钉时取 0;

b_1,b_2——梁外侧和内侧的翼板计算宽度,当塑性中和轴位于混凝土板内时,各取梁等效跨径 l_e 的 1/6;此外,b_1 尚不应超过翼板实际外伸宽度 s_1;b_2 不应超过相邻钢梁上翼缘或板托间净距离 s_0 的 1/2;

l_e——等效跨径。对于简支组合梁,取为简支组合梁的跨度。对于连续组合梁,中间跨正弯矩区取为 $0.6 l$,边跨正弯矩区取为 $0.8 l$,l 为组合梁跨度,支座负弯矩区取为相邻两跨跨度之和的 20%。

在图 6-60 中,h_{c1} 为混凝土翼板的厚度,当采用压型钢板作混凝土底模时,翼板厚度 h_{c1} 等于板的总厚度减去压型钢板的肋高;h_{c2} 为板托高度,当无板托时,$h_{c2} = 0$。

在有效宽度 b_e 范围内,认为应力是均匀分布的。

3. 组合梁的挠度、裂缝宽度及相关计算

组合梁挠度计算属于正常使用极限状态,其计算应采用弹性方法,分别按荷载标准组合和荷载准永久组合两种状况进行。计算时采用换算截面法,对荷载标准组合,将混凝土翼板有效宽度除以钢材与混凝土的弹性模量比 α_E;对荷载准永久组合,考虑到混凝土的徐变和收缩对组合梁长期变形的不利影响,则除以 $2\alpha_E$,换算为钢截面宽度。这样换算可以保持混凝土翼板截面的形心位置与原截面相同。在计算挠度时尚应考虑混凝土翼板与钢梁之间的滑移效应,对组合梁的抗弯刚度进行折减。

对连续组合梁,在距中间支座两侧各 $0.15 l$(l 为梁的跨度)范围内,不计受拉区混凝土对刚度的贡献,但应计入翼板有效宽度内配置的纵向钢筋的作用。

在连续梁中,尚应按《混凝土结构设计规范》(GB 50010)验算负弯矩区段混凝土最大裂缝宽度。

在计算强度和挠度时,可不考虑板托截面。

组合梁尚应按有关规定进行混凝土翼板的纵向抗剪验算。

4. 组合梁施工时的计算

组合梁在施工阶段,如钢梁下无临时支承时,则混凝土硬结前的材料重量和施工荷载应由钢梁独自承受。在施工完成后的使用阶段,组合梁承受续加荷载产生的变形与施工阶段钢梁的变形之和。如果在施工阶段钢梁下设有临时支承,则应按实际情况验算钢梁的强度、稳定和变形。

无论施工阶段有无临时支承,对组合梁的极限抗弯承载力计算均无影响,所以计算极限抗弯承载力时,无需考虑施工条件。

5. 部分抗剪连接组合梁

在满足强度和变形的条件下,组合梁交界面上抗剪连接件的纵向水平抗剪能力不能保证最大正弯矩截面抗弯承载力充分发挥时,可以按照部分抗剪连接进行设计,即配置的抗剪连接件数目少于完全抗剪连接所需要的抗剪连接件数目,如压型钢板组合梁。部分抗剪连接限用于跨度不超过 20 m 的等截面组合梁,因为跨度越大,对连接件的柔性要求越高。

6. 材料强度设计值及钢梁受压区的宽厚比

组合梁按全截面塑性发展进行强度计算时,钢梁钢材强度设计值 f 与普通钢梁没有区别。组合梁负弯矩区段的负弯矩钢筋强度设计值 f_{st},按《混凝土结构设计规范》(GB 50010) 的规定采用(在该规范中的表示符号为 f_y)。

组合梁中钢梁的受压区,其板件的宽厚比应满足塑性设计时的要求。

三、组合梁设计

钢与混凝土组合梁计算其抗弯承载力,采用以下假定:

(1) 受拉区混凝土开裂不参加工作,受压区混凝土应力为矩形均匀分布,达到轴心受压强度设计值 f_c;

(2) 钢梁截面可能全部受拉也可能部分受拉、部分受压,应力均为矩形分布,达到钢材受拉、受压强度设计值 f。

混凝土部分和钢梁之间的抗剪连接件如果设置足够多,完全能够承受全截面塑性而产生的剪力,则称为完全抗剪连接组合梁;否则,称作部分抗剪连接组合梁。

1. 完全抗剪连接组合梁抗弯承载力计算

由于受拉混凝土不参加工作,故组合梁承受正弯矩和承受负弯矩时计算方法不同。

(1) 正弯矩作用区段

正弯矩作用区段又可分为塑性中和轴位于混凝土翼板内[图 6-61(a)]和位于钢梁截面内[图 6-61(b)]。

① 塑性中和轴在混凝土翼板内,即 $Af \leqslant b_e h_{c1} f_c$ 时,应满足下列要求:

$$M \leqslant b_e x f_c y$$

$$x = \frac{Af}{b_e f_c} \tag{6-121}$$

式中　　M —— 正弯矩设计值;

　　　　A —— 钢梁的截面面积;

  y —— 钢梁截面应力合力至混凝土受压区截面应力合力间的距离；

  f_c —— 混凝土抗压强度设计值。

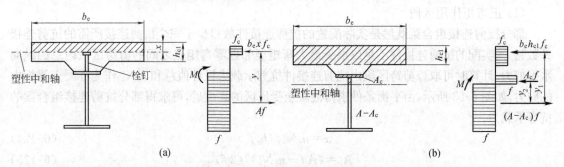

图 6-61 组合梁截面及应力图形

  ② 塑性中和轴在钢梁截面内，即 $Af > b_e h_{c1} f_c$ 时，应满足下列要求：

$$M \leqslant b_e x f_c y_1 + A_c f y_2 \tag{6-122}$$
$$A_c = 0.5(A - b_e h_{c1} f_c / f)$$

式中 A_c —— 钢梁受压区截面面积；

    y_1 —— 钢梁受拉区截面形心至混凝土翼板受压区截面形心的距离；

    y_2 —— 钢梁受拉区截面形心至钢梁受压区截面形心的距离。

  （2）负弯矩作用区段

  在负弯矩作用区段，承受负弯矩的截面达到极限抗弯承载力 M' 时，翼板的混凝土开裂，退出工作，而其中的纵向钢筋受拉（其截面积为 A_{st}），且达到强度设计值，钢梁受拉区和受压区亦均达到强度设计值。因为不大可能发生 $A_{st} > A$ 的情况，所以塑性中和轴只能位于钢梁截面内。如图 6-62，抗弯承载力应满足下式：

$$M' \leqslant M_s + A_{st} f_{st}(y_3 + y_4/2) \tag{6-123}$$
$$M_s = (S_1 + S_2) f$$

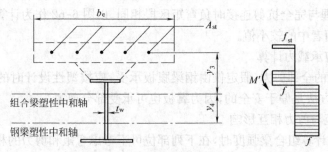

图 6-62 负弯矩作用时组合梁截面和应力图形

式中 M' —— 负弯矩设计值；

    S_1, S_2 —— 钢梁塑性中和轴（平分钢梁截面积的轴线）以上和以下截面对该轴的面积矩；

    A_{st} —— 负弯矩区混凝土翼板有效宽度范围内的纵向钢筋截面面积；

    f_{st} —— 钢筋抗拉强度设计值；

    y_3 —— 纵向钢筋截面形心至组合梁塑性中和轴的距离；

    y_4 —— 组合梁塑性中和轴至钢梁塑性中和轴的距离。当组合梁塑性中和轴在钢梁腹板内时，取 $y_4 = A_{st} f_{st}/(2t_w f)$，当该中和轴在钢梁翼缘内时，可取 y_4 等于钢梁塑性中和轴至腹板上边缘的距离。

2. 部分抗剪连接组合梁的抗弯承载力计算

(1) 正弯矩作用区段

部分抗剪连接组合梁既然是实际配置的抗剪连接件数目少于完全抗剪连接所需的抗剪连接件数目,则实配的抗剪连接件不足以承受最大弯矩至邻近零弯矩点之间的剪跨区段内总的纵向水平剪力。计算时可取该剪跨区段内抗剪连接件抗剪承载力设计值总和 $n_r N_v^c$ 作为混凝土翼板中的剪力,如图 6-63 所示,由平衡条件求得混凝土受压区的高度后,可求得部分抗剪连接组合梁的抗弯承载力。

$$x = n_r N_v^c / (b_e f_c) \tag{6-124}$$

$$A_c = (Af - n_r N_v^c) / (2f) \tag{6-125}$$

$$M_{u,r} = n_r N_v^c y_1 + 0.5(Af - n_r N_v^c) y_2 \tag{6-126}$$

式中　　x —— 混凝土翼板受压区高度;

$M_{u,r}$ —— 部分抗剪连接时组合梁截面抗弯承载力;

n_r —— 部分抗剪连接时一个剪跨区的抗剪连接数目;

N_v^c —— 每个抗剪连接件的纵向抗剪承载力。

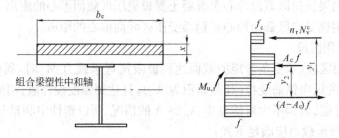

图 6-63　部分抗剪连接组合梁计算简图

(2) 负弯矩作用区段

此时,计算原理与完全抗剪连接时负弯矩区段相同。以图 6-62 作为计算简图,但 $A_{st} f_{st}$ 应取 $n_r N_v^c$ 和 $A_{st} f_{st}$ 两者中的较小值。

3. 组合梁抗剪承载力计算

组合梁截面上的全部剪力,假定仅由钢梁腹板承受,应按塑性设计时的公式计算,即 $V \leqslant h_w t_w f_v$,这种计算方法是偏于安全的,因为翼板也可承受部分剪力。

4. 组合梁弯矩与剪力相互影响

用塑性设计法计算组合梁强度时,在下列部位可不考虑弯矩和剪力的相互影响:

(1) 对受正弯矩的组合梁截面;

(2) $A_{st} f_{st} \geqslant 0.15 Af$ 的受负弯矩的组合梁截面。

四、抗剪连接件的计算

1. 抗剪连接件的类型及其抗剪承载力设计值

组合梁的抗剪连接件主要是用以承受混凝土翼板与钢梁之间的纵向水平剪力,另外还起抵抗翼板与钢梁之间的掀起作用。

组合梁的抗剪连接件宜采用圆柱头焊钉,也可采用槽钢、弯筋或有可靠依据的其他类型的

连接件。焊钉、槽钢及弯筋连接件的设置方式如图 6-64
所示。

（1）圆柱头焊钉连接件

试验表明，圆柱头焊钉连接件在混凝土中的抗剪作用
类似弹性地基梁，在焊钉根部的混凝土受局部承压作用，
因而影响其抗剪承载力的主要因素为：焊钉截面面积 A_s，
混凝土弹性模量 E_c 和混凝土的强度等级。当焊钉长度不
小于其直径的 4 倍时，一个栓钉的抗剪承载力设计值为

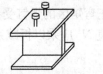

(a)圆柱头焊钉连接件　　(b) 槽钢连接件

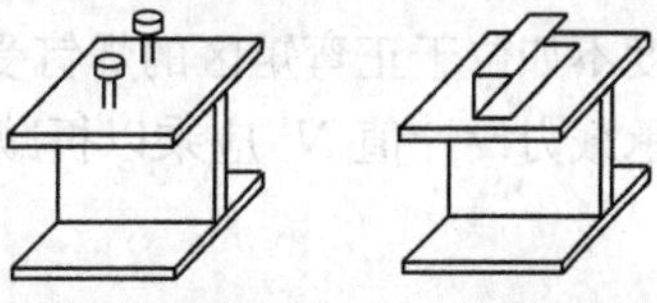

图 6-64　连接件的外形及设置方向

$$N_v^c = 0.43A_s \sqrt{E_c f_c} \leqslant 0.7A_s f_u \tag{6-127}$$

式中　　E_c——混凝土的弹性模量；

　　　　A_s——圆柱头焊钉（栓钉）钉杆截面面积；

　　　　f_u——圆柱头焊钉极限抗拉强度设计值《电弧螺柱焊用圆柱头焊钉》(GB/T
　　　　　　　 10433—2002) 中焊钉材料为 ML15 和 ML15A1 两种，$f_u = 400$ N/mm^2。

（2）槽钢连接件

槽钢连接件工作性能与焊钉相似，混凝土对其影响的因素也相同，只是槽钢连接件根部的
混凝土局部承压局限于槽钢上翼缘下表面范围内。一个槽钢连接件抗剪承载力设计值为

$$N_v^c = 0.26(t + 0.5t_w)l_c \sqrt{E_c f_c} \tag{6-128}$$

式中　　t——槽钢翼缘的平均厚度；

　　　　t_w——槽钢腹板的厚度；

　　　　l_c——槽钢的长度。

槽钢连接件通过肢尖、肢背两条通长角焊缝与钢梁连接。角焊缝按承受该连接件的抗剪承
载力设计值 N_v^c 进行计算。

2. 焊钉连接件抗剪承载力的折减

（1）压型钢板组合梁一般采用焊钉连接件，由于焊钉需穿过压型钢板焊接到钢梁上，且焊
钉根部周围没有混凝土的约束，当压型钢板肋垂直于钢梁时，由压型钢板的波纹形状形成的混
凝土肋是不连续的，对焊钉抵抗剪力不利，因此对其抗剪承载力予以折减。

① 当压型钢板肋平行于钢梁布置，如图 6-65(a) 所示，$b_w / h_e < 1.5$ 时，焊钉抗剪连接件
承载力应乘以折减系数 β_v。β_v 值按下式计算：

$$\beta_v = 0.6 \frac{b_w}{h_e} \left(\frac{h_d - h_e}{h_e}\right) \leqslant 1.0 \tag{6-129}$$

式中　　b_w——混凝土凸肋的平均宽度，当肋的上部宽度小于下部宽度时[图 6-65(c)]，改取
　　　　　　　 上部宽度；

　　　　h_e——混凝土凸肋高度；

　　　　h_d——焊钉高度。

② 当压型钢板肋垂直于钢梁布置时，如图 6-65(b) 所示，焊钉抗剪连接件承载力设计值的
折减系数 β_v 按下式计算：

$$\beta_v = \frac{0.85}{\sqrt{n_0}} \frac{b_w}{h_e} \left(\frac{h_d - h_e}{h_e}\right) \leqslant 1.0 \tag{6-130}$$

式中　　n_0——在梁某截面处，一个肋中布置的焊钉数，当多于 3 个时，按 3 个计算。

(2)当焊钉位于负弯矩区段时,混凝土翼板处于受拉状态,焊钉周围的混凝土对其约束程度不如位于正弯矩区的焊钉受到其周围混凝土的约束程度高,所以位于负弯矩区的焊钉抗剪承载力设计值 N_v^c 应乘以折减系数 0.9。

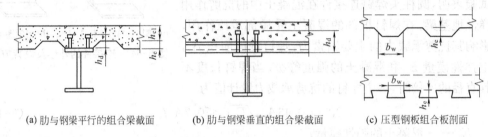

(a) 肋与钢梁平行的组合梁截面　　(b) 肋与钢梁垂直的组合梁截面　　(c) 压型钢板组合板剖面

图 6-65　用压型钢板作混凝土翼板底模的组合梁

3. 抗剪连接件数目的计算

试验研究表明,组合梁中常用的焊钉等柔性抗剪连接件,当荷载较大时,会产生滑移变形,因而交界面上的各个连接件之间发生内力重分配,到达极限状态时,交界面各连接件受力几乎相等,与其位置无关,即无需按剪力图布置连接件,而可以均匀布置,这给设计和施工带来极大的方便。下面按极限平衡概念,介绍组合梁连接件塑性设计的步骤:

(1)以弯矩绝对值最大点及零弯矩点为界限,沿跨度划分为若干剪跨区段,如图 6-66 所示。

(2)逐段确定各剪跨区段内的钢梁与混凝土交界面的纵向剪力 V_s :

① 正弯矩最大点到边支座区段,即 m_1 区段: V_s 取 Af 和 $b_e h_{c1} f_c$ 中的较小者;

② 正弯矩最大点到中支座(负弯矩最大点)区段,即 m_2 和 m_3 区段: $V_s = \min\{Af, b_e h f_c\} + A_{st} f_{st}$ 。

(3)确定每个剪跨内所需连接件数目 n_f :

① 按完全抗剪连接时: $n_f = V_s / N_v^c$;

② 按部分抗剪连接时:实际配置连接件数目不得少于 n_f 的 50%。

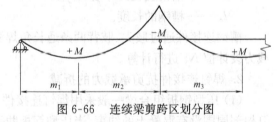

图 6-66　连续梁剪跨区划分图

(4)将算得的连接件数目,在相应的剪跨区段内均匀布置。当在剪跨内有较大集中荷载时,应将算得的 n_f 按剪力图面积比例分配后,再各自均匀布置。

五、挠度计算

1. 概况

组合梁的变形(挠度)属正常使用极限状态,应按弹性方法计算,并应分别考虑荷载的标准组合和准永久组合,取二者的较大者为依据进行计算。

组合梁的挠度计算可用换算截面法,但试验表明,计算得到的组合梁挠度总是小于实测值,偏于不安全。分析其原因,是由于现行计算挠度方法没有考虑混凝土与钢梁之间交界面的滑移效应。图 6-67 所示为组合梁截面的应变分布图,其中虚线和实线分别表示交界面无滑移和有滑移时截面的应变分布。显然,滑移效应引起附加曲率,使挠度增大。

基于此,规范规定,组合梁的挠度计算采用折减刚度法,通过对组合梁的换算截面刚度进行折减来考虑滑移效应,计算结果与试验结果吻合良好。所给方法适用于完全抗剪连接组合梁、部分抗剪连接组合梁及压型钢板混凝土组合梁各种情况。

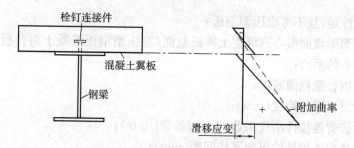

图 6-67　组合梁截面及其应变分布

2. 挠度计算

组合梁的挠度视不同荷载和不同支承等情况按结构力学所给公式进行计算,仅受正弯矩作用的组合梁,其抗弯刚度应取考虑滑移效应的折减刚度,连续组合梁应按变截面刚度梁进行计算。

组合梁考虑滑移效应后的折减刚度 B 按下式确定:

$$B=\frac{EI_{eq}}{1+\zeta} \tag{6-131}$$

式中　E——钢梁的弹性模量;

　　　ζ——刚度折减系数;

　　　I_{eq}——组合梁的换算截面惯性矩。对荷载的标准组合,可将组合梁截面中的混凝土翼板有效宽度除以钢材与混凝土弹性模量的比值 α_E 换算为钢截面宽度后,计算整个截面的惯性矩;对荷载的准永久组合,则除以 $2\alpha_E$ 进行换算;对于钢梁与压型钢板混凝土组合板构成的组合梁,取其薄弱截面的换算截面进行计算,且不计压型钢板的作用。

刚度折减系数 ζ 按下式计算(当 $\zeta<0$ 时,取 $\zeta=0$):

$$\zeta=\eta\left[0.4-\frac{3}{(jl)^2}\right] \tag{6-132}$$

$$\eta=\frac{36Ed_c pA_0}{n_s khl^2} \tag{6-133}$$

$$j=0.81\sqrt{\frac{n_s kA_1}{EI_0 p}}\quad(\mathrm{mm^{-1}}) \tag{6-134}$$

$$A_0=\frac{A_{cf}A}{\alpha_E A+A_{cf}} \tag{6-135}$$

$$A_1=\frac{I_0+A_0 d_c^2}{A_0} \tag{6-136}$$

$$I_0=I+\frac{I_{cf}}{\alpha_E} \tag{6-137}$$

式中　A_{cf}——混凝土翼板截面面积,对压型钢板混凝土组合板翼板,取其薄弱截面的面积,且不考虑压型钢板;

　　　A——钢梁截面面积;

　　　I——钢梁截面惯性矩;

　　　I_{cf}——混凝土翼板的截面惯性矩,对压型钢板混凝土组合板翼板,取其薄弱截面的惯

性矩,且不考虑压型钢板;

d_c —— 钢梁截面形心到混凝土翼板截面(对压型钢板混凝土组合板为薄弱截面)形心的距离;

h —— 组合梁截面高度;

l —— 组合梁的跨度(mm);

k —— 抗剪连接件刚度系数,$k = N_v^c$ (N/mm);

p —— 抗剪连接件的纵向平均间距(mm);

n_s —— 抗剪连接件在一根梁上的列数;

α_E —— 钢材与混凝土弹性模量的比值。

当按荷载效应的准永久组合进行计算时,上述公式中的 α_E 应乘以2。

六、负弯矩区裂缝宽度计算

组合梁负弯矩区段的最大裂缝宽度 w_{max},按《混凝土结构设计规范》(GB 50010—2010)中的轴心受拉构件进行计算,并不得大于该规范所规定的限值。

裂缝宽度计算公式中用到的钢筋应力,按荷载效应的标准组合且利用开裂的截面特性求得:

$$\sigma_{sk} = \frac{M_k y_s}{I_{cr}} \tag{6-138}$$

$$M_k = M_e(1 - \alpha_r) \tag{6-139}$$

式中 I_{cr} —— 由纵向普通钢筋与钢梁形成的组合截面的惯性矩;

y_s —— 钢筋截面重心至钢筋和钢梁形成的组合截面中和轴的距离;

M_k —— 钢与混凝土形成组合截面之后,考虑了弯矩调幅的标准荷载作用下支座截面负弯矩组合值,对于悬臂组合梁,应根据平衡条件计算得到;

M_e —— 钢与混凝土形成组合截面之后,标准荷载作用下按未开裂模型进行弹性计算得到的连续组合梁中支座负弯矩值;

α_r —— 正常使用极限状态连续组合梁中支座负弯矩调幅系数,其取值不宜超过15%。

七、纵向抗剪计算

组合梁板托及混凝土翼缘板应进行纵向受剪承载力验算,如图6-68所示,验算的纵向受剪界面为 a-a、b-b、c-c 及 d-d。

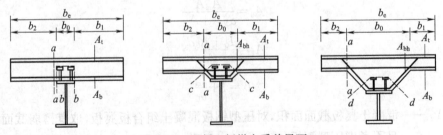

图6-68 混凝土板纵向受剪界面

图6-68中,b-b、c-c 及 d-d 受剪界面在单位纵向长度上的纵向剪力设计值为

$$v_{l,1} = \frac{V_s}{m_i} \tag{6-140}$$

a-a 受剪界面在单位纵向长度上的纵向剪力设计值为

$$v_{l,1} = \max\left(\frac{V_s}{m_i} \times \frac{b_1}{b_e}, \frac{V_s}{m_i} \times \frac{b_2}{b_e}\right) \tag{6-141}$$

式中　$v_{l,1}$——单位纵向长度内受剪界面上的纵向剪力设计值；

　　　V_s——每个剪跨区段内钢梁与混凝土翼板交界面的纵向剪力；

　　　m_i——剪跨区段长度，见图 6-66；

　　　b_1, b_2——混凝土翼板左右两侧挑出的宽度；

　　　b_e——混凝土翼板有效宽度，取为对应跨的跨中有效宽度取值。

组合梁承托及翼缘板界面纵向受剪承载力计算应符合下列规定：

$$v_{l,1} \leqslant v_{lu,1} \tag{6-142}$$
$$v_{lu,1} = 0.7 f_t b_f + 0.8 A_e f_r \tag{6-143a}$$
$$v_{lu,1} = 0.25 b_f f_c \tag{6-143b}$$

式中　$v_{lu,1}$——单位纵向长度内界面受剪承载力，取式(6-143a)和式(6-143b)的较小值；

　　　f_t——混凝土抗拉强度设计值；

　　　b_f——受剪界面的横向长度，按图 6-68 所示的 a—a、b—b、c—c 及 d—d 连线在抗剪连接件以外的最短长度取值；

　　　A_e——单位长度上横向钢筋的截面面积，按图 6-68 和表 6-9 取值；

　　　f_r——横向钢筋的强度设计值。

表 6-9　单位长度上横向钢筋的截面积 A_e

剪切面	a—a	b—b	c—c	d—d
A_e	$A_b + A_t$	$2A_b$	$2(A_b + A_{bh})$	$2A_{bh}$

横向钢筋的截面积应满足下式要求：

$$A_e f_r / b_f > 0.75 (\text{N/mm}^2) \tag{6-144}$$

八、构造要求

1. 主要尺寸和钢筋

（1）组合梁截面高度不宜超过钢梁截面高度的 2 倍；混凝土板托高度 h_{c2} 不宜超过翼板厚度 h_{c1} 的 1.5 倍；板托的顶面宽度不宜小于钢梁上翼缘宽度与 1.5 h_{c2} 之和。

（2）组合梁边梁混凝土翼板的构造应满足图 6-69 的要求。有板托时伸出长度不宜小于 h_{c2}；无板托时应同时满足伸出钢梁中心线不小于 150 mm、伸出钢梁翼缘边不小于 50 mm 的要求。

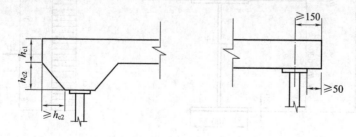

图 6-69　边梁构造图

（3）连续组合梁在中间支座负弯矩区的上部纵向钢筋及分布钢筋应按现行国家标准《混凝土结构设计规范》(GB 50010) 的规定设置。

2. 连接件设置统一要求

（1）焊钉连接件钉头下表面或槽钢连接件上翼缘下表面高出翼板底部钢筋顶面不宜小于30 mm；

（2）连接件沿梁跨度方向的最大间距不应大于混凝土翼板（包括板托）厚度的 3 倍，且不大于 300 mm；

（3）连接件的外侧边缘与钢梁翼缘边缘之间的距离不应小于 20 mm；

（4）连接件的外侧边缘至混凝土翼板边缘间的距离不应小于 100 mm；

（5）连接件顶面的混凝土保护层厚度不应小于 15 mm。

3. 圆柱头焊钉连接件专项要求

焊钉连接件除应满足上款"连接件设置统一要求"外，尚应符合下列规定：

（1）当焊钉位置不正对钢梁腹板时，如钢梁上翼缘承受拉力，则焊钉杆直径不应大于钢梁上翼缘厚度的 1.5 倍；如钢梁上翼缘不承受拉力，则焊钉杆直径不应大于钢梁上翼缘厚度的 2.5 倍。

（2）焊钉长度不应小于其杆径的 4 倍。

（3）焊钉沿梁轴线方向的间距不应小于杆径的 6 倍；垂直于梁轴线方向的间距不应小于杆径的 4 倍。

（4）用压型钢板作底模的组合梁时，焊钉杆直径不宜大于 19 mm，混凝土凸肋宽度不应小于焊钉杆直径的 2.5 倍；焊钉高度 h_d 应符合 $(h_e + 30) \leqslant h_d \leqslant (h_e + 75)$ 的要求（图 6-65）。

4. 槽钢连接件和弯筋连接件的专项要求

（1）槽钢连接件一般采用 Q235 钢，截面不大于[12.6。

（2）横向钢筋的间距不应大于 $4h_{e0}$，且不应大于 200 mm。

板托中应配 U 形横向钢筋加强。板托中横向钢筋的下部水平段应设置在距钢梁上翼缘50 mm 的范围以内。

【例题 6-12】某工作平台梁为简支梁，截面如图 6-70 所示，承受永久荷载标准值 g_k = 29 kN/m，检修时可变荷载标准值 q_k = 30 kN/m。梁跨度 12 m。混凝土等级 C30，f_c = 14.3 N/mm^2，钢梁采用 Q235。圆柱头焊钉采用 $\phi16 \times 90$，其 f_u = 400 N/mm^2。要求：验算组合梁的受弯承载力，并按完全抗剪连接设计抗剪连接件。

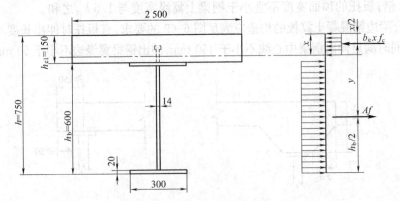

图 6-70　例题 6-12 图(单位:mm)

【解】 (1)确定混凝土翼缘板有效宽度 b_e。

应取为以下二者的较小者:

梁翼缘宽度加上等效跨径的 $1/3$,$300+12\ 000/3=4\ 300(\text{mm})$;

实际宽度,$2\ 500\ \text{mm}$。

故取 $b_e=2\ 500\ \text{mm}$。

(2)荷载组合

依据《建筑结构可靠性设计统一标准》,永久荷载的分项系数取 1.3,可变荷载的分项系数取 1.5,则

$$q=1.3\times29+1.5\times30=82.7(\text{kN/m})$$

$$M=\frac{1}{8}ql^2=\frac{1}{8}\times82.7\times12^2=1\ 488.6(\text{kN}\cdot\text{m})$$

(3)抗弯承载力验算

$$A=2\times300\times20+14\times560=19\ 840(\text{mm}^2)$$

$$Af=19\ 840\times205\times10^{-3}=4\ 067.2(\text{kN})$$

$$b_e h_{cl} f_c=2\ 500\times150\times14.3\times10^{-3}=5\ 362.5(\text{kN})$$

由于此时 $Af<b_e h_{cl} f_c$,故中和轴在混凝土翼板内。于是

$$x=\frac{Af}{b_e f_c}=\frac{4\ 067.2\times10^3}{2\ 500\times14.3}=113.8(\text{mm})$$

$$M_u=Afy=4\ 067.2\times(750-600/2-113.8/2)\times10^{-3}$$
$$=1\ 598.8(\text{kN}\cdot\text{m})>1\ 488.6\ \text{kN}\cdot\text{m}$$

故抗弯承载力满足要求。

(4)确定焊钉抗剪承载力

一个焊钉的抗剪承载力设计值为

$$N_v^c=0.43A_s\sqrt{E_c f_c}=0.43\times\frac{3.14\times16^2}{4}\sqrt{3.0\times10^4\times14.3}=56.6\times10^3(\text{N})$$

而 $\quad 0.7A_s f_u=0.7\times\dfrac{3.14\times16^2}{4}\times400=56.3\times10^3(\text{N})<N_v^c=56.6\times10^3\ \text{N}$

故取一个焊钉的抗剪承载力设计值为 56.3 kN。

(5)抗剪连接件设计

V_s 取 Af 和 $b_e h_{cl} f_c$ 中的较小值,今为 $4\ 067.2$ kN。跨中截面到支座截面所需的焊钉数:

$$n_f=V_s/N_v^c=4\ 067.2/56.3=72.2$$

取为 73 个,则全跨布置 $2\times73=146$ 个。按 1 列等间距布置,间距取为 82 mm,此时,$6d=6\times16=96$ mm,不满足"焊钉沿梁轴线方向的间距不应小于杆径的 6 倍"的规定。改按双列布置,间距 160 mm,共需栓钉 146 个。垂直于轴线方向间距取为 100 mm,满足不小于杆径 4 倍的要求。

(6)跨中挠度验算

$$\alpha_E=E_s/E_c=206\times10^3/(3.0\times10^4)=6.9$$

$$I_0=I+\frac{I_{cf}}{\alpha_E}=\frac{14\times560^3}{12}+2\times300\times20\times290^2+\frac{2\ 500\times150^3}{12\times6.9}=1.316\times10^9(\text{mm}^4)$$

$$A_0=\frac{A_{cf}A}{\alpha_E A+A_{cf}}=\frac{2\ 500\times150\times19\ 840}{6.9\times19\ 840+2\ 500\times150}=14\ 534(\text{mm}^2)$$

$$A_1 = \frac{I_0 + A_0 d_c^2}{A_0} = \frac{1.316 \times 10^9 + 14\ 534 \times 375^2}{14\ 534} = 231\ 171\ (\text{mm}^2)$$

$$k = N_v^c = 56\ 300\ \text{N/mm}$$

$$j = 0.81 \sqrt{\frac{n_s k A_1}{E I_0 p}} = 0.81 \sqrt{\frac{2 \times 56\ 300 \times 231\ 171}{206 \times 10^3 \times 1.316 \times 10^9 \times 160}} = 6.27 \times 10^{-4}\ (\text{mm}^{-1})$$

$$\eta = \frac{36 E d_c p A_0}{n_s k h l^2} = \frac{36 \times 206 \times 10^3 \times 375 \times 160 \times 14\ 534}{2 \times 56\ 300 \times 750 \times 12\ 000^2} = 0.532$$

$$\zeta = \eta \left[0.4 - \frac{3}{(jl)^2} \right] = 0.532 \times \left[0.4 - \frac{3}{(6.27 \times 10^{-4} \times 12\ 000)^2} \right] = 0.185$$

$$B = \frac{E I_{eq}}{1 + \zeta} = 0.844 E I_{eq}$$

下面根据换算截面来计算 I_{eq}。

$$b_{eq} = \frac{b_e}{\alpha_E} = \frac{2\ 500}{6.9} = 362.3\ (\text{mm})$$

将换算截面形心距下边缘的距离记作 y，则

$$y = \frac{362.3 \times 150 \times 675 + 19\ 840 \times 300}{362.3 \times 150 + 19\ 840} = 574.7\ (\text{mm})$$

$$\begin{aligned} I_{eq} = & 362.3 \times 150^3/12 + 362.3 \times 150 \times (675 - 574.7)^2 + 19\ 840 \times (574.7 - 300)^2 + \\ & 14 \times 560^3/12 + 2 \times 300 \times 20 \times 290^2 = 3.360 \times 10^9\ (\text{mm}^4) \end{aligned}$$

跨中挠度：

$$v = \frac{5(g_k + q_k)l^4}{384 B} = \frac{5 \times (29 + 30) \times 12\ 000^4}{384 \times 0.844 \times 206 \times 10^3 \times 3.36 \times 10^9} = 27.3\ (\text{mm})$$

$$\frac{v}{l} = \frac{27.3}{12\ 000} = \frac{1}{440} < \frac{1}{400}$$

挠度满足要求。

思 考 题

1. "截面塑性发展系数"和"截面形状系数"有何区别和联系？

2. 试推导 I 形截面塑性抵抗矩 W_p 的计算公式。

3. 解释名词：弹性设计、塑性设计、部分发展塑性设计。

4. 对梁进行的验算，何时采用毛截面特性，何时采用净截面特性？

5. 试说明需要验算局部承压强度的条件。

6. 简述钢梁刚度的验算方法。

7. 说明梁整体失稳的形式和影响失稳的主要因素。

8. 简述型钢梁的设计步骤，并给出验算内容和验算公式。

9. 说明组合梁截面的设计步骤和主要的验算内容、验算部位和验算公式。

10. 组合梁梁高是如何确定的？试推导经济梁高公式。

11. 试说明变截面梁的应用条件、变截面的位置和常采用的方法。

12. 说明钢梁翼缘和腹板局部失稳的危害以及为避免局部失稳各应采取的措施。

13. 腹板加劲肋有哪几种？各用于抵抗何种应力？有何构造要求？

14. 试述设置腹板加劲肋的条件。

15. 支承加劲肋在什么条件下设置？需要验算哪些内容？如何验算？

16. 绘图说明梁的拼接形式，简要说明梁拼接的设计方法。

习　题

6—1　一跨度 $l = 6$ m 的简支梁，跨中位置承受集中荷载 F 作用，此静力荷载的标准值为：永久荷载 10 kN，可变荷载 50 kN，集中荷载沿梁跨度方向的支承长度为 50 mm。此梁采用 I32a，材料为 Q235 钢。试验算该梁的强度和刚度（取 $[v] = l/250$）。

6—2　某焊接工字形等截面简支梁，跨度 $l = 10$ m，截面尺寸如图 6-71 所示，无孔洞削弱。在跨度中点和两端均设有侧向支承，材料为 Q355 钢。跨中位置的集中荷载标准值 $P_k = 330$ kN，为间接动力荷载，其中可变荷载占一半，作用在梁的顶面，P_k 沿梁跨度方向的支承长度 a 为 130 mm。试验算该梁的强度和刚度。

6—3　计算习题 6-2 梁的整体稳定性是否满足要求。

6—4　某跨度 $l = 6$ m 的简支梁，截面为 I56a，求下列各种情况时梁的整体稳定系数 φ_b。

(1)上翼缘承受满跨均布荷载，跨中无侧向支承点，Q235 钢；

(2)同上，但钢材为 Q355；

(3)集中荷载作用于跨中下翼缘，跨中无侧向支承点，Q235 钢；

(4)集中荷载作用于跨中上翼缘，跨中无侧向支承点，Q235 钢；

(5)集中荷载作用于跨中上翼缘，跨中有侧向支承点，Q235 钢；

6—5　焊接工字形截面梁，其受力与尺寸如图 6-72 所示，均布荷载 q 为设计值（已包括梁自重），钢材为 Q235，跨中无侧向支承，试验算该梁的整体稳定性。若不满足，可采取何措施？

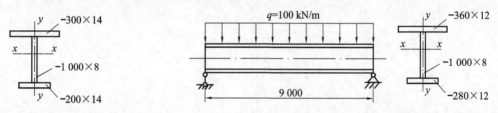

图 6-71　习题 6-2 图（单位：mm）　　　　　图 6-72　习题 6-5 图（单位：mm）

6—6　如图 6-73 所示跨度 $l = 9$ m 的简支梁，有均布荷载通过楼板压在梁的顶面上（可视为受压翼缘扭转受到约束），均布荷载设计值（已包括自重）$q = 110$ kN/m，材料为 Q235 钢。试验算该梁的局部稳定并配置加劲肋。（提示：可取支座处 $a = 1.5$ m，其他位置 $a = 2$ m 试算。）

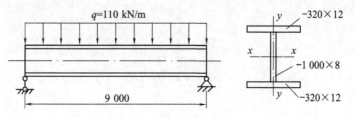

图 6-73　习题 6-6 图（单位：mm）

6—7　某焊接工字形梁的中间一段,截面如图 6-74 所示。梁承受均布荷载,钢材为 Q235。跨中有侧向支撑,无整体稳定问题。梁上翼缘扭转未受约束。均布荷载设计值 $q=300$ kN/m(已包括梁自重)。已知加劲肋①处弯矩设计值 $M_x=11\,500$ kN·m,剪力设计值 $V=1\,300$ kN;加劲肋②处弯矩设计值小于加劲肋①处。截面惯性矩 $I_x=6.55\times10^6$ cm⁴。考虑腹板屈曲后的强度,试验算此腹板区格的承载力是否合格?(提示:首先应算出加劲肋②所在截面的弯矩和剪力。)

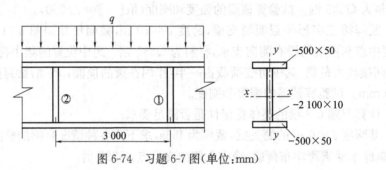

图 6-74　习题 6-7 图(单位:mm)

第七章

拉弯构件和压弯构件

第一节 概 述

同时承受弯矩和轴心拉力(或轴心压力)的构件称为拉弯构件(或压弯构件)。构件的弯矩可以由不通过构件截面形心的偏心纵向荷载引起,也可由横向荷载引起,或由构件端部转角约束(如固定端、连续或刚架梁、柱等)产生的端部弯矩引起,如图 7-1 所示。

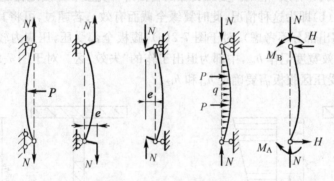

图 7-1 拉弯构件和压弯构件

拉弯构件或压弯构件是钢结构中常用的构件形式,尤其是压弯构件应用更广泛。例如单层厂房的柱、多层或高层房屋的框架柱、承受不对称荷载的工作平台柱,以及支架柱、塔架等常是压弯构件;桁架中承受节间荷载的杆件则是压弯或拉弯构件。

拉弯或压弯构件的截面通常做成在弯矩作用方向具有较大的截面尺寸,使在该方向有较大的截面模量,从而更好地承受弯矩。

在格构式构件中,通常使虚轴垂直于弯矩作用平面,这时可以根据承受弯矩的需要,灵活地调整两分肢间的距离。当弯矩较小、正负弯矩绝对值大致相等或使用上有特殊要求时,常采用对称截面。当正负弯矩绝对值相差较大时,为节省钢材,常采用单轴对称截面。

拉弯构件的设计一般只需考虑强度和刚度两个方面。但对以承受弯矩为主的拉弯构件,当截面一侧最外层纤维发生较大的压应力时,则也应考虑和计算构件的整体稳定以及受压板件或分肢的局部稳定。计算刚度时,确定构件长细比、计算长度和计算长度系数的原则和方法与轴心受拉构件相同,容许长细比也采用与轴心受拉构件相同的数值。

压弯构件的设计应考虑强度、刚度、整体稳定和局部稳定等四个方面。强度计算一般可考虑截面塑性变形的发展;刚度计算一般是控制构件的最大长细比不超过规定的容许值,但对框架梁等以承受弯矩为主的压弯构件则需计算弯矩作用方向的挠度不超过容许值;对承受单向弯矩作用的压弯构件,整体稳定计算包括在弯矩作用平面内和在弯矩作用平面外两个方向;局部稳定计算要求构件各组成板件的宽厚比应符合《钢结构设计标准》(GB 50017—2017)中规定的压弯构件 S4 级截面要求。对格构式构件有时还需要计算分肢的稳定性是否满足要求。

第二节　压弯构件的有效截面

截面由板件组成,若其中的受压板件宽厚比较大,达到了 S5 级,这时,构件的承载力会因局部屈曲而降低。因此,对于受弯构件和压弯构件,只有当截面限值在规定的 S4 级要求以内时,才可使用全截面特性进行计算,否则,应考虑腹板屈曲后强度效应,采用有效截面计算强度和整体稳定性。

为考虑 S5 级截面腹板屈曲后强度,规范给出了有效截面的计算方法。构件的有效截面由翼缘板截面、腹板受拉区截面和腹板受压区有效截面组成。对于常用的工字形截面,如图 7-2(a)、(b)所示,当弯矩绕强轴作用时(受弯构件或压弯构件),受压区会有部分截面因屈曲而退出工作,图中阴影部分表示"有效"范围。受压翼缘的自由外伸宽度和厚度之比通常可满足 S4 级限值要求(图 7-2(a)、(b)即为这种情况,此时翼缘全截面有效);若超过,可将其一侧有效外伸宽度取为 $15t_f\varepsilon_k$(即超出部分不考虑);对于图 7-2(a),腹板全部受压,压应力较大一侧有效宽度记作 h_{e1},另一侧有效宽度记作 h_{e2},中部为退出工作的"失效"区。对于图 7-2(b),受拉范围的腹板全部有效,仅受压区腹板需要确定 h_{e1} 和 h_{e2}。

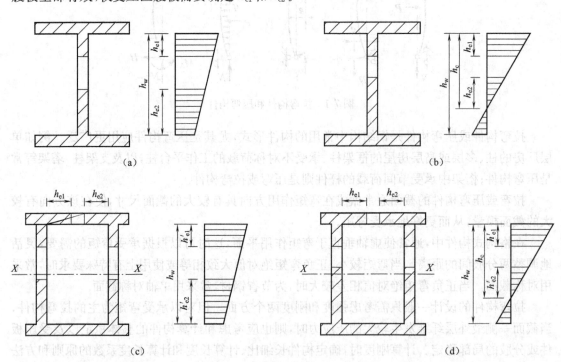

图 7-2　截面有效宽度的分布

腹板受压区的有效宽度 $h_e = h_{e1} + h_{e2}$,应按以下公式确定:

$$h_e = \rho h_c \tag{7-1}$$

当 $\lambda_{n,p} \leqslant 0.75$ 时:

$$\rho = 1.0 \tag{7-2a}$$

当 $\lambda_{n,p} > 0.75$ 时:

$$\rho = \frac{1}{\lambda_{n,p}}\left(1 - \frac{0.19}{\lambda_{n,p}}\right) \tag{7-2b}$$

$$\lambda_{n,p} = \frac{h_w/t_w}{28.1\sqrt{k_\sigma}} \cdot \frac{1}{\varepsilon_k} \tag{7-3}$$

$$k_\sigma = \frac{16}{2-\alpha_0+\sqrt{(2-\alpha_0)^2+0.112\alpha_0^2}} \tag{7-4}$$

$$\alpha_0 = \frac{\sigma_{max} - \sigma_{min}}{\sigma_{max}} \tag{7-5}$$

式中　h_c, h_e——分别为腹板受压区宽度和有效宽度,当腹板全部受压时,$h_c = h_w$(腹板);

　　　　ρ——有效宽度系数;

　　　　$\lambda_{n,p}$——正则化宽厚比;

　　　　k_σ——屈曲系数;

　　　　α_0——腹板所受压应力的应力梯度。

对于图 7-2(a)腹板全部受压,即 $\alpha_0 \leqslant 1$ 时,h_{e1} 和 h_{e2} 分别取为

$$h_{e1} = 2h_e/(4+\alpha_0) \tag{7-6a}$$

$$h_{e2} = h_e - h_{e1} \tag{7-6b}$$

对于图 7-2(b)腹板部分受压,即 $\alpha_0 > 1$ 时,则取为

$$h_{e1} = 0.4h_e \tag{7-7a}$$

$$h_{e2} = 0.6h_e \tag{7-7b}$$

对于箱形截面受弯构件或压弯构件,当弯矩绕 x 轴作用时,其腹板部分的有效宽度采用与工形截面相同的方法确定。因弯矩而受压的翼缘,由于同样为四边支承板,因此,也采用以上方法得到有效宽度 h_e,但计算时取 $k_\sigma = 4.0$。有效宽度在翼缘两侧相等,即 $h_{e1} = h_{e2}$。

【例题 7-1】 某焊接箱形截面梁,假设在弯矩作用下顶板是受压一侧,截面如图 7-3 所示,钢材为 Q355。求:(1)确定截面的等级;(2)如果属于 S5 截面,计算有效截面特性。

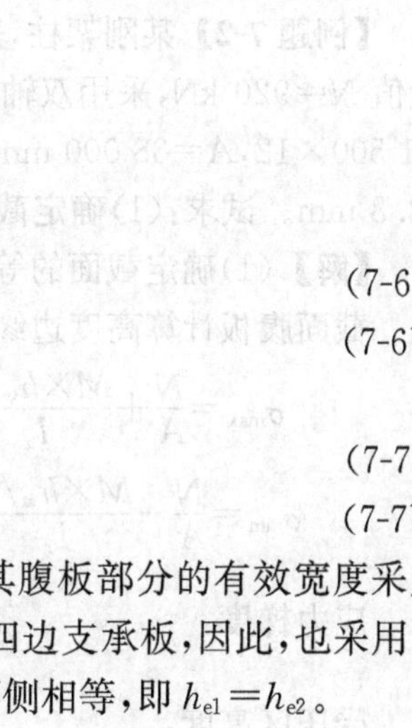

【解】 腹板间翼缘宽厚比:$b_0/t = 410/10 = 41 > 42\varepsilon_k = 34.17$,属于 S5 级。

腹板高厚比:$h_0/t_w = (430-2\times10)/8 = 33.2 < 65\varepsilon_k = 52.89$,属于 S1 级。

故整个截面的等级为 S5。取塑性发展系数 $\gamma_x = 1.0$。

有效截面特性计算如下:

双轴对称截面梁,$\alpha_0 = 2.0$。由于翼缘宽厚比超限,因此取 $k_\sigma = 4.0$。

图 7-3　例题 7-1 图(单位:mm)

$$\lambda_{n,p} = \frac{b_0/t}{28.1\sqrt{k_\sigma}} \cdot \frac{1}{\varepsilon_k} = \frac{41}{28.1\sqrt{4}}\frac{1}{\sqrt{235/355}} = 0.897 > 0.75$$

$$\rho = \frac{1}{\lambda_{n,p}}\left[1-\frac{0.19}{\lambda_{n,p}}\right] = \frac{1}{0.897}\left(1-\frac{0.19}{0.897}\right) = 0.879$$

$$b_e = \rho b_0 = 0.879\times410 = 360(mm)$$

有效宽度的分布如图 7-4 所示。

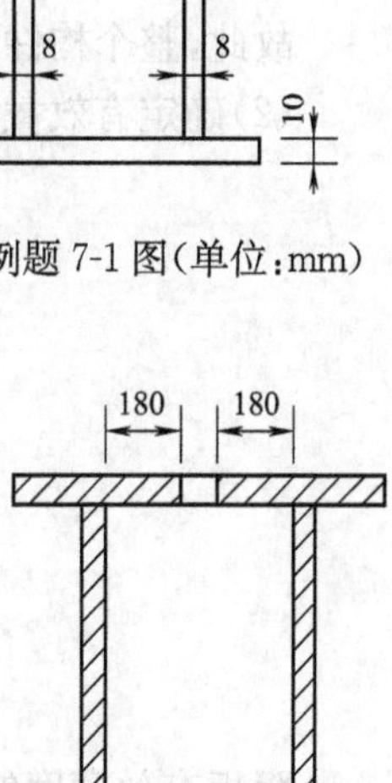

有效截面面积为

$$A_e = 450\times10\times2+410\times8\times2-(410-360)\times10 = 15\,060(mm^2)$$

确定有效截面形心至截面上边缘的距离 y_c:

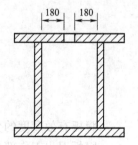

图 7-4　例题 7-1 的
有效截面(单位:mm)

原截面的截面积为 $450 \times 10 \times 2 + 410 \times 8 \times 2 = 15\ 560 (\text{mm}^2)$

$$y_c = \frac{15\ 560 \times 430/2 - (410 - 360) \times 10 \times 5}{15\ 060} = 222 (\text{mm})$$

确定有效截面惯性矩:

$$I_{ne,x} = 2 \times \frac{8 \times 410^3}{12} + 2 \times 8 \times 410 \times (215 - 222)^2 + 450 \times 10 \times (430 - 222 - 5)^2 +$$

$$(450 - 410 + 360) \times 10 \times (222 - 5)^2$$

$$= 466 \times 10^6 (\text{mm}^4)$$

【例题 7-2】 某刚架柱,采用 Q355 钢材,承受弯矩设计值 $M_x = 5\ 100\ \text{kN·m}$,轴心压力设计值 $N = 920\ \text{kN}$,采用双轴对称的焊接工字形截面,翼缘板为-400×25(火焰切割边),腹板为 $-1\ 500 \times 12$,$A = 38\ 000\ \text{mm}^2$,$I_x = 1.500 \times 10^{10}\ \text{mm}^3$,$W_x = 1.936 \times 10^7\ \text{mm}^3$,$i_x = 628\ \text{mm}$,$i_y = 83.3\ \text{mm}$。试求:(1)确定截面的等级;(2)若为 S5 截面,确定有效截面惯性矩。

【解】(1)确定截面的等级

截面腹板计算高度边缘的应力(以压为正拉为负):

$$\sigma_{\max} = \frac{N}{A} + \frac{M \times h_w/2}{I_x} = \frac{920 \times 10^3}{38\ 000} + \frac{5\ 100 \times 10^6 \times 1\ 500/2}{1.5 \times 10^{10}} = 279.2 (\text{N/mm}^2)$$

$$\sigma_{\min} = \frac{N}{A} - \frac{M \times h_w/2}{I_x} = \frac{920 \times 10^3}{38\ 000} - \frac{5\ 100 \times 10^6 \times 1\ 500/2}{1.5 \times 10^{10}} = -230.8 (\text{N/mm}^2)$$

应力梯度:

$$\alpha_0 = \frac{\sigma_{\max} - \sigma_{\min}}{\sigma_{\max}} = 1.83$$

受压区高度:

$$h_c = \frac{\sigma_{\max}}{\sigma_{\max} - \sigma_{\min}} h_w = 821 (\text{mm})$$

依据表 6-1 的要求确定板件的等级。

S4 级要求腹板 $h_0/t_w \leqslant (45 + 25\alpha_0^{1.66}) \varepsilon_k = 92.1$,今 $h_0/t_w = 1\ 500/12 = 125 > 92.1$ 且 $\leqslant 250$,故属于 S5 级。

S4 级要求翼缘 $b/t \leqslant 15\varepsilon_k = 12.2$,今 $b/t = (400 - 12)/2/25 = 7.76$,故至少属于 S4 级。

故此,整个构件截面的等级为 S5。

(2)确定有效截面特性

$$k_\sigma = \frac{16}{2 - \alpha_0 + \sqrt{(2 - \alpha_0)^2 + 0.112\alpha_0^2}} = 19.8$$

$$\lambda_{n,p} = \frac{h_w/t_w}{28.1\sqrt{k_\sigma}} \cdot \frac{1}{\varepsilon_k} = 1.229 > 0.75$$

$$\rho = \frac{1}{\lambda_{n,p}} \left[1 - \frac{0.19}{\lambda_{n,p}}\right] = \frac{1}{1.229}\left(1 - \frac{0.19}{1.229}\right) = 0.688$$

$$h_e = \rho h_c = 0.688 \times 821 = 565 (\text{mm})$$

$$h_{e1} = 0.4 h_e = 0.4 \times 565 = 226 (\text{mm})$$

$$h_{e2} = 0.6 h_e = 339 (\text{mm})$$

腹板有效宽度的分布如图 7-5(a)所示。

腹板退出工作部分的高度:$h_c - h_e = 821 - 565 = 256 (\text{mm})$

腹板退出工作的面积:$256 \times 12 = 3\ 072 (\text{mm}^2)$

腹板退出工作的形心至截面上边缘的距离:$25 + 226 + 256/2 = 379 (\text{mm})$

有效截面面积：$A_{ne}=38\ 000-3\ 072=34\ 928(mm^2)$

有效截面形心至截面上边缘的距离：

$$y_c=\frac{38\ 000\times775-3\ 072\times379}{38\ 000-3\ 072}=810(mm)$$

形成的有效截面如图 7-5(b)所示。

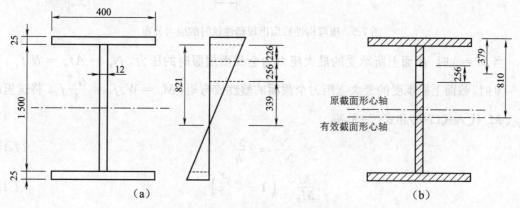

图 7-5 有效截面的计算简图(单位:mm)

(a)受压区范围；(b)有效截面

有效截面惯性矩：

$$I_{e,x}=1.5\times10^{10}+38\ 000\times(810-775)^2-\left[\frac{12\times256^3}{12}+3\ 072\times(810-379)^2\right]$$
$$=1.446\times10^{10}(mm^4)$$

第三节 拉弯和压弯构件的强度

一、拉弯和压弯构件截面的 $M-N$ 关系

对拉弯构件和截面有孔洞削弱较多的压弯构件或构件端部弯矩大于跨间弯矩的压弯构件，需要进行强度计算。

拉弯构件和压弯构件的强度承载能力极限状态是截面上出现塑性铰。为简便起见，今以图 7-6 所示矩形截面压弯构件的受力状况进行分析(拉弯构件亦然)，截面应力状态为两种应力分布的叠加。达到承载能力极限状态时，轴向压力 N 和弯矩 M 可由下式求得：

轴向压力

$$N=\int_A\sigma dA=2by_0f_y=2\frac{y_0}{h}\cdot bhf_y \tag{7-8}$$

弯矩

$$M=\int_A\sigma ydA=bf_y\left(\frac{h}{2}-y_0\right)\left(\frac{h}{2}+y_0\right)$$
$$=\frac{bh^2}{4}f_y\left(1-4\frac{y_0^2}{h^2}\right) \tag{7-9}$$

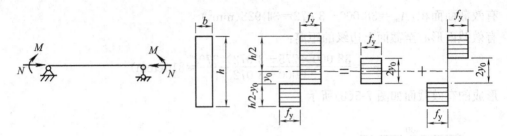

图 7-6　压弯构件截面出现塑性铰时的应力分布

当 $M=0$ 时,截面上所承受的最大压力为全截面屈服时的压力, $N_{\mathrm{p}}=Af_{\mathrm{y}}=bhf_{\mathrm{y}}$;当 $N=0$ 时,截面上所承受的最大弯矩为全截面的塑性铰弯矩, $M_{\mathrm{p}}=W_{\mathrm{p}}f_{\mathrm{y}}=\dfrac{bh^{2}}{4}f_{\mathrm{y}}$ 。将这里的 N_{p} 、 M_{p} 代入式(7-8)和式(7-9),得

$$\frac{N}{N_{\mathrm{p}}}=2\,\frac{y_{0}}{h} \tag{7-10}$$

$$\frac{M}{M_{\mathrm{p}}}=\left(1-4\,\frac{y_{0}^{2}}{h^{2}}\right) \tag{7-11}$$

将式(7-10)两边平方,与式(7-11)相加,得

$$\left(\frac{N}{N_{\mathrm{p}}}\right)^{2}+\frac{M}{M_{\mathrm{p}}}=1 \tag{7-12}$$

式(7-12)可绘成如图 7-7 所示的 N/N_{p} 和 M/M_{p} 的无量纲化相关曲线表示。对于工字形截面的构件,也可用同样方法得出相关公式并绘出相应的相关曲线,只是由于翼缘和腹板尺寸的不同,相关曲线在一定范围内变动(图中的阴影区)。对于其他形式截面的构件也如此。它们均为凸形曲线,在设计中为了简化,可以偏安全地采用直线关系,即有下式成立:

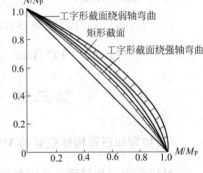

$$\frac{N}{N_{\mathrm{p}}}+\frac{M}{M_{\mathrm{p}}}=1$$

图 7-7　压弯构件强度计算相关曲线

将其改写成:

$$\frac{N}{Af_{\mathrm{y}}}+\frac{M}{W_{\mathrm{p}}f_{\mathrm{y}}}=1 \tag{7-13}$$

二、拉弯和压弯构件的强度计算公式

为防止发生过大的塑性变形,与上一章梁一样,考虑截面部分发展塑性,将式(7-13)中的 W_{p} 以 γW 代替,得到单向压弯构件的相关计算公式如下:

$$\frac{N}{Af_{\mathrm{y}}}+\frac{M}{\gamma Wf_{\mathrm{y}}}=1 \tag{7-14}$$

式中, γ 为截面塑性发展系数。引入抗力分项系数,并将以上单向压弯构件的验算条件扩展到双向压弯和拉弯构件。

《钢结构设计标准》规定,弯矩作用在主平面内的拉弯和压弯构件的强度按下式计算:

$$\frac{N}{A_{\mathrm{n}}}\pm\frac{M_x}{\gamma_x W_{\mathrm{n}x}}\pm\frac{M_y}{\gamma_y W_{\mathrm{n}y}}\leqslant f \tag{7-15}$$

式中　N，M_x，M_y——所计算构件段所受的最大轴力、对主轴 x、y 的最大弯矩；

$\quad\quad$ A_{n}，$W_{\mathrm{n}x}$，$W_{\mathrm{n}y}$——构件净截面的面积和同截面处对 x、y 轴的净截面抗弯模量；

$\quad\quad$ γ_x，γ_y——与截面模量相应的截面塑性发展系数。

塑性发展系数按照以下规定取值：当按压弯构件得到的截面板件等级为 S1、S2 或 S3 级时，可以考虑截面的塑性发展，按附表 1-13 查塑性发展系数；当为 S4、或 S5 级时，取 $\gamma_x=\gamma_y=1.0$。另外，对需要计算疲劳的构件（应力循环次数超过 5×10^4 次），则应取 $\gamma_x=\gamma_y=1.0$。对绕虚轴弯曲的格构式构件，因仅考虑边缘纤维屈服，也规定取 $\gamma=1.0$。

如果工形或箱形截面单向压弯构件的腹板为 S5 级，则应采用有效截面按下式验算强度：

$$\frac{N}{A_{\mathrm{ne}}}\pm\frac{M_x+Ne}{W_{\mathrm{ne}x}}\leqslant f \tag{7-16}$$

式中，A_{n}、$W_{\mathrm{n}x}$ 分别为有效净截面面积和有效净截面模量；e 为有效截面形心至原截面形心的距离，即，由于 N 未作用于有效截面形心轴引起的附加弯矩为 Ne。

【例题 7-3】 某托架中的竖杆，按拉弯构件设计，截面为焊接工形，如图 7-8 所示，验算截面上有 M20 高强度螺栓 4 个（计算净截面时取孔径为 24 mm）。承受轴心拉力设计值 $N=825$ kN，弯矩设计值 $M=231$ kN·m，钢材为 Q235。试验算此拉弯构件的强度。

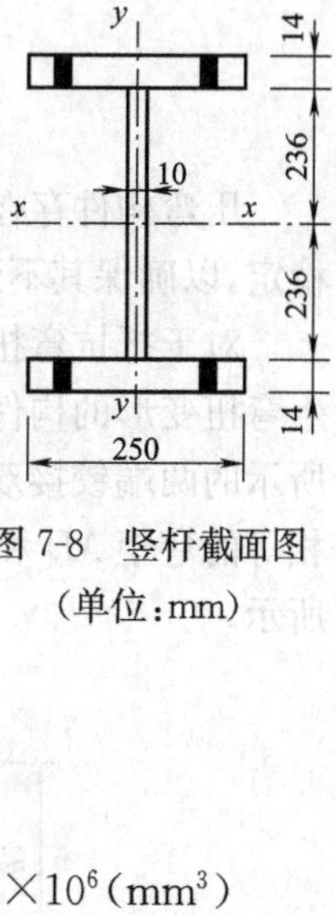

【解】 翼缘自由外伸宽度与厚度之比：$\dfrac{b}{t_{\mathrm{f}}}=\dfrac{(250-10)/2}{14}=8.57<9\varepsilon_{\mathrm{k}}=$ 9，属于 S1 级。

腹板的高厚比：$h_0/t_{\mathrm{w}}=472/10=47.2<65\varepsilon_{\mathrm{k}}=65$，属于 S1 级。

故构件整个截面属于 S1 级，验算强度时，全截面有效并可考虑塑性发展系数。

图 7-8　竖杆截面图
（单位：mm）

净截面积：$A_{\mathrm{n}}=472\times10+2\times14\times250-4\times14\times24=10\ 376(\mathrm{mm}^2)$

净截面模量：

$$W_{\mathrm{n}x}=\frac{\dfrac{1}{12}\times10\times472^3+2\times(14\times250-2\times14\times24)\times(236+7)^2}{236+14}=1.686\times10^6(\mathrm{mm}^3)$$

于是，可得

$$\frac{N}{A_{\mathrm{n}}}+\frac{M_x}{\gamma_x W_{\mathrm{n}x}}=\frac{825\times10^3}{10\ 376}+\frac{231\times10^6}{1.05\times1.686\times10^6}=210(\mathrm{N/mm}^2)<f=215\ \mathrm{N/mm}^2$$

注：拉弯构件如何判断截面等级，在《钢结构设计标准》中未规定。建议参照受弯构件操作。

第四节　压弯构件在弯矩作用平面内的整体稳定计算

一、概　　述

压弯构件的承载能力通常不是由强度而是由整体稳定控制的。图 7-9 所示的工字形截面压弯构件，在轴心压力 N 和均匀一阶弯矩 M_x 以及因挠度而产生的附加弯矩作用下，构件存在两种整体失稳的可能性:一种是如图 7-9(b)所示的弯矩作用平面内的弯曲失稳,构件只产生弯曲变形,构件中点的矢高为 v,截面只绕 x 轴转动;另一种是如图 7-9(c)所示的构件在产生弯曲变形的瞬间,忽然在弯矩作用平面外发生侧向弯曲变形,并伴随绕构件纵轴发生扭转变形,称为弯扭失稳,这时构件中点侧向变形的矢高为 v,扭转角为 θ,截面绕 y 轴和 z 轴转动。

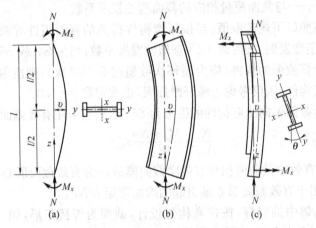

图 7-9 压弯构件的整体失稳变形

压弯构件存在以上两种不同的整体失稳现象,因而需要计算弯矩作用平面内和平面外的稳定,以确保其不致丧失承载力。本节先讨论压弯构件在弯矩作用平面内的整体稳定问题。

对于抵抗弯扭变形能力很强的压弯构件,或者在构件的侧向有足够多支撑可以阻止其发生弯扭变形的构件,会在弯矩作用平面内发生整体失稳而达到其承载力极限状态。图 7-10(a)所示的两端铰接双轴对称工字形截面压弯构件,具有矢高为 v_0 的初弯曲,在构件两端作用有相等的弯矩 M_x 和轴心压力 N,它们使构件只产生单向曲率变形,构件的弯矩图如图 7-10(b)所示。

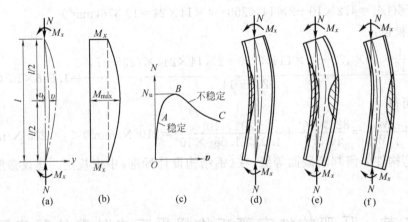

图 7-10 压弯构件的压力挠度曲线与塑性区

如果令 $M_x = N \cdot e$,而 e 相当于一个常量偏心距,则随着压力 N 的增大,构件中点的挠度 v 也将增加,于是可以画出 N 和 v 的关系曲线,如图 7-10(c)中的 OBC。在曲线 OB 段,挠度 v 随着压力的增加而增加,曲线是上升的,说明构件处于稳定平衡状态。但是在 BC 段,曲线是下降的,说明为了维持构件的平衡状态,需要不断减小作用于构件端部的压力,尽管如此,挠度仍会继续增加,因此构件是不稳定的。曲线的最高点 B 标志着构件达到其极限承载力 N_u。

由于构件的截面形状、尺寸比例、残余应力分布及构件长度的不同,构件丧失整体稳定时存在不同的塑性区。图 7-10(d)、(e)、(f)中的阴影区即为塑性区。图 7-10(d)的塑性区存在于构件截面受压最大的一侧;图 7-10(e)则是两侧同时发展塑性区。受弯作用较大的短粗的压弯构件容易产生图 7-10(e)所示的塑性区。对于单轴对称截面的压弯构件,除了可能产生以上两种现象外,甚至还可能产生只在受拉的一侧出现塑性区而失稳的现象,如图 7-10(f)所示。

二、压弯构件的 P-δ 效应

对于如图 7-10(a)所示的两端简支的压弯构件,在轴心压力 N 和端部弯矩 M 的共同作用下,其跨间的最大弯矩 M_{max} 可用下面方法得到。

设距离端部为 z 处的挠度为 y,于是该处力的平衡方程为

$$EI\frac{\mathrm{d}^2 y}{\mathrm{d}z^2} + Ny = -M \tag{7-17}$$

令 $k^2 = \dfrac{N}{EI}$,此方程的通解为

$$y = A\sin(kz) + B\cos(kz) - M/N$$

根据边界条件 $z=0$ 时,$y=0$;$z=l$ 时,$y=0$ 可解出待定系数 A、B,从而

$$y = \frac{M}{N}\left[\cos(kz) + \frac{1-\cos(kl)}{\sin(kl)}\sin(kz) - 1\right] \tag{7-18}$$

将 $z = l/2$ 代入式(7-18),求出构件跨中挠度(也是构件最大挠度)为

$$y_{max} = \frac{M}{N}(\sec u - 1) \tag{7-19}$$

式中,$u = \dfrac{\pi}{2}\sqrt{\dfrac{N}{N_E}}$,这里 $N_E = \dfrac{\pi^2 EI}{l^2}$,为欧拉临界力。

构件的最大弯矩在跨中截面,其值为

$$M_{max} = M + Ny_{max} = M\sec u \tag{7-20}$$

若将 $\sec u$ 按幂级数展开,有

$$\sec u = 1 + \frac{1}{2}u^2 + \frac{5}{24}u^4 + \frac{61}{720}u^6 + \cdots \tag{7-21}$$

将 $u = \dfrac{\pi}{2}\sqrt{\dfrac{N}{N_E}}$ 代入式(7-21),同时考虑到 $\dfrac{\pi^2}{8} = 1.234$,$\dfrac{5\pi^4}{384} = 1.268$,以后各项的系数逐渐增大,但变化不大,可近似均取为 1.234,则

$$\sec u = 1 + \frac{\pi^2}{8}\cdot\frac{N}{N_E} + \frac{5\pi^4}{384}\left(\frac{N}{N_E}\right)^2 + \cdots \approx 1 + 1.234\frac{N}{N_E} + 1.234\left(\frac{N}{N_E}\right)^2 + \cdots$$

方括号内为无穷等比数列,于是

$$\sec u = 1 + 1.234 \times \frac{N/N_E}{1-N/N_E} = \frac{1-N/N_E + 1.234N/N_E}{1-N/N_E} = \frac{1+0.234N/N_E}{1-N/N_E}$$

将上式代入式(7-20),则跨中最大弯距可以记作

$$M_{max} = M\sec u \approx \frac{M(1+0.234N/N_E)}{1-N/N_E} \tag{7-22}$$

可见,在压力 N 作用下,原本按照材料力学得到的跨中弯矩为 M(也称"一阶弯矩"),在这

里被放大了 $\dfrac{1+0.234N/N_E}{1-N/N_E}$ 倍。这种现象就是二阶效应(second-order effect)中的"$P\text{-}\delta$ 效应"。作为一种近似,可以把 $\alpha=\dfrac{1}{1-N/N_E}$ 作为这里的放大系数,当 $N/N_E<0.6$ 时,这种近似引起的误差小于 2%。

其他荷载作用的压弯构件,也可用类似方法求出跨中截面最大弯矩,几种常用的压弯构件的计算结果见表 7-1。表中 M 和 M_1 是在没有轴心压力作用时构件的最大弯矩,M_{max} 是计及轴心压力以后的最大弯矩,表中除列入了它的理论值外,还列入了便于应用的近似值。

表 7-1　考虑了 $P\text{-}\delta$ 效应的压弯构件最大弯矩与等效弯矩系数

序号	荷载作用简图	M_{max} 的理论值	等效弯矩系数 β_m
1	$N\overset{M}{\rightarrow}\circ\!-\!-\!\circ\overset{M}{\leftarrow}N$	$(1+0.234N/N_E)\alpha M$	1.0
2	$N\rightarrow\circ\overset{q}{\underset{\downarrow\downarrow\downarrow\downarrow}{}}\circ\leftarrow N$	$(1+0.028N/N_E)\alpha M$	$1-0.18N/N_E$
3	$N\rightarrow\circ\overset{\downarrow N}{}\circ\leftarrow N$	$(1-0.178N/N_E)\alpha M$	$1-0.36N/N_E$
4	$N\overset{M_1}{\rightarrow}\circ\!-\!-\!\circ\overset{M_2}{\leftarrow}N$ $\|M_1\|\geqslant\|M_2\|$	$\alpha M_1\sqrt{0.3+0.4\dfrac{M_2}{M_1}+0.3\left(\dfrac{M_2}{M_1}\right)^2}$	$0.6+0.4\dfrac{M_2}{M_1}$

为方便设计计算,各种受力形式按照一阶分析求得的最大弯矩可以通过乘以一个等效弯矩系数转化为均匀受弯时的端弯矩,且二者在考虑了 $P\text{-}\delta$ 效应后 M_{max} 相等,如图 7-11 所示。如此,图 7-11(a)通过取两端端弯矩为 $M_{eq}=\beta_m M_1$ 转化为图 7-11(b),从而可按照均匀受弯的压弯构件进行计算。

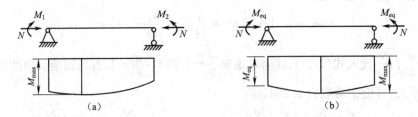

图 7-11　等效弯矩系数的含义

三、压弯构件在弯矩作用平面内整体稳定的实用计算公式

对于弹性压弯构件,为了考虑初始缺陷的影响,将初始缺陷等效为初弯曲 e_0,则跨中截面边缘纤维达到屈服的表达式为

$$\sigma=\frac{N}{A}+\frac{\beta_{mx}M_x+Ne_0}{W_{1x}(1-N/N_{Ex})}=f_y \tag{7-23}$$

令上式中的 $M_x=0$，则压弯构件转化为带有初始缺陷 e_0 的轴心受压构件。这时 $N = \varphi_x A f_y$，于是可以解出：

$$e_0 = \frac{(Af_y - N)(N_{Ex} - N)}{N \cdot N_{Ex}} \cdot \frac{W_{1x}}{A} \tag{7-24}$$

将式(7-24)代入式(7-23)，经整理后得

$$\sigma = \frac{N}{\varphi_x A} + \frac{\beta_{mx} M_x}{W_{1x}(1 - \varphi_x N/N_{Ex})} = f_y \tag{7-25}$$

对 f_y 和 N_{Ex} 考虑分项系数后得

$$\frac{N}{\varphi_x A} + \frac{\beta_{mx} M_x}{W_{1x}(1 - \varphi_x N/N'_{Ex})} \leqslant f \tag{7-26}$$

相关公式(7-26)主要是按边缘纤维屈服准则并考虑压弯构件二阶效应和构件缺陷参数(等效初弯曲模式)得到的。实际设计时还需作适当调整，使其更符合按极限承载力理论的计算和试验结果，以提高其精度。

对于实腹式压弯构件，面内稳定承载力的计算需要考虑塑性发展和缺陷等因素的影响，常用几种截面形式的压弯构件面内稳定承载力的数值计算结果与式(7-26)的计算结果有一定偏差，对部分短粗的实腹构件，式(7-26)偏于安全，对部分细长的实腹构件，偏于不安全。为了提高其精度，对 11 种压弯构件的常用截面形式，计及残余应力、初弯曲等因素，在长细比为 20～200，相对偏心率为 0.2～20.0 等情况时的承载力极限值用数值解法进行了计算，将这些计算结果，作为对式(7-26)修正的依据，《钢结构设计标准》给出的实用计算公式为

$$\frac{N}{\varphi_x A f} + \frac{\beta_{mx} M_x}{\gamma_x W_{1x}(1 - 0.8 N/N'_{Ex})f} \leqslant 1.0 \tag{7-27}$$

式中　N，A——压弯构件的轴心压力设计值和毛截面积；

$\quad\quad \varphi_x$——在弯矩作用平面内，不计弯矩作用时轴心压杆的稳定系数；

$\quad\quad M_x$——所计算构件段范围内的最大弯矩；

$\quad\quad N'_{Ex}$——参数，$N'_{Ex} = \pi^2 EA/(1.1\lambda_x^2)$；

$\quad\quad W_{1x}$——弯矩作用平面内最大受压纤维的毛截面模量；

$\quad\quad \gamma_x$——受压边缘的截面塑性发展系数，当截面等级满足 S1、S2、S3 级要求时，按附表 1-13 取用；

$\quad\quad \beta_{mx}$——等效弯矩系数。

等效弯矩系数 β_{mx} 按下列规定采用：

(1)无侧移框架柱和两端支承的构件

①无横向荷载作用，$\beta_{mx}=0.6+0.4\dfrac{M_2}{M_1}$，$M_1$ 和 M_2 为端弯矩。当 M_1 和 M_2 使构件产生同向曲率(无反弯点)时取同号，反之取异号，且 $|M_1| \geqslant |M_2|$；

②无端弯矩但有横向荷载作用时：

跨中单个集中荷载

$$\beta_{mqx} = 1 - 0.36 N/N_{cr} \tag{7-28}$$

全跨均布荷载

$$\beta_{mqx} = 1 - 0.18 N/N_{cr} \tag{7-29}$$

$$N_{cr} = \frac{\pi^2 EI}{(\mu l)^2} \tag{7-30}$$

式中,N_{cr} 为弹性临界力;μ 为构件的计算长度系数。

③有端弯矩和横向荷载同时作用时,取

$$\beta_{mx} M_x = \beta_{mqx} M_{qx} + \beta_{m1x} M_1 \tag{7-31}$$

式中,M_{qx}、β_{mqx} 分别为横向荷载引起的最大一阶弯矩设计值及其对应的等效弯矩系数,M_1、β_{m1x} 分别为较大端弯矩及其对应的等效弯矩系数。值得注意的是,对于图 7-12 所示的三种情况,式(7-31)具体为

图 7-12(a): $\qquad\qquad\qquad \beta_m M = \beta_{mQ} M_Q + \beta_{m1} M_1$

图 7-12(b): $\qquad\qquad\qquad \beta_m M = \beta_{mQ} M_Q - \beta_{m1} M_1$

图 7-12(c): $\qquad\qquad\qquad \beta_m M = \beta_{m1} M_1 - \beta_{mQ} M_Q$

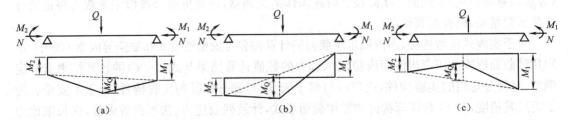

图 7-12 同时承受端弯矩和横向荷载的构件

(2)对于有侧移框架柱和悬臂构件

①除本款②项规定之外的框架柱,$\beta_{mx} = 1 - 0.36 N/N_{cr}$;

②有横向荷载的柱脚铰接的单层框架柱和多层框架的底层柱,$\beta_{mx} = 1.0$;

③自由端作用有弯矩的悬臂柱,$\beta_{mx} = 1 - 0.36(1 - m) N/N_{cr}$。

式中,m 为自由端弯矩与固定端弯矩之比,当弯矩图无反弯点时取正号,有反弯点时取负号。

当框架内力采用二阶分析时,柱弯矩由无侧移弯矩和放大的侧移弯矩组成,此时可对两部分弯矩分别乘以无侧移柱和有侧移柱的等效弯矩系数。

对于截面塑性发展系数表格(见附表 1-13)中的第 3、4 项,由于为单轴对称截面,当弯矩作用在对称轴平面且使翼缘受压时,截面的受拉侧(无翼缘端)有可能拉应力过大而先于受压侧屈服,为此,除按式(7-27)验算整体稳定外,尚应对受拉侧边缘按下式作补充验算:

$$\left| \frac{N}{Af} - \frac{\beta_{mx} M_x}{\gamma_x W_{2x}(1 - 1.25 N/N'_{Ex}) f} \right| \leqslant 1.0 \tag{7-32}$$

式中,γ_x 为受拉侧的截面塑性发展系数;W_{2x} 为对受拉侧的毛截面模量。

如果工形和箱形截面压弯构件的腹板为 S5 级,则应采用有效截面按下式验算弯矩作用平面内的整体稳定性:

$$\frac{N}{\varphi_x A_e f} + \frac{\beta_{mx} M_x + N e}{W_{e1x}(1 - 0.8 N/N'_{Ex}) f} \leqslant 1.0 \tag{7-33}$$

式中,A_e、W_{e1x} 分别为有效毛截面面积和有效截面对较大受压翼缘的毛截面模量;而 φ_x、N'_{Ex} 仍依据全截面确定。

【例题 7-4】图 7-13 所示为用 I10 制作的两端铰接压弯构件,材质为 Q235,$f = 215\ \text{N/mm}^2$,因有侧向支撑而不会发生弯扭屈曲。试验算构件在如下三种受力情况时的承载力。除承受相

同的轴心压力设计值 $N = 16$ kN 外,作用的弯矩分别为:①左端弯矩 $M_x = 10$ kN·m;②两端作用弯矩相同,$M_x = 10$ kN·m,并使构件产生同向曲率;③两端作用弯矩值相同,$M_x = 10$ kN·m,但使构件产生反向曲率。

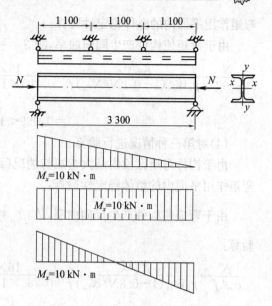

图 7-13 例题 7-4 图(单位:mm)

【解】查附表 2-1 得 I10 的截面特性如下:$h = 100$ mm,$b = 68$ mm,$t_w = 4.5$ mm,$t = 7.6$ mm,$r = 6.5$ mm,$A = 1\ 430$ mm^2,$I_x = 245 \times 10^4$ mm^4,$W_x = 49 \times 10^3$ mm^3,$i_x = 41.4$ mm。

(1)判断截面的等级

对于热轧工字钢,截面一般可满足 S3 级要求。对本题的压弯构件,不妨取 $\alpha_0 = 0$,即按最严格的情况来判别截面等级,可得:

翼缘的自由外伸宽度与厚度之比:

$$\frac{b}{t_f} = \frac{(68 - 4.5 - 2 \times 6.5)/2}{7.6} = 3.3 < 9\varepsilon_k$$

腹板的宽厚比:

$$\frac{h_0}{t_w} = \frac{(100 - 2 \times 7.6 - 2 \times 6.5)}{4.5} = 16.0 < 33\varepsilon_k$$

表明翼缘与腹板必然属于 S1 级,故可以考虑塑性发展系数。

(2)对第一种情况进行验算

强度验算:

构件强度验算应取最大弯矩截面,于是

$$\frac{N}{A_n} + \frac{M_x}{\gamma_x W_{nx}} = \frac{16 \times 10^3}{14.3 \times 10^2} + \frac{10 \times 10^6}{1.05 \times 49 \times 10^3} = 205.6 (\text{N/mm}^2) < 215\ \text{N/mm}^2$$

满足强度要求。

弯矩作用平面内的整体稳定性验算:

沿构件纵向无横向荷载作用,故 $\beta_{mx} = 0.6 + 0.4 M_2/M_1 = 0.6$。

$$\lambda_x = \frac{l_{0x}}{i_x} = \frac{3\ 300}{41.4} = 80$$

查附表 1-7,对热轧工字钢且 $b/h = 0.68 < 0.8$,绕 x 轴属于 a 类;按 $\lambda_x = 80$ 且为 Q235 钢查附表 1-9,得 $\varphi_x = 0.783$。

$$N'_{Ex} = \frac{\pi^2 EA}{1.1\lambda_x^2} = \frac{\pi^2 \times 206 \times 10^3 \times 14.3 \times 10^2}{1.1 \times 80^2} = 412.6 \times 10^3 (\text{N}) = 412.6\ \text{kN}$$

$$\frac{N}{\varphi_x A f} + \frac{\beta_{mx} M_x}{\gamma_x W_{1x}(1 - 0.8 N/N'_{Ex})f} = \frac{16 \times 10^3}{0.783 \times 1\ 430 \times 215} + \frac{0.6 \times 10 \times 10^6}{1.05 \times 49 \times 10^3 \left(1 - 0.8 \times \dfrac{16}{412.6}\right) \times 215}$$

$$= 0.626 < 1.0 (\text{满足要求})$$

(3)对第二种情况进行验算

由于构件弯矩区段内最大弯矩与情况(1)相同,故强度验算结果同第一种情况。下面只对

弯矩作用平面内的整体稳定性验算:

由于弯矩使构件产生同向曲率,故 $\beta_{mx} = 0.6 + 0.4 M_2/M_1 = 1.0$,于是

$$\frac{N}{\varphi_x A f} + \frac{\beta_{mx} M_x}{\gamma_x W_{1x}(1 - 0.8N/N'_{Ex})f} = \frac{16 \times 10^3}{0.783 \times 1\,430 \times 215} + \frac{1.0 \times 10 \times 10^6}{1.05 \times 49 \times 10^3 \left(1 - 0.8 \times \frac{16}{412.6}\right) \times 215}$$

$$= 0.999 < 1.0(满足要求)$$

(4)对第三种情况进行验算

由于构件弯矩区段内最大弯矩与情况(1)相同,故强度验算结果同第一种情况。下面只对弯矩作用平面内的整体稳定性验算:

由于弯矩使构件产生反向曲率,故,$\beta_{mx} = 0.6 + 0.4 \dfrac{M_2}{M_1} = 0.6 + 0.4 \left(\dfrac{-10}{10}\right) = 0.2$,整体稳定验算:

$$\frac{N}{\varphi_x A f} + \frac{\beta_{mx} M_x}{\gamma_x W_{1x}(1 - 0.8N/N'_{Ex})f} = \frac{16 \times 10^3}{0.783 \times 1\,430 \times 215} + \frac{0.2 \times 10 \times 10^6}{1.05 \times 49 \times 10^3 \left(1 - 0.8 \times \frac{16}{412.6}\right) \times 215}$$

$$= 0.253 < 1.0(满足要求)$$

由以上计算过程和结果可得以下结论:

(1)弯矩作用平面内的整体稳定验算仅考虑弯矩作用平面内的弯曲屈曲,不涉及侧向,故与弯矩作用平面外的横向约束无关。

(2)构件在以上三种情况下虽然轴心压力和最大弯矩值都相同,但由于弯矩分布形式不同,导致 β_{mx} 取值不同,最终承载力就有区别。其中,对整体稳定以弯矩均匀分布最为不利;第一、第三种受力情况由端部截面强度控制,而第二种情况则由稳定承载力控制构件的截面设计。

第五节　压弯构件在弯矩作用平面外的整体稳定计算

前已述及,当实腹式单向压弯构件在侧向没有足够的支承时,构件可能发生弯扭屈曲而破坏。由于考虑初始缺陷的弯扭屈曲弹塑性分析过于复杂,所以,《钢结构设计标准》以理想压弯构件的屈曲理论为依据,对其加以修正作为实用的计算公式。

一、压弯构件在弯矩作用平面外的屈曲临界力

根据弹性稳定理论,对于承受均匀弯矩 M_x 的压弯构件,当截面为双轴对称工字形截面时,构件绕截面强轴屈曲,构件的弹性弯扭屈曲临界力 N_{cr} 可由下式确定:

$$(N_{Ey} - N)(N_\omega - N) - \left(\frac{M_x}{i_0}\right)^2 = 0 \tag{7-34}$$

$$N_\omega = \frac{1}{i_0^2}\left(\frac{\pi^2 EI_\omega}{l^2} + GI_t\right) \tag{7-35}$$

式中　　N_{Ey} ——绕 y 轴的欧拉临界力,$N_{Ey} = \dfrac{\pi^2 EI_y}{l^2}$;

　　　　N_ω ——绕 z 轴的扭转屈曲临界力;

　　　　M_x ——绕 x 轴的端弯矩,x 轴为强轴;

EI_ω，GI_t——截面的翘曲刚度和扭转刚度；

i_0——极回转半径，$i_0 = \sqrt{i_x^2 + i_y^2}$。

截面为双轴对称且承受均匀弯矩梁的弹性临界弯矩为

$$M_{cr} = \sqrt{i_0^2 N_{Ey} N_\omega} \qquad (7\text{-}36)$$

对式(7-34)两边同除以 $N_{Ey} N_\omega$，再将式(7-36)代入，可得

$$\left(1 - \frac{N}{N_{Ey}}\right)\left(1 - \frac{N}{N_\omega}\right) - \left(\frac{M_x}{M_{cr}}\right)^2 = 0 \qquad (7\text{-}37)$$

这就是双轴对称截面压弯构件纯弯曲时弯矩作用平面外稳定计算的相关方程。

二、压弯构件在弯矩作用平面外整体稳定的实用计算公式

将式(7-37)变形，写成：

$$\left(1 - \frac{N}{N_{Ey}}\right)\left(1 - \frac{N}{N_{Ey}} \Big/ \frac{N_\omega}{N_{Ey}}\right) - \left(\frac{M_x}{M_{cr}}\right)^2 = 0 \qquad (7\text{-}38)$$

给出不同的 $\dfrac{N_\omega}{N_{Ey}}$ 值代入上式，就可得到 $\dfrac{N}{N_{Ey}}$ 和 $\dfrac{M_x}{M_{cr}}$ 之

间关系的曲线，如图 7-14 所示。$\dfrac{N_\omega}{N_{Ey}}$ 越大，则曲线越凸

出。对于钢结构中常用的双轴对称工字形截面，$\dfrac{N_\omega}{N_{Ey}}$

总大于 1，如偏于安全取 $\dfrac{N_\omega}{N_{Ey}} = 1.0$，则上式变为

$$\left(\frac{M_x}{M_{cr}}\right)^2 = \left(1 - \frac{N}{N_{Ey}}\right)^2$$

即

$$\frac{N}{N_{Ey}} + \frac{M_x}{M_{cr}} = 1 \qquad (7\text{-}39)$$

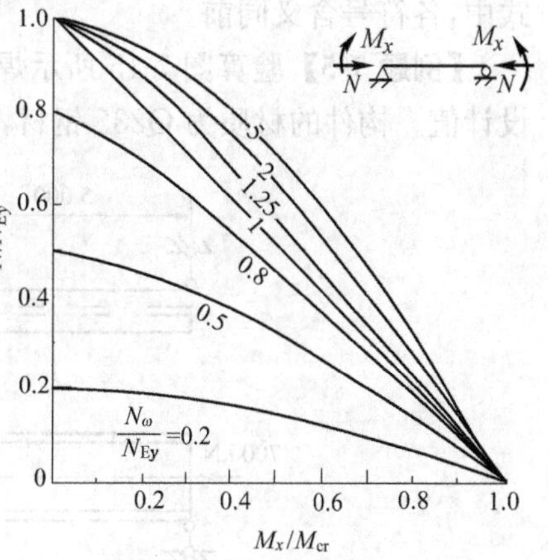

图 7-14 弯扭屈曲时的相关曲线

理论分析和实验研究表明，上式也适用于弹塑性
压弯构件的弯扭屈曲计算。而且，对于单轴对称截面的压弯构件，只要用单轴对称截面轴心压杆的弯扭屈曲临界力 N_{cr} 代替式中的 N_{Ey}，相关公式仍然适用。

将 N_{Ey} 和 M_{cr} 分别用 $\varphi_y f_y A$ 和 $\varphi_b f_y W_{1x}$ 代替，并考虑实际荷载情况不一定都是均匀弯矩而引入等效弯矩系数 β_{tx}，再对 f_y、N、M 考虑分项系数后，可得实用计算公式如下：

$$\frac{N}{\varphi_y A f} + \eta \frac{\beta_{tx} M_x}{\varphi_b W_{1x} f} \leqslant 1.0 \qquad (7\text{-}40)$$

式中　φ_y——弯矩作用平面外的轴心受压构件稳定系数，单轴对称截面应采用换算长细比
　　　　　　λ_{yz} 对应的稳定系数；

　　　　η——调整系数，闭口截面 $\eta = 0.7$，其他截面 $\eta = 1.0$；

　　　　M_x——所计算构件段范围内的弯矩最大值；

　　　　β_{tx}——等效弯矩系数；

　　　　φ_b——均匀弯矩作用时受弯构件的整体稳定系数。对于工字形和 T 形截面，当 $\lambda_y \leqslant$
　　　　　　$120\varepsilon_k$ 时，可按式(6-45)、式(6-46)的近似公式计算；对闭口截面，取 $\varphi_b = 1.0$。

等效弯矩系数 β_{tx} 应按下列规定采用：

1. 在弯矩作用平面外有支承的构件,应根据两相邻支承点间构件段内的荷载和内力情况确定:

(1)构件段无横向荷载作用时,$\beta_{tx} = 0.65 + 0.35 \dfrac{M_2}{M_1}$,其中 M_1 和 M_2 是构件段在弯矩作用平面内的端弯矩,当 M_1 和 M_2 使构件段产生同向曲率时取同号,反之取异号,且 $|M_1| \geqslant |M_2|$。

(2)构件段内有横向荷载和端弯矩作用,且使构件段产生同向曲率时,$\beta_{tx} = 1.0$;使构件段产生反向曲率时,$\beta_{tx} = 0.85$。

(3)构件段内无端弯矩但有横向荷载作用时,$\beta_{tx} = 1.0$。

2. 在弯矩作用平面外为悬臂的构件,$\beta_{tx} = 1.0$。

如果工字形和箱形截面压弯构件的腹板为 S5 级,则应采用有效截面按下式验算弯矩作用平面外的整体稳定性:

$$\frac{N}{\varphi_y A_e f} + \eta \frac{\beta_{tx} M_x + Ne}{\varphi_b W_{elx} f} \leqslant 1.0 \tag{7-41}$$

式中,各符号含义同前。

【例题 7-5】验算图 7-15 所示焊接工字形截面压弯构件的整体稳定。其中,图中荷载均为设计值。构件的材质为 Q235 钢材,翼缘为火焰切割边。

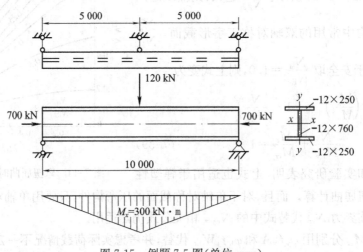

图 7-15 例题 7-5 图(单位:mm)

【解】(1)确定截面等级

截面面积:
$$A = 2 \times 250 \times 12 + 760 \times 12 = 15\,100(\text{mm}^2)$$

截面惯性矩:
$$I_x = 2 \times 250 \times 12 \times 386^2 + \frac{1}{12} \times 12 \times 760^3 = 1.333\,0 \times 10^9(\text{mm}^4)$$

截面腹板计算高度边缘的应力(以压为正,拉为负):

$$\sigma_{max} = \frac{N}{A} + \frac{M \times h_w/2}{I_x} = \frac{700 \times 10^3}{15\,100} + \frac{300 \times 10^6 \times 760/2}{1.333\,0 \times 10^9} = 131.9(\text{N/mm}^2)$$

$$\sigma_{min} = \frac{N}{A} - \frac{M \times h_w/2}{I_x} = \frac{700 \times 10^3}{15\,100} - \frac{300 \times 10^6 \times 760/2}{1.333\,0 \times 10^9} = -39.2(\text{N/mm}^2)$$

应力梯度:
$$\alpha_0 = \frac{\sigma_{max} - \sigma_{min}}{\sigma_{max}} = \frac{131.9 - (-39.2)}{131.9} = 1.30$$

翼缘的自由外伸宽度与厚度之比：$\dfrac{b}{t_f}=\dfrac{(250-12)/2}{12}=9.9<11\varepsilon_k=11$，属于 S2 级。

腹板的宽厚比：$\dfrac{h_0}{t_w}=\dfrac{760}{12}=63.3<(40+18\alpha_0^{1.39})\varepsilon_k=(40+18\times1.30^{1.5})\times1.0=66.7$，属于 S3 级。

故验算整体稳定时，全截面有效且可以考虑塑性发展系数。

（2）构件截面特性的计算

$$i_x=\sqrt{I_x/A}=\sqrt{1.333\times10^9/15\,100}=297.1\,(\text{mm})$$
$$\lambda_x=l_x/i_x=1\,000/297.1=33.7$$
$$W_x=2\,\frac{I_x}{h}=\frac{1.333\times10^9}{392}=3.400\,5\times10^6\,(\text{mm}^3)$$
$$I_y=\frac{2\times12\times250^3}{12}=3.125\times10^7\,(\text{mm}^4)$$
$$i_y=\sqrt{\frac{I_y}{A}}=\sqrt{\frac{3.125\times10^7}{15\,100}}=45.5\,(\text{mm}),\qquad \lambda_y=l_y/i_y=5\,000/45.5=110$$

（3）验算构件在弯矩作用平面内的整体稳定

查附表 1-7 可知，绕 x 轴屈曲属于 b 类，再按 b 类截面查附表 1-10，得 $\varphi_x=0.923$

由于跨中作用单个集中荷载，故取 $\beta_{mx}=1-0.36\,N/N_{cr}$。

$$N_{cr}=\frac{\pi^2EI}{(\mu l)^2}=\frac{\pi^2EA}{\lambda_x^2}=\frac{\pi^2\times206\times10^3}{33.7^2}\times115\times10^2=2.056\,7\times10^7\,(\text{N})$$
$$\beta_{mx}=1-0.36\,N/N_{cr}=1-0.36\times700/20\,567=0.987\,7$$
$$N'_{Ex}=\frac{\pi^2EA}{1.1\lambda_x^2}=\frac{N_{cr}}{1.1}=1.869\,7\times10^7\,(\text{N})$$

$$\frac{N}{\varphi_xAf}+\frac{\beta_{mx}M_x}{\gamma_xW_x(1-0.8N/N'_{Ex})f}$$
$$=\frac{700\times10^3}{0.923\times15\,100\times215}+\frac{0.987\,7\times300\times10^6}{1.05\times3.400\,5\times10^6\times(1-0.8\times700/18\,697)\times215}$$
$$=0.633<1.0\ （满足要求）$$

（4）验算构件在弯矩作用平面外的整体稳定

查附表 1-7 可知，绕 y 轴屈曲属于 b 类，再按 b 类截面查附表 1-10，得 $\varphi_y=0.492$。

由弯矩图可知，在侧向支点范围内，杆端一端的弯矩为 300 kN·m，另一端为零，等效弯矩系数：$\beta_{tx}=0.65+0.35M_2/M_1=0.65$。

$$\varphi_b=1.07-\lambda_y^2/(44\,000\varepsilon_k^2)=1.07-110^2/44\,000=0.795$$

开口截面，$\eta=1.0$，则

$$\frac{N}{\varphi_yAf}+\eta\frac{\beta_{tx}M_x}{\varphi_bW_xf}=\frac{700\times10^3}{0.493\times15\,100\times215}+1.0\times\frac{0.65\times300\times10^6}{0.795\times3.400\,5\times10^6\times215}$$
$$=0.774<1.0\ （满足要求）$$

从计算结果看，虽然构件中央有一侧向支承点，但构件的弯扭失稳承载力仍低于弯曲失稳承载力。

三、实腹式双向压弯构件的稳定计算

双向压弯构件是指弯矩作用在截面两个主平面内的压弯构件。双向压弯构件失稳属于空间失稳形式，理论计算比较复杂，为了设计方便，并与单向压弯构件衔接，只能采用近似的相关

公式来计算。《钢结构设计标准》规定,弯矩作用在两个主平面内的双轴对称实腹式工字形和箱形截面的压弯构件,其稳定性按下列公式计算:

$$\frac{N}{\varphi_x Af} + \frac{\beta_{mx} M_x}{\gamma_x W_x (1 - 0.8N/N'_{Ex})f} + \eta \frac{\beta_{ty} M_y}{\varphi_{by} W_y f} \leqslant 1.0 \tag{7-42}$$

$$\frac{N}{\varphi_y Af} + \frac{\beta_{my} M_y}{\gamma_y W_y (1 - 0.8N/N'_{Ey})f} + \eta \frac{\beta_{tx} M_x}{\varphi_{bx} W_x f} \leqslant 1.0 \tag{7-43}$$

式中符号意义同前,其中 φ_{bx} 和 φ_{by},对工字形截面一般以 x 轴为强轴,φ_{bx} 可按第六章的近似公式计算,φ_{by} 可取 1.0,即认为 M_y 不会引起绕强轴发生侧扭屈曲。对闭口截面,可取 $\varphi_{bx} = \varphi_{by} = 1.0$。上述线性相关公式是偏于安全的。

第六节　格构式压弯构件的稳定计算

一、弯矩绕虚轴作用时的稳定计算

当弯矩绕格构式压弯构件的虚轴(x 轴)作用时(图 7-16),应计算弯矩作用平面内的整体稳定和分肢稳定计算。弯矩作用平面内的整体稳定计算

$$\frac{N}{\varphi_x Af} + \frac{\beta_{mx} M_x}{W_{1x}(1 - N/N'_{Ex})f} \leqslant 1.0 \tag{7-44}$$

式中,φ_x 和 N'_{Ex} 均按换算长细比 λ_{0x} 确定;$W_{1x} = I_x/y_0$,I_x 为对 x 轴的毛截面惯性矩,y_0 为由 x 轴到压力较大分肢的腹板边缘距离或轴线的距离,取二者中较大值。

连接格构式压弯构件两分肢的缀材在垂直于缀材平面方向的刚度很小,因此当弯矩绕格构式压弯构件虚轴作用时,要保证构件在弯矩作用平面外的整体稳定,主要是要求两个分肢在弯矩作用平面外的稳定,即验算每个分肢的稳定来代替验算整个构件在弯矩作用平面外的整体稳定。

对于图 7-16(a)所示构件,两分肢的轴力按下式确定:

分肢 1:

$$N_1 = N \cdot \frac{y_2}{c} + \frac{M_x}{c} \tag{7-45}$$

分肢 2:

$$N_2 = N - N_1 \tag{7-46}$$

对缀条式压弯构件,将整个构件视为一平行弦桁架,将构件的两个分肢看作桁架体系的弦杆,可按轴心受压构件的稳定验算公式进行分肢稳定验算(取轴心压力为 N_1 或 N_2)。

对于缀板式压弯构件,按照多层刚架模型,尚应考虑由于剪力引起的局部弯矩,如图 7-17 所示,可求得剪力引起的局部弯矩,即分肢本身成为压弯构件。假设在刚架模型中反弯点位于各段分肢的中点,则弯矩 M_1 可按下式计算:

$$M_1 = Vl_1/4$$

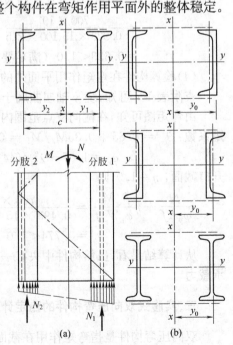

图 7-16　弯矩绕虚轴作用的格构柱

式中,剪力V取轴心受压时的剪力$Af/(85\varepsilon_k)$和压弯构件实际剪力的较大者;l_1为缀板中心距离。在弯矩作用平面内按压弯构件验算分肢的稳定性,在弯矩作用平面外则按轴心受压构件验算。

分肢的计算长度,在弯矩作用平面内取相邻缀条节点间的距离或缀板间的净距离;在弯矩作用平面外,取整个构件两相邻侧向支承点间的距离。

当剪力较大时,局部弯矩对缀板式构件影响较大,因此格构式压弯构件大多用缀条连接。

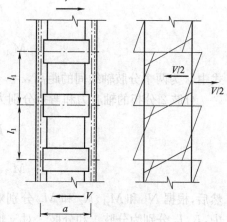

图 7-17　缀板柱分肢中的局部弯矩

二、弯矩绕实轴作用时的稳定计算

当弯矩绕实轴(图 7-16 中 y 轴)作用时,格构式压弯构件在弯矩作用平面内和弯矩作用平面外的稳定计算与实腹式构件相同,使用时注意下标 x 和 y 互换。另外,在计算弯矩作用平面外的稳定性时,应按换算长细比 λ_{0x} 查表得到 φ_x,并取 $\varphi_b = 1.0$。

三、在两个主平面内均有弯矩作用时的稳定计算

弯矩作用在两个主平面内的双肢格构式压弯构件,如图 7-18(a)所示,其整体稳定按下式验算:

$$\frac{N}{\varphi_x Af} + \frac{\beta_{mx}M_x}{W_{1x}\left(1 - N/N'_{Ex}\right)f} + \frac{\beta_{ty}M_y}{W_{1y}f} \leqslant 1.0 \qquad (7\text{-}47)$$

式中,W_{1y} 为在 M_y 作用下,对最大受压纤维所在截面的毛截面模量;φ_x 和 N'_{Ex} 应按换算长细比确定。

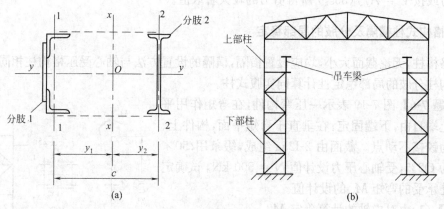

图 7-18　格构柱双向压弯时的截面及单层厂房阶形柱

此外,尚应验算分肢稳定性。分肢稳定按实腹式压弯构件计算,内力按以下原则分配:轴心压力 N 和绕虚轴 x 作用的弯矩 M_x 按类似桁架弦杆受力方式分配,使分肢承受轴心压力;绕实轴 y 作用的弯矩 M_y 按照与分肢对 y 轴的惯性矩成正比,与分肢轴线至 x 轴的距离成反比的原则进行分配。如图 7-18(a)所示,假设 M_x 使分肢 1 受拉,分肢 2 受压;M_y 作用于主轴

(虚轴)平面内,则

分肢 1 分担的轴心力和弯矩分别为

$$N_1 = \frac{Ny_2 - M_x}{c} \tag{7-48}$$

$$M_{y1} = \frac{I_1/y_1}{I_1/y_1 + I_2/y_2} M_y \tag{7-49}$$

式中,c 为两个分肢轴线间的距离,$c = y_1 + y_2$。

分肢 2 分担的轴心力和弯矩分别为

$$N_2 = \frac{Ny_1 + M_x}{c} \tag{7-50}$$

$$M_{y2} = \frac{I_2/y_2}{I_1/y_1 + I_2/y_2} M_y \tag{7-51}$$

然后,根据 N_1 和 M_{y1}、N_2 和 M_{y2} 分别对两个分肢按实腹式单向压弯构件验算其稳定性。式中,I_1、I_2 分别为分肢 1 和分肢 2 对 y 轴的惯性矩;y_1、y_2 为 M_y 作用的主轴平面至分肢 1 和分肢 2 轴线的距离。

需要指出的是:在实际工程中,若 M_y 不是作用在构件的主轴平面而是作用在一个分肢的轴线平面,则该 M_y 视为全部由该分肢承受。例如,图 7-18(b)为单层厂房阶形柱,下部柱外侧[图 7-18(a)中的分肢 1]为屋盖肢,内侧[图 7-18(a)中的分肢 2]为吊车肢,吊车梁沿吊车肢轴线 2-2 布置。由于作用于吊车肢上的两个支座反力不相等,从而会产生 M_y,此 M_y 就应由该吊车肢单独承受。

四、缀材计算

格构式压弯构件的缀材,其设计方法与格构式轴心受压柱中的缀材相同,只是,剪力应按实际剪力或按 $V = Af/(85\varepsilon_k)$ 所得剪力的较大者取值。

五、格构式柱横隔及分肢的局部稳定

对格构柱,无论截面大小,均应设置横隔,横隔的设置方法与轴心受压格构柱相同。

格构柱分肢的局部稳定性计算同实腹式柱。

【例题 7-6】图 7-19 表示一压弯构件,在弯矩作用平面内为上端自由,下端固定;在垂直于弯矩平面,构件上、下端均为铰接不动点。截面由 2-I25a 组成,缀条用 $\angle 50 \times 5$,钢材为 Q235,受轴心压力设计值 $N = 500 \text{ kN}$。试确定构件所能承受的弯矩 M_x 的设计值。

【解】(1)由对虚轴的计算确定 M_x

弯矩作用平面内整体稳定验算公式为

$$\frac{N}{\varphi_x A} + \frac{\beta_{mx} M_x}{W_{1x}\left(1 - \varphi_x N/N'_{Ex}\right)} \leqslant f$$

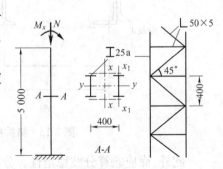

图 7-19　例题 7-6 图(单位:mm)

这里,截面特性:

$$A = 2 \times 48.541 = 97.082 (\text{cm}^2), \qquad I_{x1} = 280 \text{ cm}^4$$

$$I_x = 2 \times \left(280 + 48.541 \times 20^2 \right) = 39\ 360 (\text{cm}^4)$$

$$i_x = \sqrt{\frac{39\ 360}{97.082}} = 20.14 (\text{cm})$$

绕虚轴的计算长度系数取建议值 $\mu = 2.1$，$\lambda_x = 2.1 \times 500/20.14 = 52.1$。缀条截面面积 $A_{1x} = 2 \times 4.803 = 9.606\ \text{cm}^2$，换算长细比：

$$\lambda_{0x} = \sqrt{\lambda_x^2 + 27A/A_{1x}} = \sqrt{52.1^2 + 27 \times 97.082/9.606} = 54.7$$

按 b 类查附表 1-10 得 $\varphi_x = 0.834$。

$$W_{1x} = \frac{I_x}{y_0} = \frac{39\ 360}{20.4} = 1\ 929 (\text{cm}^3)$$

$$N'_{\text{E}x} = \frac{\pi^2 EA}{1.1\lambda_{0x}^2} = \frac{\pi^2 \times 206 \times 10^3 \times 97.082 \times 10^2}{1.1 \times 54.7^2} = 5.991 \times 10^6 (\text{N})$$

自由端作用有弯矩的悬臂柱，无反弯点，且端部弯矩相等，故 $m = 1$。

$$\beta_{\text{m}x} = 1 - 0.36(1 - m)N/N_{\text{cr}} = 1.0$$

将有关数值代入弯矩作用平面内整体稳定验算公式：

$$\frac{N}{\varphi_x A f} + \frac{\beta_{\text{m}x} M_x}{W_{1x}(1 - N/N'_{\text{E}x})f} \leqslant 1.0$$

可得

$$\frac{500 \times 10^3}{0.834 \times 9\ 708.2 \times 215} + \frac{1.0 \times M_x \times 10^6}{1\ 929 \times 10^3 \times (1 - 500/5\ 991) \times 215} \leqslant 1.0$$

$$0.287\ 2 + 2.631 \times 10^{-3} M_x \leqslant 1.0$$

解出 $M_x \leqslant 271.0\ \text{kN} \cdot \text{m}$。

(2)由对分肢的计算确定 M_x

右肢的轴心压力最大，为

$$N_1 = \frac{N}{2} + \frac{M_x}{c} = \frac{500}{2} + \frac{M_x}{0.4} = 250 + 2.5M_x$$

查附表 2-1 可得分肢的截面特性，于是可得长细比，具体如下：

$$i_{x1} = 10.2\ \text{cm}, \quad l_{x1} = 5\ 000\ \text{mm}, \quad \lambda_{x1} = \frac{5\ 000}{10.2} = 49.0$$

$$i_{y1} = 2.4\ \text{cm}, \quad l_{y1} = 400\ \text{mm}, \quad \lambda_{y1} = \frac{400}{2.4} = 16.7$$

轧制工字钢 $\dfrac{b}{h} = \dfrac{116}{250} = 0.464 < 0.8$，查附表 1-7 确定截面分类；对 x_1 轴属于 a 类截面，查附表 1-9，得 $\varphi_{x1} = 0.918$；对 y_1 轴属于 b 类截面，查附表 1-10，得 $\varphi_{y1} = 0.979$，因而由 x_1 轴方向控制分肢稳定计算。

由分肢稳定公式 $\dfrac{N_1}{\varphi_{\min} A f} \leqslant 1.0$ 得

$$\frac{(250 + 2.5M_x) \times 10^3}{0.918 \times 4\ 854.1 \times 215} \leqslant 1.0$$

从而，$M_x \leqslant 283.2\ \text{kN} \cdot \text{m}$。

该压弯构件所能承受的弯矩设计值为以上二者的较小者，即 $271.0\ \text{kN} \cdot \text{m}$。

第七节　框架中的压弯构件

一、构件内力的分析方法

1. "P-Δ"效应的概念

采用小变形假设，以变形前的几何体系建立平衡条件进行分析，称作一阶分析方法（first order analysis method），这是我们通常采用的内力计算方法。二阶分析方法则是根据变形后的几何体系建立平衡条件分析内力及位移，需要同时考虑"P—δ"效应和"P—Δ"效应。又由于计算中通常采用弹性模量 E 为常量的假定，故属于弹性分析。

如图 7-20 所示悬臂柱，按一阶弹性分析时，自由端 B 点的水平位移 $\Delta = \dfrac{Hh^3}{3EI}$，固定端 A 点的弯矩为 $M = Hh$；而按照二阶弹性分析，B 点的水平位移 $\Delta = \dfrac{Hh^3}{3EI} \cdot \dfrac{3(\tan u - u)}{u^3}$，$A$ 点的弯矩为 $M = Hh + N\Delta = Hh\,\dfrac{\tan u}{u}$，式中 $u = h\sqrt{\dfrac{N}{EI}}$。这个结果是同时考虑了"$P$—$\delta$"效应和"$P$—$\Delta$"效应的基准解答（benchmark solution）。

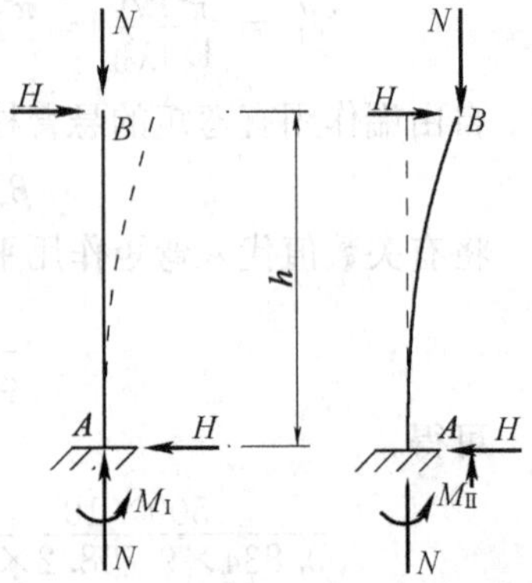

2.《钢结构设计标准》规定的分析方法

图 7-20　悬臂柱的变形与内力分析

"P—Δ"效应的大小可由附加弯矩与初始弯矩的比值衡量，称作"二阶效应系数"，对于规则框架结构，二阶效应系数记作

$$\theta_i^{\mathrm{II}} = \frac{\sum N_i \cdot \Delta u_i}{\sum H_{ki} \cdot h_i} \tag{7-52}$$

式中　　$\sum N_i$——所计算第 i 楼层各柱轴心压力设计值之和；

　　　　$\sum H_{ki}$——产生层间侧移 Δu 的所计算楼层及以上各层的水平力标准值之和；

　　　　Δu_i——$\sum H_{ki}$ 作用下按一阶弹性分析求得的所计算楼层的层间侧移；

　　　　h_i——所计算第 i 楼层的高度。

《钢结构设计标准》规定，应根据最大二阶效应系数 $\theta_{i,\max}^{\mathrm{II}}$ 选用适当的结构分析方法：当 $\theta_{i,\max}^{\mathrm{II}} \leqslant 0.1$ 时，可采用一阶弹性分析；当 $0.1 < \theta_{i,\max}^{\mathrm{II}} \leqslant 0.25$ 时，宜采用二阶弹性分析或直接分析；当 $\theta_{i,\max}^{\mathrm{II}} > 0.25$ 时，应增大结构的侧移刚度或采用直接分析。

当采用一阶弹性分析时，应按弹性稳定理论确定构件的计算长度系数。计算长度法（effective length method）结合一阶弹性分析是传统作法。此时，对于框架柱，由于框架柱与横梁等其他构件在上、下节点处相连，一根柱子的失稳势必带动相邻构件的变形，因此，必须合理考虑与该柱相连的这些构件的约束才能确定框架柱的计算长度系数 μ。μ 还与框架是否侧移有关。

二阶弹性分析一般仅考虑 P—Δ 效应，此时，应按要求考虑结构的整体初始缺陷。以此求得的内力进行受压构件稳定承载力设计时，计算长度系数 μ 可取 1.0 或其他认可的值。

直接分析法同时考虑 $P—\Delta$ 效应和 $P—\delta$ 效应,同时还考虑结构整体的缺陷以及构件的初始缺陷。这时,不再需要按照计算长度法进行构件受压稳定承载力验算。

3. 考虑二阶效应的近似方法

可采用简化的对一阶计算结果放大的近似方法考虑二阶效应。对于无支撑框架结构,杆件端部弯矩可用下式近似计算:

$$M_\Delta^{II} = M_q + \alpha_i^{II} M_H \tag{7-53}$$

$$\alpha_i^{II} = \frac{1}{1-\theta_i^{II}} \tag{7-54}$$

式中 M_q——结构在竖向荷载作用下按一阶弹性分析求得的杆端弯矩;

M_H——结构在水平荷载作用下按一阶弹性分析求得的杆端弯矩;

α_i^{II}——第 i 层杆件的端部弯矩增大系数,当 $\alpha_i^{II} > 1.33$ 时,宜增大结构的侧向刚度。

公式(7-53)的计算原理见图 7-21。根据结构力学知识可知,以图 7-21(a)作为研究对象的杆件内力可视为图 7-21(b)无侧移框架和图 7-21(c)纯框架内力的叠加。当考虑 $P—\Delta$ 二阶效应时,需要对水平荷载引起的弯矩进行放大,式(7-53)中的 α_i^{II} 就是放大系数。

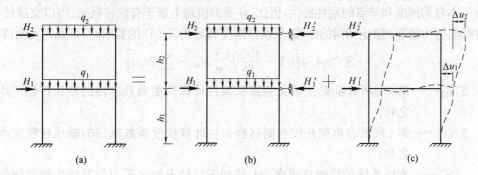

图 7-21 无支撑纯框架的受力分析

在应用式(7-53)计算时,应在每层柱顶施加假想的水平力 H_{ni}。假想水平力 H_{ni} 是一种"概念力"(notional force),用以考虑结构或构件的各种初始缺陷,如柱子的初倾斜、初偏心和残余应力等对内力的影响。如图 7-22 所示,若以初倾斜综合表示各种缺陷,则这时缺陷影响就可以用水平力 H_{ni} 等效。H_{ni} 按照下式确定:

$$H_{ni} = \frac{G_i}{250}\sqrt{0.2+\frac{1}{n_s}} \tag{7-55}$$

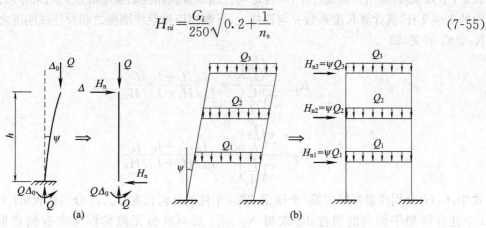

图 7-22 假想水平力

式中　G_i —— 第 i 楼层的总重力荷载设计值;

　　　n_s —— 框架总层数,当 $\sqrt{0.2 + \dfrac{1}{n_s}} > 1$ 时,取根号式等于1;当 $\sqrt{0.2 + \dfrac{1}{n_s}} < \dfrac{2}{3}$ 时,取

根号式等于 $\dfrac{2}{3}$。

　　必须指出,一阶弹性分析时,位移与荷载为线性关系,因此可采用叠加原理;二阶弹性分析时,由于位移与荷载为非线性关系,叠加原理不再适用,因此,设计时应先进行荷载组合而后对每一荷载组合进行内力分析。

二、框架的分类框架柱的计算长度

　　以下介绍与一阶弹性分析配套使用的计算长度系数法如何实施。由于框架柱的计算长度系数取值与框架是否侧移有关,因此,首先应将框架进行分类。

　　(一)框架的分类

　　框架可分为无支撑框架(unbraced frame)和有支撑框架。对于无支撑框架,其侧移刚度完全依靠柱子本身的刚度和节点的刚性提供,因此,在受力机理上属于有侧移框架。当以支撑结构(例如,支撑架、剪力墙等)阻止结构的侧移,层侧移刚度满足式(7-56)的要求时,可视为无侧移框架。

$$S_b \geq 4.4 \left[\left(1 + \frac{100}{f_y} \right) \sum N_{bi} - \sum N_{0i} \right] \tag{7-56}$$

式中　$\sum N_{bi}$ —— 第 i 层所有框架柱按无侧移框架柱计算长度系数求得的轴压杆稳定承载力之和;

　　　$\sum N_{0i}$ —— 第 i 层所有框架柱按有侧移框架柱计算长度系数求得的轴压杆稳定承载力之和;

　　　S_b —— 支撑系统的层侧移刚度,即,施加于结构上的水平力与其产生的层间位移角的比值。

　　(二)框架柱的计算长度

　　1. 等截面框架柱在框架平面内的计算长度

　　有侧移和无侧移框架的失稳形式,如图 7-23 所示。由框架的稳定分析求解框架柱的计算长度,十分烦琐。实用工程设计中,只考虑与柱端部直接相连的横梁或柱的约束作用。如图 7-23 中的 1 ~ 2 杆,其计算长度系数 μ 与该柱上、下端相连横梁线刚度之和及柱线刚度之和的比值 K_1、K_2 有关,即

$$K_1 = \frac{\sum \left(\dfrac{I_{bi}}{l_i} \right)_{b1}}{\sum \left(\dfrac{I_{ci}}{H_i} \right)_{c1}} = \frac{I_{b1}/l_1 + I_{b2}/l_2}{I_{c3}/H_3 + I_{c2}/H_2} \tag{7-57}$$

$$K_2 = \frac{\sum \left(\dfrac{I_{bi}}{l_i} \right)_{b2}}{\sum \left(\dfrac{I_{ci}}{H_i} \right)_{c2}} = \frac{I_{b3}/l_3 + I_{b4}/l_4}{I_{c2}/H_2 + I_{c1}/H_1} \tag{7-58}$$

式中,l_i、H_i 分别代表框架内第 i 个横梁或第 i 个柱的几何长度;I_{bi}、I_{ci} 分别代表第 i 个横梁或第 i 个柱在框架平面内的惯性矩。求得 K_1、K_2 后再区分无侧移框架和有侧移框架,查附表 1-18、附表 1-19 即可得到计算长度系数 μ。也可以用以下近似公式确定 μ。

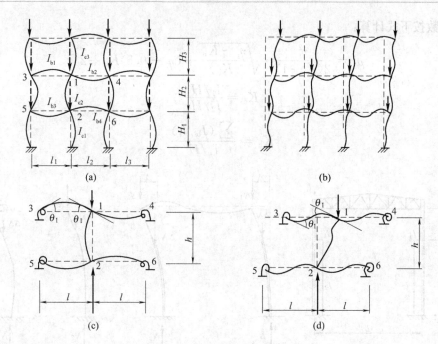

图 7-23　多层框架的失稳形式

无侧移框架：

$$\mu = \sqrt{\frac{(1+0.41K_1)(1+0.41K_2)}{(1+0.82K_1)(1+0.82K_2)}} \tag{7-59a}$$

有侧移框架：

$$\mu = \sqrt{\frac{7.5K_1K_2+4(K_1+K_2)+1.52}{7.5K_1K_2+K_1+K_2}} \tag{7-59b}$$

注意，以上公式是建立在框架节点为刚接时，对实际框架中不同约束的影响，采用对其刚度进行修正的方法予以考虑，具体修正方法详见附表 1-18、或附表 1-19 附注。为此，在利用式(7-59a)和式(7-59b)计算 μ 时，K_1、K_2 应分别按附表 1-18、附表 1-19 附注考虑对横梁线刚度的调整。

2. 变截面阶形柱在框架平面内的计算长度

工业厂房柱承受吊车荷载作用时，从经济角度考虑常采用阶形柱。截面变化一次的，称单阶柱；截面变化两次的，称双阶柱。变截面阶形柱的计算长度是分段确定的。

以下以图 7-24 所示的单阶柱为例加以说明。

第 1 步，确定下段柱的计算长度系数 μ_2。由于横梁的线刚度通常大于柱上段的线刚度，研究表明，这时可以按照横梁的线刚度无穷大考虑。柱与横梁的关系可以归结为铰接（柱上端能自由移动和转动），如图 7-24(c)，或刚接（柱上端能自由移动但不能转动），如图 7-24(d)。μ_2 的取值，不仅与柱和横梁的连接状况有关，还与参数 $K_1 = \dfrac{I_1/H_1}{I_2/H_2}$、$\eta_1 = \dfrac{H_1}{H_2}\sqrt{\dfrac{N_1/I_1}{N_2/I_2}}$ 有关，N_1、N_2 分别为上段柱、下段柱的轴心力。查《钢结构设计标准》的附表 E 即可得到下段柱计算长度系数 μ_2，取值为与横梁铰接为表 E.0.3，与横梁刚接为表 E.0.4。

第 2 步，当柱上端与桁架型横梁刚接时，取查表得到的 μ_2。当柱上端与实腹梁刚接时，其计算长度系数按下式计算：

$$\mu_2^1 = \frac{\eta_1^2}{2(\eta_1+1)} \cdot \sqrt[3]{\frac{\eta_1-K_b}{K_b}} + (\eta_1-0.5)K_c + 2$$

$$K_c = \frac{I_1/H_1}{I_2/H_2}$$

$$K_b = \frac{\sum(I_{bi}/l_i)}{I_c/H}$$

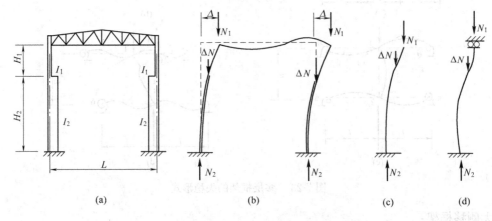

图 7-24　单阶柱的失稳形式

由此确定的 μ_2^1 应介于按照柱顶刚接、柱顶铰接查规范表格得到的计算长度系数之间。

第 3 步，上段柱的计算长度系数为 $\mu_1 = \dfrac{\mu_2}{\eta_1}$。

第 4 步，对以上求得的计算长度系数进行修正。考虑到：(1) 单跨厂房框架柱承受的荷载不相等，承受荷载大的柱子要丧失稳定，必然会受到荷载较小柱的支援；(2) 厂房实际为空间工作而非平面工作，柱的实际计算长度要比按照独立柱求得的计算长度小。因此，上述求出的 μ_1、μ_2 还要根据厂房类型乘以相应的折减系数。该折减系数由《钢结构设计标准》表 8.3.3 得到。

3. 框架柱在框架平面外的计算长度

框架柱在框架平面外的计算长度由支撑构件的布置情况确定。支撑体系提供柱在平面外的支撑点，这些支撑点应能阻止柱沿厂房纵向发生侧移。例如，柱下端的支撑点是基础的表面和吊车梁的下翼缘处；柱上端的支撑点是吊车梁的制动梁和屋架下弦纵向水平支撑或托架的弦杆。

4. 附有摇摆柱的框架

多跨框架可将一部分柱和梁组成框(刚)架体系来抵抗侧力，而把其余的柱做成两端铰接，这种不参加承受侧力的柱称为摇摆柱(leaning column，见图 7-25)。摇摆柱可采用较小的截面，从而降低造价。不过当包含摇摆柱的框架结构承受横向荷载作用时，可能引起的倾覆必须由支持摇摆柱的框架来抵抗，使框(刚)架柱的计算长度增大。《钢结构设计标准》规定，无支撑框架中，当设置有摇摆柱时，摇摆柱自身的计算长度系数取为 1.0，框架柱的计算长度系数应乘以放大系数 η，即

$$\eta = \sqrt{1 + \frac{\sum(N_l/H_l)}{\sum(N_f/H_f)}} \tag{7-60}$$

式中 $\sum (N_l/H_l)$ —— 各摇摆柱轴心压力设计值与其高度比值之和；

$\sum (N_f/H_f)$ —— 各框架柱轴心压力设计值与其高度比值之和。

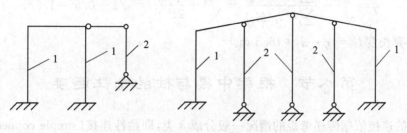

图 7-25 附有摇摆柱的有侧移框架
1—框架柱；2—摇摆柱

【例题 7-7】 如图 7-26 所示有侧移双层框架，图中圆圈内数字为构件的相对线刚度，试求各柱在框架平面内的计算长度系数 μ。

【解】 柱 $C1$、$C3$：$K_1 = \dfrac{6}{2} = 3$，$K_2 = \dfrac{10}{2+4} = 1.67$，按有侧移框架查附表 1-19，得到 $\mu = 1.16$。

柱 $C2$：$K_1 = \dfrac{6+6}{4} = 3$，$K_2 = \dfrac{10+10}{4+8} = 1.67$，查附表 1-19，得到 $\mu = 1.16$。

柱 $C4$、$C6$：$K_1 = \dfrac{10}{2+4} = 1.67$，由于柱与基础刚接，取 $K_2 = 10$，查附表 1-19，得到 $\mu = 1.13$。

柱 $C5$：$K_1 = \dfrac{10+10}{4+8} = 1.67$，这里柱与基础铰接，取 $K_2 = 0$，查附表 1-19，得到 $\mu = 2.22$。

【例题 7-8】 如图 7-27 所示框架，梁与柱的截面均相同，要求确定 A、B 柱的平面内计算长度。

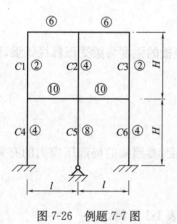

图 7-26 例题 7-7 图

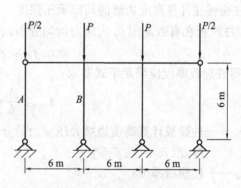

图 7-27 例题 7-8 图

【解】 柱 A：上下端均为铰接，是摇摆柱，于是 $l_0 = l = 6$ m。

柱 B：下端铰接，上端与两根框架梁连接，其中左侧梁远端为铰接，则

柱顶：
$$K_1 = \frac{\sum i_b}{\sum i_c} = \frac{1+0.5}{1} = 1.5 \text{（有侧移）}$$

柱底：
$$K_2 = 0$$

查附表 1-19 得 $\mu = 2.25$。由于摇摆柱的存在，柱 B 计算长度还需要乘以一个放大系

数,即

$$\eta = \sqrt{1 + \frac{\sum (N_l/H_l)}{\sum (N_f/H_f)}} = \sqrt{1 + \frac{P/6}{2P/6}} = \sqrt{1 + 0.5} = 1.22$$

故柱 B 的计算长度 $l_0 = \eta \cdot \mu l = 16.5 \text{ m}$。

第八节　框架中梁与柱的刚性连接

梁与柱的连接依据传递弯矩的情况一般分成 3 类,即柔性连接(simple connection)、刚性连接(rigid connection)和半刚性连接(semi-rigid connection)。柔性连接只承受梁端传来的剪力,不承受弯矩;刚性连接承受剪力和全部弯矩;半刚性连接介于上述二者之间,仅能承受一定数量的弯矩。

事实上,实际工程中理想的柔性连接和理想的刚性连接并不存在,习惯上,只要连接对转动的约束达到理想刚性弯矩的 90% 以上,即可视为刚性连接,而把外力作用下梁与柱轴线夹角的改变量达到理想铰接的 80% 以上的即视为柔性连接。

如图 7-28 所示,图(a)、图(b)为柔性连接,图(c)、图(d)、图(e)、图(f)为刚性连接,而图(g)、图(h)为半刚性连接。

本节主要讲述梁与柱的刚性连接。

一、刚性连接中梁与柱节点域横向加劲肋的设置

在梁的端弯矩 M 作用下,与梁受压翼缘相焊接的柱腹板将受到压力作用,如图 7-29 所示。这时,柱腹板计算高度边缘处可能因局部压应力而屈服,同时,柱腹板也有可能在压力作用下失稳。在受拉翼缘处,柱翼缘板有可能被拉坏。

1. 柱腹板在计算高度边缘的局部承压强度

假定柱腹板在有效范围 b_e 内应力均匀分布,若令腹板的强度与梁受压翼缘等强,则有

$$b_e t_{cw} f_c \geqslant A_{fc} f_b \tag{7-61}$$

于是,可得柱腹板厚度应满足下式要求:

$$t_{cw} \geqslant \frac{A_{fc} f_b}{b_e f_c} \tag{7-62}$$

式中　b_e——柱腹板计算高度边缘处压应力的分布长度,参照梁的局部压应力的有关规定计算,取 $b_e = t_{bf} + 5t_{cf}$;

t_{cw}——柱腹板厚度;

f_c——柱腹板钢材抗拉、抗压强度设计值,查附表 1-1 可得;

A_{fc}——梁受压翼缘的截面积;

f_b——梁翼缘钢材抗拉、抗压强度设计值,查附表 1-1 可得。

按上式计算腹板强度时,忽略了柱腹板所受竖向压力的影响。

2. 柱腹板的局部稳定

为保证柱腹板在梁受压翼缘压力作用下的局部稳定,应控制柱腹板的宽厚比,应使其满足下式要求:

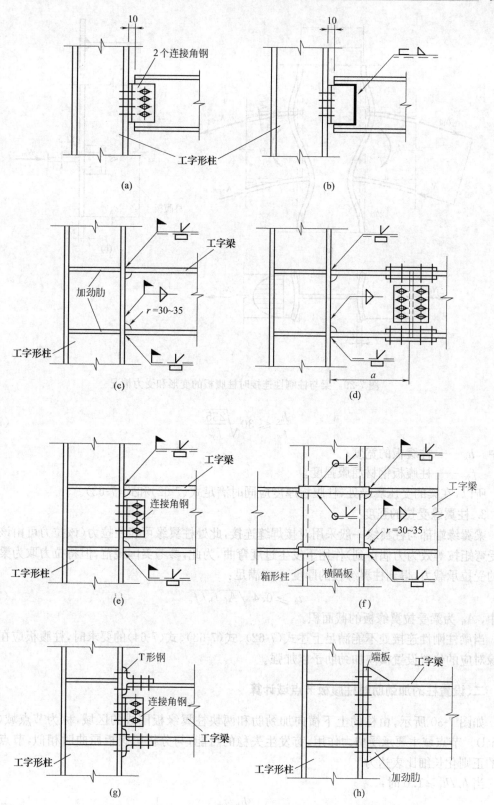

图 7-28　梁与柱连接的分类(单位:mm)

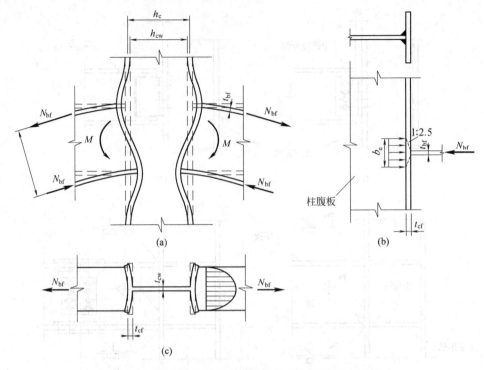

图 7-29 梁与柱刚性连接时柱腹板的变形和受力情况

$$\frac{h_c}{t_w} \leqslant 30\sqrt{\frac{235}{f_{yc}}} \tag{7-63}$$

式中 h_c——柱腹板的宽度；

f_{yc}——柱腹板钢材屈服强度。

所以,在梁的受压翼缘处,柱腹板厚度应同时满足式(7-62)和式(7-63)。

3. 柱翼缘受拉的强度

梁翼缘端部与柱翼缘一般采用对接焊缝连接,此处柱翼缘可能在拉力(该拉力可由该截面所受弯矩按等效为力偶得到)作用下发生过度弯曲,为此,参考美国规范,但将拉力取为梁翼缘板的受拉承载力,得到柱翼缘板的厚度 t_c 应满足：

$$t_c \geqslant 0.4\sqrt{A_{ft}f_b/f_c} \tag{7-64}$$

式中, A_{ft} 为梁受拉翼缘板的截面积。

当梁柱刚性连接处不能满足上述式(7-62)、式(7-63)、式(7-64)的要求时,柱腹板应在与梁翼缘对应的位置设置横向加劲肋予以加强。

二、设置柱的加劲肋时柱腹板节点域计算

如图 7-30 所示,由柱的上下横向加劲肋和两块柱翼缘板围成的区域,称为节点域(joint panel)。节点域主要承受剪力作用,有发生失稳的可能,与分析梁腹板屈曲时相似,节点域腹板的正则化长细比表达为

当 $h_c/h_b \geqslant 1.0$ 时：

$$\lambda_{n,s} = \frac{h_b/t_w}{37\sqrt{5.34 + 4\,(h_b/h_c)^2}} \frac{1}{\varepsilon_k} \tag{7-65a}$$

当 $h_c/h_b < 1.0$ 时：

$$\lambda_{n,s} = \frac{h_b/t_w}{37\sqrt{4+5.34\,(h_b/h_c)^2}}\frac{1}{\varepsilon_k} \tag{7-65b}$$

式中，h_c、h_b 分别为节点域腹板的宽度和高度。GB 50017 规定，当横向加劲肋厚度不小于梁的翼缘板厚度时，节点域的受剪正则化宽厚比 $\lambda_{n,s}$ 不应大于 0.8；对单层和低层轻型建筑，$\lambda_{n,s}$ 不得大于 1.2。

1. 节点域的抗剪强度计算

对图 7-30(b)所示工字形截面柱，节点腹板区域所受的剪力为

$$V = \frac{M_{b1}+M_{b2}}{h_b} - V_{c1} \tag{7-66}$$

对应的剪应力为

$$\tau = \frac{V}{h_c t_w} = \frac{M_{b1}+M_{b2}}{h_b h_c t_w} - \frac{V_{c1}}{h_c t_w} \tag{7-67}$$

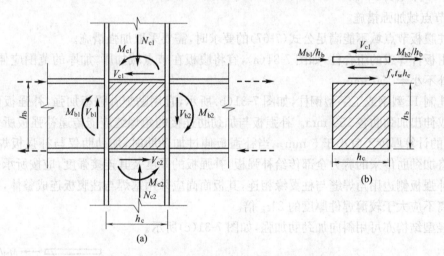

图 7-30　梁与柱刚性连接时节点域的抗剪

忽略式(7-67)的第 2 项，并令 $V_p = h_b h_c t_w$（称作节点域腹板的体积），则对剪应力的要求可以记作：

$$\frac{M_{b1}+M_{b2}}{V_P} \leqslant f_{ps} \tag{7-68}$$

对 H 形截面柱，有

$$V_p = h_{b1} h_{c1} t_w \tag{7-69a}$$

对箱形截面柱，考虑两腹板受力不均匀的影响，取

$$V_p = 1.8 h_{b1} h_{c1} t_w \tag{7-69b}$$

对圆管截面柱，有

$$V_p = (\pi/2) h_{b1} d_c t_c \tag{7-69c}$$

式中　M_{b1}, M_{b2}——分别为节点域两侧梁端弯矩设计值；

　　　　V_p——节点域的体积；

　　　　h_{c1}——柱翼缘中心线之间的宽度和梁腹板高度；

h_{b1}——梁翼缘中心线之间的高度；

t_w——柱腹板节点域的厚度；

d_c——钢管直径线上管壁中心线之间的距离；

t_c——节点域钢管壁厚；

f_{ps}——节点域的抗剪强度。

f_{ps}按照以下规定确定：

当 $\lambda_{n,s} \leqslant 0.6$ 时
$$f_{ps} = \frac{4}{3} f_v \tag{7-70a}$$

当 $0.6 < \lambda_{n,s} \leqslant 0.8$ 时
$$f_{ps} = \frac{1}{3}(7 - 5\lambda_{n,s})f_v \tag{7-70b}$$

当 $0.8 < \lambda_{n,s} \leqslant 1.2$ 时
$$f_{ps} = [1 - 0.75(\lambda_{n,s} - 0.8)]f_v \tag{7-70c}$$

当轴压比 $N/(Af) > 0.4$ 时，受剪承载力 f_{ps} 应乘以修正系数，当 $\lambda_{n,s} \leqslant 0.8$ 时，修正系数可取为 $\sqrt{1 - [N/(Af)]^2}$。

2. 节点域加强措施

当柱腹板节点域不能满足公式(7-67)的要求时，需要采取加强措施。

对由板件焊成的组合柱，如图 7-31(a)，宜将腹板在节点域加厚，加厚的范围应伸出梁上、下翼缘外不小于 150 mm。

对轧制 H 型钢或工字型钢柱，如图 7-31(b)所示，宜用贴焊补强板加强，补强板可不伸过加劲肋或伸出加劲肋各 150 mm。补强板与加劲肋连接的角焊缝应能传递补强板所分担的剪力，焊缝的计算厚度不宜小于 5 mm。当补强板伸过加劲肋时，加劲肋仅与补强板焊接，此焊缝应能将加劲肋传来的剪力全部传给补强板，补强板的厚度及其连接强度，应按所承受的剪力设计。补强板侧边用角焊缝与柱翼缘相连，其板面尚应采用塞焊与柱腹板连成整体，塞焊点之间的距离不应大于较薄焊件厚度的 $21\varepsilon_k$ 倍。

对轻型结构亦可用斜向加劲肋加强，如图 7-31(c)所示。

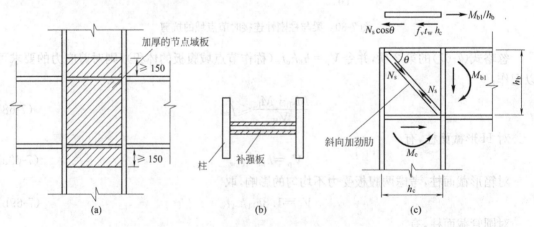

图 7-31 节点域腹板厚度的加强(单位:mm)

3. 柱腹板横向加劲肋的要求

(1)横向加劲肋应能传递梁翼缘传来的集中力，其厚度应为梁翼缘厚度的 0.5～1.0 倍；其宽度应符合传力、构造和板件宽厚比限值的要求。

（2）横向加劲肋的中心线应与梁翼缘的中心线对准，并用熔透的 T 形对接焊缝与柱翼缘连接。当梁与 H 形或工字形截面柱的腹板垂直相连形成刚接时，横向加劲肋与柱腹板的连接也宜采用焊透对接焊缝。

（3）箱形柱中的横向加劲肋隔板与柱翼缘的连接，宜采用熔透的 T 形对接焊缝，对无法进行电弧焊的焊缝，可采用熔化嘴电渣焊。

（4）当采用斜向加劲肋来提高节点域的抗剪承载力时，斜向加劲肋及其连接应能传递柱腹板所能承受剪力之外的剪力。

第九节　框架柱的柱脚设计

一、框架柱柱脚的形式和构造

框架柱柱脚大多承受轴心压力、水平剪力和弯矩，因此需要与基础刚接。

刚性固定柱脚，其构造形式可以分为：外露式、埋入式、插入式、外包式等，如图 7-32～图 7-34所示。

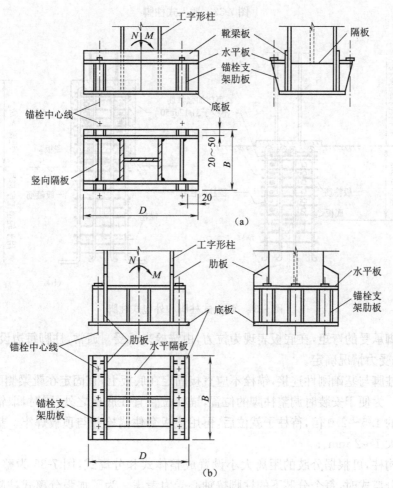

图 7-32　外露式柱脚

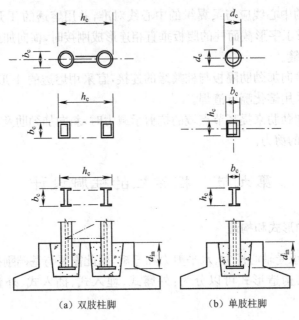

（a）双肢柱脚　　　　　　（b）单肢柱脚

图 7-33　插入式柱脚

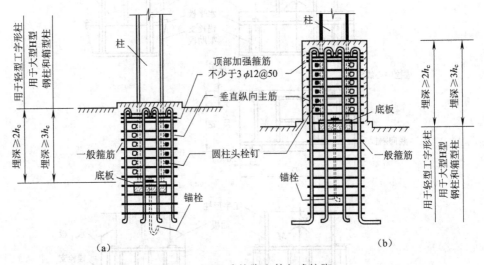

图 7-34　埋入式柱脚和外包式柱脚

　　刚接柱脚承受的弯矩,在底板表现为拉力,由锚栓来承受。通常,柱脚每边设置 2～4 个锚栓,直径根据受力情况确定。

　　为保证柱脚与基础刚性连接,锚栓不应直接固定在底板上,宜固定在靴梁侧面两块肋板上面的顶板上。为便于安装时调整柱脚的位置,锚栓位置宜在底板之外,同时,取锚栓孔的直径为锚栓直径的 1.5～2.0 倍,待柱子就位后,再用垫板套住锚栓并与顶板焊牢。垫板上的孔径比锚栓直径大 1～2 mm。

　　对于格构柱,可根据分肢的距离大小设置成整体式和分离式,图 7-35 为整体式、图 7-36为分离式。分离式时,每个分肢下的柱脚按轴心受力考虑。为了加强分离式柱脚的整体性与刚度,宜设置缀材将两个柱脚相连,如图 7-36 所示。

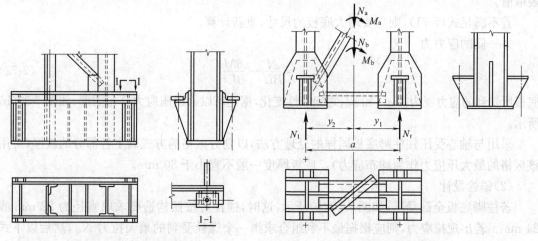

图 7-35 格构柱的整体式刚接柱脚   图 7-36 格构柱的分离式柱脚

二、框架柱柱脚的计算

1. 整体式柱脚

今以外露式刚性柱脚为例简要说明其设计原理,其计算简图如图 7-37 所示。

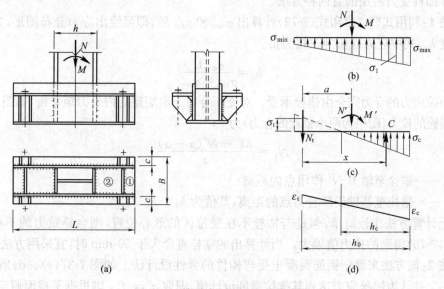

图 7-37 外露式刚接柱脚计算简图

(1)底板截面尺寸

可根据柱截面、柱脚内力和构造要求初步选取 B 和 L,靴梁外侧的外伸宽度 c 一般取20~30 mm。然后,按照底板承受均匀面荷载的假定,用下式计算底板对混凝土的最大压应力:

$$\sigma_{\max} = \frac{N}{BL} + \frac{6M}{BL^2} \leqslant f_c \tag{7-71}$$

式中,N、M 为柱脚承受的最不利弯矩和轴心压力设计值,取使基础一侧产生最大压应力的内力组合；f_c 为混凝土的轴心抗压强度设计值，按现行《混凝土结构设计规范》(GB 50010)查表取值。

若不满足式(7-71)，则需要增大底板的尺寸，重新计算。

另一侧的应力为

$$\sigma_{\min} = \frac{N}{BL} - \frac{6M}{BL^2} \tag{7-72}$$

底板所受到的应力视为在 $\sigma_{\min}$ 和 $\sigma_{\max}$ 之间线性变化，据此可以绘出压应力分布图形，如图 7-37(b)所示。

采用与轴心受压柱柱脚底板同样的处理方法，以划分区格的方式确定各部分的板厚(可用该区格的最大压应力作为均布应力)。底板厚度一般不宜小于 30 mm。

(2)锚栓设计

若柱脚底板全部受压，如图 7-37(b)所示，这时，锚栓可按照构造要求取直径为 22 mm 或 24 mm。若出现拉应力，则应根据最不利组合求得一个螺栓受到的最大拉力 N_{t1}，然后以下式求得锚栓的有效面积后再选择直径。

$$A_e^a \geqslant \frac{N_{t1}}{f_t^a} \tag{7-73}$$

式中，f_t^a 为锚栓的抗拉强度设计值，查附表 1-3 得到；或直接根据受力 N_{t1} 查附表 3-2 选择锚栓直径。

计算锚栓受力常用的有两种方法。

方法 1：利用式(7-71)和式(7-72)计算出 $\sigma_{\max}$ 和 $\sigma_{\min}$ 后，即可绘出应力分布图形，并确定出受压宽度 h_c，式中应力以压为正拉为负。

$$h_c = \frac{\sigma_{\max} L}{\sigma_{\max} - \sigma_{\min}} \tag{7-74}$$

认为拉应力的合力完全由锚栓承受。对受压合力点取矩建立内外力矩平衡，如图 7-37(c)，可求得锚栓的拉力(图中为两个锚栓的合力)为

$$N_t = \frac{M' - N'(x-a)}{x} \tag{7-75}$$

式中　a ——锚栓至轴力 N' 作用点的距离；

　　　x ——锚栓至基础受压合力点的距离，其值为 $h_0 - h_c/3$。

以上计算方法比较简单，但是若锚栓不在受拉区的形心位置，则会导致力的不平衡。同时，由式(7-75)得到的拉力值偏大。当计算出的锚栓直径大于 60 mm 时，宜采用方法 2。

方法 2：该方法来源于钢筋混凝土受弯构件的弹性设计法。如图 7-37(c)、(d)所示，若令 $h_c = \eta h_0$，并认为锚栓应力达到其抗拉强度设计值，即取 $\sigma_t = f_t^a$，则根据平截面假定、竖向力的平衡条件和对锚栓轴线取矩，可得到如下方程组：

$$\frac{f_t^a}{\sigma_c} = \frac{\sigma_t}{\sigma_c} = \frac{E_s \varepsilon_t}{E_c \varepsilon_c} = \alpha_E \frac{h_0 - h_c}{h_c} = \alpha_E \frac{1-\eta}{\eta} \tag{7-76a}$$

$$N' + N_t = \frac{1}{2}\sigma_c B h_c \tag{7-76b}$$

$$M' + N'a = \frac{1}{2}\sigma_c B h_c \left(h_0 - \frac{h_c}{3} \right) \tag{7-76c}$$

式中 $E_{\text{s}}, E_{\text{c}}$——分别为钢材和混凝土的弹性模量；

$\qquad \alpha_{\text{E}}$——弹性模量比，$\alpha_{\text{E}} = E_{\text{s}}/E_{\text{c}}$；

$\qquad \eta$——系数，$\eta = h_{\text{c}}/h_0$；

$\qquad N_{\text{t}}$——受拉侧锚栓的总拉力。

解之可得

$$N_{\text{t}} = \frac{(M' + N'a)}{h_0(1 - \eta/3)} - N' \tag{7-77}$$

$$\frac{(M' + N'a)\alpha_{\text{E}}}{Bh_0^2 f_{\text{t}}^{\text{a}}} = \frac{\eta^2(3 - \eta)}{6(1 - \eta)} \tag{7-78}$$

即计算 N_{t} 的式(7-77)中所需要的 η 可由式(7-78)得到。考虑到此时需要求解一个 3 次方程，手工计算将十分烦琐，今令

$$\xi = \frac{(M' + N'a)\alpha_{\text{E}}}{Bh_0^2 f_{\text{t}}^{\text{a}}} \tag{7-79}$$

将 ξ 与 η 的函数关系列于表 7-2 中，使用时按照此表查出 η 的值，可使计算得到简化。

表 7-2 柱脚受压区长度系数 η

ξ	0	0.002	0.004	0.006	0.008	0.010	0.015	0.020	0.025	0.030	0.035	0.040
η	0	0.062	0.087	0.105	0.121	0.135	0.163	0.186	0.206	0.224	0.240	0.255
ξ	0.045	0.050	0.060	0.070	0.080	0.090	0.10	0.12	0.14	0.16	0.18	0.20
η	0.269	0.282	0.305	0.325	0.344	0.361	0.377	0.406	0.431	0.454	0.474	0.483

在求得一个锚栓所受拉力后，尚应对底板进行验算，其计算简图如图 7-38 所示，板厚应满足：

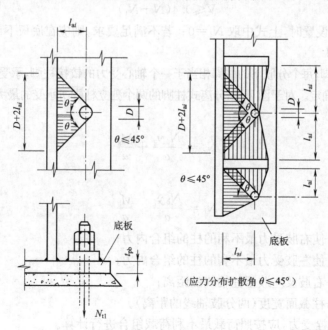

图 7-38 承受锚栓拉力的底板计算简图

$$t_{pb} \geqslant \sqrt{\frac{6N_{t1}l_{ai}}{(D+2l_{ai})f}} \tag{7-80}$$

式中　D——锚栓孔直径；

　　　l_{ai}——锚栓孔至支承边的距离。

混凝土和锚栓之间的黏结力应能保证传递拉力 N_{t1} 且不致引起混凝土的劈裂，故锚栓的埋设深度应足够，具体可参考附表 3-2 确定。

(3)靴梁、隔板及其连接焊缝的计算

在计算靴梁、隔板、肋板及其连接焊缝时，应按底板产生最大压力的内力为最不利组合，并应按不均匀底板压应力所产生的实际荷载情况计算。

在柱身范围内，由于靴梁内侧不便施焊，因而只考虑外侧焊缝受力，焊缝长度可按照最大内力 N_1 计算，并以此来确定靴梁的高度。这里

$$N_1 = \frac{N}{2} + \frac{M}{h} \tag{7-81}$$

靴梁按照支承于柱边缘的悬臂梁来验算其截面强度。靴梁的悬伸部分与底板的连接焊缝，应按照整个底板宽度内的最大基础反力计算。

隔板的计算同轴心受压柱脚，其所承受的基础反力均偏安全地取该计算段内的最大值计算。

肋板顶部的水平焊缝以及肋板与靴梁的连接焊缝应根据每个锚栓的受力来计算。锚栓支承垫板的厚度依据抗弯强度计算。

(4)柱脚底部的水平剪力

《钢结构设计标准》规定，柱脚锚栓不宜用于抵抗柱脚底部的水平剪力。此水平剪力由底板与混凝土表面间的摩擦力承受，摩擦系数取 0.4，即应满足

$$V \leqslant 0.4(N+N_t) \tag{7-82}$$

当锚栓按构造设置时，上式中取 $N_t = 0$。若不满足要求，则应在底板下部设置抗剪键。

2. 分离式柱脚

对于分离式柱脚，每个分肢下的柱脚相当于一个轴心受力的铰接柱脚，承受可能产生的最大压力。锚栓应由计算确定。对于图 7-36，分离式柱脚的两个独立柱脚所承受的最大压力按下式计算：

对右肢，有

$$N_r = \frac{N_a y_2}{a} + \frac{M_a}{a} \tag{7-83a}$$

对左肢，有

$$N_l = \frac{N_b y_1}{a} + \frac{M_b}{a} \tag{7-83b}$$

式中　N_a, M_a——使右肢受力最不利的柱的组合内力；

　　　N_b, M_b——使左肢受力最不利的柱的组合内力；

　　　y_1, y_2——右肢及左肢至柱轴线的距离；

　　　a——柱截面宽度(两分肢轴线的距离)。

每个柱脚的锚栓受力，应按照荷载最不利荷载组合进行计算。

当分肢柱脚受压时，假设底板下压应力均匀分布，按照轴心受压柱脚计算；当分肢柱脚受拉时，拉力由锚栓承受。

思　考　题

1. 试分别说明拉弯构件和压弯构件的验算内容。
2. 试述等效弯矩系数的意义。
3. 压弯构件截面腹板的等级为 S5 时如何确定有效截面特性？
4. 说明格构式压弯构件的验算内容和验算方法。
5. 为什么对于框架柱需要考虑计算长度？
6. GB 50017 对框架是如何分类的？
7. 何谓二阶弹性分析？何时需要采用二阶弹性分析？
8. 梁柱刚性连接时如何确定柱腹板的厚度？
9. 框架柱的柱脚螺栓如何确定？

习　　题

7—1　某轴心受拉构件承受横向荷载作用，如图 7-39 所示。承受的静力荷载设计值 $N=1\,000$ kN，钢材为 Q235，构件截面无削弱，焊接工形截面翼缘为火焰切割边。试确定该轴心受拉构件所能承受的最大横向荷载设计值 F。

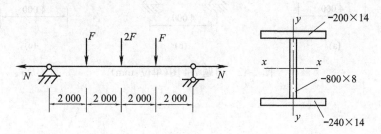

图 7-39　习题 7-1 图（单位：mm）

7—2　一双角钢 T 形截面压弯构件，如图 7-40 所示，截面无削弱，节点板厚 12 mm。承受荷载设计值为：轴心压力 $N=40$ kN，均布线荷载 $q=3$ kN/m，构件长 $l=3$ m，两端铰接并在构件中央有一道侧向支撑，材料为 Q235 钢。试验算该压弯构件在弯矩作用平面内和平面外的稳定性。

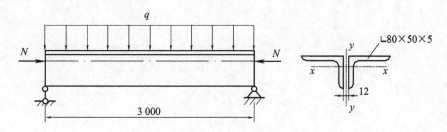

图 7-40　习题 7-2 图（单位：mm）

7—3　一压弯构件的受力、支撑情况及截面如图 7-41 所示，已知荷载设计值 $N=360$ kN，$M_1=480$ kN·m，$M_2=390$ kN·m。钢材为 Q235。焊接工形截面（翼缘为火焰切割边）。试验算该构件在弯矩作用平面内和平面外的稳定性。

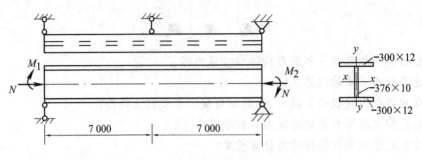

图 7-41　习题 7-3 图(单位:mm)

7—4　求图 7-42 所示单层单跨框架柱的计算长度。

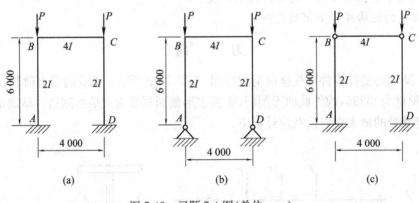

(a)　　　　　　　　　(b)　　　　　　　　　(c)

图 7-42　习题 7-4 图(单位:mm)

铁路桥梁钢结构

第一节 概 述

一、铁路桥梁钢结构的设计方法

由于行业特点各异,因而不同的行业常常有本行业的规范。前面章节是依据《钢结构设计标准》(GB 50017—2017)讲述的,适用于工业与民用房屋和一般构筑物的钢结构设计。对于铁路钢桥而言,现行规范为《铁路桥梁钢结构设计规范》(TB 10091—2017),其总则中规定的适用范围为"高速铁路、城际铁路、客货共线Ⅰ级和Ⅱ级铁路、重载铁路铆接、栓焊及全焊桥梁钢结构。其他形式的钢桥,除参照本规范外,还应作专门研究制定补充规定。"

铁路上承式钢板梁桥构造见图 8-1,下承式简支栓焊钢桁梁构造见图 8-2。

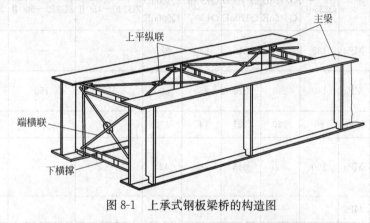

图 8-1 上承式钢板梁桥的构造图

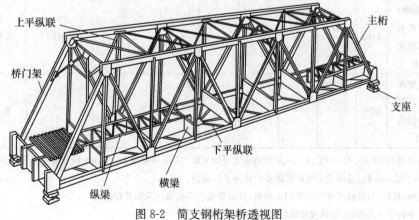

图 8-2 简支钢桁架桥透视图

一般来讲,结构设计采用极限状态设计法比较合理,而且比较容易直接吸收新的科研成果,容许应力法在这方面稍差。然而,当容许应力取值恰当时,计算结果是完全可以令人满意的。同时,由于铁路荷载作用的复杂性,TB 10091—2017 仍采用容许应力法。

容许应力法基本设计表达式为

$$\sigma_{max} \leqslant [\sigma] \tag{8-1}$$

式中 σ_{max} ——结构构件或连接的最大应力;

$[\sigma]$ ——结构构件或连接的基本容许应力。

二、材料及基本容许应力

TB 10091—2017 规定,铁路钢桥的基本钢材,对桥梁主体结构,可采用 Q235q、Q345q、Q370q、Q420q、Q500q,其材质应符合《桥梁用结构钢》(GB/T 714—2015)和《铁路桥梁用结构钢》(TB/T 3556—2020)的规定。桥梁辅助结构可采用 Q235B。铆钉、螺栓、铸件等所采用的钢材与建筑结构没有明显区别。

钢材的基本容许应力应按照表 8-1 确定,弹性模量、剪切模量、泊松比按照表 8-2 确定。

表 8-1　钢材基本容许应力

序号	应力种类	单位	钢材钢号								
			Q235qD	Q345qD Q345qE	Q370qD Q370qE	Q420qD Q420qE	Q500qD Q500qE	ZG230−450Ⅱ	ZG270−500Ⅱ	35 号锻钢	35CrMo
1	轴向应力 $[\sigma]$	MPa	135	200	210	240	285	—	—	—	220
2	弯曲应力 $[\sigma_w]$	MPa	140	210	220	250	300	125	150	220	230
3	剪应力 $[\tau]$	MPa	80	120	125	145	170	75	90	110	130
4	端部承压(磨光顶紧)应力	MPa	200	300	315	360	425	—	—	—	—
5	销孔承压应力	MPa	—	—	—	—	—	—	—	180	—
6	辊轴(摇轴)与平板自由接触的径向受压	MPa	—	—	—	—	—	0.55d	0.61d	0.60d	—
7	铰轴放置在铸钢铰轴颈上时的径向受压	MPa	—	—	—	—	—	—	—	8.4d	—

注:(1)表列的 Q235qD、Q345qD、Q345qE 容许应力是同 GB/T 714 中板厚 $t \leqslant 50$ mm 的屈服强度及极限抗拉强度相对应;当 $t > 50$ mm 时,容许应力可按屈服点的比例予以调整。

(2)辊轴(摇轴)与接触的平板用不同钢种时,径向受压容许应力应采用其较低者。

(3)表中符号 d 为辊轴、摇轴或铰轴的直径,以厘米计。

(4)序号 2 中直接搁置桥枕的桥面系纵梁的弯曲容许应力 $[\sigma_w]$ 采用 $[\sigma]$。

(5)序号 7 系按接触圆弧中心角为 $2 \times 45°$ 考虑;条件不符时可另行确定。

表 8-2　钢材的弹性系数

弹性模量 E(MPa)	剪切模量 G(MPa)	泊松比 ν
2.1×10^5	8.1×10^4	0.3

三、荷载组合

《铁路桥涵设计规范》(TB 10002—2017)规定,进行结构设计时应根据结构的特性,按表 8-3 所列的荷载,就其可能的最不利组合情况进行计算。

表 8-3　桥 涵 荷 载

荷载分类		荷载名称	荷载分类	荷载名称
主力	恒载	结构构件及附属设备自重 预加力 混凝土收缩和徐变的影响 土压力 静水压力及浮力 基础变位的影响	附加力	制动力或牵引力 支座摩阻力 风力 流水压力 冰压力 温度变化的影响 冻胀力 波浪力
	活载	列车竖向静活载 公路(城市道路)活载 列车竖向动力作用 离心力 横向摇摆力 活载土压力 人行道人行荷载 气动力	特殊荷载	列车脱轨荷载 船只或排筏的撞击力 汽车撞击力 施工临时荷载 地震力 长钢轨纵向作用力(伸缩力、挠曲力和断轨力)

注:1. 如杆件的主要用途为承受某种附加力,则在计算此杆件时,该附加力按主力考虑。

2. 流水压力不与冰压力组合,两者也不与制动力或牵引力组合。

3. 船只或排筏的撞击力、汽车撞击力,只计算其中的一种荷载与主力组合,不与其他附加力组合。

4. 列车脱轨荷载只与主力中恒载相组合,不与主力中活载和其他附加力组合。

5. 地震力与其他荷载的组合应符合《铁路工程抗震设计规范》(GBJ 50111)的相关规定。

6. 长钢轨纵向作用力不参与常规组合,其与其他荷载的组合按《铁路桥涵设计规范》(TB 10002)相关规定执行。

列车荷载应根据线路类型按照《铁路列车荷载图式》(TB/T 3466—2016)进行确定。例如,高速铁路的普通荷载和特种荷载见图 8-3 所示。

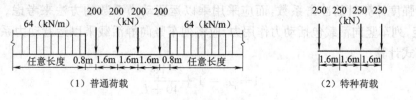

图 8-3　高速铁路荷载图式

列车竖向活载需要考虑列车的动力作用,所以要将列车竖向静活载乘以动力系数 $(1+\mu)$,对于简支或连续的钢桥,动力系数为

$$1+\mu=1+\frac{28}{40+L} \tag{8-2}$$

式中,L 以 m 计,除承受局部活载的杆件为影响线加载长度外,其余均为桥梁跨度。

设计时,仅考虑主力与一个方向(顺桥或横桥方向)的附加力相组合,并根据各种结构的不同荷载组合,将材料基本容许应力和地基容许承载力乘以不同的提高系数。

各种外力组合容许应力提高系数按表 8-4 确定。

表 8-4　各种外力组合容许应力提高系数

序号	外力组合		提高系数
1	主力		1.00
2	主力+附加力		1.30
3	主力+面内次应力(或面外次应力)		1.20
4	主力+面内次应力+面外次应力		1.40
5	主力+面内次应力(或面外次应力)+制动力(或风力)		1.45
6	主力+地震力		1.50
7	钢梁安装	恒载+施工荷载	1.20
		恒载+施工荷载+风力	1.40
		恒载+施工荷载+风力+面内次应力(或面外次应力)	1.50

注:表中次应力指由节点刚性在主桁杆件中引起的次应力。

第二节　疲　劳　计　算

TB 10091—2017 中对疲劳的计算,已经由原来的主要基于非焊接构件 Goodman 图的最大应力方法改变为容许应力幅方法,与 GB 50017—2017 在形式上接近,但又考虑了诸多因素。

一、计 算 原 则

规范规定,凡承受动荷载的结构或连接,都应进行疲劳验算。在这里,对焊缝连接及铆钉连接需要进行疲劳验算,而对抗滑型(摩擦型)高强度螺栓,因其本身在正常工作时并不受剪,栓杆的拉应力也没有什么变化,所以不需要进行疲劳验算。

1. 运营动力系数 $(1+\mu_f)$

疲劳荷载组合包括设计荷载中的恒载加活载(包括冲击力、离心力,但不包括活载发展平衡系数)。由于疲劳是使用时间内的一种损伤累积,是长期作用的结果,故列车活载计算时不采用设计强度计算时的冲击系数,而应采用乘以运营动力系数的方法来考虑。TB 10091—2017 规定,列车竖向活载包括动力作用力,应将列车竖向静活载乘以运营动力系数 $(1+\mu_f)$,其值按下式计算:

$$1+\mu_f=1+\frac{18}{40+L} \tag{8-3}$$

式中　L——桥梁跨度(m),承受局部活载的杆件为影响线加载长度;

　　　　μ_f——活载冲击力的动力系数。

2. 容许应力幅$[\sigma_0]$

铁路钢桥疲劳检算采用的疲劳容许应力幅$[\sigma_0]$是构件或连接在应力比$\rho=0$时，2×10^6次应力循环能承受的等幅应力。规范依据构件或连接类型将疲劳容许应力幅分为 12 个类别，规定了各自的$[\sigma_0]$值，分别见表 8-5 和表 8-6。$[\sigma_0]$与钢材牌号无关。

3. 双线系数γ_d

双线铁路钢桥的疲劳检算，要考虑双线列车同时作用的影响。TB 10091－2017 规定，双线铁路桥主桁构件检算疲劳时，应按一线偏心加载，以杠杆原理分配于主桁，并以双线系数γ_d修正，双线系数γ_d应符合表 8-7 的规定。

表 8-5　构件或连接基本形式及疲劳容许应力幅类别

类别	构件或连接形式简图	加工质量及其他要求	疲劳容许应力幅类别	检算部位
1	母材	原轧制表面，侧边刨边，表面粗糙度不得大于$\frac{25}{\sqrt{}}$；精密切割表面粗糙度不得大于$\frac{12.5}{\sqrt{}}$；不应在母材上引弧	I	非连接部位的母材
2	留有空孔的杆件	机械钻孔，孔壁光滑，表面粗糙度不得大于$\frac{25}{\sqrt{}}$	IV	弦杆泄水孔处
3	铆接构件	机械钻孔，表面粗糙度不得大于$\frac{25}{\sqrt{}}$	VIII	铆钉孔处净截面
4	高强度螺栓			
4.1		(1)单面或双面拼接，经验算第一排螺栓无滑移 (2)直接拼接断面超过 60%总断面积的双面拼接对称接头 (3)不传递验算方向应力的有高强度螺栓紧固的基材	VI	栓接毛截面处
4.2		(1)单面或双面拼接，经验算第一排螺栓受力大于抗滑力 (2)非全断面拼接的构件，直接拼接断面小于 60%总断面	II	栓接净截面处

类别	构件或连接形式简图	加工质量及其他要求	疲劳容许应力幅类别	检算部位
5	横向对接熔透焊缝	(1)采用埋弧自动焊时焊缝质量应满足以下要求 ①定位焊接不得有裂缝、焊渣、焊瘤等缺陷 ②焊缝背面必须清除影响焊接的焊瘤、熔渣和焊根等缺陷 ③多层焊的每一层应将焊渣、缺陷清除干净再焊下一层 ④应在距杆件端部80 mm以外的引板上起、熄弧 (2)焊缝加强高顺受力方向磨平,焊趾处不留横向痕迹 (3)焊缝需经无损探伤检验,焊缝质量符合《铁路桥梁钢结构设计规范》附录D中Ⅰ级焊缝的要求 (4)横向对接焊缝应一次连续施焊完毕,不得有断弧,如发生断弧,应将断弧处已焊成的焊缝刨成1∶5斜坡后再继续搭接50 mm后施焊 (5)同一位置焊接返修次数不得超过2次	Ⅲ	桁梁构件及板梁中横向对接焊缝处
5.1	等厚等宽钢板对接			
5.2	等厚不等宽钢板对接			
5.3	等宽不等厚钢板对接			
6	纵向焊缝	(1)采用埋弧焊、气体保护焊 (2)焊缝应平整连续 (3)受拉及受疲劳控制的杆件,焊缝全长超声波探伤。焊缝质量应符合《铁路桥梁钢结构设计规范》附录D中Ⅱ类焊缝要求 (4)受压及不受疲劳控制的杆件,探伤范围从杆端至工地栓孔外1 m。焊缝质量应符合《铁路桥梁钢结构设计规范》附录D中Ⅱ类焊缝要求 (5)同一位置焊接返修不得超过2次	Ⅴ	(1)工字形、箱形、T形构件、板梁翼缘及纵向加劲肋等处的纵向角焊缝,或棱角焊缝 (2)板梁中腹板及盖板的纵向焊缝 (3)箱形构件板件对接处棱角焊缝 (4)箱形构件在整体节点附近改变熔深部位的棱角焊缝
6.1	纵向连续对接焊缝	(1)焊缝应一次连续施焊完毕,如果特殊情况而中途停焊时,焊前、焊后应处理。用原定预热温度及施焊工艺继续施焊。焊缝表面要顺受力方向磨修平整,不得有超出《铁路桥梁钢结构设计规范》附录E中规定的凹凸不平现象 (2)焊缝两侧不得有大于0.3 mm的咬边或直径大于等于1 mm的气孔。小于1 mm的气孔,每米不应多于3个,间距不小于20 mm (3)埋弧自动焊应在距杆件端80 mm以外的引板上起、熄弧		

续上表

类别	构件或连接形式简图	加工质量及其他要求	疲劳容许应力幅类别	检算部位
6.2	工字形连续角焊缝	（1）焊缝应一次连续施焊完毕，如果特殊情况而中途停焊后，再焊时，焊前、焊后应处理，并采用原定预热温度及施焊工艺继续施焊。 （2）纵向角焊缝的咬肉不应大于0.3 mm，不应有直径大于等于1 mm的气孔。直径小于1 mm的气孔，每米不应多于3个，间距不应小于20 mm （3）埋弧自动焊应在距杆件端80 mm以外的引板上起、熄弧		
6.3	箱形构件棱角焊缝	（1）焊缝应一次连续施焊完毕，如果特殊情况而中途停焊时，焊前、焊后应处理，并采用原定预热温度及施焊工艺继续施焊 （2）一根杆件有不同的熔深时，如系焊缝表面高相同，则深熔深的焊缝起弧应在距杆端80 mm以外的引板上，在施焊上一层焊缝前应将前一道焊缝停弧处的缺陷清除干净，清除长度不应小于60 mm。坡口深度变化过渡区的斜坡不应大于1∶10。最后一道焊缝应在距杆端80 mm以外的引板起、熄弧 （3）一根杆件有不同的熔深时，如系坡口底面高相同，则加高焊缝起弧应在距杆端80 mm以外的引板上，终端应磨修，将缺陷清除干净。清除熄弧的长度不应小于60 mm，并使高出的焊缝成1∶10的坡度匀顺过渡至较低的焊缝。第一道焊缝应在距杆端80 mm以外的板上起、熄弧		
6.4	箱形构件棱角焊缝与水平板对接焊缝交叉			
6.5	箱形构件棱角焊缝与腹板对接焊缝交叉			
7	工字形对接焊缝与角焊缝交叉	（1）采用埋弧自动焊 （2）垂直于受力方向的焊缝按类别5横向对接焊缝要求 （3）顺受力方向的角焊缝按类别6纵向焊缝接头要求	Ⅴ	工字形、T形构件及纵向加劲肋的纵向角焊缝与盖板或腹板对接焊接头交叉处
7.1	盖板对接焊缝与角焊缝交叉			

续上表

类别	构件或连接形式简图	加工质量及其他要求	疲劳容许应力幅类别	检算部位
7.2	腹板对接焊缝与角焊缝交叉			
8	横向附连件角接焊缝	(1)采用成型好的手工焊、CO_2气体保护焊或半自动焊施焊;	Ⅸ	箱形杆件隔板横向连接角焊缝
8.1	附连件无焊缝交叉	(2)焊趾处不应有咬肉,如不满足时可用砂轮顺受力方向打磨; (3)对起、熄弧处进行磨修,严格保证质量		
8.2	附连件有焊缝交叉 封端隔板	(1)采用成型好的手工焊、CO_2气体保护焊或半自动焊施焊; (2)焊趾处不应有咬肉,如不满足时可用砂轮顺受力方向打磨; (3)在焊缝交叉部位不应断弧,严格保证质量	Ⅺ	箱形杆件封端板全焊
9	板梁竖向加劲肋与腹板连接焊缝端部 80~100 mm	(1)焊缝端部至腹板表面应匀顺过渡; (2)对起、熄弧处应进行磨修,严格保证质量; (3)在腹板侧受拉区不应有咬肉; (4)必要时,竖向加劲肋端部100 mm 内焊趾处锤击	Ⅶ	板梁竖向加劲肋与腹板连接焊缝端部(检算顺桥轴方向的主拉应力或拉力)
10	板梁盖板端焊缝	(1)端部焊缝不应有咬肉 (2)盖板端焊缝打磨匀顺过渡,坡度不大于1:5 (3)盖板端部焊趾锤击长度100 mm	Ⅺ	板梁盖板焊缝端部或焊趾处

续上表

类别	构件或连接形式简图	加工质量及其他要求	疲劳容许应力幅类别	检算部位
11	平联节点板	（1）坡口焊透，焊缝两端顺受力方向打磨，使圆弧匀顺过渡 （2）水平节点板与主板焊接时，节点板先焊，并根据需要切圆弧，然后双面倒棱、磨修。在切弧、倒棱、磨修时，应将焊缝的缺陷清除干净 （3）在焊缝两端长100 mm的范围内及焊缝端部锤击 （4）$r_1 \geqslant 100$ mm；$r_2 \geqslant d/10$，但不小于100 mm		板梁腹板、翼缘板或杆件竖板与水平节点板手工焊连接焊缝的端部
11.1			X	
11.2			XII	
12	整体节点	（1）单面坡口棱角焊缝质量要求按6.3 （2）圆弧处应顺受力方向打磨，并自圆弧末端向外打磨，打磨长度为 $E \geqslant 100$ mm，$r \geqslant d/5$，但不应小于100 mm	XI	整体节点、圆弧起点、棱角焊缝
13	剪力钉			
13.1		焊趾不应有咬肉、裂纹，成形应良好，且 $h/d \geqslant 4$，其中 h 为钉高，d 为钉直径	XII	结合梁受拉翼缘在传剪栓钉焊趾处母材
13.2			XIII	栓钉拉拔应力、栓钉焊接断面剪应力

续上表

类别	构件或连接形式简图	加工质量及其他要求	疲劳容许应力幅类别	检算部位
14	横梁翼板与主桁整体节点十字形熔透焊缝 	$w_2 \geqslant 2w_1$，$l_1 = w_2 - w_1$ 扩大部分采用圆弧过渡。横梁翼板预留 50 mm 直线段。圆弧部位采用精密切割，表面加工粗糙度 $\sqrt{\dfrac{25}{}}$，顺受力方向打磨十字焊缝表面按照工艺进行超声波锤击处理	X	检算截面取焊缝根部靠近横梁一侧的理论加宽截面
15	正交异性钢桥面板			
15.1	整体桥面与主桁不等厚对接 	焊趾不应有咬肉、裂纹，成形应良好	XII	桥面横向检算截面取变截面处薄板侧
15.2	U肋嵌补段对接 	钢衬垫组装间隙不大于 0.5 mm，施焊时不应将焊滴流到焊缝外母材上	XI	U肋顶板焊缝
15.3	U肋与桥面板焊接 	部分熔透坡口焊，焊透深度不应小于 75% 肋板厚度，焊喉高不应小于肋板厚度。焊缝通过横隔板时不设过焊孔	XI	两横隔板之间的 U 肋焊缝和与横隔板相交的焊缝"[1]

续上表

类别	构件或连接形式简图	加工质量及其他要求	疲劳容许应力幅类别	检算部位
15.4	U 肋与桥面板焊接 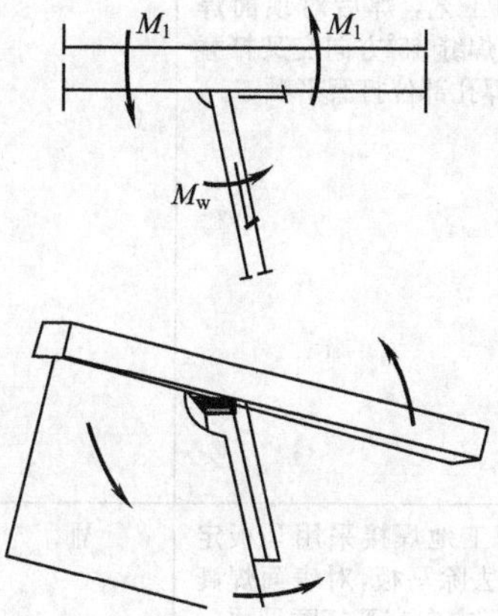	部分熔透坡口焊,焊透深度≥75%肋板厚度,焊喉高 a≥肋板厚度。焊缝通过横隔板时设过焊孔	XII	U 肋与横隔板相交的焊缝[1]
15.5	U 肋与横梁腹板焊接 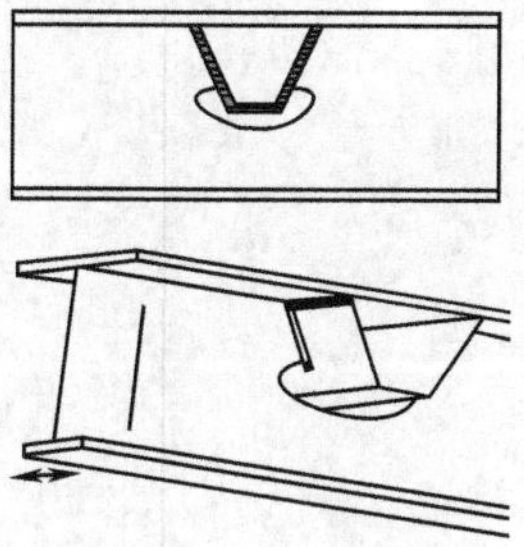	焊趾不应有咬肉、裂纹,焊缝起弧收弧处成形应良好	XIV	因横梁腹板面外变形作用,焊缝边缘处。U 肋在腹板平面内挖空处相对竖向变位,挖空圆弧处
15.6	桥面板十字对接焊加腹板角焊缝 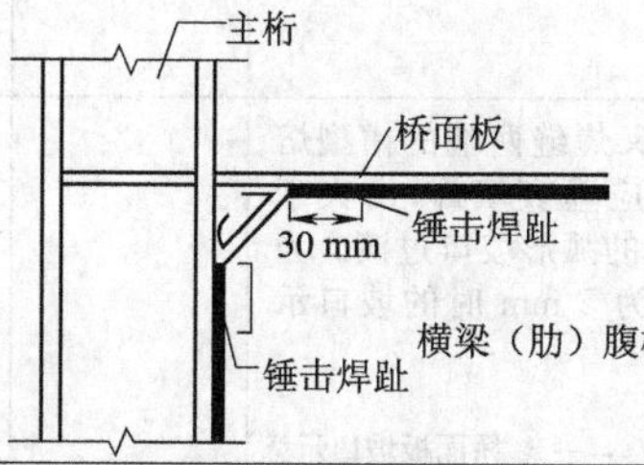	在过焊孔部位,顺孔边沿箭头方向打磨匀顺,并在焊缝端头腹板侧的 30 mm 范围焊趾进行超声波锤击处理	VII	桥面板与整体节点对接焊缝处
15.7	桥面板与主桁不等厚十字对接焊 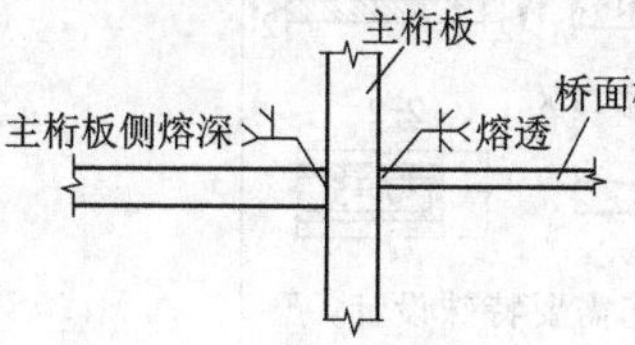 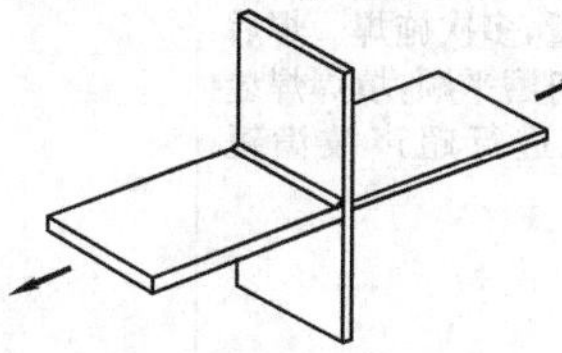	主桁板侧坡口焊熔深可为十字对接桥面板厚度的 1.25 倍	X	桥面板与整体节点对接焊缝处

15.4 图示标注:M_1,M_1,M_w

15.6 图示标注:主桁、桥面板、锤击焊趾、30 mm、横梁(肋)腹板、锤击焊趾

15.7 图示标注:主桁板、桥面板、主桁板侧熔深、熔透

续上表

类别	构件或连接形式简图	加工质量及其他要求	疲劳容许应力幅类别	检算部位
15.8	栓焊组合接头	桥面板工地焊接采用单面焊双面成形工艺，焊后对顶面焊缝焊高沿焊缝45°方向交叉打磨平顺，过焊孔部位打磨平顺	XI	工地对接焊处
15.9	桥面板工地对接时采用马板的焊缝 马板 桥面板	桥面板工地焊接采用马板定位，焊后去除马板，对表面焊高沿焊缝45°方向交叉打磨平顺	VII	桥面板工地对接后马板去除磨平部位
16	桥面板与整体节点垂直相交对接焊构造 整体节点 填焊 桥面板 1/2箱型杆件 整体节点 填焊 桥面板 1/2箱型杆件	垂直交叉焊缝两端的槽型熔透焊缝不应垂直填焊，由大于5 mm半径的弧形坡口过渡。当坡口半径为5 mm时的坡口示意如下： 整体节点板坡口示意　桥面板坡口示意 坡口过渡区　坡口区 1-1　　2-2 焊接工艺需要特殊设计，严格控制线能量，多次施焊。焊后对上下表面打磨平顺，填焊焊缝和周边表面进行超声波满锤处理		(1)箱形构件上盖板与腹板纵向角焊缝 (2)垂直相交焊缝处

续上表

类别	构件或连接形式简图	加工质量及其他要求	疲劳容许应力幅类别	检算部位
17	拉索锚固构造 焊后磨平超声波锤击处理　主桁竖板 锚压板 锚压板宽度 主桁竖板 全熔透 锚板宽度 锚压板高度 锚压板 主桁竖板 锚板 锚板	（1）焊缝端部磨平，分别对竖板和锚压板侧焊趾超声波锤击处理，对焊缝端部竖板侧满锤处理 （2）锚板与锚压板宽度之比应大于 0.65 锚压板的宽高比应小于 1.65	XIV	锚压板与竖板焊缝端部[2]
18	实体圆钢吊杆接头螺纹构造 $Tr\,D{\times}P$ l T d l $Tr\,D{\times}P$	（1）实体圆钢吊杆材质为 35CrMo 圆钢 （2）圆钢钢坯与成品杆件压缩比（锻造比）不应小于 6 （3）接头螺纹应采用梯形螺纹（$Tr\,D{\times}P$），螺纹配合精度符合 GB/T 5796.4 中 8H/7e 要求 （4）螺纹段表面加工粗糙度不应大于 $\sqrt{\dfrac{6.3}{}}$，杆部表面粗糙度不应大于 $\sqrt{\dfrac{12.5}{}}$。外螺纹收尾部分与杆体圆弧光滑过渡，过渡长度不应小于杆体直径 d。T 形螺纹的牙底及牙顶应圆弧光滑过渡。吊杆内螺纹孔口应倒角处理 （5）吊杆螺纹部分的小径应大于杆体直径，且螺纹部分直径与杆体直径比 D/d 不应小于 1.26，螺纹部分长度与直径比 l/D 不应小于 1.21	IV	端部螺纹[3]

注：（1）可用板弯曲引起的应力幅 $\Delta\sigma$ 进行验算；
（2）此处为剪应力检算；
（3）计算采用杆部截面公称尺寸。

表 8-6　各种构件或连接的疲劳容许应力幅

疲劳容许应力幅类别	疲劳容许应力幅 $[\sigma_0]$（MPa）	构件及连接形式
Ⅰ	149.5	1
Ⅱ	130.7	4.2
Ⅲ	121.7	5.1,5.2,5.3
Ⅳ	114.0	2,18
Ⅴ	110.3	6.1,6.2,6.3,6.4,6.5,7.1,7.2
Ⅵ	109.6	4.1
Ⅶ	99.9	9,15.9
Ⅷ	91.1	3
Ⅸ	80.6	8.1
Ⅹ	72.9	11.1,14,15.7
Ⅺ	71.9	8.2,10,12,15.2,15.3,15.8,16
Ⅻ	60.2	11.2,13.1,15.1,15.4,15.6
ⅩⅢ	60.2	13.2
ⅩⅢⅤ	45.0	15.5,17

表 8-7　钢梁双线系数 γ_d

线路数量	客货共线/高速/城际铁路列车					重载铁路列车				
	δ_1/δ_2					δ_1/δ_2				
双线	2/5	3/7	4/8	5/9	3/5	2/5	3/7	4/8	5/9	3/5
	1.12	1.13	1.16	1.19	1.21	1.21	1.23	1.27	1.31	1.34

注：δ_1/δ_2 为一线加载时，按杠杆原理计算，两片主桁(或主梁)各自承受的荷载比。

　　双线铁路桥的横梁及连接横梁的主桁挂杆，按一线最大活载，另一线为相应活载图式中的均布活载加载，计算疲劳内力。

　　4. 修正系数

　　规范中的修正系数包括损伤修正系数 γ_n（γ_n'）、应力比修正系数 γ_ρ 和板厚修正系数 γ_t。

　　在设计基准期内，列车对不同跨度的桥梁产生不同的损伤。设各种不同跨度的桥梁在设计基准期内损伤的平均值为 1.0，凡损伤度大于 1.0 的桥梁，均乘以大于 1.0 的损伤修正系数。

　　研究表明，拉压焊接构件(以压为主)和拉压非焊接构件(以拉为主或以压为主)的疲劳破坏并不是由应力幅控制，而是由最大应力 σ_{max} 和应力比 ρ 控制。为使规范公式统一，铁路钢桥在疲劳计算时通过应力比修正系数来考虑 σ_{max} 和 ρ 控制疲劳的构件。由于 ρ 不同，相同应力循环次数对同一结构构件或连接所能承受的最大应力 σ_{max} 就不同。设计公式中容许应力幅 $[\sigma_0]$ 是 $\rho=0$ 时的最大应力，故在最大应力控制疲劳时，应将 $[\sigma_0]$ 乘以不同 ρ 的应力比修正系数 γ_ρ。

　　厚板和薄板比较，厚板的材质及焊接、制造工艺有许多更难保证的因素，对疲劳强度将产生较多不利的影响。根据试验结果统计，当板厚超过 25 mm 时，应取板厚修正系数 $\gamma_t=\sqrt[4]{25/t}$ 来考虑这一不利影响。

二、疲劳计算方法

焊接及非焊接(栓接)构件及连接均需进行疲劳强度检算,当疲劳应力均为压应力时,可不检算疲劳。

1. 焊接构件及连接疲劳检算公式

(1)疲劳应力为拉-拉或以拉为主的拉-压构件,应力比 $\rho = \dfrac{\sigma_{\min}}{\sigma_{\max}} \geqslant -1$ 时:

$$\gamma_d \gamma_n (\sigma_{\max} - \sigma_{\min}) \leqslant \gamma_t [\sigma_0] \tag{8-4}$$

式中　$\sigma_{\max}$, $\sigma_{\min}$——最大、最小应力,拉力为正,压力为负;

　　　$[\sigma_0]$——疲劳容许应力幅;

　　　γ_d——双线桥的双线系数,单线桥或双线桥的横梁及吊杆 $\gamma_d = 1.0$,其他见表8-7;

　　　γ_n——以受拉为主的构件的损伤修正系数(表8-8为高速铁路损伤修正系数,其他线路类型损伤修正系数可按照 TB 10091—2017 中相关表格取值);

　　　γ_t——板厚修正系数,板厚 $t \leqslant 25$ mm, $\gamma_t = 1$; $t > 25$ mm, $\gamma_t = \sqrt[4]{25/t}$。

表 8-8　高速铁路损伤修正系数 γ_n、γ_n

影响线加载长度	γ_n	γ_n						
		恒:活 (2:8)	恒:活 (3:7)	恒:活 (4:6)	恒:活 (6:4)	恒:活 (7:3)	恒:活 (8:2)	恒:活 (9:1)
≥30	1.00	1.00	1.00	1.00	1.00	1.00	1.00	1.00
20	1.10	1.08	1.07	1.06	1.04	1.03	1.02	1.01
16	1.20	1.16	1.14	1.12	1.08	1.06	1.04	1.02
8	1.30	1.24	1.21	1.18	1.12	1.09	1.06	1.03
5	1.45	1.36	1.32	1.27	1.18	1.14	1.09	1.05
≤4	1.50	1.40	1.35	1.30	1.20	1.15	1.10	1.05

(2)疲劳应力以压为主的拉-压构件, $\rho = \dfrac{\sigma_{\min}}{\sigma_{\max}} < -1$ 时:

$$\gamma_d \gamma_n' \sigma_{\max} \leqslant \gamma_t \gamma_\rho [\sigma_0] \tag{8-5}$$

式中　γ_n'——以受压为主的构件的损伤修正系数(表8-8为高速铁路损伤修正系数,其他线路类型损伤修正系数可按照 TB 10091—2017 中相关表格取值);

　　　γ_ρ——应力比修正系数(表8-9)。

表 8-9　应力比修正系数 γ_ρ

ρ	−1.4	−1.2	−1.0	−0.8	−0.6	−0.4	−0.2
焊接构件	0.43	0.46	—	—	—	—	—
非焊接构件	0.52	0.56	0.60	0.65	0.71	0.79	0.88
ρ	−4.5	−4.0	−3.5	−3.0	−2.0	−1.8	−1.6
焊接构件	0.21	0.23	0.25	0.28	0.36	0.38	0.41
非焊接构件	0.25	0.27	0.30	0.33	0.43	0.45	0.48

2. 非焊接构件及连接疲劳检算公式

(1)疲劳应力为拉-拉的构件，$\rho = \dfrac{\sigma_{min}}{\sigma_{max}} \geqslant 0$，有

$$\gamma_d \gamma_n (\sigma_{max} - \sigma_{min}) \leqslant \gamma_t [\sigma_0] \tag{8-6}$$

(2)疲劳应力为拉-压的构件，$\rho = \dfrac{\sigma_{min}}{\sigma_{max}} < 0$，有

$$\gamma_d \gamma'_n \sigma_{max} \leqslant \gamma_t \gamma_\rho [\sigma_0] \tag{8-7}$$

三、算 例

【例题 8-1】某 64 m 下承式简支单线栓焊桁架桥，其计算简图如图 8-4 所示。斜杆 $A_3 E_4$ 截面为焊接 H 形截面，翼板为 440 mm×12 mm，腹板为 436 mm×10 mm，斜杆的净截面面积 $A_j = 127.1$ cm²。杆端采用抗滑型高强度螺栓连接。恒载引起的杆件内力为87.6 kN，活载引起的杆件内力(不考虑冲击系数)：最大拉力为 600.8 kN，最大压力为 357.9 kN。试验算此杆件的疲劳强度。

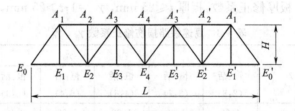

图 8-4 算例 8-1 图

【解】依据主力组合计算 $A_3 E_4$ 斜杆的最大拉力：

$$N_{max} = 87.6 + 600.8 \times \left(1 + \frac{18}{40 + 64}\right) = 792.4 \text{ (kN)}$$

最大压力：

$$N_{min} = 87.6 + (-357.9) \times \left(1 + \frac{18}{40 + 64}\right) = -332.2 \text{ (kN)}$$

对非焊接构件及连接，拉-压构件应采用下式检算疲劳：

$$r_d r'_n \sigma_{max} \leqslant r_t r_\rho [\sigma_0]$$

本例为单线桥，$\gamma_d = 1.0$；跨度>30 m，$\gamma_n = 1.0$；板厚 $t = 20$ mm<25 mm，$\gamma_t = 1.0$；应力比为

$$\rho = \frac{N_{min}}{N_{max}} = \frac{-332.2}{792.4} = -0.42$$

查表 8-9 得 $\gamma_\rho = 0.78$。

按容许应力幅类别为Ⅲ类查表 8-6，得 $[\sigma_0] = 121.7$ MPa，于是

$$\sigma_{max} = \frac{N_{max}}{A_j} = \frac{792.4 \times 10^3}{127.1 \times 10^2} = 62.3 \text{ (MPa)}$$

$$< \gamma_t \gamma_\rho [\sigma_0] = 1.0 \times 0.78 \times 130.7 = 94.93 \text{(MPa)(满足要求)}$$

第三节　连接计算

TB 10091—2017 中关于连接的计算,其方法与 GB 50017—2017 基本相同,只是在设计和验算时后者用极限状态法而前者用容许应力法。

一、焊缝连接

1. 对接焊缝

对接焊缝的容许应力与基材相同;焊缝的计算长度 l_f 取具有设计焊缝厚度的焊缝长度;计算厚度等于被焊接杆件的最小厚度。

2. 角焊缝

角焊缝不区分端焊缝和侧焊缝,有效截面上的容许应力与基材剪应力容许值相同,记作 $[\tau]$;对于采用引弧板施焊的自动埋弧焊,计算长度 l_f 取实际长度,其他取实际长度减去10 mm。

无论是对接焊缝还是角焊缝,其应力计算方法均可参照本书钢结构连接一章进行。只是,对于角焊缝,只有下面一个通用验算式:

$$\tau_{max} \leqslant [\tau] \tag{8-8}$$

二、螺栓连接

铁路钢桥中通常采用高强度螺栓进行连接。由于受到列车的动力作用,故按照高强度螺栓摩擦型连接设计,只不过在 TB 10091—2017 中,称作"抗滑型高强度螺栓连接"。同时,在铁路钢桥中,螺栓一般不承受拉力,只承受剪力。

抗滑型高强度螺栓的容许抗滑承载力按下式计算:

$$N_v^b = m\mu_0 P/K \tag{8-9}$$

式中　N_v^b——高强度螺栓的容许抗滑承载力;

　　m——高强度螺栓连接处的抗滑面数;

　　μ_0——高强度螺栓连接的钢材表面抗滑移系数;

　　P——高强度螺栓的设计预拉力,见表 8-10;

　　K——安全系数,取 1.7。

表 8-10　高强度螺栓预拉力设计值

螺栓直径	M22	M24	M27	M30
性能等级	10.9S			
预拉力设计值(kN)	200	230	300	370

求出螺栓群中一个螺栓的承载力(N_1)之后,设计和验算时,只要符合下式就能满足连接强度要求:

$$N_1 \leqslant N_v^b \tag{8-10}$$

如同 GB 50017—2017 考虑顺连接方向长度过大需要强度折减一样,TB 10091—2017 规定,在抗滑型高强度螺栓连接接头中,如果顺接头轴力方向的双抗滑面连接的螺栓排数超过 6

排时或单抗滑面连接的螺栓排数超过 4 排时,第一排螺栓的轴向力应按下式检算:

$$0.30 S_L \leqslant nm\mu_0 P \tag{8-11}$$

式中　　S_L——螺栓接头在活载(包括冲击)作用下的轴向力;

　　　　n——第一排螺栓总数。

当不能满足要求时应予以调整或将该排螺栓不计入连接螺栓的有效数量中。

抗滑型高强度螺栓群连接在承受外力作用时,单个螺栓的受力计算,即式(8-10)左边的取值,可参照本书钢结构连接一章进行计算。

三、铆钉连接

一个铆钉的容许承载力按照下式计算:

抗剪容许承载力　　　　　　$$N_v^r = n_v \frac{\pi d_0^2}{4} [\tau] \tag{8-12}$$

承压容许承载力　　　　　　$$N_c^r = d_0 \sum t [\sigma_c] \tag{8-13}$$

式中　　n_v——每个铆钉的剪切面数;

　　　　d_0——钉孔直径;

　　　　$\sum t$——同一方向承压的板件总厚度中的较小者;

　　　　$[\tau]$——铆钉的剪切容许应力值,见表 8-11;

　　　　$[\sigma_c]$——铆钉孔壁承压的容许应力值,见表 8-11。

考虑铆钉不能发生剪坏和孔壁压坏,于是,一个铆钉的抗剪容许承载力为

$$N_{v\,min}^r = \min(N_v^r, N_c^r) \tag{8-14}$$

铆钉群连接承受扭矩等外力作用时,一个铆钉的受力计算,可参照本书钢结构连接一章的普通螺栓连接进行计算。

表 8-11　铆钉及精制螺栓容许应力

类　别	受力种类	容许应力(MPa)
工厂铆钉	剪切	110
	承压	280
工地铆钉	剪切	100
	承压	250
精制螺栓	剪切	90
	承压	220

注:(1)平头铆钉的容许应力减低 20%;

　　(2)铆钉计算直径为铆钉孔的公称直径;

　　(3)粗制螺栓直径至多较栓孔直径小 0.3 mm;

　　(4)本表适用于 BL2(铆螺 2),当采用 BL3(铆螺 3),容许应力可提高 10%。

四、构 造 要 求

1. 焊缝连接

对于主要构件,不得使用间断焊缝、塞焊和槽焊。

对接焊缝应保证焊缝根部完全熔透。在受拉和拉压接头中,应对焊缝表面顺应力方向进行机械加工。

不等厚或不等宽的板件采用对接焊缝时,应有匀顺过渡的坡度,该坡度对于受拉和拉压接头不陡于 1:8,对于受压接头不陡于 1:4,同时还应对焊缝表面顺应力方向进行机械加工。

严禁使用具有上述厚度和宽度两种过渡并存的对接接头。

TB 10091—2017 对角焊缝的最小焊脚尺寸的规定见表 8-12。同时规定,在承受轴向力的连接中,顺受力方向的角焊缝最大计算长度不得大于 $50h_f$,并不宜小于 $15h_f$,且不应大于构件连接范围的长度。不开坡口的角焊缝的最小计算长度,自动焊及半自动焊不宜小于 $15h_f$,手工焊不宜小于 80 mm。

表 8-12　不开坡口的角焊缝最小焊脚尺寸(mm)

两焊接板中之较大厚度	不开坡口的角焊缝最小焊脚尺寸	
	凸形角焊缝	凹形角焊缝
10 及其以下	6	5
12～16	8	6.5
17～25	10	8
26～40	12	10

2. 螺栓连接

连接杆件的栓、钉数目,只有一排高强度螺栓时不少于 2 个,一排铆钉时不少于 3 个;有二排及二排以上时,每排栓钉数均不应少于 2 个。

位于主要角钢杆件上的高强度螺栓(或铆钉)直径,不宜超过角钢肢宽的 1/4。不得已时,肢宽 80 mm 的角钢可用孔径 24 mm 的高强度螺栓(或铆钉),肢宽 100 mm 的角钢可用孔径 26 mm 的高强度螺栓(或铆钉)。

高强度螺栓或铆钉的排列应符合表 8-13 规定的容许距离。

表 8-13　高强度螺栓或铆钉的容许距离

尺寸名称	方　　向		构件应力种类	容许间距	
				最　大	最　小
栓、钉中心间距	沿对角线方向			—	$3.5d$
	靠边的行列		拉力或压力	$7d$ 或 16δ 之较小者	
	中间行列	垂直应力方向		24δ	$3d$
		顺应力方向	拉力	24δ	
			压力	16δ	
至构件边缘距离	裁切或滚压边缘	顺内应力方向或沿对角线方向		8δ 或 120 mm 中之较小者	$1.5d$
	裁切边缘	垂直应力方向	拉力或压力		
	滚压边缘				$1.3d$

注:d 为螺栓或铆钉孔径(mm),δ 为栓(铆)各部分中外侧钢板或型钢厚度(mm)。

第四节 轴心受力构件

一、强度与刚度

TB 10091—2017 规定,轴心受力构件的强度计算采用下式:

$$\frac{N}{A} \leqslant [\sigma] \tag{8-15}$$

式中,N 为检算截面上的计算轴向力;A 为检算截面上的计算面积,对拉杆取净截面积,对压杆取毛截面积。

同 GB 50017 一样,对于轴心受力构件,为满足刚度要求,应使杆件两个主轴的长细比均满足限值要求,即

$$\lambda_x(\lambda_y) \leqslant [\lambda] \tag{8-16}$$

对于整体式截面的构件,其长细比等于计算长度与相应回转半径之比。计算受拉或受压 H 形杆件的长细比时,应考虑腹板的贡献,当受压构件的计算面积中未包括腹板时,可不考虑腹板。

TB 10091—2017 规定的杆件计算长度如表 8-14 所示。杆件的容许最大长细比如表 8-15 所示。

二、实腹式压杆的总体稳定

在 TB 10091—2017 中,由长细比确定稳定系数的 λ-φ 关系曲线只有两条:一条用于焊接 H 形截面杆件绕弱轴的失稳;一条用于焊接 H 形截面绕强轴的失稳、焊接箱形截面杆件的失稳和铆接杆件的失稳。具体数值见表 8-16。

表 8-14 杆件计算长度

杆件			弯曲平面	计算长度
主桁	弦杆		面内及面外	l_0
	端斜杆、端立杆、连续梁中间支点处立柱或斜杆作为桥门架时		面内	$*0.9l_0$
			面外	l_0
	桁架的腹杆	无相交和无交叉	面内	$*0.8l_0$
			面外	l_0
		与杆件相交或相交叉(不包括与拉杆相交叉)	面内	l_1
			面外	l_0
		与拉杆相交叉	面内	l_1
			面外	$0.7l_0$
纵向及横向联结系	无交叉		面内及面外	l_2
	与拉杆相交叉		面内	l_1
			面外	$0.7l_2$
	与杆件相交或相交叉(不包括与拉杆相交叉)		面内	l_1
			面外	l_2

注:1. *:与该腹杆交会的主桁受拉弦杆,其长细比应不大于100,否则其计算长度应另行计算。

2. 当杆件两端均与受压杆件相连接时,其计算长度不小于该杆件两连接栓群中心的距离。

3. l_0 为主桁各杆件的几何长度(即杆端节点中距),如杆件全长被横向结构分割时,则为其较长的一段长度。

4. l_1 为从相交点至杆端节点较长的一段长度。

5. l_2 为纵向(横向)联结系统线与节点板连在主桁杆件的固着线交点的距离。

表 8-15　杆件容许最大长细比

杆件			长细比 λ
主桁杆件	弦杆 受压或受反复应力的杆件		100
	不受活载的腹杆		150
	仅受拉力的腹杆	长度≤16 m	180
		长度>16 m	150
联结系杆件	纵向联结系 支点处横向联结系		单线110 双线130
	制动联结系		130
	中间横向联结系		150

表 8-16　轴心受压杆件轴向容许应力折减系数 φ_1

焊接 H 形杆件(检算翼缘板平面内整体稳定)				焊接 H 形杆件(检算腹板平面内整体稳定)、 焊接箱形及铆钉杆件			
杆件长细 比 λ	φ_1			杆件长细 比 λ	φ_1		
	Q235q	Q345q Q370q	Q420q	Q500q	Q235q	Q345q Q370q	Q420q	Q500q
0～30	0.900	0.900	0.866	0.837	0～30	0.900	0.900	0.885	0.867
40	0.864	0.823	0.777	0.729	40	0.878	0.867	0.831	0.810
50	0.808	0.747	0.694	0.644	50	0.845	0.804	0.754	0.718
60	0.744	0.677	0.616	0.564	60	0.792	0.733	0.665	0.632
70	0.685	0.609	0.541	0.496	70	0.727	0.655	0.582	0.546
80	0.628	0.544	0.471	0.426	80	0.660	0.583	0.504	0.461
90	0.573	0.483	0.405	0.368	90	0.598	0.517	0.434	0.396
100	0.520	0.424	0.349	0.319	100	0.539	0.454	0.371	0.330
110	0.469	0.371	0.302	0.272	110	0.487	0.396	0.319	0.280
120	0.420	0.327	0.258	0.231	120	0.439	0.346	0.275	0.238
130	0.375	0.287	0.225	0.201	130	0.391	0.298	0.235	0.202
140	0.338	0.249	0.194	0.168	140	0.346	0.254	0.200	0.172
150	0.303	0.212	0.164	0.138	150	0.304	0.214	0.166	0.143

轴心压杆总体稳定的验算公式为

$$\frac{N}{A_m} \leqslant \varphi_1 [\sigma] \qquad (8-17)$$

式中，φ_1 为轴心压杆容许应力的折减系数，根据截面类型、钢号、杆件的长细比和弯曲失稳方向查表 8-16 得到。

三、轴心受压实腹式杆件的局部稳定

与 GB 50017 相同,压杆的局部稳定也是通过限制板件的宽厚比来保证的,具体数值见表8-17。

表 8-17 组合压杆板束宽度与厚度最大比例

序号	板件类型		钢材牌号							
			Q235q		Q345q、Q370q		Q420q		Q500q	
			λ	b/δ	λ	b/δ	λ	b/δ	λ	b/δ
1	H形截面中的腹板		<60	34	<50	30	<45	28	<40	26
			≥60	$0.4\lambda+10$	≥50	$0.4\lambda+10$	≥45	$0.4\lambda+10$	≥40	$0.4\lambda+10$
2	箱形截面中无加劲肋的两边支承板		<60	33	<50	30	<45	28	<40	26
			≥60	$0.3\lambda+15$	≥50	$0.3\lambda+15$	≥45	$0.3\lambda+14.5$	≥40	$0.3\lambda+14$
3	H形或T形无加劲的伸出肢	铆接杆	—	≤12	—	≤10	—	—	—	—
		焊接杆	<60	13.5	<50	12	<45	11	<40	10
			≥60	$0.15\lambda+4.5$	≥50	$0.14\lambda+5$	≥45	$0.14\lambda+4.7$	≥40	$0.14\lambda+4.5$
4	铆接杆角钢伸出肢	受轴向力的主要杆件	—	≤12	—	≤12	—	—	—	—
		支撑及次要杆件		≤16		≤16				
5	箱形截面中n等分线附近各设一条加劲肋的两边支承板		<60	$28n$	<50	$24n$	<45	$22n$	<40	$20n$
			≥60	$(0.3\lambda+10)n$	≥50	$(0.3\lambda+9)n$	≥45	$(0.3\lambda+8.5)n$	≥40	$(0.3\lambda+8)n$

注:1. b 和 δ 见图 8-5;

2. 当计算压应力 σ 小于容许应力 $\varphi_1[\sigma]$ 时,表中 b/δ 值除序号 4 外,可按规定放宽。其方法为:根据该杆件计算压应力与基本容许应力之比 φ 按表 8-16 查出相应的 λ 值,再根据此 λ 值按本表算出该杆件容许的 b/δ 值。

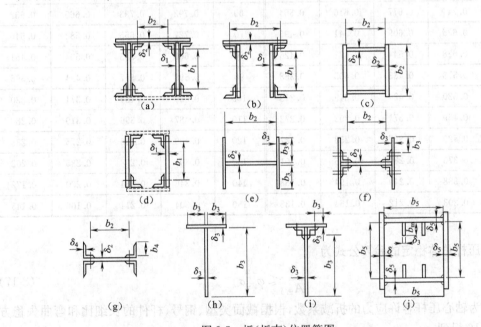

图 8-5 板(板束)位置简图

注:图中 b_1、δ_1、b_2、δ_2、b_3、δ_3、b_4、δ_4、b_5、δ_5 分别表示表 8-17 中序号 1、2、3、4、5 项中的 b 及 δ。

四、格构式轴心受压杆件

铁路钢桥中的格构式压杆基本不用缀条而多用缀板，因为采用缀条时短焊缝太多。以缀板组合的杆件，其分肢长细比，对压杆不得超过 40，其他杆件不得超过 50。分肢计算长度 l_{01} 取值与 GB 50017 相同，用铆钉连接缀板时 l_{01} 为最近铆钉的间距，用焊缝连接缀板时 l_{01} 为相邻缀板的净距。

另外，缀板构造应符合表 8-18 的规定。

表 8-18　缀板构造

名　　称		压杆或压—拉杆		拉　　杆	
		主要的	次要的	主要的	次要的
缀板长度	端部的	1.25 S	0.75 S	S	0.75 S
	中间的	0.75 S		0.75 S	
缀板厚度		$S/45$ 但应≥10 mm	$S/55$ 但应≥8 mm	10 mm	8 mm
缀板一侧铆钉	最小数目	3	3	3	3
	最大距离(mm)	120	120	120	120

注：S 为缀板与杆件分肢连接最近铆钉线或焊缝的距离。

格构式压杆绕虚轴失稳时临界力降低，可用换算长细比的方法来考虑这一情况，其计算公式与 GB 50017 缀板柱相同。

缀板设计时，假定剪力 V 沿杆长不变，剪力计算公式为

$$V = \alpha A_{\mathrm{m}} [\sigma] \frac{\varphi_{\min}}{\varphi} \tag{8-18}$$

式中　α——系数，对 Q235q 钢杆件取 0.015，对 Q345q、Q370q 钢杆件取 0.017，对 Q420q 钢杆件取 0.018，对 Q500q 钢杆件取 0.020；

A_{m}——组合杆件中被接合的分肢总面积；

φ——检算杆件在缀板平面内总体稳定时所用的容许应力折减系数，由换算长细比查表 8-16 取得；

$\varphi_{\min}$——检算杆件总体稳定时，绕实轴及绕虚轴两个方向 φ 的较小者。

第五节　受弯构件

一、受弯构件的强度与刚度

受弯构件的强度验算包括正应力、剪应力、换算应力等，与 GB 50017 中的计算方法略有不同。

（1）正应力验算

在一个主平面内受弯曲时：

$$\sigma_{\max} = \frac{M}{W} \leqslant [\sigma_{\mathrm{w}}] \tag{8-19}$$

式中,W 为检算截面对主轴的计算截面抵抗矩,检算受拉翼缘时为净截面抵抗矩,检算受压翼缘时为毛截面抵抗矩。

(2)剪应力验算

采用材料力学公式:

$$\tau_{\max} = \frac{VS}{I_m \delta} \leqslant C_\tau [\tau] \tag{8-20}$$

式中　V——检算截面上的计算剪力;

　　　S——中性轴以上毛截面对中性轴的面积矩;

　　　δ——腹板厚度;

　　　I_m——毛截面惯性矩;

　　　C_τ——因剪应力不均匀的容许应力增大系数,当 $\dfrac{\tau_{\max}}{\tau_0} \leqslant 1.25$ 时,$C_\tau = 1.0$;当 $\dfrac{\tau_{\max}}{\tau_0} \geqslant 1.5$

　　　　　　时,$C_\tau = 1.25$;当为中间值时,按线性内插。这里 $\tau_0 = V/(h\delta)$,h 为腹板全高。

(3)换算应力验算

$$\sqrt{\sigma^2 + 3\tau^2} \leqslant 1.1[\sigma] \tag{8-21}$$

(4)刚度验算

TB 10002—2017 第 5.2.2 条规定,对不同线路类型,列车静活载作用下梁体的竖向挠度应满足该规范的相应要求。同时,拱桥、刚架及连续梁桥等超静定结构的竖向挠度应考虑温度的影响。竖向挠度按下列最不利情况取值:

①列车竖向静活载作用下产生的挠度值与 0.5 倍温度引起的挠度值之和;

②0.63 倍列车竖向静活载作用下产生的挠度值与全部温度引起的挠度值之和。

二、受弯构件的总体稳定

设计钢梁时通常利用侧向支撑使钢梁受压翼缘的自由长度小于翼缘宽度的 10 倍,这时总体稳定不成问题。TB 10091—2017 中验算钢梁总体稳定的公式为

$$\frac{M}{W_m} \leqslant \varphi_2 [\sigma] \tag{8-22}$$

式中　M——钢梁跨中 1/3 长度范围内的计算弯矩最大值;

　　　φ_2——构件只在一个主平面内受弯时的容许应力折减系数。

TB 10091—2017 中 φ_2 并没有给出单独的表格,而是按换算长细比 λ_e 查轴心受压构件容许应力折减系数表 8-16。得到 φ_1,将它用作 φ_2。换算长细比 λ_e 按下式计算:

$$\lambda_e = \alpha \frac{l_0}{h} \frac{r_x}{r_y} \tag{8-23}$$

式中　α——系数,对焊接杆件取 1.8,铆接杆件取 2.0;

　　　l_0——构件受压翼缘(指因弯矩而受压)的侧向自由长度;

　　　h——梁高,如图 8-6;

　r_x,r_y——构件截面对 x 轴(强轴)和 y 轴(弱轴)的回转半径,如图 8-6 所示。

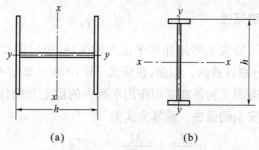

图 8-6　H 形杆件及 I 形梁简图

下列情况取 $\varphi_2 = 0$：(1)箱形截面杆件；(2)任何截面杆件，当所验算的失稳平面和弯矩作用平面一致时。

三、受弯构件的局部稳定

TB 10091—2017 规定，翼缘板的伸出长度（由腹板中线算起）不超过其厚度的 10 倍。对简支板梁腹板中间竖向加劲肋和水平加劲肋的布置规定如下：

(1)腹板的高厚比 $h/\delta \leqslant 50$ 时，可不设置中间竖向加劲肋。

(2)$50 < h/\delta \leqslant 140$ 时，应设置竖向加劲肋，其间距 $a \leqslant 950\delta/\sqrt{\tau}$，且不大于 2 m。

(3)$140 < h/\delta \leqslant 250$ 时，除按上述规定设置竖向加劲肋外，还应在距受压翼缘$(0.2 \sim 0.25)h$ 处设置水平加劲肋。

(4)当仅用竖向加劲肋加强腹板时，成对设置的中间竖向加劲肋每侧宽度不得小于 $h/30 + 0.04$（以 m 计）。

(5)当用竖向加劲肋和水平加劲肋加强腹板时，加劲肋的截面惯性矩不得小于：竖向加劲肋 $3h\delta^3$；水平加劲肋 $h\delta^3 \left[2.4\left(\dfrac{a}{h}\right)^2 - 0.13 \right]$，但不得小于 $1.5\,h\delta^3$。

(6)加劲肋伸出肢的宽厚比不得大于 15。

(7)当采用单侧加劲肋时，其截面对于按腹板边线为轴线的惯性矩不得小于成对加劲肋对腹板中线的截面惯性矩。

以上式中，τ 为检算板段处腹板平均剪应力，$\tau = V/(h\delta)$，V 为板段中间截面处的剪力。

第六节　拉弯构件和压弯构件

拉弯构件主要检算强度和刚度，压弯构件则需要检算强度、刚度、总体稳定性和局部稳定性。

一、拉弯、压弯构件的强度和刚度

钢桥结构设计中一般不允许考虑材料的塑性，故强度计算实质上是使边缘纤维最大应力不超过钢材的屈服强度，考虑安全系数后，写成容许应力的形式为

$$\frac{N}{A} \pm \frac{M}{W} \leqslant [\sigma] \tag{8-24}$$

式中，A、W 在检算受拉部位时用截面的净特性，检算受压部位时用截面的毛特性。

桥规中压弯构件的刚度要求一般与轴心压杆相同，形式上是限制构件的长细比，实质上是防止某些变形过大。

二、压弯构件的总体稳定性

对于压弯构件而言,可能发生弯矩作用平面内的失稳,也可能发生弯矩作用平面外的失稳,这在 GB 50017 中是分别计算的。但是,在桥规 TB 10091—2017 中,对压弯构件稳定性只有一个检算公式,此公式兼顾了构件在弯矩作用平面内的稳定和构件在弯矩作用平面外的稳定,是一种简便而又偏于安全的做法。检算公式为

$$\frac{N}{\varphi_1 A_m} + \frac{M}{\varphi_2 W_m}\frac{1}{\mu} \leqslant [\sigma] \tag{8-25}$$

式中　N——计算轴向压力;

　　　M——计算弯矩,可取杆件中部 1/3 长度范围内的最大弯矩作为计算弯矩;

　　　μ——考虑弯矩因构件受压而增大所引入的值:

　　　　　当 $N/A_m \leqslant 0.15\,\varphi_1\,[\sigma]$ 时,取 $\mu=1.0$,

　　　　　当 $N/A_m > 0.15\,\varphi_1\,[\sigma]$ 时,取 $\mu = 1 - \dfrac{n_1 N \lambda^2}{\pi^2 E A_m}$;

　　　λ——构件在弯矩作用平面内的长细比;

　　　n_1——压杆容许应力安全系数,主力组合时取 1.7,$[\sigma]$ 应按主力组合采用;主力加附加力组合时取 1.4,$[\sigma]$ 应按主力加附加力组合采用;

　　　φ_1——按轴心受压构件得到的容许应力折减系数,可由表 8-16 得到;

　　　φ_2——压弯构件在弯矩单独作用时的容许应力折减系数。可视 $N=0$,按照受弯构件的方法确定(见前一节)。但对于下列情况取 $\varphi_2=1.0$:(1)箱形截面;(2)任何杆件截面,当所验算的失稳平面和弯矩作用平面一致时。

桁架桥中通常只有端斜杆必须按压弯构件计算,设计时按主力作用先算出所需截面,然后用主力+附加力检算截面(此时容许应力提高 20%),详见例题 8-2。

【例题 8-2】一桁架桥的端斜杆采用 H 形截面,主力作用下轴向压力 $N=2\,760$ kN,按此力作为轴心受压构件进行截面选择,初步确定截面尺寸如图 8-7 所示。此杆几何长度为 13.6 m,要求按主力+附加力引起的轴向压力和弯矩,对此压弯杆件进行检算。

已知:风力引起的轴向压力 $N=\pm102$ kN,风力在端斜杆 A 点引起附加弯矩 $M_A=108$ kN·m,在下端与下弦端节点板连接处弯矩 $M_B=136$ kN·m。端斜杆的计算弯矩分布情况如图 8-8 所示。钢材为 Q345qE。

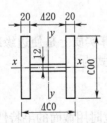

图 8-7　例题 8-2 的截面图(单位:mm)

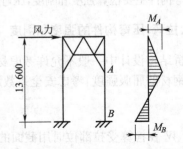

图 8-8　例题 8-2 的弯矩图(单位:mm)

【解】1. 杆件的截面几何特性

$$A_m = 290.4 \text{ cm}^2$$

$$I_x = 72\,000 \text{ cm}^4, \quad r_x = \sqrt{I_x/A_m} = 15.8 \text{ cm}$$

$$I_y = 123\,400 \text{ cm}^4, \quad r_y = \sqrt{I_y/A_m} = 20.6 \text{ cm}$$

端斜杆的自由长度(计算长度):

$$l_{0x} = 0.9l = 1\,224 \text{ cm}(主桁平面内失稳), \quad l_{0y} = l = 1\,360 \text{ cm}(主桁平面外失稳)$$

从而

$$\lambda_x = l_{0x}/r_x = 77.5, \quad \lambda_y = l_{0y}/r_y = 66.0$$

2. 杆件总体稳定验算

φ_1 为杆件轴心受压时的容许应力折减系数,应分别按 λ_x、λ_y 查表 8-16 得 φ_{1x} 和 φ_{1y},然后取较小者计算,今由 $\lambda_x = 77.5$ 查表(按检算翼缘板平面内总稳定性)得 $\varphi_{1x} = 0.560$;由 $\lambda_y = 66.0$ 查表(按检算腹板平面内总稳定性)得 $\varphi_{1y} = 0.686$。于是计算时取 $\varphi_1 = 0.560$。

φ_2 为杆件受弯时的容许应力折减系数,可按换算长细比 $\lambda_e \left(\lambda_e = \alpha \dfrac{l_0}{h} \dfrac{r_y}{r_x} \right)$ 由表 8-16 得到。本例

$$\lambda_e = 1.8 \times \frac{1\,224}{46} \times \frac{20.6}{15.8} = 62.4$$

上式中的系数 1.8 是由于杆件为焊接杆件,1 224 cm 则是构件受压翼缘的自由长度。由 $\lambda_e = 62.4$ 查表8-16 得 $\varphi_2 = 0.661$(按检算翼板平面内稳定查得)。

在主力和风力共同作用下 $N = 2\,760 + 102 = 2\,862$(kN),此时

$$N/A_m = 98.6 \text{ MPa} > 0.15\,\varphi_1 \,[\sigma] = 0.15 \times 0.560 \times 200 = 16.8 \text{(MPa)}$$

于是

$$\mu = 1 - \frac{n_1 N \lambda^2}{\pi^2 E A_m} = 1 - \frac{1.4 \times 2\,862 \times 10^3 \times 66^2}{3.14^2 \times 2.1 \times 10^5 \times 290.4 \times 10} = 0.71$$

因为弯矩是绕 y 轴的,这里的 λ 应该是 $\lambda_y = 66.0$。

考虑跨中 1/3 区段的弯矩最大值,$M = M_A = 108$ kN·m,与此相应的 $W_m = 123\,400/23 = 5\,365$(cm³),故

$$\frac{N}{\varphi_1 A_m} + \frac{M}{\varphi_2 W_m} \frac{1}{\mu} = \frac{2\,862 \times 10^3}{0.560 \times 29\,040} + \frac{108 \times 10^6}{0.661 \times 5\,365 \times 10^3}$$

$$= 175.99 + 30.45 = 206.4 \text{(MPa)}$$

主力+风力组合时,由表 8-4 得容许应力提高系数为 1.3,则 $[\sigma] = 1.3 \times 200 = 260$(MPa),本例 $\dfrac{N}{\varphi_1 A_m} + \dfrac{M}{\varphi_2 W_m} \dfrac{1}{\mu} = 206.4$ MPa $< [\sigma]$,满足要求。

3. 强度验算

通常验算端斜杆下端 B 点在主力和风力作用下的强度。

$$M_B = 136 \text{ kN·m}, \quad N = 2\,760 + 102 = 2\,862 \text{(kN)}$$

$$\frac{N}{A_m} + \frac{M_B}{W} = \frac{2\,862 \times 10^3}{29\,040} + \frac{136 \times 10^6}{5\,365 \times 10^3}$$

$$= 123.9 \text{(MPa)} < [\sigma] = 1.3 \times 200 = 260 \text{(MPa)}(满足要求)$$

4. 刚度验算

$$\lambda_x = 77.5 < [\lambda] = 100 \quad (满足要求)$$

5. 板件宽厚比验算

根据 TB 10091—2017 规定,对钢材为 Q345qE 的 H 形杆件(焊接杆)的翼缘板,当 $\lambda \geqslant 50$ 时,

要求 $b'/t \leqslant 0.14\lambda+5$，今 $b'/t=(600-12)/2/20=14.7<0.14\times77.5+5=15.85$，满足要求。

对于腹板，此时要求 $h_w/t_w \leqslant 0.4\lambda+10$，今 $h_w/t_w=420/12=35$，而 $0.4\lambda+10=0.4\times77.5+10=41$，满足要求。

思 考 题

1. 试述 TB 10091—2017 中疲劳计算的思路。

2. 比较说明 TB 10091—2017 与 GB 50017—2017 中螺栓连接的异同。

3. 实腹式轴心压杆如何验算总体稳定？

4. 在 TB 10091—2017 中如何验算实腹式轴心压杆的局部稳定？与 GB 50017—2017 的规定有何异同？

5. 格构式轴心压杆是如何考虑剪力的？

6. 受弯构件的强度计算包括哪些内容，如何计算？

7. 受弯构件的刚度如何验算？所采用的内力如何取值？

8. 试述受弯构件与轴心压杆在总体稳定验算上的联系。

9. 压弯构件如何验算强度和刚度？

10. 为什么说压弯构件的总体稳定验算公式"兼顾了平面内稳定和平面外稳定"？

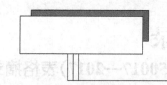

综合训练题

Z-1. 梁的拼接设计

现需要跨度 12 m 的简支钢梁一根,截面采用 HN500×200×10×16,钢材为 Q235B。因实际梁长不够,需要拼接一次。梁上承受永久荷载标准值 4 kN/m,可变荷载标准值 6 kN/m,无动力荷载。试选择梁的拼接位置并进行拼接节点设计(注:拼接方式分别选为焊接拼接、普通螺栓拼接和摩擦型高强度螺栓拼接)。

Z-2. 吊车梁设计

有一跨度为 12 m 简支吊车梁,钢材为 Q355C,采用焊接工字形截面,焊缝质量不低于二级焊缝标准,吊车梁资料见表 Z-1,试设计此吊车梁。

表 Z-1 吊车梁设计资料

台数	起重量(t)	工作制钩别	小车重 g(t)	最大轮压 P_k(t)	轨道型号	轮距简图
2	50/10	重级软钩	15.41	38.5	QU120(轨高 170 mm)	650 / 5 250 / 650
	100/30		78.1	52.5		1 925 / 950 / 6 550 / 950 / 1 925

Z-3. 作业平台设计

有一施工操作平台(布置参考图 z-1),平面尺寸为 12 m×9 m,采用钢铺面板,平台楼面距离地面 10 m,钢材为 Q235B,主、次梁采用 H 型钢或普通工字型钢截面,楼面活荷载标准值为 4 kN/m²,试设计该作业平台。

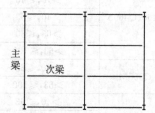

图 z-1　操作平台结构布置

Z-4. 钢屋架设计

某单层单跨工业厂房,单榀跨度 24 m,屋架间距 6 m,屋面坡度 1/2.5,柱顶标高 10 m,其结构布置形式可参考图 z-2 选择,杆件截面采用角钢,钢材为 Q235B。屋架承受的荷载标准值有:屋面均布活荷载 0.5 kN/m²,雪荷载 0.3 kN/m²,风荷载 0.35 kN/m²,屋面均布恒载 0.5 kN/m²。试设计该屋架,并绘制施工图。

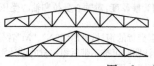
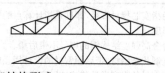

图 z-2　常用屋架结构形式

附 录

附录1 《钢结构设计标准》(GB 50017—2017)表格摘录

附表 1-1 钢材的强度指标(N/mm²)

钢材牌号		钢材厚度或直径(mm)	强度设计值			屈服强度 f_y	抗拉强度 f_u
			抗拉、抗压、抗弯 f	抗剪 f_v	端面承压(刨平顶紧)f_{ce}		
碳素结构钢	Q235	≤16	215	125	320	235	370
		>16,≤40	205	120		225	
		>40,≤100	200	115		215	
低合金高强度结构钢	Q355、Q355N	≤16	305	175	400	355	470
		>16,≤40	295	170		345	
		>40,≤63	290	165		335	
		>63,≤80	280	160		325	
		>80,≤100	270	155		315	
	Q390、Q390N	≤16	345	200	415	390	490
		>16,≤40	330	190		380	
		>40,≤63	310	180		360	
		>63,≤100	295	170		340	
	Q420、Q420N	≤16	375	215	440	420	520
		>16,≤40	355	205		410	
		>40,≤63	320	185		390	
		>63,≤80	305	175		370	
		>80,≤100	300	175		360	
	Q460、Q460N	≤16	410	235	460	460	540
		>16,≤40	390	225		450	
		>40,≤63	355	205		430	
		>63,≤80	340	195		410	
		>63,≤100	340	195		400	
	Q355M	>40,≤63	290	165	380	335	450
		>63,≤100	280	160	375	325	440
	Q390M	>40,≤63	310	180	410	360	480
		>63,≤80	295	170	400	340	470
		>80,≤100	295	170	390	340	460
	Q420M	>40,≤63	320	185	425	390	500
		>63,≤80	310	180	410	380	480
		>80,≤100	305	175	400	370	470
	Q460M	>40,≤63	355	205	450	430	530
		>63,≤80	340	195	435	410	510
		>80,≤100	340	195	425	400	500

注:(1)表中直径指实芯棒材直径,厚度系指计算点的钢材或钢管壁厚度,对轴心受拉和轴心受压构件系指截面中较厚板件的厚度;

(2)表中低合金高强度结构钢的牌号不带后缀者为热轧状态交货的钢材,带后缀"N"、"M"者分别为正火状态钢材和热机械轧制状态钢材,带后缀钢材的设计用强度指标未注明时可按不带后缀钢材的设计用强度指标采用;

(3)冷弯成型钢材的强度设计值应按国家现行有关标准的规定采用。

附表 1-2　焊缝的强度指标（N/mm²）

焊接方法和焊条型号	构件钢材		对接焊缝强度设计值				角焊缝强度设计值	对接焊缝抗拉强度 f_u^w	角焊缝抗拉、抗压和抗剪强度 f_u^t
	牌号	厚度或直径(mm)	抗压 f_c^w	焊缝质量为下列等级时,抗拉 f_t^w		抗剪 f_v^w	抗拉、抗压和抗剪 f_f^w		
				一级、二级	三级				
自动焊、半自动焊和 E43 型焊条手工焊	Q235	≤16	215	215	185	125	160	415	240
		>16,≤40	205	205	175	120			
		>40,≤100	200	200	170	115			
自动焊、半自动焊和 E50、E55 型焊条手工焊	Q355、Q355N	≤16	305	305	260	175	200	480 (E50) 540 (E55)	280 (E50) 315 (E55)
		>16,≤40	295	295	250	170			
		>40,≤63	290	290	245	165			
		>63,≤80	280	280	240	160			
		>80,≤100	270	270	230	155			
	Q390、Q390N、Q390M	≤16	345	345	295	200	200 (E50) 220 (E55)		
		>16,≤40	330	330	280	190			
		>40,≤63	310	310	265	180			
		>63,≤100	295	295	250	170			
自动焊、半自动焊和 E55、E60 型焊条手工焊	Q420、Q420N	≤16	375	375	320	215	220 (E55) 240 (E60)	540 (E55) 590 (E60)	315 (E55) 340 (E60)
		>16,≤40	355	355	300	205			
		>40,≤63	320	320	270	185			
		>63,≤100	305	305	260	175			
自动焊、半自动焊和 E55、E60 型焊条手工焊	Q460、Q460N、Q460M	≤16	410	410	350	235	220 (E55) 240 (E60)	540 (E55) 590 (E60)	315 (E55) 340 (E60)
		>16,≤40	390	390	330	225			
		>40,≤63	355	355	300	205			
		>63,≤100	340	340	290	195			

注:(1)表中厚度系指计算点的钢材厚度,对轴心受拉和轴心受压构件系指截面中较厚板件的厚度。

　　(2)表中低合金高强度结构钢的牌号不带后缀者为热轧状态交货的钢材,带后缀"N"、"M"者分别为正火状态钢材和热机械轧制状态钢材,带后缀钢材的焊缝强度指标未注明时可按不带后缀钢材的焊缝强度指标采用。

附表 1-3-1　螺栓连接的强度设计值——抗拉强度、抗剪强度(N/mm²)

螺栓的性能等级、锚栓和构件钢材的牌号		强度设计值							高强度螺栓的抗拉强度 f_t^b
		普通螺栓				锚栓	承压型连接或网架用高强度螺栓		
		C级螺栓		A级、B级螺栓					
		抗拉 f_t^b	抗剪 f_v^b	抗拉 f_t^b	抗剪 f_v^b	抗拉 f_t^a	抗拉 f_t^b	抗剪 f_v^b	
普通螺栓	4.6级、4.8级	170	140	—	—	—	—	—	—
	5.6级	—	—	210	190	—	—	—	—
	8.8级	—	—	400	320	—	—	—	—
锚栓	Q235	—	—	—	—	140	—	—	—
	Q345	—	—	—	—	180	—	—	—
	Q390	—	—	—	—	185	—	—	—
承压型连接高强度螺栓	8.8级	—	—	—	—	—	400	250	830
	10.9级	—	—	—	—	—	500	310	1 040
螺栓球节点用高强度螺栓	9.8级	—	—	—	—	—	385	—	—
	10.9级	—	—	—	—	—	430	—	—
构件钢材牌号	Q235	—	—	—	—	—	—	—	—
	Q345	—	—	—	—	—	—	—	—
	Q390	—	—	—	—	—	—	—	—
	Q420	—	—	—	—	—	—	—	—
	Q460	—	—	—	—	—	—	—	—
	Q345GJ	—	—	—	—	—	—	—	—

注:(1)A级螺栓用于 $d \leqslant 24$ mm 和 $L \leqslant 10d$ 或 $L \leqslant 150$ mm(按较小值)的螺栓;B级螺栓用于 $d > 24$ mm 和 $L > 10d$ 或 $L > 150$ mm(按较小值)的螺栓;d 为公称直径,L 为螺栓公称长度;

(2)A级、B级螺栓孔的精度和孔壁表面粗糙度,C级螺栓孔的允许偏差和孔壁表面粗糙度,均应符合现行国家标准《钢结构工程施工质量验收规范》GB 50205 的要求;

(3)用于螺栓球节点网架的高强度螺栓,M12~M36 为 10.9 级,M39~M85 为 9.8 级。

附表 1-3-2　螺栓连接的强度设计值——承压强度(N/mm²)

构件钢材		普通螺栓		承压型高强度螺栓 f_c^b
牌号	厚度(mm)	C级螺栓 f_c^b	A级、B级螺栓 f_c^b	
Q235	$\geqslant 6, \leqslant 100$	305	405	470
Q355、Q355N	$\geqslant 6, \leqslant 100$	385	510	590
Q390、Q390N	$\geqslant 6, \leqslant 100$	400	530	615
Q420、Q420N	$\geqslant 6, \leqslant 100$	425	560	655
Q460、Q460N	$\geqslant 6, \leqslant 100$	445	585	680
Q355M	$> 40, \leqslant 63$	370	485	565
	$> 63, \leqslant 100$	360	475	555
Q390M	$> 40, \leqslant 63$	395	520	605
	$> 63, \leqslant 80$	385	510	590
	$> 80, \leqslant 100$	375	495	580
Q420M	$> 40, \leqslant 63$	410	540	630
	$> 63, \leqslant 80$	395	520	605
	$> 80, \leqslant 100$	385	510	590

续上表

| 构件钢材 | | 普通螺栓 | | 承压型 |
牌号	厚度(mm)	C级螺栓 f_t^b	A级、B级螺栓 f_c^b	高强度螺栓 f_c^b
Q460M	>40,≤63	435	570	670
	>63,≤80	420	550	645
	>80,≤100	410	540	630

注:(1)A级螺栓用于 d≤24 mm 和 L≤10d 或 l≤150 mm(按较小值)的螺栓;B螺栓用于 d>24 mm 和 L>10d 或 L>150 mm(按较小值)的辊栓;d 为公称直径,L 为螺栓公称长度。

(2)A、B级螺栓孔的精度和孔壁表面粗糙度,C级螺栓孔的允许偏差和孔壁面粗糙度,均应符合现行国家标准《钢结构工程施工质量验收规范》GB 50205 的要求。

(3)用于螺栓球节点网架的高强度螺栓,M12~M36 为 10.9 级,M39~M85 为 9.8 级。

附表 1-4　连接强度设计值的折减系数

项次	情　　况	折减系数	备注
1	施工条件较差的高空安装焊缝	0.9	
2	无垫板的单面施焊对接焊缝	0.85	
3	单边连接的单角钢连接	0.85	目前暂无明确规定

附表 1-5　钢材和铸钢件的物理性能指标

弹性模量 E (N/mm^2)	剪变模量 G (N/mm^2)	线膨胀系数 α (以每℃计)	质量密度 ρ (kg/m^3)
206×10^3	79×10^3	12×10^{-6}	7 850

附表 1-6　疲劳计算时构件和连接分类

项次	构造细节	说　　明	类别
1		• 无连接处的母材 轧制型钢	Z1
2		• 无连接处的母材 钢板 (1)两边为轧制边或刨边 (2)两侧为自动、半自动切割边(切割质量标准应符合现行国家标准《钢结构工程施工质量验收规范》GB 50205)	Z1 Z2
3		• 连系螺栓和虚孔处的母材 应力以净截面面积计算	Z4
4		• 螺栓连接处的母材 高强度螺栓摩擦型连接应力以毛截面面积计算;其他螺栓连接应力以净截面面积计算 • 铆钉连接处的母材 连接应力以净截面面积计算	Z2 Z4

续上表

项次	简　图	说　　明	类别
5		• 受拉螺栓的螺纹处母材 连接板件应有足够的刚度,保证不产生撬力。否则受拉正应力应考虑撬力及其他因素产生的全部附加应力 对于直径大于 30 mm 螺栓,需要考虑尺寸效应对容许应力幅进行修正,修正系数 γ_t: $$\gamma_t = \left(\frac{25}{d}\right)^{0.25}$$ d—螺栓直径,单位为 mm	Z11
6		• 无垫板的纵向对接焊缝附近的母材 焊缝符合二级焊缝标准	Z2
7		• 有连续垫板的纵向自动对接焊缝附近的母材 (1)无起弧、灭弧 (2)有起弧、灭弧	Z4 Z5
8		• 翼缘连接焊缝附近的母材 翼缘板与腹板的连接焊缝 自动焊,二级 T 形对接与角组合焊缝 自动焊,角焊缝,外观质量标准符合二级 手工焊,角焊缝,外观质量标准符合二级 双层翼缘板之间的连接焊缝 自动焊,角焊缝,外观质量标准符合二级 手工焊,角焊缝,外观质量标准符合二级	Z2 Z4 Z5 Z4 Z5
9		• 仅单侧施焊的手工或自动对接焊缝附近的母材,焊缝符合二级焊缝标准,翼缘与腹板很好贴合	Z5
10		• 开工艺孔处焊缝符合二级焊缝标准的对接焊缝、焊缝外观质量符合二级焊缝标准的角焊缝等附近的母材	Z8
11		• 节点板搭接的两侧面角焊缝端部的母材 • 节点板搭接的三面围焊时两侧角焊缝端部的母材 • 三面围焊或两侧面角焊缝的节点板母材 (节点板计算宽度按应力扩散角 θ 等于 $30°$ 考虑)	Z10 Z8 Z8

续上表

项次	简　图	说　明	类别
12		• 横向对接焊缝附近的母材,轧制梁对接焊缝附近的母材 符合现行国家标准《钢结构工程施工质量验收规范》GB 50205 的一级焊缝,且经加工、磨平	Z2
		符合现行国家标准《钢结构工程施工质量验收规范》GB 50205 的一级焊缝	Z4
13	坡度≤1/4	• 不同厚度(或宽度)横向对接焊缝附近的母材 符合现行国家标准《钢结构工程施工质量验收规范》GB 50205 的一级焊缝,且经加工、磨平	Z2
		符合现行国家标准《钢结构工程施工质量验收规范》GB 50205 的一级焊缝	Z4
14		• 有工艺孔的轧制梁对接焊缝附近的母材,焊缝加工成平滑过渡并符合一级焊缝标准	Z6
15	d d	• 带垫板的横向对接焊缝附近的母材 垫板端部超出母板距离 d $d \geqslant 10$ mm $d < 10$ mm	Z8 Z11
16		• 节点板搭接的端面角焊缝的母材	Z7
17	$t_1 \leqslant t_2$　坡度≤1/2　t_2 t_1	• 不同厚度直接横向对接焊缝附近的母材,焊缝等级为一级,无偏心	Z8
18		• 翼缘盖板中断处的母材(板端有横向端焊缝)	Z8

项次	简 图	说 明	类别
19		• 十字型连接、T形连接 (1) K形坡口、T形对接与角接组合焊缝处的母材,十字形连接两侧轴线偏离距离小于 $0.15t$,焊缝为二级,焊趾角 $\alpha \leqslant 45°$ (2)角焊缝处的母材,十字形连接两侧轴线偏离距离小于 $0.15t$	Z6 Z8
20		• 法兰焊缝连接附近的母材 (1)采用对接焊缝,焊缝为一级 (2)采用角焊缝	Z8 Z13
21		• 横向加劲肋端部附近的母材 肋端焊缝不断弧(采用回焊) 肋端焊缝断弧	Z5 Z6
22		• 横向焊接附件的母材 (1) $t \leqslant 50$ mm (2) 50 mm $< t \leqslant 80$ mm t 为焊接附件的板厚	Z7 Z8
23		• 矩形节点板焊接于构件翼缘或腹板处的母材(节点板焊缝方向的长度 $L > 150$ mm)	Z8
24		• 带圆弧的梯形节点板用对接焊缝焊于梁翼缘、腹板以及桁架构件处的母材,圆弧过渡处在焊后铲平、磨光、圆滑过渡,不得有焊接起弧、灭弧缺陷	Z6
25		• 焊接剪力栓钉附近的钢板母材	Z7

续上表

项次	简　图	说　明	类别
26		• 钢管纵向自动焊缝的母材 (1)无焊接起弧、灭弧点 (2)有焊接起弧、灭弧点	Z3 Z6
27		• 圆管端部对接焊缝附近的母材,焊缝平滑过渡并符合现行国家标准《钢结构工程施工质量验收规范》GB 50205 的一级焊缝标准,余高不大于焊缝宽度的10% (1)圆管壁厚 8 mm $<$ t $\leqslant$ 12.5 mm (2)圆管壁厚 t $\leqslant$ 8 mm	Z6 Z8
28		• 矩形管端部对接焊缝附近的母材,焊缝平滑过渡并符合一级焊缝标准,余高不大于焊缝宽度的10% (1)方管壁厚 8 mm $<$ t $\leqslant$ 12.5 mm (2)方管壁厚 t $\leqslant$ 8 mm	Z8 Z10
29	矩形或圆管　$\leqslant$100 mm 矩形或圆管　$\leqslant$100 mm	• 焊有矩形管或圆管的构件,连接角焊缝附近的母材,角焊缝为非承载焊缝,其外观质量标准符合二级,矩形管宽度或圆管直径不大于 100 mm	Z8
30		• 通过端板采用对接焊缝拼接的圆管母材,焊缝符合一级质量标准 (1)圆管壁厚 8 mm $<$ t $\leqslant$ 12.5 mm (2)圆管壁厚 t $\leqslant$ 8 mm	Z10 Z11
31		• 通过端板采用对接焊缝拼接的矩形管母材,焊缝符合一级质量标准 (1)方管壁厚 8 mm $<$ t $\leqslant$ 12.5 mm (2)方管壁厚 t $\leqslant$ 8 mm	Z11 Z12
32		• 通过端板采用角焊缝拼接的圆管母材,焊缝外观质量标准符合二级,管壁厚度 t $\leqslant$ 8 mm	Z13

项次	简　　图	说　　明	类别
33		• 通过端板采用角焊缝拼接的矩形管母材，焊缝外观质量标准符合二级，管壁厚度 $t \leqslant 8$ mm	Z14
34		• 钢管端部压偏与钢板对接焊缝连接（仅适用于直径小于 200 mm 的钢管），计算时采用钢管的应力幅	Z8
35		• 钢管端部开设槽口与钢板角焊缝连接，槽口端部为圆弧，计算时采用钢管的应力幅 (1)倾斜角 $\alpha \leqslant 45°$ (2)倾斜角 $\alpha > 45°$	Z8 Z9
36		• 各类受剪角焊缝 剪应力按有效截面计算	J1
37		• 受剪力的普通螺栓 采用螺杆截面的剪应力	J2
38		• 焊接剪力栓钉 采用栓钉名义截面的剪应力	J3

注：箭头表示计算应力幅的位置和方向。

附表 1-7　轴心受压构件的截面分类($t<40$ mm)

截 面 形 式		对 x 轴	对 y 轴
轧制		a 类	a 类
轧制	$b/h\leqslant0.8$	a 类	b 类
	$b/h>0.8$	a* 类	b* 类
轧制等边角钢		a* 类	a* 类
焊接,翼缘为焰切边	焊接		
轧制			
轧制、焊接(板件宽厚比>20)	轧制或焊接	b 类	b 类
焊接	轧制截面和翼缘为焰切边的焊接截面		
格构式	焊接,板件边缘焰切		
焊接,翼缘为轧制或剪切边		b 类	c 类

续上表

截　面　形　式		对 x 轴	对 y 轴
 焊接，板件边缘轧制或剪切	 轧制、焊接(板件宽厚比≤20)	c类	c类

注：1　a*类含义为 Q235 钢取 b 类，Q355、Q390、Q420 和 Q460 钢取 a 类；b*类含义为 Q235 钢取 c 类，Q355、Q390、Q420 和 Q460 钢取 b 类。

　　　2　无对称轴且剪心和形心不重合的截面，其截面分类可按有对称轴的类似截面确定，如不等边角钢采用等边角钢的类别；当无类似截面时，可取 c 类。

附表 1-8　轴心受压构件的截面分类（板厚 $t \geqslant 40$ mm）

截　面　形　式		对 x 轴	对 y 轴
轧制工字形或 H 形截面	$t < 80$ mm	b类	c类
	$t \geqslant 80$ mm	c类	d类
焊接工字形截面	翼缘为焰切边	b类	b类
	翼缘为轧制或剪切边	c类	d类
焊接箱形截面	板件宽厚比>20	b类	b类
	板件宽厚比≤20	c类	c类

附表 1-9　a 类截面轴心受压构件的稳定系数 φ

λ/ε_k	0	1	2	3	4	5	6	7	8	9
0	1.000	1.000	1.000	1.000	0.999	0.999	0.998	0.998	0.997	0.996
10	0.995	0.994	0.993	0.992	0.991	0.989	0.988	0.986	0.985	0.983
20	0.981	0.979	0.977	0.976	0.974	0.972	0.970	0.968	0.966	0.964
30	0.963	0.961	0.959	0.957	0.954	0.952	0.950	0.948	0.946	0.944
40	0.941	0.939	0.937	0.934	0.932	0.929	0.927	0.924	0.921	0.918
50	0.916	0.913	0.910	0.907	0.903	0.900	0.897	0.893	0.890	0.886
60	0.883	0.879	0.875	0.871	0.867	0.862	0.858	0.854	0.849	0.844
70	0.839	0.834	0.829	0.824	0.818	0.813	0.807	0.801	0.795	0.789
80	0.783	0.776	0.770	0.763	0.756	0.749	0.742	0.735	0.728	0.721
90	0.713	0.706	0.698	0.691	0.683	0.676	0.668	0.660	0.653	0.645
100	0.637	0.630	0.622	0.614	0.607	0.599	0.592	0.584	0.577	0.569
110	0.562	0.555	0.548	0.541	0.534	0.527	0.520	0.513	0.507	0.500
120	0.494	0.487	0.481	0.475	0.469	0.463	0.457	0.451	0.445	0.439
130	0.434	0.428	0.423	0.417	0.412	0.407	0.402	0.397	0.392	0.387
140	0.382	0.378	0.373	0.368	0.364	0.360	0.355	0.351	0.347	0.343
150	0.339	0.335	0.331	0.327	0.323	0.319	0.316	0.312	0.308	0.305
160	0.302	0.298	0.295	0.292	0.288	0.285	0.282	0.279	0.276	0.273
170	0.270	0.267	0.264	0.261	0.259	0.256	0.253	0.250	0.248	0.245
180	0.243	0.240	0.238	0.235	0.233	0.231	0.228	0.226	0.224	0.222
190	0.219	0.217	0.215	0.213	0.211	0.209	0.207	0.205	0.203	0.201
200	0.199	0.197	0.196	0.194	0.192	0.190	0.188	0.187	0.185	0.183
210	0.182	0.180	0.178	0.177	0.175	0.174	0.172	0.171	0.169	0.168
220	0.166	0.165	0.163	0.162	0.161	0.159	0.158	0.157	0.155	0.154
230	0.153	0.151	0.150	0.149	0.148	0.147	0.145	0.144	0.143	0.142
240	0.141	0.140	0.139	0.137	0.136	0.135	0.134	0.133	0.132	0.131

附表 1-10　b 类截面轴心受压构件的稳定系数 φ

λ/εₖ	0	1	2	3	4	5	6	7	8	9
0	1.000	1.000	1.000	0.999	0.999	0.998	0.997	0.996	0.995	0.994
10	0.992	0.991	0.989	0.987	0.985	0.983	0.981	0.978	0.976	0.973
20	0.970	0.967	0.963	0.960	0.957	0.953	0.950	0.946	0.943	0.939
30	0.936	0.932	0.929	0.925	0.921	0.918	0.914	0.910	0.906	0.903
40	0.899	0.895	0.891	0.886	0.882	0.878	0.874	0.870	0.865	0.861
50	0.856	0.852	0.847	0.842	0.837	0.833	0.828	0.823	0.818	0.812
60	0.807	0.802	0.796	0.791	0.785	0.780	0.774	0.768	0.762	0.757
70	0.751	0.745	0.738	0.732	0.726	0.720	0.713	0.707	0.701	0.694
80	0.687	0.681	0.674	0.668	0.661	0.654	0.648	0.641	0.634	0.628
90	0.621	0.614	0.607	0.601	0.594	0.587	0.581	0.574	0.568	0.561
100	0.555	0.548	0.542	0.535	0.529	0.523	0.517	0.511	0.504	0.498
110	0.492	0.487	0.481	0.475	0.469	0.464	0.458	0.453	0.447	0.442
120	0.436	0.431	0.426	0.421	0.416	0.411	0.406	0.401	0.396	0.392
130	0.387	0.383	0.378	0.374	0.369	0.365	0.361	0.357	0.352	0.348
140	0.344	0.340	0.337	0.333	0.329	0.325	0.322	0.318	0.314	0.311
150	0.308	0.304	0.301	0.297	0.294	0.291	0.288	0.285	0.282	0.279
160	0.276	0.273	0.270	0.267	0.264	0.262	0.259	0.256	0.253	0.251
170	0.248	0.246	0.243	0.241	0.238	0.236	0.234	0.231	0.229	0.227
180	0.225	0.222	0.220	0.218	0.216	0.214	0.212	0.210	0.208	0.206
190	0.204	0.202	0.200	0.198	0.196	0.195	0.193	0.191	0.189	0.188
200	0.186	0.184	0.183	0.181	0.179	0.178	0.176	0.175	0.173	0.172
210	0.170	0.169	0.167	0.166	0.164	0.163	0.162	0.160	0.159	0.158
220	0.156	0.155	0.154	0.152	0.151	0.150	0.149	0.147	0.146	0.145
230	0.144	0.143	0.142	0.141	0.139	0.138	0.137	0.136	0.135	0.134
240	0.133	0.132	0.131	0.130	0.129	0.128	0.127	0.126	0.125	0.124
250	0.123	—	—	—	—	—	—	—	—	—

附表 1-11　c 类截面轴心受压构件的稳定系数 φ

λ/εₖ	0	1	2	3	4	5	6	7	8	9
0	1.000	1.000	1.000	0.999	0.999	0.998	0.997	0.996	0.995	0.993
10	0.992	0.990	0.988	0.986	0.983	0.981	0.978	0.976	0.973	0.970
20	0.966	0.959	0.953	0.947	0.940	0.934	0.928	0.921	0.915	0.909
30	0.902	0.896	0.890	0.883	0.877	0.871	0.865	0.858	0.852	0.845
40	0.839	0.833	0.826	0.820	0.813	0.807	0.800	0.794	0.787	0.781
50	0.774	0.768	0.761	0.755	0.748	0.742	0.735	0.728	0.722	0.715
60	0.709	0.702	0.695	0.689	0.682	0.675	0.669	0.662	0.656	0.649
70	0.642	0.636	0.629	0.623	0.616	0.610	0.603	0.597	0.591	0.584
80	0.578	0.572	0.565	0.559	0.553	0.547	0.541	0.535	0.529	0.523
90	0.517	0.511	0.505	0.499	0.494	0.488	0.483	0.477	0.471	0.467
100	0.462	0.458	0.453	0.449	0.445	0.440	0.436	0.432	0.427	0.423
110	0.419	0.415	0.411	0.407	0.402	0.398	0.394	0.390	0.386	0.383
120	0.379	0.375	0.371	0.367	0.363	0.360	0.356	0.352	0.349	0.345
130	0.342	0.338	0.335	0.332	0.328	0.325	0.322	0.318	0.315	0.312
140	0.309	0.306	0.303	0.300	0.297	0.294	0.291	0.288	0.285	0.282
150	0.279	0.277	0.274	0.271	0.269	0.266	0.263	0.261	0.258	0.256
160	0.253	0.251	0.248	0.246	0.244	0.241	0.239	0.237	0.235	0.232
170	0.230	0.228	0.226	0.224	0.222	0.220	0.218	0.216	0.214	0.212
180	0.210	0.208	0.206	0.204	0.203	0.201	0.199	0.197	0.195	0.194
190	0.192	0.190	0.189	0.187	0.185	0.184	0.182	0.181	0.179	0.178
200	0.176	0.175	0.173	0.172	0.170	0.169	0.167	0.166	0.165	0.163
210	0.162	0.161	0.159	0.158	0.157	0.155	0.154	0.153	0.152	0.151
220	0.149	0.148	0.147	0.146	0.145	0.144	0.142	0.141	0.140	0.139
230	0.138	0.137	0.136	0.135	0.134	0.133	0.132	0.131	0.130	0.129
240	0.128	0.127	0.126	0.125	0.124	0.123	0.123	0.122	0.121	0.120
250	0.119	—	—	—	—	—	—	—	—	—

附表 1-12　d 类截面轴心受压构件的稳定系数 φ

λ/ε_k	0	1	2	3	4	5	6	7	8	9
0	1.000	1.000	0.999	0.999	0.998	0.996	0.994	0.992	0.990	0.987
10	0.984	0.981	0.978	0.974	0.969	0.965	0.960	0.955	0.949	0.944
20	0.937	0.927	0.918	0.909	0.900	0.891	0.883	0.874	0.865	0.857
30	0.848	0.840	0.831	0.823	0.815	0.807	0.798	0.790	0.782	0.774
40	0.766	0.758	0.751	0.743	0.735	0.727	0.720	0.712	0.705	0.697
50	0.690	0.682	0.675	0.668	0.660	0.653	0.646	0.639	0.632	0.625
60	0.618	0.611	0.605	0.598	0.591	0.585	0.578	0.571	0.565	0.559
70	0.552	0.546	0.540	0.534	0.528	0.521	0.516	0.510	0.504	0.498
80	0.492	0.487	0.481	0.476	0.470	0.465	0.459	0.454	0.449	0.444
90	0.439	0.434	0.429	0.424	0.419	0.414	0.409	0.405	0.401	0.397
100	0.393	0.390	0.386	0.383	0.380	0.376	0.373	0.369	0.366	0.363
110	0.359	0.356	0.353	0.350	0.346	0.343	0.340	0.337	0.334	0.331
120	0.328	0.325	0.322	0.319	0.316	0.313	0.310	0.307	0.304	0.301
130	0.298	0.296	0.293	0.290	0.288	0.285	0.282	0.280	0.277	0.275
140	0.272	0.270	0.267	0.265	0.262	0.260	0.257	0.255	0.253	0.250
150	0.248	0.246	0.244	0.242	0.239	0.237	0.235	0.233	0.231	0.229
160	0.227	0.225	0.223	0.221	0.219	0.217	0.215	0.213	0.211	0.210
170	0.208	0.206	0.204	0.202	0.201	0.199	0.197	0.196	0.194	0.192
180	0.191	0.189	0.187	0.186	0.184	0.183	0.181	0.180	0.178	0.177
190	0.175	0.174	0.173	0.171	0.170	0.168	0.167	0.166	0.164	0.163
200	0.162	—	—	—	—	—	—	—	—	—

附表 1-13　截面塑性发展系数 γ_x、γ_y

项次	截 面 形 式	γ_x	γ_y
1			1.2
2		1.05	1.05
3			1.2
4		$\gamma_{x1}=1.05$ $\gamma_{x2}=1.2$	1.05

项次	截　面　形　式	γ_x	γ_y
5		1.2	1.2
6		1.15	1.15
7			1.05
8		1.0	1.0

附表 1-14　受弯构件的挠度容许值

项次	构　件　类　别	挠度容许值	
		$[v_T]$	$[v_Q]$
1	吊车梁和吊车桁架(按自重和起重量最大的一台吊车计算挠度) (1)手动起重机和单梁起重机(含悬挂起重机) (2)轻级工作制桥式起重机 (3)中级工作制桥式起重机 (4)重级工作制桥式起重机	$l/500$ $l/750$ $l/900$ $l/1\,000$	—
2	手动或电动葫芦的轨道梁	$l/400$	—
3	有重轨(重量等于或大于 38 kg/m)轨道的工作平台梁 有轻轨(重量等于或小于 24 kg/m)轨道的工作平台梁	$l/600$ $l/400$	—
4	楼(屋)盖梁或桁架、工作平台梁(第 3 项除外)和平台板 (1)主梁或桁架(包括设有悬挂起重设备的梁和桁架) (2)仅支承压型金属板屋面和冷弯型钢檩条 (3)除支承压型金属板屋面和冷弯型钢檩条外,尚有吊顶 (4)抹灰顶棚的次梁 (5)除(1)~(4)款外的其他梁(包括楼梯梁) (6)屋盖檩条 　支承压型金属板屋面者 　支承其他屋面材料者 　有吊顶 (7)平台板	$l/400$ $l/180$ $l/240$ $l/250$ $l/250$ $l/150$ $l/200$ $l/240$ $l/150$	$l/500$ — — $l/250$ $l/300$ — — — —

续上表

项次	构 件 类 别	挠度容许值	
		$[v_T]$	$[v_Q]$
5	墙架构件(风荷载不考虑阵风系数)		
	(1)支柱(水平方向)	—	$l/400$
	(2)抗风桁架(作为连续支柱的支承时,水平位移)	—	$l/1\,000$
	(3)砌体墙的横梁(水平方向)	—	$l/300$
	(4)支承压型金属板的横梁(水平方向)	—	$l/100$
	(5)支承其他墙面材料的横梁(水平方向)	—	$l/200$
	(6)带有玻璃窗的横梁(竖直和水平方向)	$l/200$	$l/200$

注:(1)l 为受弯构件的跨度(对悬臂梁和伸臂梁为悬臂长度的 2 倍)。

(2)$[v_T]$ 为永久和可变荷载标准值产生的挠度(如有起拱应减去拱度)的容许值,$[v_Q]$ 为可变荷载标准值产生的挠度的容许值。

(3)当吊车梁或吊车桁架跨度大于 12 m 时,其挠度容许值$[v_T]$应乘以 0.9 的系数。

(4)当墙面采用延性材料或与结构采用柔性连接时,墙架构件的支柱水平位移容许值可采用 $l/300$,抗风桁架(作为连续支柱的支承时)水平位移容许值可采用 $l/800$。

附表 1-15 H 型钢和等截面工字形简支梁的整体稳定等效临界弯矩系数 β_b

项次	侧 向 支 承	荷 载		$\xi=\dfrac{l_1 t_1}{b_1 h}$		适用范围
				$\xi \leqslant 2.0$	$\xi > 2.0$	
1	跨中无侧向支承	均布荷载作用在	上翼缘	$0.69+0.13\xi$	0.95	双轴对称和加强受压翼缘的单轴对称工字形截面
2			下翼缘	$1.73-0.20\xi$	1.33	
3		集中荷载作用在	上翼缘	$0.73+0.18\xi$	1.09	
4			下翼缘	$2.23-0.28\xi$	1.67	
5	跨度中点有一个侧向支承点	均布荷载作用在	上翼缘	1.15		双轴对称和所有单轴对称工字形截面
6			下翼缘	1.40		
7		集中荷载作用在截面高度上任意位置		1.75		
8	跨中有不少于两个等距离侧向支承点	任意荷载作用在	上翼缘	1.20		
9			下翼缘	1.40		
10	梁端有弯矩,但跨中无荷载作用			$1.75-1.05\left(\dfrac{M_2}{M_1}\right)+0.3\left(\dfrac{M_2}{M_1}\right)^2$,但$\leqslant 2.3$		

注:(1)ξ 为参数,$\xi=\dfrac{l_1 t_1}{b_1 h}$,其中对跨中无侧向支承点的梁,$l_1$ 为其跨度;对跨中有侧向支承点的梁,l_1 为受压翼缘侧向支承点间的距离(梁的支座处视为有侧向支承)。b_1、t_1 为受压翼缘板的宽度和厚度,h 为梁截面全高。

(2)M_1、M_2 为梁的端弯矩,使梁产生同向曲率时 M_1 和 M_2 取同号,产生反向曲率时取异号,$|M_1|\geqslant|M_2|$。

(3)表中项次 3、4 和 7 的集中荷载是指一个或少数几个集中荷载位于跨中央附近的情况,对其他情况的集中荷载,应按表中项次 1、2、5、6 内的数值采用。

(4)表中项次 8、9 的 β_b,当集中荷载作用在侧向支承点处时,取 $\beta_b=1.20$。

(5)荷载作用在上翼缘系指荷载作用点在翼缘上表面,方向指向截面形心;荷载作用在下翼缘系指荷载作用点在翼缘下表面,方向背向截面形心。

(6)对 $\alpha_b>0.8$ 的加强受压翼缘工字形截面,下列情况的 β_b 值应乘以相应的系数:

项次 1　　　　当 $\xi \leqslant 1.0$ 时　　　　0.95

项次 3　　　　当 $\xi \leqslant 0.5$ 时　　　　0.90

　　　　　　　当 $0.5<\xi \leqslant 1.0$ 时　　0.95

附表 1-16　轧制普通工字钢简支梁的整体稳定系数 φ_b

项次	荷 载 情 况		工字钢型 号	自 由 长 度 l_1(m)								
				2	3	4	5	6	7	8	9	10
1	跨中无侧向支承点的梁	集中荷载作用在	上翼缘	10～20	2.00	1.30	0.99	0.80	0.68	0.58	0.53	0.48	0.43
				22～32	2.40	1.48	1.09	0.86	0.72	0.62	0.54	0.49	0.45
				36～63	2.80	1.60	1.07	0.83	0.68	0.56	0.50	0.45	0.40
2			下翼缘	10～20	3.10	1.95	1.34	1.01	0.82	0.69	0.63	0.57	0.52
				22～40	5.50	2.80	1.84	1.37	1.07	0.86	0.73	0.64	0.56
				45～63	7.30	3.60	2.30	1.62	1.20	0.96	0.80	0.69	0.60
3		均布荷载作用在	上翼缘	10～20	1.70	1.12	0.84	0.68	0.57	0.50	0.45	0.41	0.37
				22～40	2.10	1.30	0.93	0.73	0.60	0.51	0.45	0.40	0.36
				45～63	2.60	1.45	0.97	0.73	0.59	0.50	0.44	0.38	0.35
4			下翼缘	10～20	2.50	1.55	1.08	0.83	0.68	0.56	0.52	0.47	0.42
				22～40	4.00	2.20	1.45	1.10	0.85	0.70	0.60	0.52	0.46
				45～63	5.60	2.80	1.80	1.25	0.95	0.78	0.65	0.55	0.49
5	跨中有侧向支承点的梁(不论荷载作用点在截面高度上的位置)			10～20	2.20	1.39	1.01	0.79	0.66	0.57	0.52	0.47	0.42
				22～40	3.00	1.80	1.24	0.96	0.76	0.65	0.56	0.49	0.43
				45～63	4.00	2.20	1.38	1.01	0.80	0.66	0.56	0.49	0.43

注：(1)同附表 1-15 的注 3、5。

(2)表中的 φ_b 适用于 Q235 钢。对其他钢号，表中数值应乘以 $235/f_y$。

附表 1-17　双轴对称工字形等截面(含 H 型钢)悬臂梁的等效临界弯矩系数 β_b

项次	荷 载 形 式		$\xi = \dfrac{l_1 t_1}{b_1 h}$		
			$0.60 \leqslant \xi \leqslant 1.24$	$1.24 < \xi \leqslant 1.96$	$1.96 < \xi \leqslant 3.10$
1	自由端一个集中荷载作用在	上翼缘	$0.21 + 0.67\xi$	$0.72 + 0.26\xi$	$1.17 + 0.03\xi$
2		下翼缘	$2.94 - 0.65\xi$	$2.64 - 0.40\xi$	$2.15 - 0.15\xi$
3	均布荷载作用在上翼缘		$0.62 + 0.82\xi$	$1.25 + 0.31\xi$	$1.66 + 0.10\xi$

注：(1)本表是按支承端为固定端的情况确定的，当用于由邻跨延伸出来的伸臂梁时，应在构造上采取措施加强支承处的抗扭能力。

(2)表中 ξ 见附表 1-15 注 1。

附表 1-18　无侧移框架柱的计算长度系数 μ

K_2＼K_1	0	0.05	0.1	0.2	0.3	0.4	0.5	1	2	3	4	5	≥10
0	1.000	0.990	0.981	0.964	0.949	0.935	0.922	0.875	0.820	0.791	0.773	0.760	0.732
0.05	0.990	0.981	0.971	0.955	0.940	0.926	0.914	0.867	0.814	0.784	0.766	0.754	0.726
0.1	0.981	0.971	0.962	0.946	0.931	0.918	0.906	0.860	0.807	0.778	0.760	0.748	0.721
0.2	0.964	0.955	0.946	0.930	0.916	0.903	0.891	0.846	0.795	0.767	0.749	0.737	0.711
0.3	0.949	0.940	0.931	0.916	0.902	0.889	0.878	0.834	0.784	0.756	0.739	0.728	0.701
0.4	0.935	0.926	0.918	0.903	0.889	0.877	0.866	0.823	0.774	0.747	0.730	0.719	0.693
0.5	0.922	0.914	0.906	0.891	0.878	0.866	0.855	0.813	0.765	0.738	0.721	0.710	0.685
1	0.875	0.867	0.860	0.846	0.834	0.823	0.813	0.774	0.729	0.704	0.688	0.677	0.654
2	0.820	0.814	0.807	0.795	0.784	0.774	0.765	0.729	0.686	0.663	0.648	0.638	0.615
3	0.791	0.784	0.778	0.767	0.756	0.747	0.738	0.704	0.663	0.640	0.625	0.616	0.593

续上表

K_1 K_2	0	0.05	0.1	0.2	0.3	0.4	0.5	1	2	3	4	5	≥10
4	0.773	0.766	0.760	0.749	0.739	0.730	0.721	0.688	0.648	0.625	0.611	0.601	0.580
5	0.760	0.754	0.748	0.737	0.728	0.719	0.710	0.677	0.638	0.616	0.601	0.592	0.570
≥10	0.732	0.726	0.721	0.711	0.701	0.693	0.685	0.654	0.615	0.593	0.580	0.570	0.549

注：(1)表中的计算长度系数 μ 值按下式算得：

$$\left[\left(\frac{\pi}{\mu}\right)^2+2(K_1+K_2)-4K_1K_2\right]\frac{\pi}{\mu}\cdot\sin\frac{\pi}{\mu}-2\left[(K_1+K_2)\left(\frac{\pi}{\mu}\right)^2+4K_1K_2\right]\cos\frac{\pi}{\mu}+8K_1K_2=0$$

式中 K_1、K_2 分别为相交于柱上端、柱下端的横梁线刚度之和与柱线刚度之和的比值。当横梁远端为铰接时，应将横梁线刚度乘以 1.5；当横梁远端为嵌固时，则应乘以 2.0。

(2)当横梁与柱铰接时，取横梁线刚度为零。

(3)对底层框架柱，当柱与基础铰接时，取 $K_2=0$（对平板支座可取 $K_2=0.1$）；当柱与基础刚接时，取 $K_2=10$。

(4)当与柱刚性连接的横梁所受轴心压力 N_b 较大时，横梁线刚度应乘以折减系数 α_N；

横梁远端与柱刚接和横梁远端铰支时　　$\alpha_N=1-N_b/N_{Eb}$

横梁远端嵌固时　　$\alpha_N=1-N_b/(2N_{Eb})$

式中，$N_{Eb}=\pi^2EI_b/l^2$，I_b 为横梁截面惯性矩，l 为横梁长度。

附表 1-19　有侧移框架柱的计算长度系数 μ

K_1 K_2	0	0.05	0.1	0.2	0.3	0.4	0.5	1	2	3	4	5	≥10
0	∞	6.02	4.46	3.42	3.01	2.78	2.64	2.33	2.17	2.11	2.08	2.07	2.03
0.05	6.02	4.16	3.47	2.86	2.58	2.42	2.31	2.07	1.94	1.90	1.87	1.86	1.83
0.1	4.46	3.47	3.01	2.56	2.33	2.20	2.11	1.90	1.79	1.75	1.73	1.72	1.70
0.2	3.42	2.86	2.56	2.23	2.05	1.94	1.87	1.70	1.60	1.57	1.55	1.54	1.52
0.3	3.01	2.58	2.33	2.05	1.90	1.80	1.74	1.58	1.49	1.46	1.45	1.44	1.42
0.4	2.78	2.42	2.20	1.94	1.80	1.71	1.65	1.50	1.42	1.39	1.37	1.37	1.35
0.5	2.64	2.31	2.11	1.87	1.74	1.65	1.59	1.45	1.37	1.34	1.32	1.32	1.30
1	2.33	2.07	1.90	1.70	1.58	1.50	1.45	1.32	1.24	1.21	1.20	1.19	1.17
2	2.17	1.94	1.79	1.60	1.49	1.42	1.37	1.24	1.16	1.14	1.12	1.12	1.10
3	2.11	1.90	1.75	1.57	1.46	1.39	1.34	1.21	1.14	1.11	1.10	1.09	1.07
4	2.08	1.87	1.73	1.55	1.45	1.37	1.32	1.20	1.12	1.10	1.08	1.08	1.06
5	2.07	1.86	1.72	1.54	1.44	1.37	1.32	1.19	1.12	1.09	1.08	1.07	1.05
≥10	2.03	1.83	1.70	1.52	1.42	1.35	1.30	1.17	1.10	1.07	1.06	1.05	1.03

注：(1)表中的计算长度系数 μ 值按下式算得：

$$\left[36K_1K_2-\left(\frac{\pi}{\mu}\right)^2\right]\sin\frac{\pi}{\mu}+6(K_1+K_2)\frac{\pi}{\mu}\cdot\cos\frac{\pi}{\mu}=0$$

式中 K_1、K_2 分别为相交于柱上端、柱下端的横梁线刚度之和与柱线刚度之和的比值。当横梁远端为铰接时，应将横梁线刚度乘以 0.5；当横梁远端为嵌固时，则应乘以 2/3。

(2)当横梁与柱铰接时，取横梁线刚度为零。

(3)对底层框架柱，当柱与基础铰接时，取 $K_2=0$（对平板支座可取 $K_2=0.1$）；当柱与基础刚接时，取 $K_2=10$。

(4)当与柱刚性连接的横梁所受轴心压力 N_b 较大时，横梁线刚度应乘以折减系数 α_N；

横梁远端与柱刚接时　　$\alpha_N=1-N_b/(4N_{Eb})$

横梁远端铰支时　　$\alpha_N=1-N_b/N_{Eb}$

横梁远端嵌固时　　$\alpha_N=1-N_b/(2N_{Eb})$

N_{Eb} 的计算见附表 1-18 注 4。

附录2 型钢规格及截面特性

附表 2-1 热轧普通工字钢的规格及截面特性(依据 GB/T 706—2016)

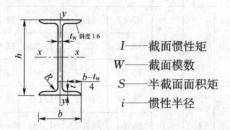

I——截面惯性矩
W——截面模数
S——半截面面积矩
i——惯性半径

型号	截面尺寸(mm)						截面面积 (cm²)	理论重量 (kg/m)	外表面积 (m²/m)	惯性矩 (cm⁴)		惯性半径 (cm)		截面模量 (cm³)	
	h	b	t_w	t	R	r_1				I_x	I_y	i_x	i_y	W_x	W_y
10	100	68	4.5	7.6	6.5	3.3	14.33	11.3	0.432	245	33.0	4.14	1.52	49.0	9.72
12	120	74	5.0	8.4	7.0	3.5	17.80	14.0	0.493	436	46.9	4.95	1.62	72.2	12.7
12.6	126	74	5.0	8.4	7.0	3.5	18.10	14.2	0.505	488	46.9	5.20	1.61	77.5	12.7
14	140	80	5.5	9.1	7.5	3.8	21.50	16.9	0.553	712	64.4	5.76	1.73	102	16.1
16	160	88	6.0	9.9	8.0	4.0	26.11	20.5	0.621	1 130	93.1	6.58	1.89	141	21.2
18	180	94	6.5	10.7	8.5	4.3	30.74	24.1	0.681	1 660	122	7.36	2.00	185	26.0
20a	200	100	7.0	11.4	9.0	4.5	35.55	27.9	0.742	2 370	158	8.15	2.12	237	31.5
20b		102	9.0				39.55	31.1	0.746	2 500	169	7.96	2.06	250	33.1
22a	220	110	7.5	12.3	9.5	4.8	42.10	33.1	0.817	3 400	225	8.99	2.31	309	40.9
22b		112	9.5				46.50	36.5	0.821	3 570	239	8.78	2.27	325	42.7
24a	240	116	8.0	13.0	10.0	5.0	47.71	37.5	0.878	4 570	280	9.77	2.42	381	48.4
24b		118	10.0				52.51	41.2	0.882	4 800	297	9.57	2.38	400	50.4
25a	250	116	8.0				48.51	38.1	0.898	5 020	280	10.2	2.40	402	48.3
25b		118	10.0				53.51	42.0	0.902	5 280	309	9.94	2.40	423	52.4
27a	270	122	8.5	13.7	10.5	5.3	54.52	42.8	0.958	6 550	345	10.9	2.51	485	56.6
27b		124	10.5				59.92	47.0	0.962	6 870	366	10.7	2.47	509	58.9
28a	280	122	8.5				55.37	43.5	0.978	7 110	345	11.3	2.50	508	56.6
28b		124	10.5				60.97	47.9	0.982	7 480	379	11.1	2.49	534	61.2
30a	300	126	9.0	14.4	11.0	5.5	61.22	48.1	1.031	8 950	400	12.1	2.55	597	63.5
30b		128	11.0				67.22	52.8	1.035	9 400	422	11.8	2.50	627	65.9
30c		130	13.0				73.22	57.5	1.039	9 850	445	11.6	2.46	657	68.5

续上表

型号	截面尺寸(mm)						截面面积 (cm²)	理论重量 (kg/m)	外表面积 (m²/m)	惯性矩 (cm⁴)		惯性半径 (cm)		截面模量 (cm³)	
	h	b	t_w	t	R	r_1				I_x	I_y	i_x	i_y	W_x	W_y
32a		130	9.5				67.12	52.7	1.084	11 100	460	12.8	2.62	692	70.8
32b	320	132	11.5	15.0	11.5	5.8	73.52	57.7	1.088	11 600	502	12.6	2.61	726	76.0
32c		134	13.5				79.92	62.7	1.092	12 200	544	12.3	2.61	760	81.2
36a		136	10.0				76.44	60.0	1.185	15 800	552	14.4	2.69	875	81.2
36b	360	138	12.0	15.8	12.0	6.0	83.64	65.7	1.189	16 500	582	14.1	2.64	919	84.3
36c		140	14.0				90.84	71.3	1.193	17 300	612	13.8	2.60	962	87.4
40a		142	10.5				86.07	67.6	1.285	21 700	660	15.9	2.77	1 090	93.2
40b	400	144	12.5	16.5	12.5	6.3	94.07	73.8	1.289	22 800	692	15.6	2.71	1 140	96.2
40c		146	14.5				102.1	80.1	1.293	23 900	727	15.2	2.65	1 190	99.6
45a		150	11.5				102.4	80.4	1.411	32 200	855	17.7	2.89	1 430	114
45b	450	152	13.5	18.0	13.5	6.8	111.4	87.4	1.415	33 800	894	17.4	2.84	1 500	118
45c		154	15.5				120.4	94.5	1.419	35 300	938	17.1	2.79	1 570	122
50a		158	12.0				119.2	93.6	1.539	46 500	1 120	19.7	3.07	1 860	142
50b	500	160	14.0	20.0	14.0	7.0	129.2	101	1.543	48 600	1 170	19.4	3.01	1 940	146
50c		162	16.0				139.2	109	1.547	50 600	1 220	19.0	2.96	2 080	151
55a		166	12.5				134.1	105	1.667	62 900	1 370	21.6	3.19	2 290	164
55b	550	168	14.5				145.1	114	1.671	65 600	1 420	21.2	3.14	2 390	170
55c		170	16.5	21.0	14.5	7.3	156.1	123	1.675	68 400	1 480	20.9	3.08	2 490	175
56a		166	12.5				135.4	106	1.687	65 600	1 370	22.0	3.18	2 340	165
56b	560	168	14.5				146.6	115	1.691	68 500	1 490	21.6	3.16	2 450	174
56c		170	16.5				157.8	124	1.695	71 400	1 560	21.3	3.16	2 550	183
63a		176	13.0				154.6	121	1.862	93 900	1 700	24.5	3.31	2 980	193
63b	630	178	15.0	22.0	15.0	7.5	167.2	131	1.866	98 100	1 810	24.2	3.29	3 160	204
63c		180	17.0				179.8	141	1.870	102 000	1 920	23.8	3.27	3 300	214

以上表格系按照 2016 年国标给出,需要注意的是,该表格没有截面面积矩的值,有时会不方便,故给出原教材有 I_x/S_x 的表格,如下(由于有效数字原因,部分数值可能与上表不完全一致)。

型号	尺　寸					截面积	质量	x-x 轴				y-y 轴		
	h	b	t_w	t	R			I_x	W_x	i_x	I_x/S_x	I_y	W_y	i_y
	mm					cm²	kg/m	cm⁴	cm³	cm		cm⁴	cm³	cm
10	100	68	4.5	7.6	6.5	14.3	11.2	245	49	4.14	8.69	33	9.6	1.51
12.6	126	74	5.0	8.4	7.0	18.1	14.2	488	77	5.19	11.0	47	12.7	1.61
14	140	80	5.5	9.1	7.5	21.5	16.9	712	102	5.75	12.2	64	16.1	1.73
16	160	88	6.0	9.9	8.0	26.1	20.5	1 127	141	6.57	13.9	93	21.1	1.89
18	180	94	6.5	10.7	8.5	30.7	24.1	1 699	185	7.37	15.4	123	26.2	2.00
20 a	200	100	7.0	11.4	9.0	35.5	27.9	2 369	237	8.16	17.4	158	31.6	2.11
b		102	9.0			39.5	31.1	2 502	250	7.95	17.1	169	33.1	2.07
22 a	220	110	7.5	12.3	9.5	42.1	33.0	3 406	310	8.99	19.2	226	41.1	2.32
b		112	9.5			46.5	36.5	3 583	326	8.78	18.9	240	42.9	2.27
25 a	250	116	8.0	13.0	10.0	48.5	38.1	5 017	401	10.2	21.7	280	48.4	2.40
b		118	10.0			53.5	42.0	5 278	422	9.93	21.4	297	50.4	2.36
28 a	280	122	8.5	13.7	10.5	55.4	43.5	7 115	508	11.3	24.3	344	56.4	2.49
b		124	10.5			61.0	47.9	7 481	534	11.1	24.0	364	58.7	2.44
a		130	9.5			67.1	52.7	11 080	692	12.8	27.7	459	70.6	2.62
32 b	320	132	11.5	15.0	11.5	73.5	57.7	11 626	727	12.6	27.3	484	73.3	2.57
c		134	13.5			79.9	62.7	12 173	761	12.3	26.9	510	76.1	2.53
a		136	10.0			76.4	60.0	15 796	878	14.4	31.0	555	81.6	2.69
36 b	360	138	12.0	15.8	12.0	83.6	65.6	16 574	921	14.1	30.6	584	84.6	2.64
c		140	14.0			90.8	71.3	17 351	964	13.8	30.2	614	87.7	2.60
a		142	10.5			86.1	67.6	21 714	1 086	15.9	34.4	660	92.9	2.77
40 b	400	144	12.5	16.5	12.5	94.1	73.8	22 781	1 139	15.6	33.9	693	96.2	2.71
c		146	14.5			102	80.1	23 847	1 192	15.3	33.5	727	99.7	2.67
a		150	11.5			102	80.4	32 241	1 433	17.7	38.5	855	114	2.89
45 b	450	152	13.5	18.0	13.5	111	87.4	33 759	1 500	17.4	38.1	895	118	2.84
c		154	15.5			120	94.5	35 278	1 568	17.1	37.6	938	122	2.79
a		158	12.0			119	93.6	46 472	1 859	19.7	42.9	1 122	142	3.07
50 b	500	160	14.0	20	14	129	101	48 556	1 942	19.4	42.3	1 171	146	3.01
c		162	16.0			139	109	50 639	2 026	19.1	41.9	1 224	151	2.96
a		166	12.5			135	106	65 576	2 342	22.0	47.9	1 366	165	3.18
56 b	560	168	14.5	21	14.5	147	115	68 503	2 447	21.6	47.3	1 424	170	3.12
c		170	16.5			158	124	71 430	2 551	21.3	46.8	1 485	175	3.07
a		176	13.0			155	122	94 004	2 984	24.7	53.8	1 702	194	3.32
63 b	630	178	15.0	22	15	167	131	98 171	3 117	24.2	53.2	1 771	199	3.25
c		180	17.0			180	141	102 339	3 249	23.9	52.6	1 842	205	3.20

附表 2-2 热轧普通槽钢的规格与截面特性（依据 GB/T 706—2016）

I——截面惯性矩
W——截面模数
S——半截面面积矩
i——惯性半径
Z_0——重心距离

型号	截面尺寸 (mm)						截面面积 (cm²)	理论重量 (kg/m)	外表面积 (m²/m)	惯性矩 (cm⁴)			惯性半径 (cm)		截面模量 (cm³)		重心距离 (cm)
	h	b	t_w	t	r	r_1				I_x	I_y	I_{y1}	i_x	i_y	W_x	W_y	x_0
5	50	37	4.5	7.0	7.0	3.5	6.925	5.44	0.226	26.0	8.30	20.9	1.94	1.10	10.4	3.55	1.35
6.3	63	40	4.8	7.5	7.5	3.8	8.446	6.63	0.262	50.8	11.9	28.4	2.45	1.19	16.1	4.50	1.36
6.5	65	40	4.3	7.5	7.5	3.8	8.292	6.51	0.267	55.2	12.0	28.3	2.54	1.19	17.0	4.59	1.38
8	80	43	5.0	8.0	8.0	4.0	10.24	8.04	0.307	101	16.6	37.4	3.15	1.27	25.3	5.79	1.43
10	100	48	5.3	8.5	8.5	4.2	12.74	10.0	0.365	198	25.6	54.9	3.95	1.41	39.7	7.80	1.52
12	120	53	5.5	9.0	9.0	4.5	15.36	12.1	0.423	346	37.4	77.7	4.75	1.56	57.7	10.2	1.62
12.6	126	53	5.5	9.0	9.0	4.5	15.69	12.3	0.435	391	38.0	77.1	4.95	1.57	62.1	10.2	1.59
14a	140	58	6.0	9.5	9.5	4.8	18.51	14.5	0.480	564	53.2	107	5.52	1.70	80.5	13.0	1.71
14b	140	60	8.0	9.5	9.5	4.8	21.31	16.7	0.484	609	61.1	121	5.35	1.69	87.1	14.1	1.67
16a	160	63	6.5	10.0	10.0	5.0	21.95	17.2	0.538	866	73.3	144	6.28	1.83	108	16.3	1.80
16b	160	65	8.5	10.0	10.0	5.0	25.15	19.8	0.542	935	83.4	161	6.10	1.82	117	17.6	1.75
18a	180	68	7.0	10.5	10.5	5.2	25.69	20.2	0.596	1 270	98.6	190	7.04	1.96	141	20.0	1.88
18b	180	70	9.0	10.5	10.5	5.2	29.29	23.0	0.600	1 370	111	210	6.84	1.95	152	21.5	1.84
20a	200	73	7.0	11.0	11.0	5.5	28.83	22.6	0.654	1 780	128	244	7.86	2.11	178	24.2	2.01
20b	200	75	9.0	11.0	11.0	5.5	32.83	25.8	0.658	1 910	144	268	7.64	2.09	191	25.9	1.95
22a	220	77	7.0	11.5	11.5	5.8	31.83	25.0	0.709	2 390	158	298	8.67	2.23	218	28.2	2.10
22b	220	79	9.0	11.5	11.5	5.8	36.23	28.5	0.713	2 570	176	326	8.42	2.21	234	30.1	2.03

续上表

型号	截面尺寸 (mm)						截面面积 (cm²)	理论重量 (kg/m)	外表面积 (m²/m)	惯性矩 (cm⁴)			惯性半径 (cm)		截面模量 (cm³)		重心距离 (cm)
	h	b	t_w	t	r	r_1				I_x	I_y	I_{y1}	i_x	i_y	W_x	W_y	x_0
24a	240	78	7.0	12.0	12.0	6.0	34.21	26.9	0.752	3 050	174	325	9.45	2.25	254	30.5	2.10
24b		80	9.0				39.01	30.6	0.756	3 280	194	355	9.17	2.23	274	32.5	2.03
24c		82	11.0				43.81	34.4	0.760	3 510	213	388	8.96	2.21	293	34.4	2.00
25a	250	78	7.0	12.0	12.0	6.0	34.91	27.4	0.722	3 370	176	322	9.82	2.24	270	30.6	2.07
25b		80	9.0				39.91	31.3	0.776	3 530	196	353	9.41	2.22	282	32.7	1.98
25c		82	11.0				44.91	35.3	0.780	3 690	218	384	9.07	2.21	295	35.9	1.92
27a	270	82	7.5	12.5	12.5	6.2	39.27	30.8	0.826	4 360	216	393	10.5	2.34	323	35.5	2.13
27b		84	9.5				44.67	35.1	0.830	4 690	239	428	10.3	2.31	347	37.7	2.06
27c		86	11.5				50.07	39.3	0.834	5 020	261	467	10.1	2.28	372	39.8	2.03
28a	280	82	7.5	12.5	12.5	6.2	40.02	31.4	0.846	4 760	218	388	10.9	2.33	340	35.7	2.10
28b		84	9.5				45.62	35.8	0.850	5 130	242	428	10.6	2.30	366	37.9	2.02
28c		86	11.5				51.22	40.2	0.854	5 500	268	463	10.4	2.29	393	40.3	1.95
30a	300	85	7.5	13.5	13.5	6.8	43.89	34.5	0.897	6 050	260	467	11.7	2.43	403	41.1	2.17
30b		87	9.5				49.89	39.2	0.901	6 500	289	515	11.4	2.41	433	44.0	2.13
30c		89	11.5				55.89	43.9	0.905	6 950	316	560	11.2	2.38	463	46.4	2.09
32a	320	88	8.0	14.0	14.0	7.0	48.50	38.1	0.947	7 600	305	552	12.5	2.50	475	46.5	2.24
32b		90	10.0				54.90	43.1	0.951	8 140	336	593	12.2	2.47	509	49.2	2.16
32c		92	12.0				61.30	48.1	0.955	8 690	374	643	11.9	2.47	543	52.6	2.09
36a	360	96	9.0	16.0	16.0	8.0	60.89	47.8	1.053	11 900	455	818	14.0	2.73	660	63.5	2.44
36b		98	11.0				68.09	53.5	1.057	12 700	497	880	13.6	2.70	703	66.9	2.37
36c		100	13.0				75.29	59.1	1.061	13 400	536	948	13.4	2.67	746	70.0	2.34
40a	400	100	10.5	18.0	18.0	9.0	75.04	58.9	1.144	17 600	592	1 070	15.3	2.81	879	78.8	2.49
40b		102	12.5				83.04	65.2	1.148	18 600	640	1 140	15.0	2.78	932	82.5	2.44
40c		104	14.5				91.04	71.5	1.152	19 700	688	1 220	14.7	2.75	986	86.2	2.42

附表 2-3 热轧等边角钢的规格与截面特性(依据 GB/T 706—2016)

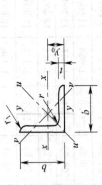

I——截面惯性矩
W——截面模数
i——惯性半径
Z₀——重心距离

型号	截面尺寸(mm)			截面面积 (cm²)	理论重量 (kg/m)	外表面积 (m²/m)	惯性矩 (cm⁴)				惯性半径 (cm)			截面模量 (cm³)			重心距离 (cm)
	b	d	r				I_x	I_{x1}	I_{x0}	I_{y0}	i_x	i_{x0}	i_{y0}	W_x	W_{x0}	W_{y0}	Z_0
2	20	3	3.5	1.132	0.89	0.078	0.40	0.81	0.63	0.17	0.59	0.75	0.39	0.29	0.45	0.20	0.60
		4		1.459	1.15	0.077	0.50	1.09	0.78	0.22	0.58	0.73	0.38	0.36	0.55	0.24	0.64
2.5	25	3		1.432	1.12	0.098	0.82	1.57	1.29	0.34	0.76	0.95	0.49	0.46	0.73	0.33	0.73
		4		1.859	1.46	0.097	1.03	2.11	1.62	0.43	0.74	0.93	0.48	0.59	0.92	0.40	0.76
3	30	3		1.749	1.37	0.117	1.46	2.71	2.31	0.61	0.91	1.15	0.59	0.68	1.09	0.51	0.85
		4	4.5	2.276	1.79	0.117	1.84	3.63	2.92	0.77	0.90	1.13	0.58	0.87	1.37	0.62	0.89
3.6	36	3		2.109	1.66	0.141	2.58	4.68	4.09	1.07	1.11	1.39	0.71	0.99	1.61	0.76	1.00
		4		2.756	2.16	0.141	3.29	6.25	5.22	1.37	1.09	1.38	0.70	1.28	2.05	0.93	1.04
		5		3.382	2.65	0.141	3.95	7.84	6.24	1.65	1.08	1.36	0.70	1.56	2.45	1.00	1.07
4	40	3		2.359	1.85	0.157	3.59	6.41	5.69	1.49	1.23	1.55	0.79	1.23	2.01	0.96	1.09
		4		3.086	2.42	0.157	4.60	8.56	7.29	1.91	1.22	1.54	0.79	1.60	2.58	1.19	1.13
		5	5	3.792	2.98	0.156	5.53	10.7	8.76	2.30	1.21	1.52	0.78	1.96	3.10	1.39	1.17
4.5	45	3		2.659	2.09	0.177	5.17	9.12	8.20	2.14	1.40	1.76	0.89	1.58	2.58	1.24	1.22
		4		3.486	2.74	0.177	6.65	12.2	10.6	2.75	1.38	1.74	0.89	2.05	3.32	1.54	1.26
		5		4.292	3.37	0.176	8.04	15.2	12.7	3.33	1.37	1.72	0.88	2.51	4.00	1.81	1.30
		6		5.077	3.99	0.176	9.33	18.4	14.8	3.89	1.36	1.70	0.80	2.95	4.64	2.06	1.33

续上表

型号	截面尺寸(mm) b	d	r	截面面积(cm²)	理论重量(kg/m)	外表面积(m²/m)	惯性矩(cm⁴) I_x	I_{x1}	I_{x0}	I_{y0}	惯性半径(cm) i_x	i_{x0}	i_{y0}	截面模量(cm³) W_x	W_{x0}	W_{y0}	重心距离(cm) Z_0
5	50	3	5.5	2.971	2.33	0.197	7.18	12.5	11.4	2.98	1.55	1.96	1.00	1.96	3.22	1.57	1.34
		4		3.897	3.06	0.197	9.26	16.7	14.7	3.82	1.54	1.94	0.99	2.56	4.16	1.96	1.38
		5		4.803	3.77	0.196	11.2	20.9	17.8	4.64	1.53	1.92	0.98	3.13	5.03	2.31	1.42
		6		5.688	4.46	0.196	13.1	25.1	20.7	5.42	1.52	1.91	0.98	3.68	5.85	2.63	1.46
5.6	56	3	6	3.343	2.62	0.221	10.2	17.6	16.1	4.24	1.75	2.20	1.13	2.48	4.08	2.02	1.48
		4		4.390	3.45	0.220	13.2	23.4	20.9	5.46	1.73	2.18	1.11	3.24	5.28	2.52	1.53
		5		5.415	4.25	0.220	16.0	29.3	25.4	6.61	1.72	2.17	1.10	3.97	6.42	2.98	1.57
		6		6.420	5.04	0.220	18.7	35.3	29.7	7.73	1.71	2.15	1.10	4.68	7.49	3.40	1.61
		7		7.404	5.81	0.219	21.2	41.2	33.6	8.82	1.69	2.13	1.09	5.36	8.49	3.80	1.64
		8		8.367	6.57	0.219	23.6	47.2	37.4	9.89	1.68	2.11	1.09	6.03	9.44	4.16	1.68
6	60	5	6.5	5.829	4.58	0.236	19.9	36.1	31.6	8.21	1.85	2.33	1.19	4.59	7.44	3.48	1.67
		6		6.914	5.43	0.235	23.4	43.3	36.9	9.60	1.83	2.31	1.18	5.41	8.70	3.98	1.70
		7		7.977	6.26	0.235	26.4	50.7	41.9	11.0	1.82	2.29	1.17	6.21	9.88	4.45	1.74
		8		9.020	7.08	0.235	29.5	58.0	46.7	12.3	1.81	2.27	1.17	6.98	11.0	4.88	1.78
6.3	63	4	7	4.978	3.91	0.248	19.0	33.4	30.2	7.89	1.96	2.46	1.26	4.13	6.78	3.29	1.70
		5		6.143	4.82	0.248	23.2	41.7	36.8	9.57	1.94	2.45	1.25	5.08	8.25	3.90	1.74
		6		7.288	5.72	0.247	27.1	50.1	43.0	11.2	1.93	2.43	1.24	6.00	9.66	4.46	1.78
		7		8.412	6.60	0.247	30.9	58.6	49.0	12.8	1.92	2.41	1.23	6.88	11.0	4.98	1.82
		8		9.515	7.47	0.247	34.5	67.1	54.6	14.3	1.90	2.40	1.23	7.75	12.3	5.47	1.85
		10		11.66	9.15	0.246	41.1	84.3	64.9	17.3	1.88	2.36	1.22	9.39	14.6	6.36	1.93

续上表

型号	截面尺寸(mm)			截面面积(cm²)	理论重量(kg/m)	外表面积(m²/m)	惯性矩(cm⁴)				惯性半径(cm)			截面模量(cm³)			重心距离(cm)
	b	d	r				I_x	I_{x1}	I_{x0}	I_{y0}	i_x	i_{x0}	i_{y0}	W_x	W_{x0}	W_{y0}	Z_0
7	70	4	8	5.570	4.37	0.275	26.4	45.7	41.8	11.0	2.18	2.74	1.40	5.14	8.44	4.17	1.86
		5		6.876	5.40	0.275	32.2	57.2	51.1	13.3	2.16	2.73	1.39	6.32	10.3	4.95	1.91
		6		8.160	6.41	0.275	37.8	68.7	59.9	15.6	2.15	2.71	1.38	7.48	12.1	5.67	1.95
		7		9.424	7.40	0.275	43.1	80.3	68.4	17.8	2.14	2.69	1.38	8.59	13.8	6.34	1.99
		8		10.67	8.37	0.274	48.2	91.9	76.4	20.0	2.12	2.68	1.37	9.68	15.4	6.98	2.03
7.5	75	5	9	7.412	5.82	0.295	40.0	70.6	63.3	16.6	2.33	2.92	1.50	7.32	11.9	5.77	2.04
		6		8.797	6.91	0.294	47.0	84.6	74.4	19.5	2.31	2.90	1.49	8.64	14.0	6.67	2.07
		7		10.16	7.98	0.294	53.6	98.7	85.0	22.2	2.30	2.89	1.48	9.93	16.0	7.44	2.11
		8		11.50	9.03	0.294	60.0	113	95.1	24.9	2.28	2.88	1.47	11.2	17.9	8.19	2.15
		9		12.83	10.1	0.294	66.1	127	105	27.5	2.27	2.86	1.46	12.4	19.8	8.89	2.18
		10		14.13	11.1	0.293	72.0	142	114	30.1	2.26	2.84	1.46	13.6	21.5	9.56	2.22
8	80	5	9	7.912	6.21	0.315	48.8	85.4	77.3	20.3	2.48	3.13	1.60	8.34	13.7	6.66	2.15
		6		9.397	7.38	0.314	57.4	103	91.0	23.7	2.47	3.11	1.59	9.87	16.1	7.65	2.19
		7		10.86	8.53	0.314	65.6	120	104	27.1	2.46	3.10	1.58	11.4	18.4	8.58	2.23
		8		12.30	9.66	0.314	73.5	137	117	30.4	2.44	3.08	1.57	12.8	20.6	9.46	2.27
		9		13.73	10.8	0.314	81.1	154	129	33.6	2.43	3.06	1.56	14.3	22.7	10.3	2.31
		10		15.13	11.9	0.313	88.4	172	140	36.8	2.42	3.04	1.56	15.6	24.8	11.1	2.35

续上表

型号	截面尺寸(mm)			截面面积(cm²)	理论重量(kg/m)	外表面积(m²/m)	惯性矩(cm⁴)				惯性半径(cm)			截面模量(cm³)			重心距离(cm)
	b	d	r				I_x	I_{x1}	I_{x0}	I_{y0}	i_x	i_{x0}	i_{y0}	W_x	W_{x0}	W_{y0}	Z_0
9	90	6	10	10.64	8.35	0.354	82.8	146	131	34.3	2.79	3.51	1.80	12.6	20.6	9.95	2.44
		7		12.30	9.66	0.354	94.8	170	150	39.2	2.78	3.50	1.78	14.5	23.6	11.2	2.48
		8		13.94	10.9	0.353	106	195	169	44.0	2.76	3.48	1.78	16.4	26.6	12.4	2.52
		9		15.57	12.2	0.353	118	219	187	48.7	2.75	3.46	1.77	18.3	29.4	13.5	2.56
		10		17.17	13.5	0.353	129	244	204	53.3	2.74	3.45	1.76	20.1	32.0	14.5	2.59
		12		20.31	15.9	0.352	149	294	236	62.2	2.71	3.41	1.75	23.6	37.1	16.5	2.67
10	100	6	12	11.93	9.37	0.393	115	200	182	47.9	3.10	3.90	2.00	15.7	25.7	12.7	2.67
		7		13.80	10.8	0.393	132	234	209	54.7	3.09	3.89	1.99	18.1	29.6	14.3	2.71
		8		15.64	12.3	0.393	148	267	235	61.4	3.08	3.88	1.98	20.5	33.2	15.8	2.76
		9		17.46	13.7	0.392	164	300	260	68.0	3.07	3.86	1.97	22.8	36.8	17.2	2.80
		10		19.26	15.1	0.392	180	334	285	74.4	3.05	3.84	1.96	25.1	40.3	18.5	2.84
		12		22.80	17.9	0.391	209	402	331	86.8	3.03	3.81	1.95	29.5	46.8	21.1	2.91
		14		26.26	20.6	0.391	237	471	374	99.0	3.00	3.77	1.94	33.7	52.9	23.4	2.99
		16		29.63	23.3	0.390	263	540	414	111	2.98	3.74	1.94	37.8	58.6	25.6	3.06
11	110	7	12	15.20	11.9	0.433	177	311	281	73.4	3.41	4.30	2.20	22.1	36.1	17.5	2.96
		8		17.24	13.5	0.433	199	355	316	82.4	3.40	4.28	2.19	25.0	40.7	19.4	3.01
		10		21.26	16.7	0.432	242	445	384	100	3.38	4.25	2.17	30.6	49.4	22.9	3.09
		12		25.20	19.8	0.431	283	535	448	117	3.35	4.22	2.15	36.1	57.6	26.2	3.16
		14		29.06	22.8	0.431	321	625	508	133	3.32	4.18	2.14	41.3	65.3	29.1	3.24

续上表

型号	截面尺寸(mm)			截面面积 (cm²)	理论重量 (kg/m)	外表面积 (m²/m)	惯性矩 (cm⁴)				惯性半径 (cm)			截面模量 (cm³)			重心距离 (cm)
	b	d	r				I_x	I_{x1}	I_{x0}	I_{y0}	i_x	i_{x0}	i_{y0}	W_x	W_{x0}	W_{y0}	Z_0
12.5	125	8	14	19.75	15.5	0.492	297	521	471	123	3.88	4.88	2.50	32.5	53.3	25.9	3.37
		10		24.37	19.1	0.491	362	652	574	149	3.85	4.85	2.48	40.0	64.9	30.6	3.45
		12		28.91	22.7	0.491	423	783	671	175	3.83	4.82	2.46	41.2	76.0	35.0	3.53
		14		33.37	26.2	0.490	482	916	764	200	3.80	4.78	2.45	54.2	86.4	39.1	3.61
		16		37.74	29.6	0.489	537	1 050	851	224	3.77	4.75	2.43	60.9	96.3	43.0	3.68
14	140	10	14	27.37	21.5	0.551	515	915	817	212	4.34	5.46	2.78	50.6	82.6	39.2	3.82
		12		32.51	25.5	0.551	604	1 100	959	249	4.31	5.43	2.76	59.8	96.9	45.0	3.90
		14		37.57	29.5	0.550	689	1 280	1 090	284	4.28	5.40	2.75	68.8	110	50.5	3.98
		16		42.54	33.4	0.549	770	1 470	1 220	319	4.26	5.36	2.74	77.5	123	55.6	4.06
15	150	8	14	23.75	18.6	0.592	521	900	827	215	4.69	5.90	3.01	47.4	78.0	38.1	3.99
		10		29.37	23.1	0.591	638	1 130	1 010	262	4.66	5.87	2.99	58.4	95.5	45.5	4.08
		12		34.91	27.4	0.591	749	1 350	1 190	308	4.63	5.84	2.97	69.0	112	52.4	4.15
		14		40.37	31.7	0.590	856	1 580	1 360	352	4.60	5.80	2.95	79.5	128	58.8	4.23
		15		43.06	33.8	0.590	907	1 690	1 440	374	4.59	5.78	2.95	84.6	136	61.9	4.27
		16		45.74	35.9	0.589	958	1 810	1 520	395	4.58	5.77	2.94	89.6	143	64.9	4.31
16	160	10	16	31.50	24.7	0.630	780	1 370	1 240	322	4.98	6.27	3.20	66.7	109	52.8	4.31
		12		37.44	29.4	0.630	917	1 640	1 460	377	4.95	6.24	3.18	79.0	129	60.7	4.39
		14		43.30	34.0	0.629	1 050	1 910	1 670	432	4.92	6.20	3.16	91.0	147	68.2	4.47
		16		49.07	38.5	0.629	1 180	2 190	1 870	485	4.89	6.17	3.14	103	165	75.3	4.55
18	180	12	16	42.24	33.2	0.710	1 320	2 330	2 100	543	5.59	7.05	3.58	101	165	78.4	4.89
		14		48.90	38.4	0.709	1 510	2 720	2 410	622	5.56	7.02	3.56	116	189	88.4	4.97
		16		55.47	43.5	0.709	1 700	3 120	2 700	699	5.54	6.98	3.55	131	212	97.8	5.05
		18		61.96	48.6	0.708	1 880	3 500	2 990	762	5.50	6.94	3.51	146	235	105	5.13

续上表

型号	截面尺寸(mm)			截面面积(cm²)	理论重量(kg/m)	外表面积(m²/m)	惯性矩(cm⁴)				惯性半径(cm)			截面模量(cm³)			重心距离(cm)
	b	d	r				I_x	I_{x1}	I_{x0}	I_{y0}	i_x	i_{x0}	i_{y0}	W_x	W_{x0}	W_{y0}	Z_0
20	200	14	18	54.64	42.9	0.788	2 100	3 730	3 340	864	6.20	7.82	3.98	145	236	112	5.46
		16		62.01	48.7	0.788	2 370	4 270	3 760	971	6.18	7.79	3.96	164	266	124	5.54
		18		69.30	54.4	0.787	2 620	4 810	4 160	1 080	6.15	7.75	3.94	182	294	136	5.62
		20		76.51	60.1	0.787	2 870	5 350	4 550	1 180	6.12	7.72	3.93	200	322	147	5.69
		24		90.66	71.2	0.785	3 340	6 460	5 290	1 380	6.07	7.64	3.90	236	374	167	5.87
22	220	16	21	68.67	53.9	0.866	3 190	5 680	5 060	1 310	6.81	8.59	4.37	200	326	154	6.03
		18		76.75	60.3	0.866	3 540	6 400	5 620	1 450	6.79	8.55	4.35	223	361	168	6.11
		20		84.76	66.5	0.865	3 870	7 110	6 150	1 590	6.76	8.52	4.34	245	395	182	6.18
		22		92.68	72.8	0.865	4 200	7 830	6 670	1 730	6.73	8.48	4.32	267	429	195	6.26
		24		100.5	78.9	0.864	4 520	8 550	7 170	1 870	6.71	8.45	4.31	289	461	208	6.33
		26		108.3	85.0	0.864	4 830	9 280	7 690	2 000	6.68	8.41	4.30	310	492	221	6.41
25	250	18	24	87.84	69.0	0.985	5 270	9 380	8 370	2 170	7.75	9.76	4.97	290	473	224	6.84
		20		97.05	76.2	0.984	5 780	10 400	9 180	2 380	7.72	9.73	4.95	320	519	243	6.92
		22		106.2	83.3	0.983	6 280	11 500	9 970	2 580	7.69	9.69	4.93	349	564	261	7.00
		24		115.2	90.4	0.983	6 770	12 500	10 700	2 790	7.67	9.66	4.92	378	608	278	7.07
		26		124.2	97.5	0.982	7 240	13 600	11 500	2 980	7.64	9.62	4.90	406	650	295	7.15
		28		133.0	104	0.982	7 700	14 600	12 200	3 180	7.61	9.58	4.89	433	691	311	7.22
		30		141.8	111	0.981	8 160	15 700	12 900	3 380	7.58	9.55	4.88	461	731	327	7.30
		32		150.5	118	0.981	8 600	16 800	13 600	3 570	7.56	9.51	4.87	488	770	342	7.37
		35		163.4	128	0.980	9 240	18 400	14 600	3 850	7.52	9.46	4.86	527	827	364	7.48

附表 2-4　热轧不等边角钢的规格与截面特性 (依据 GB/T 706—2016)

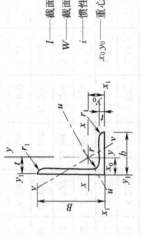

I —— 截面惯性矩
W —— 截面模数
i —— 惯性半径
x_0, y_0 —— 重心距离

型号	截面尺寸(mm)				截面面积 (cm²)	理论重量 (kg/m)	外表面积 (m²/m)	惯性矩 (cm⁴)					惯性半径 (cm)			截面模量 (cm³)			tan α	重心距离 (cm)	
	B	b	t	r				I_x	I_{x1}	I_y	I_{y1}	I_v	i_x	i_y	i_v	W_x	W_y	W_v		x_0	y_0
2.5/1.6	25	16	3	3.5	1.162	0.91	0.080	0.70	1.56	0.22	0.43	0.14	0.78	0.44	0.34	0.43	0.19	0.16	0.392	0.42	0.86
			4		1.499	1.18	0.079	0.88	2.09	0.27	0.59	0.17	0.77	0.43	0.34	0.55	0.24	0.20	0.381	0.46	0.90
3.2/2	32	20	3	3.5	1.492	1.17	0.102	1.53	3.27	0.46	0.82	0.28	1.01	0.55	0.43	0.72	0.30	0.25	0.382	0.49	1.08
			4		1.939	1.52	0.101	1.93	4.37	0.57	1.12	0.35	1.00	0.54	0.42	0.93	0.39	0.32	0.374	0.53	1.12
4/2.5	40	25	3	4	1.890	1.48	0.127	3.08	5.39	0.93	1.59	0.56	1.28	0.70	0.54	1.15	0.49	0.40	0.385	0.59	1.32
			4		2.467	1.94	0.127	3.93	8.53	1.18	2.14	0.71	1.36	0.69	0.54	1.49	0.63	0.52	0.381	0.63	1.37
4.5/2.8	45	28	3	5	2.149	1.69	0.143	4.45	9.10	1.34	2.23	0.80	1.44	0.79	0.61	1.47	0.62	0.51	0.383	0.64	1.47
			4		2.806	2.20	0.143	5.69	12.1	1.70	3.00	1.02	1.42	0.78	0.60	1.91	0.80	0.66	0.380	0.68	1.51
5/3.2	50	32	3	5.5	2.431	1.91	0.161	6.24	12.5	2.02	3.31	1.20	1.60	0.91	0.70	1.84	0.82	0.68	0.404	0.73	1.60
			4		3.177	2.49	0.160	8.02	16.7	2.58	4.45	1.53	1.59	0.90	0.69	2.39	1.06	0.87	0.402	0.77	1.65
5.6/3.6	56	36	3	6	2.743	2.15	0.181	8.88	17.5	2.92	4.70	1.73	1.80	1.03	0.79	2.32	1.05	0.87	0.408	0.80	1.78
			4		3.590	2.82	0.180	11.5	23.4	3.76	6.33	2.23	1.79	1.02	0.79	3.03	1.37	1.13	0.408	0.85	1.82
			5		4.415	3.47	0.180	13.9	29.3	4.49	7.94	2.67	1.77	1.01	0.78	3.71	1.65	1.36	0.404	0.88	1.87

续上表

型号	截面尺寸(mm) B	b	t	r	截面面积(cm²)	理论重量(kg/m)	外表面积(m²/m)	惯性矩(cm⁴) I_x	I_{x1}	I_y	I_{y1}	I_v	惯性半径(cm) i_x	i_y	i_v	截面模量(cm³) W_x	W_y	W_v	$\tan\alpha$	重心距离(cm) x_0	y_0
6.3/4	63	40	4	7	4.058	3.19	0.202	16.5	33.3	5.23	8.63	3.12	2.02	1.14	0.88	3.87	1.70	1.40	0.398	0.92	2.04
			5		4.993	3.92	0.202	20.0	41.6	6.31	10.9	3.76	2.00	1.12	0.87	4.74	2.07	1.71	0.396	0.95	2.08
			6		5.908	4.64	0.201	23.4	50.0	7.29	13.1	4.34	1.96	1.11	0.86	5.59	2.43	1.99	0.393	0.99	2.12
			7		6.802	5.34	0.201	26.5	58.1	8.24	15.5	4.97	1.98	1.10	0.86	6.40	2.78	2.29	0.389	1.03	2.15
7/4.5	70	45	4	7.5	4.553	3.57	0.226	23.2	45.9	7.55	12.3	4.40	2.26	1.29	0.98	4.86	2.17	1.77	0.410	1.02	2.24
			5		5.609	4.40	0.225	28.0	57.1	9.13	15.4	5.40	2.23	1.28	0.98	5.92	2.65	2.19	0.407	1.06	2.28
			6		6.644	5.22	0.225	32.5	68.4	10.6	18.6	6.35	2.21	1.26	0.98	6.95	3.12	2.59	0.404	1.09	2.32
			7		7.658	6.01	0.225	37.2	80.0	12.0	21.8	7.16	2.20	1.25	0.97	8.03	3.57	2.94	0.402	1.13	2.36
7.5/5	75	50	5	8	6.126	4.81	0.245	34.9	70.0	12.6	21.0	7.41	2.39	1.44	1.10	6.83	3.30	2.74	0.435	1.17	2.40
			6		7.260	5.70	0.245	41.1	84.3	14.7	25.4	8.54	2.38	1.42	1.08	8.12	3.88	3.19	0.435	1.21	2.44
			8		9.467	7.43	0.244	52.4	113	18.5	34.2	10.9	2.35	1.40	1.07	10.5	4.99	4.10	0.429	1.29	2.52
			10		11.59	9.10	0.244	62.7	141	22.0	43.4	13.1	2.33	1.38	1.06	12.8	6.04	4.99	0.423	1.36	2.60
8/5	80	50	5	8	6.376	5.00	0.255	42.0	85.2	12.8	21.1	7.66	2.56	1.42	1.10	7.78	3.32	2.74	0.388	1.14	2.60
			6		7.560	5.93	0.255	49.5	103	15.0	25.4	8.85	2.56	1.41	1.08	9.25	3.91	3.20	0.387	1.18	2.65
			7		8.724	6.85	0.255	56.2	119	17.0	29.8	10.2	2.54	1.39	1.08	10.6	4.48	3.70	0.384	1.21	2.69
			8		9.867	7.75	0.254	62.8	136	18.9	34.3	11.4	2.52	1.38	1.07	11.9	5.03	4.16	0.381	1.25	2.73
9/5.6	90	56	5	9	7.212	5.66	0.287	60.5	121	18.3	29.5	11.0	2.90	1.59	1.23	9.92	4.21	3.49	0.385	1.25	2.91
			6		8.557	6.72	0.286	71.0	146	21.4	35.6	12.9	2.88	1.58	1.23	11.7	4.96	4.13	0.384	1.29	2.95
			7		9.881	7.76	0.286	81.0	170	24.4	41.7	14.7	2.86	1.57	1.22	13.5	5.70	4.72	0.382	1.33	3.00
			8		11.18	8.78	0.286	91.0	194	27.2	47.9	16.3	2.85	1.56	1.21	15.3	6.41	5.29	0.380	1.36	3.04

续上表

型号	B	b	t	r	截面面积(cm²)	理论重量(kg/m)	外表面积(m²/m)	I_x	I_{x1}	I_y	I_{y1}	I_v	i_x	i_y	i_v	W_x	W_y	W_v	$\tan\alpha$	x_0	y_0
								惯性矩(cm⁴)					惯性半径(cm)			截面模量(cm³)				重心距离(cm)	
10/6.3	100	63	6	10	9.618	7.55	0.320	99.1	200	30.9	50.5	18.4	3.21	1.79	1.38	14.6	6.35	5.25	0.394	1.43	3.24
			7		11.11	8.72	0.320	113	233	35.3	59.1	21.0	3.20	1.78	1.38	16.9	7.29	6.02	0.394	1.47	3.28
			8		12.58	9.88	0.319	127	266	39.4	67.9	23.5	3.18	1.77	1.37	19.1	8.21	6.78	0.391	1.50	3.32
			10		15.47	12.1	0.319	154	333	47.1	85.7	28.3	3.15	1.74	1.35	23.3	9.98	8.24	0.387	1.58	3.40
10/8	100	80	6	10	10.64	8.35	0.354	107	200	61.2	103	31.7	3.17	2.40	1.72	15.2	10.2	8.37	0.627	1.97	2.95
			7		12.30	9.66	0.354	123	233	70.1	120	36.2	3.16	2.39	1.72	17.5	11.7	9.60	0.626	2.01	3.00
			8		13.94	10.9	0.353	138	267	78.6	137	40.6	3.14	2.37	1.71	19.8	13.2	10.8	0.625	2.05	3.04
			10		17.17	13.5	0.353	167	334	94.7	172	49.1	3.12	2.35	1.69	24.2	16.1	13.1	0.622	2.13	3.12
11/7	110	70	6	10	10.64	8.35	0.354	133	266	42.9	69.1	25.4	3.54	2.01	1.54	17.9	7.90	6.53	0.403	1.57	3.53
			7		12.30	9.66	0.353	153	310	49.0	80.8	29.0	3.53	2.00	1.53	20.6	9.09	7.50	0.402	1.61	3.57
			8		13.94	10.9	0.353	172	354	54.9	92.7	32.5	3.51	1.98	1.53	23.3	10.3	8.45	0.401	1.65	3.62
			10		17.17	13.5	0.353	208	443	65.9	117	39.2	3.48	1.96	1.51	28.5	12.5	10.3	0.397	1.72	3.70
12.5/8	125	80	7	11	14.10	11.1	0.403	228	455	74.4	120	43.8	4.02	2.30	1.76	26.9	12.0	9.92	0.408	1.80	4.01
			8		15.99	12.6	0.403	257	520	83.5	138	49.2	4.01	2.28	1.75	30.4	13.6	11.2	0.407	1.84	4.06
			10		19.71	15.5	0.402	312	650	101	173	59.5	3.98	2.26	1.74	37.3	16.6	13.6	0.404	1.92	4.14
			12		23.35	18.3	0.402	364	780	117	210	69.4	3.95	2.24	1.72	44.0	19.4	16.0	0.400	2.00	4.22
14/9	140	90	8	12	18.04	14.2	0.453	366	731	121	196	70.8	4.50	2.59	1.98	38.5	17.3	14.3	0.411	2.04	4.50
			10		22.26	17.5	0.452	446	913	140	246	85.8	4.47	2.56	1.96	47.3	21.2	17.5	0.409	2.12	4.58
			12		26.40	20.7	0.451	522	1 100	170	297	100	4.44	2.54	1.95	55.9	25.0	20.5	0.406	2.19	4.66
			14		30.46	23.9	0.451	594	1 280	192	349	114	4.42	2.51	1.94	64.2	28.5	23.5	0.403	2.27	4.74

续上表

型号	截面尺寸(mm)				截面面积 (cm²)	理论重量 (kg/m)	外表面积 (m²/m)	惯性矩 (cm⁴)					惯性半径 (cm)			截面模量 (cm³)			tan α	重心距离 (cm)	
	B	b	t	r				I_x	I_{x1}	I_y	I_{y1}	I_v	i_x	i_y	i_v	W_x	W_y	W_v		x_0	y_0
15/9	150	90	8	12	18.84	14.8	0.473	442	898	123	196	74.1	4.84	2.55	1.98	43.9	17.5	14.5	0.364	1.97	4.92
			10		23.26	18.3	0.472	539	1 120	149	246	89.9	4.81	2.53	1.97	54.0	21.4	17.7	0.362	2.05	5.01
			12		27.60	21.7	0.471	632	1 350	173	297	105	4.79	2.50	1.95	63.8	25.1	20.8	0.359	2.12	5.09
			14		31.86	25.0	0.471	721	1 570	196	350	120	4.76	2.48	1.94	73.3	28.8	23.8	0.356	2.20	5.17
			15		33.95	26.7	0.471	764	1 680	207	376	127	4.74	2.47	1.93	78.0	30.5	25.3	0.354	2.24	5.21
			16		36.03	28.3	0.470	806	1 800	217	403	134	4.73	2.45	1.93	82.6	32.3	26.8	0.352	2.27	5.25
16/10	160	100	10	13	25.32	19.9	0.512	669	1 360	205	337	122	5.14	2.85	2.19	62.1	26.6	21.9	0.390	2.28	5.24
			12		30.05	23.6	0.511	785	1 640	239	406	142	5.11	2.82	2.17	73.5	31.3	25.8	0.388	2.36	5.32
			14		34.71	27.2	0.510	896	1 910	271	476	162	5.08	2.80	2.16	84.6	35.8	29.6	0.385	2.43	5.40
			16		39.28	30.8	0.510	1 000	2 180	302	548	183	5.05	2.77	2.16	95.3	40.2	33.4	0.382	2.51	5.48
18/11	180	110	10	14	28.37	22.3	0.571	956	1 940	278	447	167	5.80	3.13	2.42	79.0	32.5	26.9	0.376	2.44	5.89
			12		33.71	26.5	0.571	1 120	2 330	325	539	195	5.78	3.10	2.40	93.5	38.3	31.7	0.374	2.52	5.98
			14		38.97	30.6	0.570	1 290	2 720	370	632	222	5.75	3.08	2.39	108	44.0	36.3	0.372	2.59	6.06
			16		44.14	34.6	0.569	1 440	3 110	412	726	249	5.72	3.06	2.38	122	49.4	40.9	0.369	2.67	6.14
20/12.5	200	125	12	14	37.91	29.8	0.641	1 570	3 190	483	788	286	6.44	3.57	2.74	117	50.0	41.2	0.392	2.83	6.54
			14		43.87	34.4	0.640	1 800	3 730	551	922	327	6.41	3.54	2.73	135	57.4	47.3	0.390	2.91	6.62
			16		49.74	39.0	0.639	2 020	4 260	615	1 060	366	6.38	3.52	2.71	152	64.9	53.3	0.388	2.99	6.70
			18		55.53	43.6	0.639	2 240	4 790	677	1 200	405	6.35	3.49	2.70	169	71.7	59.2	0.385	3.06	6.78

附表 2-5　两个热轧不等边角钢的组合截面特性

规格	厚	截面面积 A (cm²)	每米重量 (kg/m)	长边相连 y_0 (cm)	I_x (cm⁴)	W_{xmax} (cm³)	W_{xmin} (cm³)	i_x (cm)	i_y (cm) 当a(mm)为 6	8	10	12	14	16	短边相连 y_0 (cm)	I_x (cm⁴)	W_{xmax} (cm³)	W_{xmin} (cm³)	i_x (cm)	i_y (cm) 当a(mm)为 6	8	10	12	14	16
2∟56×36×	3	5.486	4.306	1.78	17.76	9.98	4.64	1.80	1.51	1.58	1.66	1.74	1.82	1.90	0.80	5.84	7.30	2.10	1.03	2.75	2.83	2.90	2.98	3.06	3.15
	4	7.180	5.636	1.82	22.90	12.58	6.06	1.79	1.54	1.61	1.69	1.77	1.86	1.94	0.85	7.52	8.44	2.74	1.02	2.77	2.85	2.93	3.01	3.09	3.17
	5	8.830	6.932	1.87	27.72	14.82	7.42	1.77	1.55	1.63	1.71	1.79	1.88	1.96	0.88	8.98	10.20	3.30	1.01	2.80	2.88	2.96	3.04	3.12	3.20
2∟63×40×	4	8.116	6.370	2.04	32.98	16.16	7.74	2.02	1.67	1.74	1.82	1.90	1.98	2.06	0.92	10.46	11.36	3.40	1.14	3.09	3.17	3.25	3.32	3.40	3.49
	5	9.986	7.840	2.08	40.04	19.24	9.48	2.00	1.68	1.75	1.83	1.91	1.99	2.08	0.95	12.62	13.28	4.14	1.12	3.11	3.19	3.26	3.34	3.42	3.51
	6	11.816	9.276	2.12	46.72	22.04	11.18	1.99	1.70	1.78	1.86	1.94	2.02	2.11	0.99	14.58	14.72	4.86	1.11	3.13	3.21	3.29	3.37	3.45	3.53
	7	13.604	10.678	2.15	53.06	24.68	12.80	1.98	1.73	1.80	1.88	1.97	2.05	2.14	1.03	16.48	16.00	5.56	1.10	3.15	3.23	3.31	3.39	3.47	3.55
2∟70×45×	4	9.094	7.140	2.24	46.34	20.68	9.72	2.26	1.85	1.92	1.99	2.07	2.15	2.23	1.02	15.10	14.80	4.34	1.29	3.40	3.48	3.55	3.63	3.71	3.79
	5	11.218	8.806	2.28	55.90	24.52	11.84	2.23	1.87	1.94	2.02	2.10	2.18	2.26	1.06	18.26	17.22	5.30	1.28	3.41	3.49	3.56	3.64	3.72	3.80
	6	13.294	10.436	2.32	65.08	28.06	13.90	2.21	1.88	1.95	2.03	2.11	2.19	2.27	1.09	21.24	19.48	6.24	1.26	3.43	3.50	3.58	3.66	3.74	3.82
	7	15.314	12.022	2.36	74.44	31.54	16.06	2.20	1.90	1.98	2.05	2.13	2.22	2.30	1.13	24.02	21.26	7.14	1.25	3.45	3.53	3.61	3.69	3.77	3.85
2∟75×50×	5	12.250	9.616	2.40	69.72	29.06	13.66	2.39	2.06	2.13	2.21	2.28	2.36	2.44	1.17	25.22	21.56	6.60	1.44	3.61	3.68	3.76	3.84	3.91	3.99
	6	14.520	11.398	2.44	82.24	33.70	16.24	2.38	2.07	2.15	2.22	2.30	2.38	2.46	1.21	29.40	24.30	7.76	1.42	3.63	3.71	3.78	3.86	3.94	4.02
	8	18.934	14.862	2.52	104.78	41.58	21.04	2.35	2.12	2.19	2.27	2.35	2.43	2.52	1.29	37.06	28.72	9.98	1.40	3.67	3.75	3.83	3.91	3.99	4.07
	10	23.180	18.196	2.60	125.42	48.24	25.58	2.33	2.16	2.24	2.32	2.40	2.48	2.56	1.36	43.92	32.30	12.08	1.38	3.72	3.80	3.88	3.96	4.04	4.12

续上表

规格		截面积 A (cm²)	每米重量 (kg/m)	长边相连 y₀ (cm)	I_x (cm⁴)	$W_{x max}$ (cm³)	$W_{x min}$ (cm³)	i_x (cm)	长边相连 i_y (cm) 当a(mm)为 6	8	10	12	14	16	短边相连 y₀ (cm)	I_x (cm⁴)	$W_{x max}$ (cm³)	$W_{x min}$ (cm³)	i_x (cm)	短边相连 i_y (cm) 当a(mm)为 6	8	10	12	14	16
2∠80×50×	5	12.750	10.010	2.60	83.92	32.28	15.56	2.56	2.02	2.09	2.17	2.25	2.32	2.40	1.14	25.64	22.50	6.64	1.42	3.87	3.94	4.02	4.10	4.18	4.26
	6	15.120	11.870	2.65	98.98	37.36	18.50	2.56	2.04	2.12	2.19	2.27	2.35	2.43	1.18	29.90	25.34	7.82	1.41	3.91	3.98	4.06	4.14	4.22	4.30
	7	17.448	13.696	2.69	112.32	41.76	21.16	2.54	2.05	2.13	2.20	2.28	2.36	2.44	1.21	33.92	28.04	8.96	1.39	3.92	4.00	4.08	4.16	4.24	4.32
	8	19.734	15.490	2.73	125.66	46.02	23.84	2.52	2.08	2.15	2.23	2.31	2.39	2.47	1.25	37.70	30.16	10.06	1.38	3.94	4.02	4.10	4.18	4.26	4.34
2∠90×56×	5	14.424	11.322	2.91	120.90	41.54	19.84	2.90	2.22	2.29	2.36	2.44	2.52	2.59	1.25	36.66	29.32	8.42	1.59	4.33	4.40	4.48	4.55	4.63	4.71
	6	17.114	13.434	2.95	142.06	48.16	23.48	2.88	2.24	2.31	2.39	2.46	2.54	2.62	1.29	42.84	33.20	9.92	1.58	4.34	4.42	4.49	4.57	4.65	4.73
	7	19.760	15.512	3.00	162.02	54.00	26.98	2.86	2.26	2.34	2.41	2.49	2.57	2.65	1.33	48.72	36.64	11.40	1.57	4.37	4.44	4.52	4.60	4.68	4.76
	8	22.366	17.558	3.04	182.06	59.88	30.54	2.85	2.28	2.35	2.43	2.51	2.58	2.66	1.36	54.30	39.92	12.82	1.56	4.39	4.47	4.54	4.62	4.70	4.78
2∠100×63×	6	19.234	15.100	3.24	198.12	61.14	29.28	3.21	2.49	2.56	2.63	2.71	2.78	2.86	1.43	61.88	43.28	12.70	1.79	4.78	4.85	4.93	5.00	5.08	5.16
	7	22.222	17.444	3.28	226.90	69.18	33.76	3.20	2.51	2.58	2.66	2.73	2.81	2.88	1.47	70.52	47.98	14.58	1.78	4.80	4.88	4.95	5.03	5.11	5.19
	8	25.168	19.756	3.32	254.74	76.72	38.16	3.18	2.52	2.60	2.67	2.75	2.82	2.90	1.50	78.78	52.52	16.42	1.77	4.82	4.89	4.97	5.05	5.13	5.20
	10	30.934	24.284	3.40	307.62	90.48	46.64	3.15	2.56	2.64	2.71	2.79	2.87	2.95	1.58	94.24	59.64	19.96	1.74	4.86	4.94	5.01	5.09	5.17	5.25
2∠100×80×	6	21.274	16.700	2.95	214.08	72.56	30.38	3.17	3.30	3.37	3.44	3.52	3.59	3.67	1.97	122.48	62.18	20.32	2.40	4.54	4.61	4.69	4.76	4.83	4.91
	7	24.602	19.312	3.00	245.46	81.82	35.04	3.16	3.32	3.39	3.47	3.54	3.61	3.69	2.01	140.16	69.74	23.42	2.39	4.57	4.64	4.72	4.79	4.87	4.94
	8	27.888	21.892	3.04	275.84	90.74	39.62	3.14	3.34	3.41	3.48	3.56	3.63	3.71	2.05	157.16	76.66	26.42	2.37	4.58	4.66	4.73	4.81	4.88	4.96
	10	34.334	26.952	3.12	333.74	106.96	48.48	3.12	3.38	3.45	3.53	3.60	3.68	3.76	2.13	189.30	88.88	32.24	2.35	4.63	4.70	4.78	4.86	4.93	5.01
2∠110×70×	6	21.274	16.700	3.53	266.74	75.56	35.70	3.54	2.75	2.81	2.89	2.96	3.03	3.11	1.57	85.84	54.68	15.80	2.01	5.22	5.29	5.36	5.44	5.52	5.59
	7	24.602	19.312	3.57	306.00	85.72	41.20	3.53	2.77	2.84	2.91	2.98	3.06	3.13	1.61	98.02	60.88	18.18	2.00	5.24	5.31	5.39	5.46	5.54	5.62
	8	27.888	21.892	3.62	344.08	95.04	46.60	3.51	2.78	2.85	2.92	3.00	3.07	3.15	1.65	109.74	66.50	20.50	1.98	5.26	5.34	5.41	5.49	5.57	5.64
	10	34.334	26.952	3.70	416.78	112.64	57.08	3.48	2.81	2.89	2.96	3.04	3.11	3.19	1.72	131.76	76.60	24.96	1.96	5.30	5.38	5.45	5.53	5.61	5.69

长边相连 / 短边相连

规格	截面面积 A (cm²)	每米重量 (kg/m)	长边相连 y₀ (cm)	I_x (cm⁴)	$W_{x\max}$ (cm³)	$W_{x\min}$ (cm³)	i_x (cm)	i_y (cm) 当 a(mm) 为 6	8	10	12	14	16	短边相连 y_0 (cm)	I_x (cm⁴)	$W_{x\max}$ (cm³)	$W_{x\min}$ (cm³)	i_x (cm)	i_y (cm) 当 a(mm) 为 6	8	10	12	14	16
2∠125×80× 7	28.192	22.132	4.01	455.96	113.70	53.72	4.02	3.11	3.18	3.25	3.32	3.40	3.47	1.80	148.84	82.68	24.02	2.30	5.89	5.97	6.04	6.12	6.19	6.27
8	31.978	25.102	4.06	513.54	126.48	60.82	4.01	3.13	3.20	3.27	3.34	3.41	3.49	1.84	166.98	90.76	27.12	2.28	5.92	6.00	6.07	6.15	6.22	6.30
10	39.424	30.948	4.14	624.08	150.74	74.66	3.98	3.17	3.24	3.31	3.38	3.46	3.54	1.92	201.34	104.86	33.12	2.26	5.96	6.04	6.11	6.19	6.27	6.34
12	46.702	36.660	4.22	728.82	172.70	88.02	3.95	3.21	3.28	3.36	3.43	3.51	3.59	2.00	233.34	116.68	38.86	2.24	6.00	6.08	6.15	6.23	6.31	6.39
2∠140×90× 8	36.076	28.320	4.50	731.28	162.50	76.96	4.50	3.49	3.56	3.63	3.70	3.77	3.84	2.04	241.38	118.32	34.68	2.59	6.58	6.65	6.73	6.80	6.88	6.95
10	44.522	34.950	4.58	891.00	194.54	94.62	4.47	3.52	3.59	3.66	3.74	3.81	3.88	2.12	292.06	137.76	42.44	2.56	6.62	6.69	6.77	6.84	6.92	6.99
12	52.800	41.448	4.66	1 043.18	223.86	111.74	4.44	3.56	3.63	3.70	3.77	3.85	3.92	2.19	339.58	155.06	49.90	2.54	6.66	6.73	6.81	6.88	6.96	7.04
14	60.192	47.816	4.74	1 188.20	250.68	128.36	4.42	3.59	3.66	3.74	3.81	3.89	3.97	2.27	384.20	169.26	57.08	2.51	6.70	6.78	6.86	6.93	7.01	7.09
2∠160×100× 10	50.630	39.744	5.24	1 337.38	255.22	124.26	5.14	3.84	3.91	3.98	4.05	4.12	4.20	2.28	410.06	179.86	53.12	2.85	7.56	7.63	7.71	7.78	7.86	7.93
12	60.108	47.184	5.32	1 569.82	295.08	146.98	5.11	3.88	3.95	4.02	4.09	4.16	4.24	2.36	478.12	202.60	62.56	2.82	7.60	7.67	7.74	7.82	7.90	7.97
14	69.418	54.494	5.40	1 792.60	331.96	169.12	5.08	3.91	3.98	4.05	4.13	4.20	4.27	2.43	542.40	223.20	71.66	2.80	7.64	7.71	7.79	7.86	7.94	8.02
16	78.562	61.670	5.48	2 006.08	366.08	190.66	5.05	3.95	4.02	4.09	4.16	4.24	4.32	2.51	603.20	240.32	80.48	2.77	7.68	7.75	7.83	7.90	7.98	8.06
2∠180×110× 10	56.746	44.546	5.89	1 912.50	324.70	157.92	5.80	4.16	4.23	4.29	4.36	4.43	4.50	2.44	556.22	227.96	64.98	3.13	8.48	8.56	8.63	8.70	8.78	8.85
12	67.424	52.928	5.98	2 249.44	376.16	187.06	5.78	4.19	4.26	4.33	4.40	4.47	4.54	2.52	650.06	257.96	76.64	3.10	8.54	8.61	8.68	8.76	8.83	8.91
14	77.934	61.178	6.06	2 573.82	424.72	215.52	5.75	4.22	4.29	4.36	4.43	4.51	4.58	2.59	739.10	285.36	87.94	3.08	8.57	8.65	8.72	8.80	8.87	8.95
16	88.278	69.298	6.14	2 886.12	470.06	243.28	5.72	4.26	4.33	4.41	4.48	4.55	4.63	2.67	823.70	308.50	98.88	3.06	8.61	8.69	8.76	8.84	8.92	8.99
2∠200×125× 12	75.824	59.522	6.54	3 141.80	480.40	233.46	6.44	4.75	4.81	4.88	4.95	5.02	5.09	2.83	966.32	341.46	99.98	3.57	9.39	9.47	9.54	9.62	9.69	9.76
14	87.734	68.872	6.62	3 601.94	544.10	269.30	6.41	4.78	4.85	4.92	4.99	5.06	5.13	2.91	1 101.66	378.58	114.88	3.54	9.43	9.51	9.58	9.65	9.73	9.81
16	99.478	78.090	6.70	4 046.70	603.98	304.36	6.38	4.82	4.89	4.96	5.03	5.10	5.17	2.99	1 230.88	411.66	129.38	3.52	9.47	9.55	9.62	9.70	9.77	9.85
18	111.052	87.176	6.78	4 476.60	660.26	338.66	6.35	4.84	4.91	4.99	5.06	5.13	5.20	3.06	1 354.38	442.60	143.48	3.49	9.51	9.59	9.66	9.74	9.81	9.89

附表 2-6　H 型钢规格及截面特性(依据 GB/T 11263—2017)

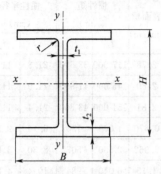

H—高度；B—宽度；t_1—腹板厚度
t_2—翼缘厚度；r—圆角半径

类别	型号(高度×宽度)(mm×mm)	截面尺寸(mm)					截面面积(cm²)	理论重量(kg/m)	表面积(m²/m)	惯性矩(cm⁴)		惯性半径(cm)		截面模数(cm³)	
		H	B	t_1	t_2	r				I_x	I_y	i_x	i_y	W_x	W_y
HW	100×100	100	100	6	8	8	21.58	16.9	0.574	378	134	4.18	2.48	75.5	26.7
	125×125	125	125	6.5	9	8	30.00	23.6	0.723	839	293	5.28	3.12	134	46.9
	150×150	150	150	7	10	8	39.64	31.1	0.872	1 620	563	6.39	3.76	216	75.1
	175×175	175	175	7.5	11	13	51.42	40.4	1.01	2 900	984	7.50	4.37	331	112
	200×200	200	200	8	12	13	63.53	49.9	1.16	4 720	1 600	8.61	5.02	472	160
		* 200	204	12	12	13	71.53	56.2	1.17	4 980	1 700	8.34	4.87	498	167
	250×250	* 244	252	11	11	13	81.31	63.8	1.45	8 700	2 940	10.3	6.01	713	233
		250	250	9	14	13	91.43	71.8	1.46	10 700	3 650	10.8	6.31	860	292
		* 250	255	14	14	13	103.9	81.6	1.47	11 400	3 880	10.5	6.10	912	304
	300×300	* 294	302	12	12	13	106.3	83.5	1.75	16 600	5 510	12.5	7.20	1 130	365
		300	300	10	15	13	118.5	93.0	1.76	20 200	6 750	13.1	7.55	1 350	450
		* 300	305	15	15	13	133.5	105	1.77	21 300	7 100	12.6	7.29	1 420	466
	350×350	* 338	351	13	13	13	133.3	105	2.03	27 700	9 380	14.4	8.38	1 640	534
		* 344	348	10	16	13	144.0	113	2.04	32 800	11 200	15.1	8.83	1 910	646
		* 344	354	16	16	13	164.7	129	2.05	34 900	11 800	14.6	8.48	2 030	669
		350	350	12	19	13	171.9	135	2.05	39 800	13 600	15.2	8.88	2 280	776
		* 350	357	19	19	13	196.4	154	2.07	42 300	14 400	14.7	8.57	2 420	808
	400×400	* 388	402	15	15	22	178.5	140	2.32	49 000	16 300	16.6	9.54	2 520	809
		* 394	398	11	18	22	186.8	147	2.32	56 100	18 900	17.3	10.1	2 850	951
		* 394	405	18	18	22	214.4	168	2.33	59 700	20 000	16.7	9.64	3 030	985
		400	400	13	21	22	218.7	172	2.34	66 600	22 400	17.5	10.1	3 330	1 120
		* 400	408	21	21	22	250.7	197	2.35	70 900	23 800	16.8	9.74	3 540	1 170
		* 414	405	18	28	22	295.4	232	2.37	92 800	31 000	17.7	10.2	4 480	1 530
		* 428	407	20	35	22	360.7	283	2.41	119 000	39 400	18.2	10.4	5 570	1 930
		* 458	417	30	50	22	528.6	415	2.49	187 000	60 500	18.8	10.7	8 170	2 900
		* 498	432	45	70	22	770.1	604	2.60	298 000	94 400	19.7	11.1	12 000	4 370

续上表

类别	型号 (高度×宽度) (mm×mm)	截面尺寸 (mm)					截面 面积 (cm²)	理论 重量 (kg/m)	表面积 (m²/m)	惯性矩 (cm⁴)		惯性半径 (cm)		截面模数 (cm³)	
		H	B	t_1	t_2	r				I_x	I_y	i_x	i_y	W_x	W_y
HW	500×500	*492	465	15	20	22	258.0	202	2.78	117 000	33 500	21.3	11.4	4 770	1 440
		*502	465	15	25	22	304.5	239	2.80	146 000	41 900	21.9	11.7	5 810	1 800
		*502	470	20	25	22	329.6	259	2.81	151 000	43 300	21.4	11.5	6 020	1 840
HM	150×100	148	100	6	9	8	26.34	20.7	0.670	1 000	150	6.16	2.38	135	30.1
	200×150	194	150	6	9	8	38.10	29.9	0.962	2 630	507	8.30	3.64	271	67.6
	250×175	244	175	7	11	13	55.49	43.6	1.15	6 040	984	10.4	4.21	495	112
	300×200	294	200	8	12	13	71.05	55.8	1.35	11 100	1 600	12.5	4.74	756	160
		*298	201	9	14	13	82.03	64.4	1.36	13 100	1 900	12.6	4.80	878	189
	350×250	340	250	9	14	13	99.53	78.1	1.64	21 200	3 650	14.6	6.05	1 250	292
	400×300	390	300	10	16	13	133.3	105	1.94	37 900	7 200	16.9	7.35	1 940	480
	450×300	440	300	11	18	13	153.9	121	2.04	54 700	8 110	18.9	7.25	2 490	540
	500×300	*482	300	11	15	13	141.2	111	2.12	58 300	6 760	20.3	6.91	2 420	450
		488	300	11	18	13	159.2	125	2.13	68 900	8 110	20.8	7.13	2 820	540
	550×300	*544	300	11	15	13	148.0	116	2.24	76 400	6 760	22.7	6.75	2 810	450
		*550	300	11	18	13	166.0	130	2.26	89 800	8 110	23.3	6.98	3 270	540
	600×300	*582	300	12	17	13	169.2	133	2.32	98 900	7 660	24.2	6.72	3 400	511
		588	300	12	20	13	187.2	147	2.33	114 000	9 010	24.7	6.93	3 890	601
		*594	302	14	23	13	217.1	170	2.35	134 000	10 600	24.8	6.97	4 500	700
HN	*100×50	100	50	5	7	8	11.84	9.30	0.376	187	14.8	3.97	1.11	37.5	5.91
	*125×60	125	60	6	8	8	16.68	13.1	0.464	409	29.1	4.95	1.32	65.4	9.71
	150×75	150	75	5	7	8	17.84	14.0	0.576	666	49.5	6.10	1.66	88.8	13.2
	175×90	175	90	5	8	8	22.89	18.0	0.686	1 210	97.5	7.25	2.06	138	21.7
	200×100	*198	99	4.5	7	8	22.68	17.8	0.769	1 540	113	8.24	2.23	156	22.9
		200	100	5.5	8	8	26.66	20.9	0.775	1 810	134	8.22	2.23	181	26.7
	250×125	*248	124	5	8	8	31.98	25.1	0.968	3 450	255	10.4	2.82	278	41.1
		250	125	6	0	8	36.96	29.0	0.974	3 960	294	10.4	2.81	317	47.0
	300×150	*298	149	5.5	8	13	40.80	32.0	1.16	6 320	442	12.4	3.29	424	59.3
		300	150	6.5	9	13	46.78	36.7	1.16	7 210	508	12.4	3.29	481	67.7
	350×175	*346	174	6	9	13	52.45	41.2	1.35	11 000	791	14.5	3.88	638	91.0
		350	175	7	11	13	62.91	49.4	1.36	13 500	984	14.6	3.95	771	112
	400×150	400	150	8	13	13	70.37	55.2	1.36	18 600	734	16.3	3.22	929	97.8
	400×200	*396	199	7	11	13	71.41	56.1	1.55	19 800	1 450	16.6	4.50	999	145
		400	200	8	13	13	83.37	65.4	1.56	23 500	1 740	16.8	4.56	1 170	174
	450×150	*446	150	7	12	13	66.99	52.6	1.46	22 000	677	18.1	3.17	985	90.3
		450	151	8	14	13	77.49	60.8	1.47	25 700	806	18.2	3.22	1 140	107

类别	型号(高度×宽度)(mm×mm)	截面尺寸 (mm)					截面面积(cm²)	理论重量(kg/m)	表面积(m²/m)	惯性矩(cm⁴)		惯性半径(cm)		截面模数(cm³)	
		H	B	t_1	t_2	r				I_x	I_y	i_x	i_y	W_x	W_y
HN	450×200	＊446	199	8	12	13	82.97	65.1	1.65	28 100	1 580	18.4	4.36	1 260	159
		450	200	9	14	13	95.43	74.9	1.66	32 900	1 870	18.6	4.42	1 460	187
	475×150	＊470	150	7	13	13	71.53	56.2	1.50	26 200	733	19.1	3.20	1 110	97.8
		＊475	151.5	8.5	15.5	13	86.15	67.6	1.52	31 700	901	19.2	3.23	1 330	119
		482	153.5	10.5	19	13	106.4	83.5	1.53	39 600	1 150	19.3	3.28	1 640	150
	500×150	＊492	150	7	12	13	70.21	55.1	1.55	27 500	677	19.8	3.10	1 120	90.3
		＊500	152	9	16	13	92.21	72.4	1.57	37 000	940	20.0	3.19	1 480	124
		504	153	10	18	13	103.3	81.1	1.58	41 900	1 080	20.1	3.23	1 660	141
	500×200	＊496	199	9	14	13	99.29	77.9	1.75	40 800	1 840	20.3	4.30	1 650	185
		500	200	10	16	13	112.3	88.1	1.76	46 800	2 140	20.4	4.36	1 870	241
		＊506	201	11	19	13	129.3	102	1.77	55 500	2 580	20.7	4.46	2 190	257
	550×200	＊546	199	9	14	13	103.8	81.5	1.85	50 800	1 840	22.1	4.21	1 860	185
		550	200	10	16	13	117.3	92.0	1.86	58 200	2 140	22.3	4.27	2 120	214
	600×200	＊596	199	10	15	13	117.3	92.4	1.95	66 600	1 980	23.8	4.09	2 240	199
		600	200	11	17	13	131.7	103	1.96	75 600	2 270	24.0	4.15	2 520	227
		＊606	201	12	20	13	149.8	118	1.97	88 300	2 720	24.3	4.25	2 910	270
	625×200	＊625	198.5	13.5	17.5	13	150.6	118	1.99	88 500	2 300	24.2	3.90	2 830	231
		630	200	15	20	13	170.0	133	2.01	101 000	2 690	24.4	3.97	3 220	268
		＊638	202	17	24	13	198.7	156	2.03	122 000	3 320	24.8	4.09	3 820	329
	650×300	＊646	299	12	18	18	183.6	144	2.43	131 000	8 030	26.7	6.61	4 080	537
		＊650	300	13	20	18	202.1	159	2.44	146 000	9 010	26.9	6.67	4 500	601
		＊654	301	14	22	18	220.6	173	2.45	161 000	10 000	27.4	6.81	4 930	666
	700×300	＊692	300	13	20	18	207.5	163	2.53	168 000	9 020	28.5	6.59	4 870	601
		700	300	13	24	18	231.5	182	2.54	197 000	10 800	29.2	6.83	5 640	721
	750×300	＊734	299	12	16	18	182.7	143	2.61	161 000	7 140	29.7	6.25	4 390	478
		＊742	300	13	20	18	214.0	168	2.63	197 000	9 020	30.4	6.49	5 320	601
		＊750	300	13	24	18	238.0	187	2.64	231 000	10 800	31.1	6.74	6 150	721
		＊758	303	16	28	18	284.8	224	2.67	276 000	13 000	31.1	6.75	7 270	859
	800×300	＊792	300	14	22	18	239.5	188	2.73	248 000	9 920	32.2	6.43	6 270	661
		800	300	14	26	18	263.5	207	2.74	286 000	11 700	33.0	6.66	7 160	781
	850×300	＊834	298	14	19	18	227.5	179	2.80	251 000	8 400	33.2	6.07	6 020	564
		＊842	299	15	23	18	259.7	204	2.82	298 000	10 300	33.9	6.28	7 080	687
		＊850	300	16	27	18	292.1	229	2.84	346 000	12 200	34.4	6.45	8 140	812
		＊858	301	17	31	18	324.7	255	2.86	395 000	14 100	34.9	6.59	9 210	393

续上表

类别	型号 (高度×宽度) (mm×mm)	截面尺寸 (mm)					截面 面积 (cm²)	理论 重量 (kg/m)	表面积 (m²/m)	惯性矩 (cm⁴)		惯性半径 (cm)		截面模数 (cm³)	
		H	B	t_1	t_2	r				I_x	I_y	i_x	i_y	W_x	W_y
HN	900×300	*890	299	15	23	18	266.9	210	2.92	339 000	10 300	35.5	6.20	7 610	687
		900	300	16	28	18	305.8	240	2.94	404 000	12 500	35.4	6.42	8 990	842
		*912	302	18	34	18	360.1	283	2.97	491 000	15 700	36.9	6.59	10 800	1 040
	1 000×300	*970	297	16	21	18	276.0	217	3.07	393 000	9 210	37.8	5.77	8 110	620
		*980	298	17	26	18	315.5	248	3.09	472 000	11 500	38.7	6.04	9 630	772
		*990	298	17	31	18	345.3	271	3.11	544 000	13 700	39.7	6.30	11 000	921
		*1 000	300	19	36	18	395.1	310	3.13	634 000	16 300	40.1	6.41	12 700	1 080
		*1 008	302	21	40	18	439.3	345	3.15	712 000	18 400	40.3	6.47	14 100	1 220
HT	100×50	95	48	3.2	4.5	8	7.620	5.98	0.362	115	8.39	3.88	1.04	24.2	3.49
		97	49	4	5.5	8	9.370	7.36	0.368	143	10.9	3.91	1.07	29.6	4.45
	100×100	96	99	4.5	6	8	16.20	12.7	0.565	272	97.2	4.09	2.44	56.7	19.6
	125×60	118	58	3.2	4.5	8	9.250	7.26	0.448	218	14.7	4.85	1.26	37.0	5.08
		120	59	4	5.5	8	11.39	8.94	0.454	271	19.0	4.87	1.29	45.2	6.43
	125×125	119	123	4.5	6	8	20.12	15.8	0.707	532	186	5.14	3.04	89.5	30.3
	150×75	145	73	3.2	4.5	8	11.47	9.00	0.562	416	29.3	6.01	1.59	57.3	8.02
		147	74	4	5.5	8	14.12	11.1	0.568	516	37.3	6.04	1.62	70.2	10.1
	150×100	139	97	3.2	4.5	8	13.43	10.6	0.646	476	68.5	5.94	2.25	68.4	14.1
		142	99	4.5	6	8	18.27	14.3	0.657	654	97.2	5.98	2.30	92.1	19.6
	150×150	144	148	5	7	8	27.76	21.8	0.856	1 090	378	6.25	3.69	151	51.1
		147	149	6	8.5	8	33.67	26.4	0.864	1 350	469	6.32	3.73	183	63.0
	175×90	168	88	3.2	4.5	8	13.55	10.6	0.668	670	51.2	7.02	1.94	79.7	11.6
		171	89	4	6	8	17.58	13.8	0.676	894	70.7	7.13	2.00	105	15.9
	175×175	167	173	5	7	13	33.32	26.2	0.994	1 780	605	7.30	4.26	213	69.9
		172	175	6.5	9.5	13	44.64	35.0	1.01	2 470	850	7.43	4.36	287	97.1
	200×100	193	98	3.2	4.5	8	15.25	12.0	0.758	994	70.7	8.07	2.15	103	14.4
		196	99	4	6	8	19.78	15.5	0.766	1 320	97.2	8.18	2.21	135	19.6
	200×150	188	149	4.5	6	8	26.34	20.7	0.949	1 730	331	8.09	3.54	184	44.4
	200×200	192	198	6	8	13	43.69	34.3	1.14	3 060	1 040	8.37	4.86	319	105
	250×125	244	124	4.5	6	8	25.86	20.3	0.961	2 650	191	10.1	2.71	217	30.8
	250×175	238	173	4.5	6	13	39.12	30.7	1.14	4 240	691	10.4	4.20	356	79.9
	300×150	294	148	4.5	6	13	31.90	25.0	1.15	4 800	325	12.3	3.19	327	43.9
	300×200	286	198	6	8	13	49.33	38.7	1.33	7 360	1 040	12.2	4.58	515	105
	350×175	340	173	4.5	6	13	36.97	29.0	1.34	7 490	518	14.2	3.74	441	59.9
	400×150	390	148	6	8	13	47.57	37.3	1.34	11 700	434	15.7	3.01	602	58.6
	400×200	390	198	6	8	13	55.57	43.6	1.54	14 700	1 040	16.2	4.31	752	105

注:(1)表中同一型号的产品,其内侧尺寸高度一致。

　　(2)表中截面面积计算公式为:$t_1(H-2t_2)+2Bt_2+0.858r^2$。

　　(3)表中"*"表示的规格为市场非常用规格。

附表 2-7　剖分 T 型钢规格及截面特性(依据 GB/T 11263—2017)

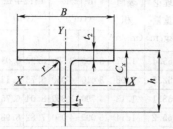

h——高度;

B——宽度;

t_1——腹板厚度;

t_2——翼缘厚度;

r——圆角半径;

C_x——重心。

类别	型号(高度×宽度)(mm×mm)	截面尺寸 (mm)					截面面积 (cm²)	理论重量 (kg/m)	表面积 (m²/m)	惯性矩 (cm⁴)		惯性半径 (cm)		截面模数 (cm³)		重心 C_x (cm)	对应 H 型钢系列型号
		h	B	t_1	t_2	r				I_x	I_y	i_x	i_y	W_x	W_y		
TW	50×100	50	100	6	8	8	10.79	8.47	0.293	16.1	66.8	1.22	2.48	4.02	13.4	1.00	100×100
	62.5×125	62.5	125	6.5	9	8	15.00	11.8	0.368	35.0	147	1.52	3.12	6.91	23.5	1.19	125×125
	75×150	75	150	7	10	8	19.82	15.6	0.443	66.4	282	1.82	3.76	10.8	37.5	1.37	150×150
	87.5×175	87.5	175	7.5	11	13	25.71	20.2	0.514	115	492	2.11	4.37	15.9	56.2	1.55	175×175
	100×200	100	200	8	12	13	31.76	24.9	0.589	184	801	2.40	5.02	22.3	80.1	1.73	200×200
		100	204	12	12	13	35.76	28.1	0.597	256	851	2.67	4.87	32.4	83.4	2.09	
	125×250	125	250	9	14	13	45.71	35.9	0.739	412	1 820	3.00	6.31	39.5	146	2.08	250×250
		125	255	14	14	13	51.96	40.8	0.749	589	1 940	3.36	6.10	59.4	152	2.58	
	150×300	147	302	12	12	13	53.16	41.7	0.887	857	2 760	4.01	7.20	72.3	183	2.85	300×300
		150	300	10	15	13	59.22	46.5	0.889	797	3 370	3.67	7.55	63.7	225	2.47	
		150	305	15	15	13	66.72	52.4	0.889	1 110	3 550	4.07	7.29	92.5	233	3.04	
	175×350	172	348	10	16	13	72.00	56.5	1.03	1 230	5 620	4.13	8.83	84.7	323	2.67	350×350
		175	350	12	19	13	85.94	67.5	1.04	1 520	6 790	4.20	8.88	104	388	2.87	
	200×400	194	402	15	15	22	89.22	70.0	1.17	2 480	8 130	5.27	9.54	158	404	3.70	400×400
		197	398	11	18	22	93.40	73.3	1.17	2 050	9 460	4.67	10.1	123	475	3.01	
		200	400	13	21	22	109.3	85.8	1.18	2 480	11 200	4.75	10.1	147	560	3.21	
		200	408	21	21	22	125.3	98.4	1.2	3 650	11 900	5.39	9.74	229	584	4.07	
		207	405	18	28	22	147.7	116	1.21	3 620	15 500	4.95	10.2	213	766	3.68	
		214	407	20	35	22	180.3	142	1.22	4 380	19 700	4.92	10.4	250	967	3.90	
TM	75×100	74	100	6	9	8	13.17	10.3	0.341	51.7	75.2	1.98	2.38	8.84	15.0	1.56	150×100
	100×150	97	150	6	9	8	19.05	15.0	0.487	124	253	2.55	3.64	15.8	33.8	1.80	200×150
	125×175	122	175	7	11	13	27.74	21.8	0.583	288	492	3.22	4.21	29.1	56.2	2.28	250×175
	150×200	147	200	8	12	13	35.52	27.9	0.683	571	801	4.00	4.74	48.2	80.1	2.85	300×200
		149	201	9	14	13	41.01	32.2	0.689	661	949	4.01	4.80	55.2	94.4	2.92	
	175×250	170	250	9	14	13	49.76	39.1	0.829	1 020	1 820	4.51	6.05	73.2	146	3.11	350×250
	200×300	195	300	10	16	13	66.62	52.3	0.979	1 730	3 600	5.09	7.35	108	240	3.43	400×300
	225×300	220	300	11	18	13	76.94	60.4	1.03	2 680	4 050	5.89	7.25	150	270	4.09	450×300

续上表

类别	型号 (高度×宽度) (mm×mm)	截面尺寸 (mm)					截面面积 (cm²)	理论重量 (kg/m)	表面积 (m²/m)	惯性矩 (cm⁴)		惯性半径 (cm)		截面模数 (cm³)		重心 C_x (cm)	对应H型钢系列型号
		h	B	t_1	t_2	r				I_x	I_y	i_x	i_y	W_x	W_y		
TM	250×300	241	300	11	15	13	70.58	55.4	1.07	3 400	3 380	6.93	6.91	178	225	5.00	500×300
		244	300	11	18	13	79.58	62.5	1.08	3 610	4 050	6.73	7.13	184	270	4.72	
	275×300	272	300	11	15	13	73.99	58.1	1.13	4 790	3 380	8.04	6.75	225	225	5.96	550×330
		275	300	11	18	13	82.99	65.2	1.14	5 090	4 050	7.82	6.98	232	270	5.59	
	300×300	291	300	12	17	13	84.60	66.4	1.17	6 320	3 830	8.64	6.72	280	255	6.51	600×300
		294	300	12	20	13	93.60	73.5	1.18	6 680	4 500	8.44	6.93	288	300	6.17	
		297	302	14	23	13	108.5	85.2	1.19	7 890	5 290	8.52	6.97	339	350	6.41	
TN	50×50	50	50	5	7	8	5.920	4.65	0.193	11.8	7.39	1.41	1.11	3.18	2.950	1.28	100×50
	62.5×60	62.5	60	6	8	8	8.340	6.55	0.238	27.5	14.6	1.81	1.32	5.96	4.85	1.64	125×60
	75×75	75	75	5	7	8	8.920	7.00	0.293	42.6	24.7	2.18	1.66	7.46	6.59	1.79	150×75
	87.5×90	85.5	89	4	6	8	8.790	6.90	0.342	53.7	35.3	2.47	2.00	8.02	7.94	1.86	175×90
		87.5	90	5	8	8	11.44	8.98	0.348	70.6	48.7	2.48	2.06	10.4	10.8	1.93	
	100×100	99	99	4.5	7	8	11.34	8.90	0.389	93.5	56.7	2.87	2.23	12.1	11.5	2.17	200×100
		100	100	5.5	8	8	13.33	10.5	0.393	114	66.9	2.92	2.23	14.8	13.4	2.31	
	125×125	124	124	5	8	8	15.99	12.6	0.489	207	127	3.59	2.82	21.3	20.5	2.66	250×125
		125	125	6	9	8	18.48	14.5	0.493	248	147	3.66	2.81	25.6	23.5	2.81	
	150×150	149	149	5.5	8	13	20.40	16.0	0.585	393	221	4.39	3.29	33.8	29.7	3.26	300×150
		150	150	6.5	9	13	23.39	18.4	0.589	464	254	4.45	3.29	40.0	33.8	3.41	
	175×175	173	174	6	9	13	26.22	20.6	0.683	679	396	5.08	3.88	50.0	45.5	3.72	350×175
		175	175	7	11	13	31.45	24.7	0.689	814	492	5.08	3.95	59.3	56.2	3.76	
	200×200	198	199	7	11	13	35.70	28.0	0.783	1 190	723	5.77	4.50	76.4	72.7	4.20	400×200
		200	200	8	13	13	41.68	32.7	0.789	1 390	868	5.78	4.56	88.6	86.8	4.26	
	225×150	223	150	7	12	13	33.49	26.3	0.735	1 570	338	6.84	3.17	93.7	45.1	5.54	450×150
		225	151	8	14	13	38.74	30.4	0.741	1 830	403	6.87	3.22	108	53.4	5.62	
	225×200	223	199	8	12	13	41.48	32.6	0.833	1 870	789	6.71	4.36	109	79.3	5.15	450×200
		225	200	9	14	13	47.71	37.5	0.839	2 150	935	6.71	4.42	124	93.5	5.19	
	237.5×150	235	150	7	13	13	35.76	28.1	0.759	1 850	367	7.18	3.20	104	48.9	7.50	475×150
		237.5	151.5	8.5	15.5	13	43.07	33.8	0.767	2 270	451	7.25	3.23	128	59.5	7.57	
		241	153.5	10.5	19	13	53.20	41.8	0.778	2 860	575	7.33	3.28	160	75.0	7.67	
	250×150	246	150	7	12	13	35.10	27.6	0.781	2 060	339	7.66	3.10	113	45.1	6.36	500×150
		250	152	9	16	13	46.10	36.2	0.793	2 750	470	7.71	3.19	149	61.9	6.53	
		252	153	10	18	13	51.66	40.6	0.799	3 100	540	7.74	3.23	167	70.5	6.62	
	250×200	248	199	9	14	13	49.64	39.0	0.883	2 820	921	7.54	4.30	150	92.6	5.97	500×200
		250	200	10	16	13	56.12	44.1	0.889	3 200	1 070	7.54	4.36	169	107	6.03	
		253	201	11	19	13	64.65	50.8	0.897	3 660	1 290	7.52	4.46	189	128	6.00	

续上表

类别	型　号 (高度×宽度) (mm×mm)	截面尺寸 (mm)					截面面积 (cm²)	理论重量 (kg/m)	表面积 (m²/m)	惯性矩 (cm⁴)		惯性半径 (cm)		截面模数 (cm³)		重心 C_x (cm)	对应 H型钢系列型号
		h	B	t_1	t_2	r				I_x	I_y	i_x	i_y	W_x	W_y		
TN	275×200	273	199	9	14	13	51.89	40.7	0.933	3 690	921	8.43	4.21	180	92.6	6.85	550×200
		275	200	10	16	13	58.62	46.0	0.939	4 180	1 070	8.44	4.27	203	107	6.89	
	300×200	298	199	10	15	13	58.87	46.2	0.983	5 150	988	9.35	4.09	235	99.3	7.92	600×200
		300	200	11	17	13	65.85	51.7	0.989	5 770	1 140	9.35	4.15	262	114	7.95	
		303	201	12	20	13	74.88	58.8	0.997	6 530	1 360	9.33	4.25	291	135	7.88	
	312.5×200	312.5	198.5	13.5	17.5	12	75.28	59.1	1.01	7 460	1 150	9.95	3.90	338	116	9.15	625×200
		315	200	15	20	13	84.97	66.7	1.02	8 470	1 340	9.98	3.97	380	134	9.21	
		319	202	17	24	13	99.35	78.0	1.03	9 960	1 160	10.0	4.08	440	165	9.26	
	325×300	323	299	12	18	18	91.81	72.1	1.23	8 570	4 020	9.66	6.61	344	269	7.36	650×300
		325	300	13	20	18	101.0	79.3	1.23	9 430	4 510	9.66	6.67	376	300	7.40	
		327	301	14	22	18	110.3	86.59	1.24	10 300	5 010	9.66	6.73	408	333	7.45	
	350×300	346	300	13	20	18	103.8	81.5	1.28	11 300	4 510	10.4	6.59	424	301	8.09	700×300
		350	300	13	24	18	115.8	90.9	1.28	12 000	5 410	10.2	6.83	438	361	7.63	
	400×300	396	300	14	22	18	119.8	94.0	1.38	17 600	4 960	12.1	6.43	592	331	9.78	800×300
		400	300	14	26	18	131.8	103	1.38	18 700	5 860	11.9	6.66	610	391	9.27	
	450×300	445	299	15	23	18	133.5	105	1.47	25 900	5 140	13.9	6.20	789	344	11.7	900×300
		450	300	16	28	18	152.9	120	1.48	29 100	6 320	13.8	6.42	865	421	11.4	
		456	302	18	34	18	180.0	141	1.50	34 100	7 830	13.8	6.59	997	518	11.3	

附表 2-8　几种常用截面的回转半径近似值

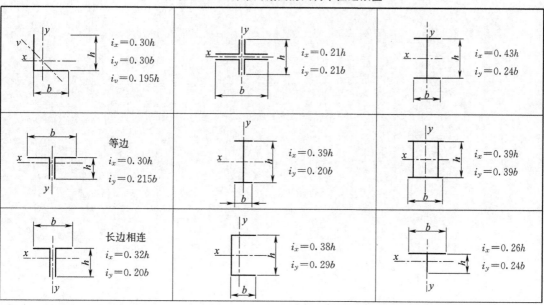

续上表

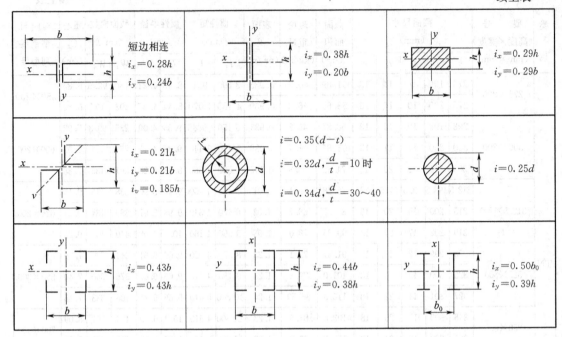

附录 3 螺栓和锚栓规格

附表 3-1 螺栓螺纹处的有效截面面积

公称直径(mm)	12	14	16	18	20	22	24	27	30
螺栓有效截面面积 A_e(cm²)	0.84	1.15	1.57	1.92	2.45	3.03	3.53	4.59	5.61
公称直径(mm)	33	36	39	42	45	48	52	56	60
螺栓有效截面面积 A_e(cm²)	6.94	8.17	9.76	11.2	13.1	14.7	17.6	20.3	23.6
公称直径(mm)	64	68	72	76	80	85	90	95	100
螺栓有效截面面积 A_e(cm²)	26.8	30.6	34.6	38.9	43.4	49.5	55.9	62.7	70.0

附表 3-2 锚 栓 规 格

		Ⅰ 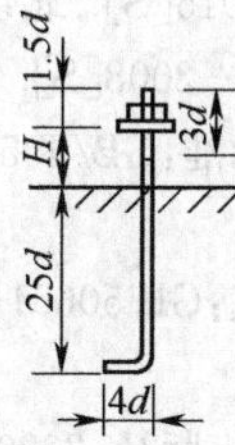			Ⅱ 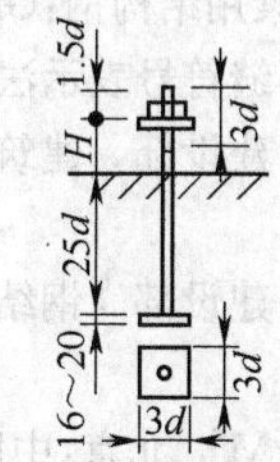			Ⅲ 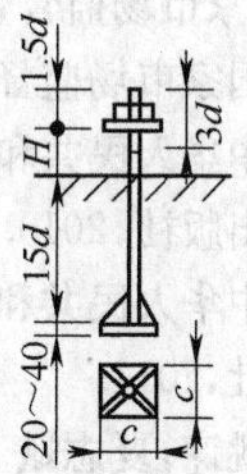		
形式										
锚栓直径 d(mm)	20	24	30	36	42	48	56	64	72	80	90
锚栓有效截面面积(cm²)	2.45	3.53	5.61	8.17	11.2	14.7	20.3	26.8	34.6	43.4	55.9
锚栓设计拉力(kN)(Q235 钢)	34.3	49.4	78.5	114.1	156.9	206.2	284.2	375.2	484.4	608.2	782.7
Ⅲ型锚栓 锚板宽度 c(mm)					140	200	200	240	280	350	400
Ⅲ型锚栓 锚板厚度 t(mm)					20	20	20	25	30	40	40

参 考 文 献

[1] 中华人民共和国住房和城乡建设部．钢结构设计标准：GB 50017—2017[S]．北京：中国建筑工业出版社，2017．

[2] 中华人民共和国住房和城乡建设部．建筑结构可靠度设计统一标准：GB 50068—2018[S]．北京：中国建筑工业出版社，2018．

[3] 中华人民共和国住房和城乡建设部．建筑结构荷载规范：GB 50009—2012[S]．北京：中国建筑工业出版社，2012．

[4] 中华人民共和国住房和城乡建设部．钢结构工程施工质量验收标准：GB 50205—2020[S]．北京：中国计划出版社，2020．

[5] 国家铁路局．铁路桥涵设计规范：TB 10002—2017[S]．北京：中国铁道出版社，2017．

[6] 国家铁路局．铁路桥梁钢结构设计规范：TB 10091—2017[S]．北京：中国铁道出版社，2017．

[7] 中华人民共和国国家质量监督检验检疫总局．碳素结构钢：GB/T 700—2006[S]．北京：中国标准出版社，2006．

[8] 国家市场监督管理总局．低合金高强度结构钢：GB/T 1591—2018[S]．北京：中国标准出版社，2018．

[9] 国家市场监督管理总局．桥梁用结构钢：GB/T 714—2015[S]．北京：中国标准出版社，2015．

[10] 国家市场监督管理总局．焊缝符号表示法：GB/T 324—2008[S]．北京：中国标准出版社，2008．

[11] 中华人民共和国住房和城乡建设部．建筑结构制图标准：GB/T 50105—2010[S]．北京：中国建筑工业出版社，2010．

[12] 中华人民共和国住房和城乡建设部．钢结构焊接规范：GB 50661—2011[S]．北京：中国建筑工业出版社，2011．

[13] 姚谏，夏志斌．钢结构原理[M]．北京：中国建筑工业出版社，2020．

[14] 陈绍蕃．钢结构稳定设计指南[M]．2 版．北京：中国建筑工业出版社，2004．

[15] 陈绍蕃．钢结构设计原理[M]．4 版．北京：科学出版社，2016．

[16] 王国周，瞿履谦．钢结构-原理与设计[M]．北京：清华大学出版社，1993．

[17] 夏志斌，姚谏．钢结构设计：方法与例题[M]．2 版．北京：中国建筑工业出版社，2019．

[18] 陈骥．钢结构稳定理论与设计[M]．6 版．北京：科学出版社，2014．

[19] 刘声扬．钢结构疑难释义[M]．3 版．北京：中国建筑工业出版社，2004．

[20] 戴国欣．钢结构[M]．5 版．武汉：武汉理工大学出版社，2019．

[21] 舒兴平．高等钢结构分析与设计[M]．北京：科学出版社，2006．

[22] 童根树．钢结构的平面内稳定[M]．北京：中国建筑工业出版社，2015．

[23] 柏拉希．金属结构的屈曲强度[M]．同济大学钢木结构教研室，译．北京：科学出版社，1965．

[24] 铁摩辛柯．弹性稳定理论[M]．2 版．张福范，译．北京：科学出版社，1965．

[25] 查杰斯．结构稳定性理论原理[M]．唐家祥，译．兰州：甘肃人民出版社，1982．

[26] 朱炳寅．钢结构设计标准理解与应用[M]．北京：中国建筑工业出版社，2020．

[27] 钢结构设计规范国家标准管理组．钢结构设计计算示例[M]．北京：中国计划出版社，2007．

[28] 张志国，张庆芳．钢结构课程设计指导[M]．武汉：武汉理工大学出版社，2010．

[29] AISC. Specification for Structural Steel Buildings. 2016.

[30] AISC. Commentary on the Specification for Structural Steel Buildings. 2016.

[31] BSI. Eurocode 3：Design of steel structures—Part 1-1：General rules and rules for buildings. 2010.

[32] BSI. Eurocode 3：Design of steel structures—Part 1-5：Plated structural elements. 2011.

[33] BSI. Structural use of steelwork in building-Part 1：Code of practice for design-Rolled and welded section. 2007.

[34] ABCB. Australian Standard-Steel structures. 1998.

[35] Leonard Spiegel, George F. Limbrunner. Applied Structural Steel Design. 4th Edition. Prentice Hall, Inc. , 2002.